Mitarbeiterbindung

Wirtschaftspsychologie

Mitarbeiterbindung
von Prof. Dr. Jörg Felfe

Herausgeber der Reihe:
Prof. Dr. Heinz Schuler

Mitarbeiter-bindung

von

Jörg Felfe

HOGREFE GÖTTINGEN · BERN · WIEN · PARIS · OXFORD · PRAG
TORONTO · CAMBRIDGE, MA · AMSTERDAM · KOPENHAGEN

Prof. Dr. Jörg Felfe, geb. 1963. 1983-1988 Studium der Psychologie in Bochum und Berlin. 1991 Promotion. 2003 Habilitation. Trainer, Berater und Coach. Seit 2006 Professor für Sozial- und Organisationspsychologie an der Universität Siegen. Arbeitsschwerpunkte: Führung, Commitment, Personalentwicklung, Mitarbeiterbefragungen.

Bibliografische Information der Deutschen Nationalbibliothek

Die Deutsche Nationalbibliothek verzeichnet diese Publikation in der Deutschen Nationalbibliografie; detaillierte bibliografische Daten sind im Internet über http://dnb.d-nb.de abrufbar.

© 2008 Hogrefe Verlag GmbH & Co. KG
Göttingen · Bern · Wien · Paris · Oxford · Prag
Toronto · Cambridge, MA · Amsterdam · Kopenhagen
Rohnsweg 25, 37085 Göttingen

http://www.hogrefe.de
Aktuelle Informationen · Weitere Titel zum Thema · Ergänzende Materialien

Gesamtherstellung: Druckerei Hubert & Co, Göttingen
Printed in Germany
Auf säurefreiem Papier gedruckt

ISBN 978-3-8017-2132-9

Inhalt

1 Einleitung

1.1 Was bedeutet Bindung an eine Organisation?

Wie wichtig ist es Ihnen, gerade in dem Unternehmen oder in der Organisation tätig zu sein, bei der Sie gerade angestellt bzw. beschäftigt sind und nicht in irgendeinem anderen Unternehmen, in dem Sie mit großer Wahrscheinlichkeit ebenfalls Ihr Geld verdienen könnten? Die Antwort auf diese einfache Frage hängt direkt mit der individuellen Verbundenheit und Identifikation mit dem Unternehmen oder allgemeiner mit der betreffenden Organisation, wenn es sich nicht im engeren Sinne um ein Wirtschaftsunternehmen, sondern z.B. um eine Behörde oder Verwaltung des öffentlichen Dienstes, ein Krankenhaus usw. handelt, zusammen. Die meisten Menschen verbringen einen großen Teil ihres Lebens in Organisationen, um Ziele, die ihnen wichtig sind, verfolgen zu können. Solche Ziele sind Ausbildung, Geld verdienen, gesellschaftlichen Nutzen stiften oder einfach Spaß haben und sich selbst verwirklichen. Angefangen bei Kindergarten, Schule, Sportvereinen etc. und später im Berufsleben kommen wir in der Regel nicht umhin, in unterschiedliche Organisationen einzutreten, um diese Ziele zu erreichen und jeweils Bindungen unterschiedlicher Qualität und Bedeutung zu entwickeln und zu erleben.

Das Spektrum unterschiedlicher Organisationen ist ebenso vielfältig wie die Ziele, die sie verfolgen. Ganz allgemein versteht man unter einer Organisation ein soziales Gebilde, das dauerhaft ein Ziel verfolgt und eine formale Struktur aufweist, mit deren Hilfe Aktivitäten der Mitglieder auf das verfolgte Ziel ausgerichtet werden. Damit gehören neben klassischen Unternehmen, die wirtschaftliche Ziele verfolgen, Behörden und Verwaltungen des öffentlichen Dienstes sowie Einrichtungen des Gesundheitswesens als Non-Profit-Organisationen ebenfalls zu diesem breiten Spektrum. Nicht zu vergessen sind Organisationen, bei denen ehrenamtliches Engagement im Vordergrund steht. Hierzu gehören Vereine, Verbünde, Parteien etc. Häufig wird die Bindung zu diesen Organisationen außerhalb des Arbeitslebens als wichtiger und persönlich bedeutsamer erlebt als die Bindung an das Unternehmen oder die Organisation, die materielle Sicherheit gewährleistet oder sogar einen gewissen ökonomischen Wohlstand bietet.

Die Frage nach der Qualität der Bindung zu unterschiedlichen Organisationen lässt sich damit ganz breit und allgemein stellen und gilt innerhalb wie auch außerhalb des Erwerbslebens. Auch wenn wir uns in diesem Buch, wie der Titel „Mitarbeiterbindung" ankündigt, insbesondere der Frage nach Bindung im Arbeitsleben zuwenden, sollte dieser erweiterte Blickwinkel nicht außer Acht gelassen werden. Der Focus auf die Bindung an Unternehmen und Organisationen im Arbeitsleben ist, wie wir weiter unten sehen werden, durchaus gerechtfertigt.

Kehren wir zu der eingangs gestellten Frage zurück. Mit welchen Empfindungen und Gedanken haben Sie bei der Frage nach der Organisation oder dem Unternehmen, für das Sie gerade tätig sind, reagiert? Haben Sie das Gefühl, sich mit diesem Unternehmen oder dieser Organisation und ihren Zielen identifizieren zu können und empfinden Sie vielleicht sogar Freude oder Stolz, dazuzugehören? Oder sind Ihre Empfindungen eher neutral und weniger emotional geprägt? Zum Vergleich werden ein paar Zahlen aus Deutschland und Europa angeführt. Wie die Ergebnisse einer europaweiten repräsentativen Studie zeigen (Eurobarometer, zit. in Six & Felfe, 2006), geben immerhin 52,4 % der über 6.000 befragten Arbeitnehmer an, dass ihre persönlichen Werte mit den Werten des Unternehmens, in dem sie tätig sind, übereinstimmen. Sogar 62 % sind stolz, für ihr Unternehmen bzw. für ihre Organisation zu arbeiten. Entsprechend würden es ca. 50% ablehnen, einen besser bezahlten Job anzunehmen, um in ihrem derzeitigen Unternehmen zu bleiben. Umgekehrt sehen 19,3% eher keine gemeinsame Wertebasis und 10,8% sind auch nicht stolz darauf, in ihrem Unternehmen zu arbeiten und immerhin 27,8% würden ihr Unternehmen für einen Job mit einer besseren Bezahlung verlassen.

Wie sehen die entsprechenden Zahlen für Deutschland aus? Nur ein vergleichsweise geringer Prozentsatz von 14,2% der über 900 Befragten beantwortet die Frage nach gemeinsamen Werten negativ. Ähnlich wie in der Gesamtstichprobe gibt die Hälfte (50%) der deutschen Teilnehmer Übereinstimmungen bezüglich der Werte an. Bei der Frage nach dem erlebten Stolz zeigen die deutschen Teilnehmer im europäischen Vergleich allerdings etwas mehr Zurückhaltung. Dennoch sind es auch in Deutschland immerhin 54%, die die Frage nach dem erlebten Stolz positiv beantworten und nur 14,4% lehnen dies ausdrücklich ab.

Damit fühlt sich die überwiegende Mehrheit der Deutschen, die an dieser Befragung teilgenommen haben, wertemäßig und emotional mit dem Unternehmen verbunden. Entsprechend würden es 45,2% ablehnen, für ein lukratives Angebot das Unternehmen zu verlassen und nur 25,2% würden solch eine Möglichkeit nutzen. Nicht übersehen werden darf allerdings, dass die Gruppe der Unentschiedenen, welche sich nicht festlegen möchte, in Deutschland etwas größer ausfällt als im europäischen Mittel. Offenbar ist man hier etwas vorsichtiger und zurückhaltender, sich klar zu positionieren. Deutlich weniger ambivalent zeigen sich zum Beispiel die dänischen Nachbarn. Ähnlich wie auch in einigen anderen europäischen Ländern, liegt hier die Zustimmung bezüglich der Werteübereinstimmung und des erlebten Stolzes deutlich höher als in Deutschland (72,6% und 77,4%).

Die Gründe für Freude oder Stolz können vielfältig sein. Möglichweise sind es eine unübertroffene Qualität der Produkte oder Dienstleistungen, eine besondere Technik oder eine andere herausragende Leistung, die Sie begeistern. Meist führen solche Qualitätsmerkmale auch zu einem besonders positiven und hohen Image in der öffentlichen Wahrnehmung. Die Mitgliedschaft in einer solchen Organisation ist dann mit einem erheblichen Prestige verbunden. Vielleicht ist es aber auch die langjährige Tradition und Geschichte, die für Beständigkeit und kontinuierlichen Erfolg steht und damit ihren Respekt und Bewunderung verdient.

Manchmal braucht es etwas zeitlichen oder räumlichen Abstand, um die Qualität einer Beziehung besser einschätzen zu können. Wie geht es Ihnen z.B. bei dem Gedanken an die Hochschule oder Schule, die Sie viele Jahre besucht haben, oder die Organisation, in der Sie früher viele Jahre tätig waren? Gehören Sie möglicherweise sogar zu denen, die noch regelmäßig mit ehemaligen Mitschülern in Klassen- oder Jahrgangstreffen zusammenkommen oder sich freuen, wenn sie als Alumni regelmäßig kontaktiert werden?

Bei all diesen Fragen geht es weniger um die täglichen Freuden oder Ärgernisse, denen wir in unserer Arbeit begegnen und die unsere aktuelle Zufriedenheit beeinflussen, sondern um die Beziehung zwischen den einzelnen Mitarbeiterinnen und Mitarbeitern auf der einen und der Organisation bzw. dem Unternehmen auf der anderen Seite. Wie lässt sich die jeweils individuelle Bindung von Mitarbeiterinnen und Mitarbeitern an ein Unternehmen charakterisieren und welche Bedeutung haben unterschiedliche Formen der Bindung für das Unternehmen wie für den einzelnen?

Beziehungen können – wie in anderen Lebensbereichen auch – von unterschiedlicher Qualität sein. Die Qualität von Beziehungen lässt sich nicht nur danach unterscheiden, wie gut oder schlecht wir sie insgesamt beurteilen, sondern weist darüber hinaus weitere Merkmale auf, mit denen sich die Qualität differenzierter betrachten lässt. Beziehungen oder Bindungen können eher eng und fest mit einem hohen Grad an gegenseitiger Verpflichtung und Verbindlichkeit ausgestattet oder locker und damit unverbindlich sein und den jeweiligen Partnern weitgehende Spielräume erlauben. Bindungen können zudem unterschiedlich motiviert sein. Ausgangspunkt können rationale Erwägungen, wie z.B. die Erreichung eines Ziels, oder Austauschprozesse im weitesten Sinne sein (z.B. Leistung gegen Geld). Aber auch emotionale Beweggründe wie Sympathie, gemeinsame Werte oder soziale Bedürfnisse nach Kontakt, Anerkennung und Zugehörigkeit wirken beziehungsstiftend.

Außerdem definieren wir uns und unsere Identität über die Mitgliedschaft in Gruppen und Organisationen, denen wir angehören. Wir wissen wer wir sind, indem wir uns bewusst sind, wo wir dazugehören und wo nicht. Diese Zugehörigkeit kann unserem Selbstwert zuträglich sein oder auch nicht. In Beziehungen können die Partner unterschiedlich stark sein. Entsprechend lassen sich partnerschaftliche Beziehungen, bei denen beide Seiten eher gleichberechtigt sind, von Beziehungen, die eher durch ein klares Machtgefälle und einseitige Abhängigkeit gekennzeichnet sind, unterscheiden. Auch hinsichtlich der zeitlichen Perspektive lässt sich unterscheiden, ob die Zeitperspektive unbegrenzt ist oder, wie bei einem befristeten Arbeitsvertrag, nach einer vorher vereinbarten Zeit endet.

1.2   Chancen und Risiken von Mitarbeiterbindung

Es ist leicht nachvollziehbar, dass eine positiv erlebte Beziehung in mehrfacher Hinsicht eine bedeutsame Ressource darstellen kann. Zunächst sind Menschen bestrebt, sich anderen anzuschließen. Die Gewissheit dazuzugehören, vermittelt das Gefühl von Sicherheit, Geborgenheit sowie Orientierung und verhindert umgekehrt soziale Einsamkeit und Isolation. Partnerbeziehungen, Familie, Vereine sind Beispiele für Gruppen, die wir selber bilden oder denen wir uns anschließen, um das Motiv nach Zugehörigkeit und Anschluss zu befriedigen.

In gleicher Weise ist nahe liegend, dass auch durch die Zugehörigkeit zu einer Organisation oder einem Unternehmen das Bedürfnis nach Bindung befriedigt werden kann. Neben der Befriedigung emotionaler Bedürfnisse, wie z.B. Anerkennung und Kontakt, erhöhen Beziehungen die Chancen sozialer Unterstützung bei der Bewältigung unterschiedlicher Probleme. Personen, die über enge und stabile Netzwerke von Beziehungen verfügen, haben in der Regel bessere Aussichten, schwierige Probleme erfolgreich zu bewältigen.

Darüber hinaus bilden soziale Beziehungen einen wichtigen Teil unserer Identität. Wir definieren uns selbst als Individuum nicht nur durch bestimmte Eigenschaften, Fähigkeiten und individuelle Erfahrungen, die uns von anderen Menschen unterscheiden, sondern auch durch die Zugehörigkeit zu unterschiedlichen Gruppen. Wir sind Mitglieder von Vereinen, gehören einer Familie an oder zählen uns aufgrund bestimmter Merkmale und Kategorien, wie Alter, Interessen, Geschlecht etc., zu bestimmten sozialen Gruppen. Die Merkmale, die die jeweiligen Gruppen charakterisieren treffen auch mehr oder weniger auf die einzelnen Mitglieder zu und lassen sich auf diese übertragen.

Auch Organisationen können zweifellos zu diesen sozialen Gruppen gezählt werden. Demnach sind Mitgliedschaften in Organisationen ebenfalls Teil unserer Identität. Dies bedeutet, dass Attribute, die der Organisation zugeschrieben werden, auch für das einzelne Mitglied gelten. Lässt sich die Organisation als erfolgreich und innovativ charakterisieren, sind es ihre Mitglieder ebenfalls, wenn sie sich mit der Organisation identifizieren. Diese und ähnliche positive Eigenschaften rufen Gefühle von Freude und Stolz hervor, stärken den eigenen Selbstwert und sorgen für ein konsistentes, d.h. widerspruchsfreies Selbstkonzept.

Die Selbstaufwertung ist ein wichtiges Motiv, das das Bedürfnis erklärt, sich mit erfolgreichen Gruppen zu identifizieren. Umgekehrt dürfte es mit erheblichen psychischen Kosten verbunden sein, einer Organisation anzugehören, deren Werte und Merkmale mit den eigenen Vorstellungen wenig gemein haben oder diesen sogar zuwider laufen. Neben direkten positiven Einflüssen auf den Selbstwert, die durch eine positive Bindung zu erwarten sind, kann eine positive Verbundenheit auch indirekt wirken. Solche indirekten Effekte sind zu erwarten, wenn der schädigende Einfluss von Stressoren, Belastungen und Unannehmlichkeiten abgemildert und abgepuffert wird, indem eine positive Bindung im Hintergrund für Orientierung und Sicherheit sorgt sowie das Selbstvertrauen stärkt.

Zusammengefasst: Bedeutung der Bindung für den Mitarbeiter

Es kann festgehalten werden, dass eine positiv erlebte Bindung an eine Organisation bzw. an ein Unternehmen zum einen wichtige Motive nach Zugehörigkeit befriedigt und damit die Chancen auf Kontakt, Anerkennung und soziale Unterstützung erhöht.

Zum anderen kann eine positiv erlebte Bindung wesentlich zu einem hohen Selbstwert und einem stabilen, konsistenten Selbstbild beitragen.

Darüber hinaus kann angenommen werden, dass eine positiv erlebte Bindung die Auswirkungen negativer Faktoren abmildern und abpuffern hilft und damit die verbundenen Risiken reduziert. Somit kommt Bindung eine wichtige Ressourcenfunktion zu.

Aus Unternehmenssicht stellt eine positive Mitarbeiterbindung ebenfalls eine wichtige Ressource dar. Sie bietet die Gewähr, dass Mitarbeiter nicht das Unternehmen verlassen, sobald sich eine attraktivere Alternative bietet und vor allem auch in schwierigeren Zeiten dem Unternehmen „treu" bleiben. Besteht eine starke Bindung auf Seiten der Mitarbeiter, ist auch eher mit erhöhtem Engagement und loyalem Auftreten gegenüber Dritten zu rechnen, wenn dies erforderlich ist.

Insbesondere im Kontakt mit Kunden und mit der Öffentlichkeit dürfte sich eine positive Bindung der Mitarbeiter vorteilhaft für das Unternehmen auswirken. Umgekehrt werden Kunden wenig Vertrauen in Produkte und Dienstleistungen eines Unternehmens entwickeln, wenn die Mitarbeiter selbst eine kritisch, distanzierte Haltung einnehmen. Kundenbindung beginnt demnach bei der Mitarbeiterbindung.

Die Forschung zur Arbeitszufriedenheit hat gezeigt, dass es durchaus nicht allein von der aktuellen Zufriedenheit abhängt, inwieweit sich Mitarbeiter engagieren oder ob sie das Unternehmen verlassen. Tatsächlich verlassen Mitarbeiter ein Unternehmen, obwohl sie eigentlich ganz zufrieden sind, während andere im Unternehmen bleiben, obwohl sie eigentlich mit vielen Dingen unzufrieden sind. Ebenso engagieren sich einige mehr als andere, obwohl sie sich hinsichtlich ihrer Zufriedenheit nicht unterscheiden. Unterschiede in der Verbundenheit könnten diese Widersprüche erklären helfen. Selbstverständlich soll hier aber nicht einer bedingungslosen, naiv unkritischen Bindung, die durch Abhängigkeit, bedingungslosen Gehorsam und blindes Vertrauen gekennzeichnet ist, das Wort geredet werden.

Es darf aber auch nicht verschwiegen werden, dass ein Übermaß an Bindung und Loyalität erhebliche Risiken birgt und negative Konsequenzen nach sich ziehen kann. Kadavergehorsam und Korpsgeist sind sattsam bekannte Erscheinungen, die als Kehrseite der Medaille bezeichnet werden können. Sie begünstigen die Duldung oder Vertuschung von unethischen Handlungen, wie Diskriminierung, Betrug etc., oder verleiten Mitarbeiter selber, unethische bzw. kriminelle Handlungen zu begehen oder sich für die Organisation „aufzuopfern".

Zusammengefasst: Bedeutung der Bindung für die Organisation

Wenn sich die Mitarbeiter einer Organisation in hohem Maße verbunden fühlen und sich
mit der Organisation identifizieren, werden sie sich mit großer Wahrscheinlichkeit stärker
für die Interessen und Ziele der Organisation engagieren, eher bereit sein, Veränderungen
und neue Entwicklungen zu akzeptieren und dem Unternehmen auch dann treu bleiben,
wenn sich attraktive Beschäftigungsalternativen bieten. Damit ist Mitarbeiterbindung ein
wesentlicher Erfolgsfaktor.

Eine übermäßig starke Bindung an das eigene Unternehmen oder den eigenen Bereich
erhöht ebenfalls die Wahrscheinlichkeit, tatsächliche Probleme und Risiken nicht
mehr richtig einzuschätzen. Dieses Phänomen ist in der Sozialpsychologie auch unter
dem Stichwort Gruppendenken erforscht und bekannt geworden. Gruppen mit einem
hohen Zusammenhalt (Kohäsion) und homogener Zusammensetzung laufen unter
bestimmten Bedingungen (Zeit- und Entscheidungsdruck, direktive Führung etc.)
besonders Gefahr, ihr Denken einzuengen und wichtige Alternativen auszublenden.
Die starke Bindung untereinander erhöht den Konformitätsdruck. Die Forderung nach
Loyalität und Geschlossenheit befördert Selbstzensur, Engstirnigkeit und Selbstüberschätzung. Vermeintliche Abweichler werden von so genannten Mindguards in ihre
Schranken gewiesen und wieder „auf Kurs" gebracht.

Im Zuge der Selbstüberschätzung werden das eigene Unternehmen bzw. der eigene
Bereich aufgewertet und idealisiert: „Wir sind die Guten". Eigene Probleme und Fehler werden übersehen, verschwiegen oder abgestritten. Im Gegenzug werden andere
Unternehmen abgewertet und mit Vorurteilen belegt: „Die schaffen das doch wieder
nicht". Diese Schwarz-Weiß-Malerei mag die Bindung an das eigene Unternehmen
sogar noch weiter verstärken und damit zunächst selbstwertdienlich sein. Allerdings
besteht die Gefahr, dass Chancen und Risiken des Marktumfeldes nicht mehr realis-
tisch eingeschätzt und Fehlentscheidungen getroffen werden.

Mitunter verlaufen die Grenzen in Organisationen, wie bereits angedeutet, nicht nur
zwischen Organisationen bzw. Unternehmen, sondern können insbesondere bei großen Organisationen mitten hindurch laufen. Die Mitarbeiter identifizieren sich dann
aus unterschiedlichen Gründen nicht mehr mit der Organisation als Ganzem, sondern
in erster Linie mit einzelnen Bereichen, Standorten etc. So genannte „Bereichsegois-
men" sind häufig vor allem in größeren Organisationen anzutreffen und deuten darauf
hin, dass die Bindung gegenüber der Gesamtorganisation in ihrer Bedeutung erheblich hinter die Bindung an den unmittelbaren Bereich zurücktritt. Das erklärt auch,
warum es zum Teil stabile Fronten mit deutlichem Konfliktcharakter zwischen Bereichen in Unternehmen zu beobachten gibt (Markt - Verwaltung; Entwicklung - Vertrieb; Frühschicht - Spätschicht). Wer Unterstützung und Solidarität bekommt, und
wem Unterstützung verweigert wird oder wer sogar befürchten muss, diskriminiert zu
werden, hängt davon ab, ob es einen gemeinsamen Bezugspunkt der Identifikation
gibt oder ob sich die Beteiligten unterschiedlich gebunden und verpflichtet fühlen.

Tabelle 1: Chancen und Risiken der Mitarbeiterbindung

	Chancen	**Risiken**
Organisation	• Einsatzbereitschaft • Motivation, Leistung (in-role, extra-role) • keine unerwünschte Fluktuation	• Konformität, Rigidität • Group-Think • „Korpsgeist", blinder Gehorsam, • eskalierendes Commitment
Mitarbeiter	• Selbstaufwertung • Zufriedenheit durch Befriedi- gung sozialer Bedürfnisse nach Zugehörigkeit • Ressource zur Stressabwehr (soziale Unterstützung)	• Überlastung, Aufopferung • Burn-out, Stress, Abhängigkeit • Stagnation • Rollenkonflikte

Diese Problematik wird auch bei Fusionsprozessen offensichtlich. Starke Bindungen können sich hier auch als hinderlich erweisen, wenn im Rahmen von Fusionen und Übernahmen (Merger & Acquisition) alte Bindungen aufgelöst und neue Bindungen aufgebaut werden sollen. Spezielle Programme zur Post-Merger Integration sollen zum Beispiel helfen, bisherige Unterschiede zu überwinden und neue Gemeinsamkeiten in den Vordergrund zu stellen, damit eine Bindung an das neue Unternehmen entwickelt werden kann.

Es stellt eine besondere Herausforderung vor allem in großen Organisationen dar, die Bindung der Mitarbeitenden auf den unterschiedlichen Ebenen auszubalancieren. Dabei wird ein Dilemma offensichtlich. Auf der einen Seite ist ein hohes Commitment gegenüber dem eigenen Bereich und der eigenen Gruppe für das Engagement und den Einsatz förderlich, andererseits kann ein hohes bereichsbezogenes Commitment den Blick und das Interesse für das Gesamtunternehmen verstellen. Hierdurch können Kooperation und Zusammenarbeit erschwert werden.

1.3 Globalisierung und Flexibilisierung: Ist Bindung noch möglich und zeitgemäß?

Die Erkenntnis, dass nichts beständiger sei als der Wandel, hat sich seit Beginn der 90er Jahre mittlerweile als Leitphilosophie im organisationalen Kontext etabliert. Diese Beständigkeit des Wandels ist mittlerweile ein „geflügeltes Wort" zum Ausdruck einer eher hilflosen, resignierten Feststellung und Beobachtung, dass Werte wie Kontinuität, Sicherheit, Tradition und Verlässlichkeit zunehmend in den Hintergrund

treten. Stattdessen sehen sich der Einzelne sowie die Unternehmen ständig neuen Anforderungen ausgesetzt, auf die sie reagieren müssen. Als eine stetige Herausforderung an Organisationen und Unternehmen wird immer wieder der steigende Wettbewerbsdruck angeführt. Durch die Entwicklung neuer Informationstechniken verändern sich die Märkte und stellen neue Anforderungen an die Innovationsfähigkeit der
Unternehmen. Betroffen vom Innovationsdruck sind nicht nur Produkte und Dienstleistungen, sondern auch Organisationsformen und Vertriebswege.

Eine zentrale Rolle spielt die wachsende Internationalisierung bzw. Globalisierung,
die insbesondere im Dienstleistungssektor zu beobachten ist. Hohe Qualität und ausgeprägte Kundenorientierung sind in Zeiten zunehmender Markttransparenz zentrale
Wettbewerbsfaktoren. Gleichzeitig hat der Kostendruck auf die Unternehmen von
Seiten der Kapitalmärkte (share-holder-value) zugenommen. Wie können die Unternehmen auf die stetig wachsenden Anforderungen reagieren, geschweige denn noch
eine aktiv gestaltende Rolle einnehmen und welchen Sinn macht es noch für Mitarbeiter und Organisationen, sich en aneinander zu binden? Zeitliche Kontinuität, Verlässlichkeit und Vertrauen als wesentliche Voraussetzungen für eine Bindung scheinen zumindest in Frage gestellt, wenn die Partner vor dem Hintergrund eines hohen
Veränderungs- und Flexibilisierungsdrucks ihre Verlässlichkeit einbüßen.

Zahlreiche Managementkonzepte versuchen den massiven Veränderungsdruck aufzugreifen und konstruktiv umzusetzen. Für die Gestaltung des organisationalen Wandels stehen unterschiedliche Strategien bereit. Mit Fusionen und der Entwicklung
zum Global Player sollen einerseits Rationalisierungspotentiale ausgeschöpft und
andererseits durch Diversifizierung die Abhängigkeit von einzelnen Märkten abgebaut werden. Durch Veränderungen der Organisationsstrukturen (Lean Management,
Business-Reengineering) sollen Effizienz und Flexibilität gesteigert werden.

Mit der Ausgliederung von Unternehmensteilen, die nicht dem Kerngeschäft zugerechnet werden (Outsourcing, Profit-Centers), werden zusätzliche Wettbewerbsstrukturen geschaffen und unternehmerische Kompetenz und Verantwortung an Bereiche
delegiert, die bislang weitgehend unselbständig agiert haben. Diese dynamischen
Veränderungen und Wachstumsstrategien erschweren die Bindung an ein Unternehmen, da dieses kaum noch als Einheit wahrgenommen werden kann.

Diese Veränderungen haben auch gravierende Auswirkungen auf die Organisationsmitglieder. Die an sie gestellten Anforderungen sind ebenfalls einem stetigen Wandel
unterworfen. Umgestaltungen im Rahmen von Lean Production und Lean Management führen dazu, dass vom einzelnen Arbeitnehmer eine erhebliche Ausweitung
seiner Tätigkeiten erwartet wird. Diese Ausweitung ist gekennzeichnet durch eine
zunehmende Eigenverantwortlichkeit für das eigene Produkt, einschließlich der Fehlerkontrolle. Hinzu kommt aber auch der Anspruch an den Mitarbeiter, im Gesamtablauf einer Organisation unterschiedliche Aufgaben wahrzunehmen. All dies lässt sich
mit den klassischen Rollenvorstellungen, wie sie in den herkömmlichen Berufsbildern noch verankert sind, nicht mehr vereinbaren. Von Seiten der Mitarbeiter wird ein
hohes Maß an Flexibilität und Veränderungsbereitschaft erwartet. Flexibilisierung
von Arbeitszeit, Arbeitsplatz und Arbeitstätigkeit führt zu einer Erhöhung der Indivi

dualisierung und ist auch mit erheblichem Stress verbunden, da die geregelten und damit verlässlichen Rahmenbedingungen wegfallen.

Zusammengefasst:

Angesichts zunehmender Globalisierung und Flexibilisierung stellt sich die Frage, ob Mitarbeiterbindung überhaupt noch zeitgemäß sein kann. Bindung setzt Stabilität und Kontinuität aller beteiligten Partner voraus. Geht diese Stabilität verloren, wird Bindung automatisch in Frage gestellt.

1.3.1 Erschwerung von Bindung

Entsprechend skizziert Pfeffer (1998) wesentliche Veränderungen, welche die zukünftige „Unternehmenslandschaft" prägen werden und nicht ohne Einfluss auf das Thema Bindung bleiben. Demnach bestimmt der zunehmende Einfluss externer und globaler Finanzmärkte in immer stärkerem Maße die Entscheidungen des Managements und wirkt sich somit auf die konkrete Unternehmensentwicklung, aber auch auf das Fortbestehen der gesamten Organisationen aus, wie am Beispiel der zunehmenden Fusionen deutlich wird. Gleichzeitig beobachten wir auch, wie sich Unternehmen durch Verkäufe von angestammten Sparten trennen. Unternehmensteile werden hin und her geschoben und zum Spielball von Managemententscheidungen, die für die Mitarbeiterschaft häufig genug überraschend kommen. Dieser Trend kann auf die Mitarbeiterbindung nicht ohne Auswirkung bleiben.

Die Möglichkeit und Bereitschaft, sich immer wieder neu zu binden, dürfte begrenzt sein, so dass es immer schwieriger wird, neues Commitment aufzubauen. Werden Unternehmensentscheidungen zunehmend durch Mechanismen und Akteure anonymer Finanzmärkte wie z.B. Private-equity und Hedge-Fonds bestimmt, entsteht zudem der Eindruck, dass das eigene Management bzw. die Geschäftsleitung fremdbestimmt ist. Die Identifikation mit der das Unternehmen repräsentierenden Geschäftsführung fällt damit immer schwerer.

Pfeffer (1998, S. 737) macht den kontinuierlichen Rückgang herkömmlicher, d.h. unbefristeter Vollzeit-Beschäftigungsverhältnisse, als weiteren wesentlichen Veränderungstrend aus. Diese auch als „Normalbeschäftigungsverhältnisse" bezeichneten Arbeitsverhältnisse entsprechen immer weniger der Norm. Stattdessen wächst die Zahl zeitlich und inhaltlich flexibler Arbeitsverhältnisse wie Leih- oder Zeitarbeit, Ich-AGs, Ein-Euro-Jobs und Selbständigkeit. Zugenommen hat auch die Zahl derjenigen, die gleichzeitig mehreren Jobs nachgehen müssen (Mehrfachbeschäftigung), um ihren Lebensunterhalt zu bestreiten.

Neben der gravierenden Zunahme so genannter neuer Arbeitsformen wie Zeit-, Leih- und Telearbeit, ist auch eine erhebliche Welle an Unternehmensneugründungen zu beobachten. Erst in den letzten Jahren ist verstärkt festzustellen, dass Gründungstätigkeit und entsprechende Initiativen durch gezielte Förderprogramme und Maßnahmen (z.B. „Start up", „Businessplan") systematisch unterstützt werden.

Seit einigen Jahren beobachten wir, dass Produktions- aber auch zunehmend höherwertige Verwaltungs- und Entwicklungsaufgaben in Standorte anderer Länder verlagert oder gänzlich aus dem Unternehmen ausgelagert werden. Die Gründe hierfür sind vielschichtig. Zum einen soll eine stärkere Nähe zu den Märkten und Kunden die Effizienz der Prozesse steigern. Diese Effizienzsteigerung ist auch das Leitmotiv, wenn Bereiche outgesourct werden, die nicht zum Kerngeschäft des Unternehmens zählen, um die eigene Wertschöpfungskette nicht mit unproduktiven Prozessen zu belasten. Gleichzeitig kann gegenüber externen Zulieferern, eigenständigen Profit-Centern oder zwischen weitgehend unabhängigen Standorten ein stärkerer Wettbewerbsdruck aufgebaut und hierdurch eher Kosten gespart werden als dies unter dem Dach einer Organisation möglich ist. Zum anderen werden Einsparungspotentiale realisiert, wenn Arbeitsplätze in Länder mit geringeren Lohnkosten reduziert werden. Aus Unternehmenssicht mögen diese Strategien im Hinblick auf Effizienz- und Kostenkriterien notwendig und sinnvoll sein, um im internationalen Wettbewerb zu bestehen. In der Regel bedeuten sie jedoch für die Beschäftigten Arbeitsplatzunsicherheit und Arbeitsplatzabbau.

So willkommen aus Sicht der Unternehmen auf der einen Seite Mitarbeiter mit einer hohen Bindung an das Unternehmen sind, da von Ihnen Engagement und Loyalität erwartet werden kann, wird diese Bindung zum Problem, wenn Personalabbau realisiert werden soll. Für die Mitarbeiter bedeutet dies in der Regel Verunsicherung und Unsicherheit. Das gilt zunächst für die direkt Betroffenen, aber auch für diejenigen, die „diesmal" noch davon gekommen sind. Je mehr diese Veränderungen in das Bewusstsein der Mitarbeiter rücken, umso deutlicher wird, dass die Grundlagen einer langfristigen, stabilen Beziehung zwischen Mitarbeiter und Organisation zunehmend in Frage gestellt werden.

Der implizite psychologische Vertrag, bei dem sich Mitarbeiter auf der einen Seite zu Einsatz, Leistung und Treue verpflichtet haben und im Gegenzug langfristige Sicherheit und Fürsorge durch das Unternehmen erwarten konnten, wird offenbar schleichend aufgekündigt. Implizite Kontrakte, nach denen Treue mit Fürsorge belohnt wird (wenn sie überhaupt bestanden haben und tatsächlich eingelöst wurden), gehören angesichts zunehmender Deregulierungen, z.B. beim Kündigungsschutz, immer mehr der Vergangenheit an. Arbeitsplatzunsicherheit, Arbeitsplatzabbau, Befristung von Arbeitsverträgen, geringfügige Beschäftigung (400,-€-Jobs), Praktikanten, die bisherige Vollzeitjobs besetzen („Generation Praktikum"), sind allgegenwärtig. Entsprechend verändern sich herkömmliche Karriere- und Berufswege. Von den Mitarbeitern wird erhöhte Flexibilität und Mobilität erwartet. Die lebenslange Zugehörigkeit zu einer einzigen Organisation wird zur Ausnahme werden.

Demnach ist die Frage sehr wohl berechtigt, ob es von Mitarbeitern noch erwartet werden kann, sich an ein Unternehmen zu binden, das seinen Teil des Vertrages immer weniger erfüllen wird. Der Wunsch nach Bindung oder bereits vorhandene starke Bindung könnten sich dann sogar als Risikofaktor für Mitarbeiter und Unternehmen darstellen. Sie streben danach, bestehende Bindungen aufrecht zu erhalten und verhindern damit Veränderung und Flexibilität. Die individuellen Wahl- und Handlungsoptionen werden durch emotionale Bindung eingeschränkt und Chancen der Veränderung und Entwicklung bleiben ungenutzt.

Folgt man dieser Sicht, scheint eher das Modell einer rationalen Beziehung zukunftsweisend, welches das individuelle Kosten-Nutzen-Kalkül in den Vordergrund stellt. Loyalität und Treue gegenüber dem Unternehmen sind dann nicht mehr zeitgemäß, da sie einer rückwärtsgerichteten, verklärten Romantisierung alter Unternehmensstrukturen entstammen. Der moderne Typ eines qualifizierten Angestellten oder Managers verfügt dann eher über ein hohes Maß an Flexibilität und Mobilität, um seine individuellen Ziele und Lebensentwürfe zu realisieren. Die Bindung an eine Organisation wäre hierbei nur hinderlich. Auch die dann unrealistische Erwartung, Bedürfnisse nach Bindung und Zugehörigkeit im organisationalen Kontext zu befriedigen, muss demnach zwangsläufig zu Enttäuschungen und Unzufriedenheit auf Seiten der Mitarbeiter führen.

Warum ist es außerdem noch schwieriger geworden, sich mit einer Organisation zu identifizieren? Zunächst führt die Globalisierung ebenfalls dazu, dass es immer schwieriger wird, einer Organisation einen geographisch eindeutigen Platz zuzuordnen. Die Verbreitung neuer Technologien sowie die zunehmende Virtualisierung führen darüber hinaus zu tief greifenden Veränderungen in den Organisationsformen. Arbeitsplätze, Arbeitskollegen, Arbeitsgruppen und Abteilungen einer Organisation sind nicht mehr unbedingt an architektonisch und geographisch klar identifizierbare Orte gebunden, die von allen oder auch nur einer Vielzahl von Organisationsmitgliedern aufgesucht werden. Virtualisierung bedeutet auch, dass Organisationen einem ständigen Wandel unterliegen. Zusammenschlüsse auf unterschiedlichen Ebenen sind häufig nur von begrenzter Dauer. Ist das gemeinsame Ziel erreicht, wird die Zusammenarbeit beendet und neue virtuelle Organisationen mit anderen Partnern entstehen.

Als wichtige Voraussetzung dieser und ähnlicher Entwicklungen gelten die neuen Kommunikationstechnologien. Konferenzen, Besprechungen, Prozesse der Entscheidungsfindung, des Verhandlungsverhaltens und der Output-Kontrolle sind nicht mehr an die physische Anwesenheit Einzelner bzw. ihr faktisches Erscheinen im realen Gruppenkontext gebunden. Durch Video-Konferenzen wird die Kommunikation mit mehreren Partnern über größere Distanzen in Echtzeit möglich, ohne dass auf Kommunikationskanäle wie Gestik und Mimik verzichtet werden muss.

Telearbeit, bei der die Beschäftigten von zu Hause tätig sind und in virtuellen Teams arbeiten, ist ein weiteres Beispiel. Bislang ist wenig darüber bekannt, wie sich diese mittelbare Kommunikation auf die Entwicklung von Commitment auswirkt. Auf der anderen Seite ergeben sich durch Intranet und Business TV neue Möglichkeiten der Kommunikation und Erreichbarkeit der Mitarbeiter, die durchaus das Commitment fördern können.

Zusammengefasst: Erschwerung der Bindung

- Verlust der Verbindlichkeit durch den Einfluss anonymer globaler Finanzmärkte

- Verlust der Erkennbarkeit und Identifizierbarkeit des Bezugspunktes durch permanente Veränderung der Organisation (Fusionen, Verkäufe)

- Verlust des unmittelbaren örtlichen und zeitlichen Bezugs durch Virtualisierung der Kommunikation und Strukturen (virtuelle Teams, Telearbeit)

- Zunahme der Orientierung an Netzwerken anstatt abgeschlossenen Organisationen

- Rückgang herkömmlicher, d.h. unbefristeter Vollzeit-Beschäftigungsverhältnisse

- Vertrauensverlust durch Auflösung des impliziten psychologischen Kontrakts

---

1.3.2 Perspektiven und offene Fragen

Allerdings gibt es Überlegungen, die der Mitarbeiterbindung auch zukünftig einen zentralen Stellenwert einräumen. Den zuvor geschilderten Szenarien, die eine Erschwerung von Bindung bedeuten, stehen Argumente gegenüber, die bei ähnlicher Ausgangslage (Flexibilisierung, Deregulierung, Unsicherheit, Veränderungen der Kontrakte) ausdrücklich auf die zukünftige Bedeutung von Mitarbeiterbindung verweisen.

Conger und Kanungo (1998) erkennen hier ein besonderes Dilemma: Auf der einen Seite gehen zentrale Voraussetzungen für eine enge Bindung der Mitarbeiter an das Unternehmen verloren. Der Verlust von Zeit- und Ortsbindung, aber auch von Unmittelbarkeit (Kontakte, Feedbacks) bedeutet u.a. weniger Sicherheit, Verlässlichkeit und Sinnerleben. Bindung wird hierdurch erheblich erschwert. Auf der anderen Seite sind Unternehmen in zunehmendem Maße auf ein hohes Commitment und die Bereitschaft zu besonderem Engagement (OCB) ihrer Mitarbeiter angewiesen, um die erforderlichen Veränderungen erfolgreich bewältigen zu können. Wie bereits erwähnt, ist durch zahlreiche Studien belegt, dass Mitarbeiter mit einer starken Bindung sich stärker für die Organisation engagieren und dem Unternehmen auch dann treu bleiben, wenn sich attraktive Alternativen ergeben.

In Zeiten von Umbrüchen und Veränderungen sind Unternehmen besonders auf das Commitment ihrer Mitarbeiter angewiesen. Daraus folgt die Forderung, entgegen dem bislang aufgezeigten Trend, nach Möglichkeiten und Strategien zu suchen, wie Bindung von Mitarbeitern erhalten bzw. gefördert werden kann. Angesichts zunehmender Deregulierung gewinnt Vertrauen wieder an Bedeutung. Außerdem handelt es sich bei Verbundenheit und Zugehörigkeit um zentrale menschliche Motive, die zu ignorieren wertvolle Ressourcen verschwenden würde.

Damit stellt sich aber umso dringlicher die Frage, wie angesichts sich verändernder Bedingungen der Erhalt bzw. die Entwicklung von Mitarbeiterbindung gewährleistet werden kann. Unternehmen, denen es gelingt hier gegenzusteuern, dürften von einem erheblichen Wettbewerbsvorteil profitieren, weil sie als besonders attraktiver Arbeitgeber gelten. Maßnahmen zur Verbesserung der Employability, aber auch personale Führung, dürften eine entscheidende, möglicherweise kompensatorische Rolle spielen (Yukl, 1999), um Bindung der Mitarbeiter zu gewährleisten. Meyer, Allen und Topolnytsky (1998) diskutieren darüber hinaus, ob sich die Belegschaften zukünftig verstärkt in eine stabile Kernbelegschaft und flexible Randbelegschaften an der Peripherie des Unternehmens unterteilen werden. Vor allem für die Kernbelegschaft wären Anstrengungen zum Erhalt und der Förderung von Commitment möglich.

Angesichts der medienträchtigen Umwälzungen und Veränderungen, die insbesondere große Unternehmen betreffen, darf nicht übersehen werden, dass die qualitative als auch quantitative Bedeutung der kleinen und mittleren Unternehmen (KMU) stetig zunimmt (Pfeffer, 1998). Hier ist ein erhebliches Beschäftigungs- und Innovationspotential zu konstatieren, während der Beschäftigtenanteil in großen Organisationen und Konzernen eher abnimmt. Kleine und mittlere Unternehmen haben nicht nur in der Vergangenheit eine wichtige Bedeutung gehabt, sondern werden auch in Zukunft eine wichtige Schlüsselfunktion für die wirtschaftliche Innovation sowie die Entwicklung regionaler Wirtschaftsstrukturen einnehmen. Dies bedeutet, dass die Einschätzung der Relevanz des Themas Mitarbeiterbindung nicht nur im Hinblick auf große Unternehmen, sondern vor allem auch mit Blick auf kleine und mittlere Unternehmen erfolgen sollte.

Letztere sind durch Fluktuationsrisiken und Abwanderungstendenzen von Leistungsträgern in stärkerem Maße gefährdet als Großunternehmen. Gleichzeitig sind kleine und mittlere Unternehmen eher in der Lage, Voraussetzungen zu schaffen, die die Bindung von Mitarbeitern fördern und unterliegen weniger den zuvor aufgezeigten Trends, die eine Bindung erschweren. Das bedeutet, dass die pessimistische Perspektive, die insbesondere vor dem Hintergrund der Situation von Großbetrieben und Global Playern entworfen wurde, nicht einfach auf das Gros der KMU übertragen werden darf. Das käme dem sprichwörtlichen „Ausschütten des Kindes mit dem Bade" gleich.

Geht man jedoch davon aus, dass die Bindung an die Organisation mittel- oder langfristig an Bedeutung einbüßen wird, stellt sich die Frage, ob hier ein Vakuum hinterlassen wird, oder ob andere Bindungen im organisationalen Kontext aufgebaut und entwickelt werden. Die klassische Konzeption von Mitarbeiterbindung, welche sich auf das Ausmaß bezieht, in dem sich eine Person mit einer bestimmten Organisation identifiziert und an sie gebunden fühlt, muss daher um weitere Identifikations- bzw. Bindungsziele ergänzt werden. Die bereits thematisierte Veränderung von Organisationsformen und Strukturen mit ihren einschneidenden Auswirkungen auf Arbeitsmarkt und Tätigkeitsstruktur macht es z.B. notwendig, verstärkt auch Bindungen gegenüber der unmittelbaren Arbeitsgruppe, dem Beruf, der Tätigkeit oder zusätzlich gegenüber der Beschäftigungsform in den Focus der Aufmerksamkeit zu rücken.

Zusammengefasst: Hohe Aktualität und zunehmende Bedeutung

Unternehmen sind nach wie vor und gerade in schwierigen Zeiten auf die Loyalität ihrer Mitarbeiter angewiesen, wahrscheinlich liegen hier entscheidende Erfolgsfaktoren.

Die gesamtwirtschaftliche Bedeutung kleiner und mittlerer Unternehmen wird zunehmen, ihr Erfolg ist besonders auf die Bindung der Mitarbeiter angewiesen, gleichzeitig bieten sie günstigere Voraussetzungen, um Mitarbeiter zu binden.

Verlagerung der Bindung von der Gesamtorganisation zu Projekten, Aufgaben und Teams.

Folgende Prototypen zeigen exemplarisch die Bedeutung dieser unterschiedlichen Bindungen. Ausgangspunkt ist die klassische Bindung an ein Unternehmen. Die Krankenschwester, welche ihren Beruf als „Berufung" erlebt, verfügt zum Beispiel über eine ausgeprägte Bindung an ihre Tätigkeit. Für sie ist es von eher nachrangiger Bedeutung, in welchem Krankenhaus (Organisation) sie tätig ist und wie genau ihr Arbeitsverhältnis ausgestaltet ist. Der VW-Werker oder der Scheringianer, dessen berufliche Identität in erster Linie durch die langjährige Betriebszugehörigkeit geprägt ist und u.U. in der Familie bereits seit mehreren Generationen Tradition hat, verkörpert hingegen den klassischen Typus der Bindung an die Organisation. Für sie ist die Bindung an eine bestimmte Tätigkeit jedoch von untergeordneter Bedeutung, solange sie unter dem Dach der großen Organisation angesiedelt ist.

Für den Ingenieur oder Wissenschaftler, der seit Jahren in einer Forscher- oder Entwicklergruppe tätig ist, steht hingegen das Team, mit dem er zusammen arbeitet, im Vordergrund. Stimmen die Rahmenbedingungen für diese Arbeit nicht mehr, wechselt, bei hoher Bindung an das Team, die gesamte Mannschaft das Unternehmen bzw. die Organisation. Auch die Form der Beschäftigung kann eine wichtige Rolle spielen. So mag es für einen Sachbearbeiter in einer Verwaltung in erster Linie wichtig sein, eine feste Anstellung zu haben. Für einen sicheren Arbeitsplatz werden Abstriche bei der Organisation oder der Tätigkeit in Kauf genommen.

Es fällt außerdem auf, dass der Focus der Forschung zur Mitarbeiterbindung bislang auf klassische Erwerbstätigkeiten und Profitorganisationen gerichtet war. Die zunehmende Zahl von Beschäftigten in sozialwirtschaftlichen Berufen und im Non-profit-Sektor macht deutlich, dass diese Tätigkeitsfelder auch hinsichtlich ihres Bindungscharakters näher erforscht werden müssen. Hierzu zählen z.B. pflegerische, pädagogische, sozialpädagogische Berufe und Tätigkeiten. Stichworte wie Ehrenamtlichenmanagement und Bürgerarbeit weisen auf die Bedeutung von Arbeitsformen jenseits klassischer Erwerbsarbeit hin, die ein hohes Maß an Bindung voraussetzen. Bindung an die Tätigkeit oder eine bestimmte Klientel dürfte auch bei ehrenamtlichen Tätigkeiten im Vordergrund stehen. Hierzu ist allerdings bislang nur wenig bekannt. Die folgende Auflistung gibt eine Übersicht über bereits angesprochene und weitere aktuelle offene Fragen:

Welche Ursachen von Bindung sind maßgeblich?

- Warum binden sich Menschen an eine Organisation und welche Werte, Motive oder Bedürfnisse sind hier maßgeblich?

- Wie lassen sich Unterschiede zwischen Personen erklären, welche Personenmerkmale spielen hierbei eine Rolle?

- Wie entsteht Bindung, welche psychologischen Mechanismen und Prozesse werden hier wirksam?

- Wie lassen sich Unterschiede zwischen Organisationen oder Organisationsbereichen erklären, welche Bedingungen spielen hierbei eine Rolle?

- Wie entwickelt und verändert sich Mitarbeiterbindung im Laufe der Zeit?

- Wie lassen sich Ausmaß sowie Art und Weise der Bindung im Sinne eines aktiven Bindungsmanagements durch die Organisation beeinflussen?

Gibt es unterschiedliche Bindungstypen?

- Wie binden sich Menschen an eine Organisation und lassen sich bestimmte Bindungstypen voneinander unterscheiden?

- Woran binden sich Mitarbeiter im Arbeitskontext und lassen sich auch hier bestimmte Bindungstypen voneinander unterscheiden?

Zu welchen Konsequenzen führt Bindung?

- Welche Chancen und positiven Konsequenzen ergeben sich für die Mitarbeiter, Kollegen, Vorgesetzten und die Organisation?

- Welche Risiken und negativen Konsequenzen ergeben sich für die Mitarbeiter, Kollegen, Vorgesetzten und die Organisation?

Welche Kontextbedingungen beeinflussen die Bedeutung von Bindung?

- Ist Mitarbeiterbindung ein universelles Phänomen oder gibt es kulturabhängige Besonderheiten?

- Gibt es berufs- oder tätigkeitsspezifische Bindungsmuster, z.B. für soziale Berufe?

Ausgehend von diesen Eingangsüberlegungen und den abschließend aufgeworfenen Fragen werden in den folgenden Kapiteln die zentralen Theorien, Konzepte und Forschungsergebnisse berichtet. Zum besseren Verständnis des Phänomens Mitarbeiterbindung werden zunächst die einschlägigen Theorien und Konzepte vorgestellt und diskutiert. Dabei werden auch die offenen und ungeklärten Punkte identifiziert und angesprochen (Kapitel 2 und 3). In den folgenden Kapiteln wird der aktuelle Stand der Forschung berichtet. Ausgangspunkt ist zunächst die Frage, in welchem Maße sich Mitarbeiter in Deutschland und Europa ihrem Unternehmen bzw. ihrer Organisation verbunden fühlen (Kapitel 4).

Im Anschluss geht es zum einen um gesicherte Erkenntnisse zu den Auswirkungen und Konsequenzen von Mitarbeiterbindung (Kapitel 5). Zum anderen geht es um empirische Befunde, die belegen, welche Bedingungen und Faktoren Mitarbeiterbindung erhalten, fördern und entwickeln (Kapitel 6). In den weiteren Kapiteln werden spezielle Fragen bzw. offene Punkte aufgegriffen und hierzu erste Überlegungen und, soweit vorhanden, auch erste empirische Befunde vorgestellt. Dabei geht es in Kapitel 7 um Korrelate und verwandte Konzepte wie Arbeitszufriedenheit und Involvement und in Kapitel 8 wird die Frage behandelt, welche Kontextbedingungen berücksichtigt werden müssen. Besonderes Augenmerk wird dabei auf neue Arbeitsformen und kulturelle Unterschiede gelegt. In Kapitel 9 geht es um Commitment in Veränderungsprozessen und in Kapitel 10 werden Risiken von Commitment thematisiert.

Welche konkreten Hinweise und Empfehlungen sich aus dem Stand der Diskussion zum Thema Mitarbeiterbindung für ein aktives Bindungsmanagement ableiten lassen, wird jeweils auch in diesen Kapiteln behandelt. Ausgangspunkt ist dabei die Frage, wie Chancen einer hohen Mitarbeiterbindung genutzt und Risiken gemindert werden können. Abschließend werden Perspektiven für die künftige Forschung aufgezeigt.

2 Mitarbeiterbindung: Das psychologische Band zwischen Mitarbeiter und Unternehmen

Die Bindung an eine Organisation ist als Forschungsthema seit nunmehr über 20 Jahren vor allem im angloamerikanischen Raum verankert (Mowday, Porter & Steers, 1982; Mowday, Steers & Porter, 1979; Porter, Steers, Mowday & Boulian, 1974). Unter Mitarbeiterbindung verstehen wir zunächst die *Verbundenheit, Zugehörigkeit und Identifikation,* die Mitarbeiter gegenüber ihrem Unternehmen empfinden und erleben. In der wissenschaftlichen Literatur wird Mitarbeiterbindung auch als Commitment bzw. organisationales Commitment bezeichnet.

Vor allem in der organisationspsychologischen Literatur ist dieser Begriff seit langem fest verankert. Bereits Anfang der 90er Jahre haben Mathieu und Zajac (1990) eine erste umfangreiche Metaanalyse vorgelegt. Betrachtet man vor allem auch die jüngere Literatur (Cohen, 2003; Meyer & Allen, 1997; Meyer et al., 2002; van Dick, 2004), scheint das Interesse nicht nur ungebrochen, sondern zuzunehmen. Dies manifestiert sich nicht zuletzt in einer Reihe weiterer aktueller *Metaanalysen* (Cooper-Hakim & Viswesvaran, 2005; Lee, Carsfeld & Allen, 2000; Meyer, Stanley, Herscovitch & Topolnytsky, 2002; Riketta, 2005). Unter anderem besteht die Aufgabe der Metaanalyse darin, angesichts der zahlreichen unterschiedlichen Einzelergebnisse, einen so genannten wahren Wert „ρ" und das dazugehörige Vertrauensintervall für einen postulierten Zusammenhang oder Unterschied zu schätzen. Sind die möglichen Fehlerquellen (Stichprobenfehler, Unreliabilität der Messverfahren etc.), welche den wahren Wert verzerren und damit Artefakte produzieren, in ihrer Wirkung kontrolliert, wird nach Moderator-Variablen gesucht, die für die Streuung der Zusammenhänge in den Einzelstudien verantwortlich gemacht werden können. Diese Moderator-Variablen lassen sich grob in zwei Kategorien einteilen: deskriptive, theorieirrelevante Moderatoren (wie z.B. Publikationsjahr, Methoden, Messung, Instrumente, Erhebungssituation) und untersuchungsbezogene, theorie-relevante, explizit in den Untersuchungen erhobene Variablen, die im Rahmen der metaanalytischen Auswertung als Moderatoren verwendet werden (z.B. bestimmte Persönlichkeitsmerkmale, soziodemographische Merkmale). In jüngerer Zeit wird das Phänomen der Mitarbeiterbindung auch unter der Bezeichnung Identifikation bzw. *organisationale Identifikation* diskutiert (van Dick, Wagner, Stellmacher & Christ, 2004). Beide Konzepte sind einander sehr ähnlich und haben ihre Wurzeln in Theorien der Sozial- und Organisationspsychologie, setzen aber zum Teil auch unterschiedliche Akzente. Während das Commitmentkonzept Mitarbeiterbindung eher als *individuelle Einstellung* gegenüber dem „Objekt" Organisation konzeptualisiert (individuelle Perspektive), argumentiert der Identitätsansatz eher aus einer *Gruppenperspektive.* Organisationen und Organisationsbereiche werden demnach als soziale Gruppen betrachtet, die interagieren, kooperieren und konkurrieren. Die Zugehörigkeit zu Gruppen erklärt die Entwicklung sozialer und insbesondere organisationaler Identität. Beide Ansätze werden im Folgenden dargestellt.

2.1 Organisationales Commitment

Wie bereits im ersten Kapitel ausführlich dargestellt wurde, gewinnt das Konzept des organisationalen Commitments an Bedeutung. Vor dem Hintergrund organisationalen Wandels, der u.a. durch Globalisierung, flexiblere Organisations- und Beschäftigungsformen, flachere Hierarchien sowie veränderte Aufgaben und Anforderungen gekennzeichnet ist, wird die Bindung an ein Unternehmen zwar auch erschwert, aber die Organisationen sind zunehmend darauf angewiesen, dass Mitarbeiter sich über das ausdrücklich Geforderte hinaus engagieren und auch in schwierigen und unsicheren Zeiten für das Unternehmen einsetzen (Cooper-Hakim & Viswesvaran, 2005). Die Bereitschaft hierzu dürfte bei einer entsprechenden emotionalen Verbundenheit mit der Organisation größer sein, als wenn die Beziehung als unwichtig erlebt wird. Gleichzeitig sollten stark gebundene Mitarbeiter auch in Krisenzeiten weniger zu Fluktuation neigen und eher bereit sein, Unannehmlichkeiten zu tolerieren oder auf die Nutzung alternativer Chancen zu verzichten. Commitment stellt sich somit als wesentlicher Erfolgsfaktor dar.

Commitment bedeutet Verbundenheit, Verpflichtung, Identifikation und Loyalität gegenüber der Organisation. Mathieu und Zajac (1990) definieren Commitment als das *psychologische Band* zwischen Mitarbeitern und der Organisation: „a bond or linking of the individual to the organization" (S. 171). Etwas allgemeiner definieren Meyer & Herscovitch (2001) Commitment als eine handlungssteuernde Kraft:„a force that binds an individual to a course of action of relevance to one or more targets" (S. 301). Dieses Band charakterisiert die Qualität der Beziehung hinsichtlich Nähe-Distanz, Wertigkeit, Wertschätzung, Verbindlichkeit, Festigkeit und zeitlicher Perspektive: „The relative strength of an individual's identification with and involvement in a particular organization" (Mowday et al., 1982). Im Vergleich zu Loyalität ist Commitment eher Ausdruck einer aktiven Beziehung: „Commitment is ... more than passive loyalty .... active relationship" (Mowday et al., 1979) und im Vergleich zur Arbeitszufriedenheit hebt sich Commitment durch Stabilität und Langfristigkeit ab: „Commitment is more global ... general affective response to the organization as a whole ... develops slowly but consistently, whereas job satisfaction is an evaluative reaction to specific task environment, job or job facets, less stable over time" (Mowday et al., 1979).

In diesem Sinne beschreibt organisationales Commitment eine *Einstellung* gegenüber dem Unternehmen bzw. der Organisation dem bzw. der man angehört. Mit Hilfe des Commitmentkonzepts wird erfasst, wie sich Mitarbeiter ihrem Unternehmen verbunden und verpflichtet fühlen. Commitment beinhaltet *kognitive und emotionale* Komponenten. Dabei spielt die Befriedigung von Bedürfnissen vor dem Hintergrund individueller Werte, Einstellungen und Ziele eine zentrale Rolle. Kognitive Vergleichsprozesse (Soll-Ist-Vergleich) etc. können zum Beispiel als Erklärungsmechanismen für Bindung herangezogen werden. Das Gefühl der *Verbundenheit und Verpflichtung* gegenüber der eigenen Organisation wird als wichtige Voraussetzung für die individuelle Leistungsbereitschaft und vor allem für die Bereitschaft, dem Unternehmen „treu" zu bleiben angesehen. Die Attraktivität des Konzepts hat mehrere Ursachen:

Auf der einen Seite ist zu erwarten, dass Mitarbeiter mit einer hohen Bindung an ihr Unternehmen sich auch stärker für den Erfolg einsetzen und *vermehrte Leistungsbereitschaft* aufbringen. Gleichzeitig sollten Mitarbeiter mit hohem Commitment auf die Nutzung alternativer Chancen verzichten, d.h. weniger zu *Fluktuation* neigen und eher bereit sein, Unannehmlichkeiten zu tolerieren. Commitment der Mitarbeiter stellt somit einen wesentlichen Erfolgsfaktor für die Unternehmen dar.

Mit einer langjährigen Forschungstradition ist die Bindung an eine Organisation als Forschungsthema vor allem im angloamerikanischen Raum fest verankert. Auch im deutschsprachigen Raum wird der Ansatz seit Ende der 80er Jahre zunehmend aufgegriffen (z.B. Felfe, 2005; Maier & Woschée, 2002; Riketta, 2002; Schmidt, Hollmann & Sodenkamp, 1998; van Dick, 2004). In der Entwicklung des Commitmentkonzeptes lassen sich mehrere Entwicklungslinien und Phasen ausmachen, die im folgenden Abschnitt dargestellt werden.

2.1.1 Commitment als emotionale Bindung

Ein erster Ansatz geht auf Porter et al. (1974) zurück (vgl. auch Mowday et al., 1979). Im Mittelpunkt steht die *emotionale oder affektive Bindung* von Personen an ihre Organisation. Kennzeichen dieser Betrachtungsweise organisationalen Commitments sind die folgenden Komponenten: (1) starke Akzeptanz und Identifikation mit den Werten und Zielen der Organisation, (2) Bereitschaft, sich besonders für die Organisation einzusetzen sowie (3) der Wunsch, weiterhin in der Organisation zu verbleiben (Mowday et al., 1982).

In eine ähnliche Richtung weisen auch folgende Ansätze, welche die Einstellung und Identifikation („An attitude or an orientation toward the organization which links or attaches the identity of the person to the organization", Sheldon, 1971) oder die Wertekongruenz betonen. Auf dieser theoretischen Basis entstand der aus 15 Items bestehende Organizational Commitment Questionnaire (OCQ) (Mowday et al., 1979), der in zahlreichen Untersuchungen eingesetzt wurde (z.B. Scandura & Lankau, 1997). Eine Ausführliche Darstellung dieses und anderer Instrumente zur Messung von Commitment erfolgt in Kapitel 3.

Commitment als emotionale Bindung

- Verlust der Verbindlichkeit durch den Einfluss anonymer globaler Finanzmärkte

- Akzeptanz und Identifikation mit Werten und Zielen

- Besonderes Engagement

- Wunsch, in der Organisation zu verbleiben

Folgende Beispiele sollen den Charakter dieser Art von Bindung verdeutlichen. Zum besseren Verständnis sind auch Beispiele für affektiv oder emotional basierte Bindungen aus anderen Lebensbereichen aufgeführt.

Beispiel 1:

Kurt Leisig ist leidenschaftlicher Motorradfahrer. Schon früher hat er davon geträumt, später mal eine echte Harley-Davidson zu fahren. Seit einigen Jahren hat er sich bereits diesen Traum erfüllt. Wenn man ihn fragt, was denn an dieser Marke so attraktiv ist, erklärt er, dass die klassisch traditionelle Konstruktion und die solide handwerkliche Fertigung genau seinen Vorstellungen entsprechen. Andere Hersteller würden sicher auch gute und vor allem preiswertere Motorräder herstellen, die aber sehr stark aktuellen Modetrends folgen und allen möglichen technischen „Schnickschnack" aufweisen. Wenn einem aber solides Handwerk, Tradition und ein uriges Fahrerlebnis wichtig sind, so erfahren wir, würde H-D. diese Werte am ehesten verkörpern. So verwundert es nicht, dass Kurt Mitglied in der Harley Owners Group ist und sich regelmäßig im Internet und bei seinem Händler über aktuelle Neuigkeiten informiert. Darauf, dass H-D. nicht nur Motorräder mit Kultstatus herstellt, sondern vor allem in den letzten Jahren auch ein sehr erfolgreiches börsennotiertes Unternehmen war, ist Kurt auch ein bisschen stolz. Allerdings waren die beiden doch recht kostspieligen Reparaturen im letzten Jahr sehr ärgerlich und Kurt hätte sich vor allem angesichts der hohen Werkstattpreise etwas mehr Kulanz gewünscht. Außerdem musste er eine halbe Ewigkeit auf die Ersatzteillieferung aus den USA warten. Diese Enttäuschung und auch der hohe Kaufpreis werden ihn nicht davon abhalten, seiner Marke auch weiterhin treu zu bleiben.

Beispiel 2:

Franziska Gerber ist seit 20 Jahren als Informatikerin in einem IT Unternehmen mit über 200 Beschäftigten tätig. Als sie damals als Praktikantin und Werkstudentin in der Firma anfing, gab es dort außer ihr nur noch acht Kollegen. Zwei von ihnen hatten sich nach der Uni selbständig gemacht und die Firma gegründet. Dass sie damals von Anfang an richtig in das Team aufgenommen wurde und verantwortungsvolle Aufgaben übertragen bekommen hat, gefiel ihr besonders gut. Es hat ihr damals imponiert, wie die Geschäftsführer sie immer wieder einbezogen und nach ihrer Meinung gefragt haben, obwohl sie kaum Erfahrung hatte. Der partnerschaftliche, fast familiäre Umgang hat sich bis heute erhalten. Ihr hat man es auch immer wieder überlassen, vor allem mit schwierigen Kunden noch eine Lösung zu finden. Geduld, Kreativität und insbesondere die Fähigkeit zuzuhören sind Stärken, welche die anderen schätzen lernten. Dass es dem kleinen Unternehmen trotz hartem Wettbewerb gelungen ist, sich am Markt zu behaupten und zu wachsen und dass die Firma bei ihren Kunden einen sehr guten Ruf genießt, erfüllt Frau Gerber mit Stolz. Umgekehrt hat es ihr schlaflose Nächte bereitet, als ein wichtiges Projekt zu scheitern drohte. Es war fast selbstverständlich, dass sie später einen eigenen Verantwortungsbereich mit eigenen Mitarbeitern bekam, als die Firma immer größer wurde. Als der „neue Markt" boomte, bekam sie einige gut dotierte Angebote, die sie abgelehnt hat, obwohl die Bezahlung durchaus besser gewesen wäre. Nachdem sich die Firma nach dem anschließenden Einbruch in der IT Branche wieder erholt hat, ist die Geschäftssituation aktuell eher kritisch und die Zukunft etwas ungewiss. Die Geschäftsführer und leitenden Angestellten mussten sogar auf einen Teil ihres Gehalts verzichten, um einen finanziellen Engpass zu überwinden. Letzten Monat erhielt Frau Gerber einen

Anruf von einem Headhunter, der auf der Suche nach einer neuen Leitung für das Rechenzentrum einer Verwaltungsbehörde ist. Dabei handelt es sich ohne Zweifel um eine sichere, anspruchsvolle und gut bezahlte Position. Frau Gerber hat das Angebot ein Woche später abgelehnt.

Die Beispiele zeigen, wie emotionale Verbundenheit das Erleben und Verhalten beeinflussen kann. Das wird insbesondere dann deutlich, wenn die Betreffenden sogar bereit sind, Risiken, Kosten oder Nachteile in Kauf zu nehmen. Unbeteiligte, die nicht über diese emotionale Bindung verfügen, würden im oberen Beispiel vielleicht stärker Ärger oder Enttäuschung erleben und die Marke wechseln. Am Ende hat jedes Motorrad nur zwei Räder! In gleicher Weise ist zu fragen, warum Frau Gerber das offenbar unnötige Risiko einer ungewissen beruflichen Zukunft eingeht. Ohne die emotionalen Beweggründe ist die Ablehnung des sicheren und attraktiven Angebots kaum nachvollziehbar. In diesem Sinne werden weder Mühen noch Kosten gescheut, um die Beziehung aufrecht zu erhalten.

2.1.2 Commitment als Fortsetzung von Handlungen

Eine zweite Gruppe von Ansätzen stellt die *Fortsetzung von Handlungen* in den Mittelpunkt. Wovon hängt es ab, ob wir Dinge, die wir einmal begonnen haben, auch fortsetzen? Diese Frage ist besonders dann interessant, wenn es auf den ersten Blick genügend Gründe gäbe aufzuhören und eine Sache zu beenden oder zumindest eine Strategie zu ändern. Als Grundlage zur Erklärung von Bindung werden rationale Kosten-Nutzen-Abwägungen herangezogen (vgl. z.B. Ritzer & Trice, 1969). Folgende Alltagsbeispiele sollen dieses Phänomen verdeutlichen, das sich auch auf den organisationalen Kontext übertragen lässt.

Beispiel 3:

Tobias Schlosser hat sich entschlossen, am Samstagabend rechtzeitig eine Party zu verlassen, um noch mit dem Bus nach Hause fahren zu können. Leider war die Fahrplanauskunft der einladenden Freunde nur sehr vage: „Also bis um 12.30 Uhr fährt in jedem Fall noch ein Bus, aber wahrscheinlich wirst Du etwas warten müssen, die fahren dann nur noch alle 40 Minuten – bleib doch lieber noch ein bisschen und dann rufen wir Dir ein Taxi". Als Tobias bereits um viertel nach 12 an der Haltestelle eintrifft, ist er sicher, nicht lange warten zu müssen und der leichte Nieselregen ist auch nicht so schlimm. Als um fünf vor halb eins ein Taxi vorbei fährt, denkt er schon kurz daran, einfach das Taxi zu nehmen. Aber Tobias entscheidet sich dagegen, weil er annimmt, dass der Bus nun jeden Moment kommen muss und die Taxifahrt wenigstens 20 Euro kosten würde, die er als Student nicht unnötig ausgeben möchte. Der Regen ist inzwischen stärker geworden und Tobias beginnt sich zu ärgern, dass er warten muss und langsam nass wird, weil der Bus nicht kommt. Zehn Minuten später erblickt Tobias wieder ein freies Taxi. Wenn er es anhalten und einsteigen würde, wäre er bald zu Hause und könnte sich in sein warmes, trockenes Bett legen. Andererseits muss der Bus ja nun wirklich jeden Moment kommen und er stellt sich vor wie „blöd" es wäre, wenn der Bus käme, während er gerade in das Taxi steigt. Außerdem wären die ganze Warterei und der frühe Aufbruch von der Party umsonst gewesen, ganz zu schweigen von den hohen Fahrtkosten. Jetzt nur nicht zu früh aufgeben, denkt sich Tobias und beruhigt sich mit dem Gedanken, dass er immer noch das nächste Taxi nehmen könnte. Weitere zehn Minuten später – Tobias wartet nun seit einer halben Stunde – sind weder Bus noch Taxi in Sicht und Tobias Hoffnung, dass der Bus noch kommt, schwindet. Aber möglich wäre es noch und vielleicht hat er ja auch nur etwas Verspätung. „Jetzt ist es auch egal, wie lange ich noch warten muss", denkt sich Tobias und nimmt sich vor, auf keinen Fall „weich" zu werden, falls doch noch ein Taxi kommen sollte.

Beispiel 4:

Maike Robold ist dem Rat ihres Bankberaters gefolgt und hat einen ordentlichen Betrag in die Aktien eines Bio-Tech Unternehmens investiert. Das erste halbe Jahr lief richtig gut. Der Wert stieg bis um 26% und der Bankberater schlug sogar vor, den Gewinn mitzunehmen. Aber Maike wollte keine „Zockerin" sein, die schnell kauft und verkauft. Eigentlich hätte sie es auch schade gefunden, durch einen Verkauf die Aussicht auf weitere Gewinne aufzugeben. Bedauerlicherweise ging der Kurs dann aber in den nächsten Wochen stetig zurück. Als dieser nur noch 5% über dem Kaufpreis liegt, kann Petra sich auch gegen das Anraten ihres Beraters nicht entschließen, zu verkaufen. Schließlich sind 5% kein wirklich lohnendes Geschäft, wenn sie sich an die 26% erinnert und außerdem würde sie die Chance, von einem Wiederanstieg zu profitieren, verlieren. Wochen später meldet sich Petras Bankberater erneut, um darauf hinzuweisen, dass der Kurs bereits 12% im Minus liegt und empfiehlt, das Verlustrisiko durch einen Verkauf zu begrenzen. Petra überlegt sich, dass die 12 % dann endgültig verloren wären und die ganze Investition umsonst gewesen wäre. Daher entschließt sie sich, nicht zu verkaufen. Als der Wert 30% im Minus ist denkt Petra, dass es jetzt auch nichts mehr ausmacht, wenn der Kurs noch weiter fällt und beschließt die Aktie auf jeden Fall zu behalten und auf bessere Zeiten zu hoffen.

Beispiel 5:

Carla Kohlbach studiert bereits seit einigen Semestern Philosophie und Theaterwissenschaften und hat vor kurzem erfolgreich ihre Zwischenprüfung absolviert. Sie hatte sich damals wegen ihres großen Interesses für Literatur und Theater für diese Fächerkombination entschieden. Das geschah entgegen dem Rat ihrer Eltern, die diese Fächer immer noch als brotlose Kunst bezeichnen und das Studium daher für Verschwendung halten. Tatsächlich hat die Begeisterung für das Studium einen aktuellen Tiefpunkt erreicht und die Zukunftsaussichten geben auch Anlass zur Sorge. Soll sie jetzt tatsächlich ihr Studium hinschmeißen. Die vielen Semester wären verloren und die ganze Lernerei für die Zwischenprüfung ebenfalls umsonst gewesen. Ihre Eltern hätten dann am Ende doch Recht behalten – eine ärgerliche Vorstellung. Außerdem stellt sich die Frage, was sie stattdessen studieren soll. Vielleicht wird sie dann wieder mittendrin aufgeben. Also entschließt sich Carla, ihr Studium jetzt umso zügiger fortzusetzen und zu einem Abschluss zu bringen.

Zudem zeigen zahlreiche sozialpsychologische Experimente, dass viele Menschen dazu neigen, einen einmal eingeschlagenen Weg beizubehalten und einer einmal getroffenen Entscheidung treu zu bleiben. Wie wir weiter unten sehen werden, wird dies unter anderem mit einem Streben nach Konsistenz erklärt. Es gibt einige Sprichwörter, die genau diesen Mechanismus widerspiegeln: „Wer A sagt, muss auch B sagen", „Was man einmal begonnen wurde, muss auch beendet werden". Gelingt es zum Beispiel Personen zu überzeugen, einer kleinen Bitte nachzukommen, sind sie auch eher bereit, uns einen größeren Gefallen zu tun. Diese Strategie ist auch als „Foot-in-the-door-Technik" bekannt. Leider kann dieser Mechanismus auch dazu führen, langsam und unmerklich in ein Verhalten hineinzugeraten, was man zuvor wahrscheinlich empört zurückgewiesen hätte.

Milgram (1963) hat in seinen spektakulären Experimenten gezeigt, dass Personen in einem vermeintlichen Lernexperiment unter dem Einfluss von Autorität bereit waren, anderen Personen lebensbedrohliche Elektroschocks zu verabreichen. Allerdings wurden sie nicht gleich aufgefordert, die lebensgefährlichen Schocks zu geben, sondern sie begannen mit ganz harmlosen Voltzahlen. Die Grenze, an der man sich hätte weigern müssen, wurde unter dem Einfluss von Autorität unmerklich überschritten. Als diese Grenze überschritten war, gab es für viele keine Rechtfertigung mehr, nicht weiter zu machen. Sie hatten sich ja bereits schuldig gemacht – warum jetzt auf einmal aufhören. Ihr vorheriges Verhalten diente als Rechtfertigung für die Fortsetzung.

Warum setzen wir also Handlungen auch dann fort, wenn sie uns eigentlich keine Freude bereiten oder mit Risiken behaftet sind, die wir normalerweise nicht eingehen würden? Es sind die *bisherigen Investitionen*, die dann endgültig und unwiederbringlich verloren gehen. Um diese Verluste nicht realisieren zu müssen, wird das „Spiel" bzw. das bisherige Verhalten fortgesetzt. In diesem Sinne „setzen" die betroffenen Personen darauf, doch noch zu gewinnen. Die Metapher einer Wette liegt auch dem so genannten Seitenwetten-Ansatz („Side-bets") zu Grunde, der auf Becker (1960) zurückgeht. Demnach werden aktuelle Entscheidungen nicht unabhängig und nur im Hinblick auf zukünftig zu erwartende Erfolgswahrscheinlichkeiten getroffen. Stattdessen laufen im Hintergrund noch alte Wetten, eben Seitenwetten.

Es kann durchaus auch sein, dass hier Investitionen und Kosten eine Rolle spielen, die nicht unmittelbar mit der aktuellen Entscheidung zu tun haben. So werden bei der Entscheidung, ob das Unternehmen wegen eines interessanten Jobangebots verlassen wird, nicht nur direkte Kosten wie z.B. der Verlust einer Treueprämie nach 10-jähriger Betriebszugehörigkeit und der dann vergebliche Einsatz beim Aufbau der neuen Abteilung kalkuliert, sondern auch, dass man eigentlich der Familie versprochen hatte, auf keinen Fall mehr umzuziehen, bis die Kinder die Schule beendet haben („Commitment comes into being when a person, by making a side bet, links extraneous interests with a consistent line of activity", Becker, 1960).

Auch Partnerbeziehungen funktionieren nach diesen Prinzipien. Neben Sympathie, Attraktivität und emotionaler Zuneigung gibt es auch rationale Gründe, die dazu beitragen, ob eine Beziehung fortgesetzt oder beendet wird. Das *Investitionsmodell* von Rusbult und Buunk (1993) geht davon aus, dass in einer Beziehung die Zufriedenheit, und in der Folge Commitment, von den Erträgen der Partnerschaft abhängt. Ein Beispiel hierfür ist die so genannte „Vernunftehe", bei der eher Vernunft als Leidenschaft die Beziehungsgrundlage bildet. Außerdem gilt, dass das Commitment umso mehr steigt, je höher die Investitionen in die Partnerschaft sind. Die gemeinsamen Kinder, das gemeinsame Haus oder Geschäft sind Dinge, die man nach vielen Jahren gemeinsamen Schaffens nicht aufgeben oder gefährden will und um deren Willen die Beziehung fortsetzt wird, auch wenn die emotionale Basis mit der Zeit verloren gegangen ist.

Hinzu kommt ein weiterer Aspekt, der das Kosten-Nutzen-Kalkül beeinflusst. Das Commitment ist umso stärker, je geringer die Chance, eine bessere Alternative zu finden, beurteilt wird. Stehen *keine Alternativen* zur Verfügung, steigen die Kosten für einen Wechsel: „Lieber den Spatz in der Hand, als die Taube auf dem Dach." Damit sind nicht nur Kosten durch bereits getätigte Investitionen, sondern auch künftig zu erwartende Kosten Grundlage der Kalkulation.

Zum anderen sind wir daran interessiert, unser Verhalten und damit unser Selbst als konsistent und stabil zu erleben. Unser *Selbstkonzept* und *Selbstwert* gerieten in Gefahr, wenn wir allzu wankelmütig wären und unser Verhalten ständig ändern würden. Wird Verhalten als inkonsistent und widersprüchlich erlebt, entsteht psychische oder kognitive Dissonanz.

Kognitive Dissonanz wird als unangenehmer Spannungszustand erlebt. Menschen sind daher bestrebt, kognitive Dissonanzen zu vermeiden oder zumindest zu reduzieren. Stellt sich vergangenes Verhalten (Investitionen, Entscheidungen etc.) als Fehler heraus, entsteht Dissonanz. Gelingt es die Entscheidung doch noch zu rechtfertigen, indem wir zum Beispiel den Einsatz erhöhen, besteht Aussicht, Dissonanz zu reduzieren. Aktuelles und vergangenes Verhalten können sich gegenseitig rechtfertigen. Bisherige Anstrengungen werden nachträglich gerechtfertigt, indem das Verhalten beibehalten und ggf. der Einsatz erhöht wird: „Es war nicht falsch, sondern richtig, dass wir so gehandelt haben". Aktuelles Verhalten wird durch vergangenes legitimiert: „Das haben wir schon immer so gemacht", „Damals haben wir so entschieden, dann müssen wir es wieder tun". Damit sind es reale und vor allem auch psychische Kosten, die dazu führen, ein einmal begonnenes Verhalten fortzusetzen. Dem „gesunden Menschenverstand" ist dieses Phänomen ebenfalls nicht gänzlich unbekannt. Um genau dieser Tendenz entgegenzuwirken empfiehlt der Volksmund deshalb ein Ende mit Schrecken einem Schrecken ohne Ende vorzuziehen.

Die Vermeidung der Realisierung von Verlusten wird auch als *Sunk Costs Effect* bezeichnet. Die Aussichten, den Einsatz doch noch zu retten, werden überschätzt und die Risiken unterschätzt, wie das Beispiel von Maike Robold zeigt. Ähnliche Verhaltenstendenzen und Mechanismen lassen sich auch in unterschiedlichen anderen Lebensbereichen finden. Zum Beispiel fällt es Roulettespielern besonders schwer mit dem Spiel aufzuhören, wenn sie verloren haben. Man möchte wenigstens den Einsatz retten und verliert damit – zumindest in der Regel – immer mehr. Auch hier werden Wahrscheinlichkeiten falsch eingeschätzt, wenn Spieler aufgrund des bisherigen Spielverlaufs die Auftretenswahrscheinlichkeit einer Farbe, einer Zahl oder einer bestimmten Kombination höher oder niedriger einschätzen. Tatsächlich sind die Wahrscheinlichkeiten aber immer gleich. Die Bedeutung des sunk costs effect lässt sich auch am Beispiel des Kreditgewerbes zeigen. Wie der Volksmund weiß, hat der Kreditnehmer ein Problem, wenn er sein Darlehen über 100.000 Euro nicht mehr bedienen kann. Beläuft sich die Kreditsumme aber über 10 Mio. Euro, hat die Bank ein Problem. Das erklärt auch die Bereitschaft, bei Kreditengagements „gutes Geld" dem „schlechten Geld" (weil es bereits verloren ist) „hinterher zu werfen", auch wenn die Erfolgsaussichten gering sind. Da sich in diesen Beispielen die Situation eher verschlimmert, spricht man auch von *eskalierendem Commitment* oder *Entrapment*. Mit dem Versuch, Verluste zu vermeiden, steigt das Risiko immer höherer Verluste. Eskalierendes Commitment dürfte auch einen Teil der Dynamik von Konflikten erklären. Je mehr Kosten für die Konfliktpartner bereits durch den Konflikt entstanden sind, umso schwieriger wird es, einen Kompromiss zu finden oder sich gütlich zu einigen (Gesichtsverlust, Kosten eines Anwalts).

Zusammenfassend besagen diese Modelle, dass die Stärke des Commitments aus einem Abwägen bisheriger Investitionen und den zu erwartenden Kosten bzw. dem zu erwartendem Nutzen resultiert. Würden beispielsweise bei einem Wechsel des Arbeitsplatzes die aufgrund langer Betriebszugehörigkeit erworbenen Zusatzrentenansprüche, Gehaltszulagen oder aber die erreichte Position gefährdet und zusätzliche Umzugskosten entstehen, wären dies Kosten, die einen Wechsel eher unwahrscheinlich machen.

Gleiches gilt, wenn Fähigkeiten oder Fertigkeiten so organisationsspezifisch sind, dass sie in anderen Unternehmen praktisch wertlos und damit verloren wären. Wenn diesen Kosten nicht ein erheblicher Nutzen (Gehalt, zukünftige Karrierechancen etc.) gegenübersteht, ist ein hohes Commitment zu erwarten und ein Wechsel der Organisation eher unwahrscheinlich. Zur Messung des Commitments gemäß dieser Sichtweise wurde nach der Bereitschaft gefragt, die Organisation bei vorhandenen attraktiven Beschäftigungsalternativen zu wechseln (Ritzer & Trice, 1969). Folgendes Beispiel soll diese Form der Bindung abschließend verdeutlichen.

Beispiel 6:

Kerstin Kastner ist seit 12 Jahren bei einem überregionalen Energieversorger als Sachbearbeiterin beschäftigt. Das Einkommen ist für die Region überdurchschnittlich und durch ihre lange Betriebszugehörigkeit hat Frau Kastner mittlerweile Anspruch auf eine betriebliche Zusatzrente. Allerdings ist sie seit einiger Zeit nicht mehr wirklich glücklich mit ihrer Arbeit. Nach der letzten Restrukturierung hat sich ihr Arbeitsgebiet geändert und der Anteil einfacher Routinetätigkeiten deutlich zugenommen. Auch ist die Zahl der Fälle gestiegen, die sie zu bearbeiten hat. Direkten Kontakt mit Kunden, der ihr früher viel Spaß bereitete, hat sie heute gar nicht mehr. Auch scheint es kaum noch Entwicklungsmöglichkeiten zu geben. Noch vor wenigen Jahren hatte man ihr eine Gruppenleiterstelle in Aussicht gestellt. Davon ist seit längerer Zeit nicht mehr die Rede und ihre Versuche das Thema anzusprechen stoßen bei ihrer Vorgesetzten und auch in der Personalabteilung auf taube Ohren. Seitdem die Geschäftsleitung vor 2 Monaten verkündet hat, dass trotz guter Geschäftszahlen vor allem in der Verwaltung Personal abgebaut werden soll, ist die Stimmung im Unternehmen gedämpft und Kerstin überlegt, sich einen anderen Job zu suchen. Das ist

aber leichter gesagt als getan. Ein Blick in den regionalen Stellenmarkt offenbarte,
dass es nur wenig Alternativen gibt und die waren in der Regel schlechter bezahlt
und ein Umzug in eine andere Gegend wäre aus familiären Gründen viel zu mühsam.

Sowohl der einstellungsorientierte als auch der verhaltensbezogene Ansatz erklären
Commitment, setzen jedoch deutlich unterschiedliche Akzente. Abbildung 1 verdeutlicht in Anlehnung an Mowday et al. (1982) die beiden Perspektiven und zeigt, dass
beim einstellungsorientierten Ansatz Commitment als Einstellung im Sinne eines
psychologischen Zustands („psychological state" oder „mind set") Verhalten
vorhersagt.

Eine geringe Fluktuationsneigung und ein besonderes Engagement sind das Ergebnis
eines hohen Commitments. Beim verhaltensorientierten Ansatz steht die Fortsetzung
einer Handlung („continue in a course of action") im Vordergrund sowie die Bedeutung dieser Fortsetzung zur Dissonanzreduktion und als Rechtfertigung vorhergehen-
der Handlungen.

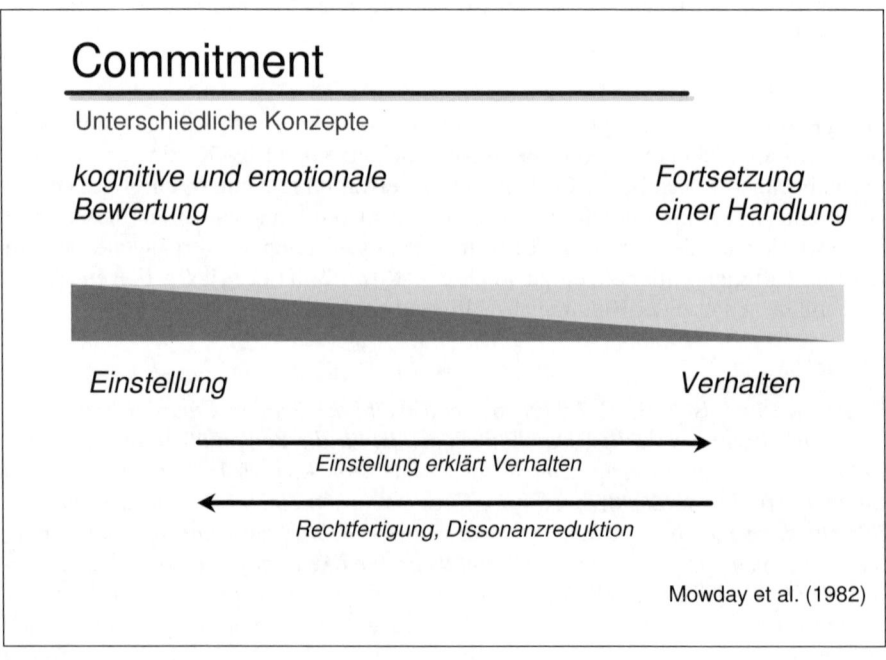

Abbildung 1: Einstellungs- und verhaltensbezogenes Commitment

---

Commitment als Resultat kognitiver Prozesse und bisheriger Handlungen

- **Side-Bets-Ansatz (Becker, 1960)**

- **Investitionsmodell (Rusbult, 1980):** rationales Kalkül, Kosten-Nutzen-Bilanzierung bisheriger Investitionen und zukünftiger Chancen (Nutzen - Kosten + Investitionen - Nutzen der besten Alternative), Rechtfertigung des Aufwands führt zur Wertsteigerung der Beziehung (Dissonanz)

2.1.3 Commitment aufgrund von Normen

Ein dritter Ansatz betont die Bedeutung *moralischer Wertvorstellungen* für die Stärke und Aufrechterhaltung der Bindung an das Unternehmen (Wiener & Vardi, 1980). Loyalität, Opferbereitschaft und Treue sowie Verzicht auf Kritik entstehen, weil auf Grund familiärer, aber auch betrieblicher Sozialisationsprozesse entsprechende *Normen* internalisiert wurden. Im Vergleich zu den bereits genannten Ansätzen spielen emotionales Erleben und Einstellungen sowie rationale Kosten-Nutzen-Überlegungen hierbei eine untergeordnete Rolle. Zur Erfassung dieses so genannten normativen Commitments dient ursprünglich ein aus drei Items bestehendes Instrument von Wiener und Vardi (1980), welches das Ausmaß an Loyalität, Opferbereitschaft und Zurückhaltung von Kritik gegenüber der Organisation erfragt. Folgende Praxisbeispiele sollen diese Perspektive verdeutlichen.

Beispiel 7:

Herbert Mans kümmert sich regelmäßig um seine mittlerweile 90-jährige Nachbarin, die nicht mehr allein aus dem Haus gehen kann. Ohne seine tatkräftige Unterstützung – vor allem erledigt er ihre Einkäufe – könnte die Nachbarin nicht mehr alleine leben und müsste in ein Pflegeheim ziehen. Da sie selber keine Angehörigen mehr hat, die ihr helfen können, ist sie sehr froh und dankbar durch Herberts Hilfe noch zu Hause leben zu können. Hin und wieder erlebt Herbert die Verpflichtung gegenüber seiner Nachbarin schon als starke Belastung und Einschränkung in seinem Leben und er überlegt, wie lange er diese Verantwortung noch tragen kann und will. Andererseits weiß Herbert, dass seine Nachbarin nur sehr ungern in ein Pflegeheim ziehen würde. Er findet es wichtig, dass alte Menschen nicht abgeschoben werden und will sie auch persönlich nicht enttäuschen. Und so beschließt er immer wieder, sie so lange wie möglich zu unterstützen.

Olaf Schneider hat von seinem Vater einen Bäckereibetrieb mit zwei Filialen und einem kleinen Cafe geerbt. Der Traditionsbetrieb wird von der Familie Schneider nun schon in der 5. Generation geführt. Besonders beliebt ist bei der Kundschaft der „Schneider-Zipfel". Dabei handelt es sich um eine Torte, die der Großvater kreiert und damit die Bäckerei stadtbekannt gemacht hat. Obwohl Olaf nie viel Interesse für die Backstube gezeigt und sich in seiner Jugend eher für Autos interessiert hat, stand schon immer fest, dass Olaf den Betrieb eines Tages übernehmen würde. Das frühe Aufstehen ist ihm nie leicht gefallen. Dennoch hat Olaf den Betrieb eines Tages übernommen und zur Erleichterung der ganzen Familie weitergeführt. Allerdings hat der

Wettbewerbsdruck in den letzten Jahren durch die Bäckereiketten erheblich zuge-
nommen und er musste bereits zwei seiner Mitarbeiter entlassen, um Kosten zu spa-
ren. Als ihm nun von einer der Ketten ein akzeptables Kaufangebot unterbreitet wird,
scheint ihm die Aussicht, alle geschäftlichen Sorgen mit einem Schlag los zu sein,
äußerst verlockend. Aber was hätte sein Großvater dazu gesagt und wie sollte er das
seinen Mitarbeiterinnen und Mitarbeitern erklären? Die Verantwortung für das Fa-
milienerbe und für die Mitarbeiter darf er nicht einfach aus der Hand geben. Also
nimmt er von diesen Gedanken wieder Abstand und beschließt, so lange wie möglich
weiter zu machen.

Wie die beiden Beispiele zeigen, sind es hier ethische Wertvorstellungen und moralische Verpflichtungen, die das Erleben und Handeln der Betreffenden in erster Linie
bestimmen. Diesem moralischen Druck unterwerfen sich die Betreffenden selbst.
Beide hätten die Möglichkeit ihr Verhalten zu beenden. Die Alternativen hierfür stehen zur Verfügung. Auch spielen bei den Überlegungen der beiden bisherige Investitionen keine Rolle. Emotional wären sie froh und erleichtert, die Last nicht mehr tragen zu müssen.

Moralische Wertvorstellungen (Wiener & Vardi, 1980)

- Verzicht auf Kritik

- Opferbereitschaft

- Loyalität, Treue

2.2   Ein aktuelles Modell: Komponenten und Foci (Richtungen)

2.2.1   Drei Komponenten

Den zahlreichen Ansätzen liegt aber ein gemeinsamer Kern zugrunde: „Commitment
is a force that binds an individual to a course of action of relevance to one or more
targets." (Meyer & Herscovitch, 2001, p. 301). Daher haben Meyer und Allen (1984)
vorgeschlagen, organisationales Commitment als *mehrdimensionales Konzept* zu verstehen und haben zunächst ein zweidimensionales Konzept postuliert. Die erste Dimension wurde als affektives Commitment bezeichnet und definiert als „positive feelings of identification with, attachment to, and involvement in, the work organization"
(Meyer & Allen, 1984, p. 375), d.h. die Verbundenheit der Mitarbeiter entspricht ihrem *Wünschen und Wollen*. Die zweite Dimension wurde als continuance oder kalkulatorisches Commitment bezeichnet und entspricht dem fortsetzungsbezogenen
Commitment. Sie wird definiert als das Commitment, dass auf den Kosten basiert, die
bei einem Wechsel zu erwarten sind („the extent to which employees feel committed
to their organizations by virtue of the costs that they feel are associated with leaving

(e.g., investments or lack of attractive alternatives", p. 375). Das bedeutet, dass die Bindung darauf basiert, dass Mitarbeiter glauben, aufgrund von *Kosten-Nutzen-Überlegungen* im Unternehmen bleiben müssen. In einem späteren Artikel haben Meyer und Allen (1990) das normative Commitment als dritte Dimension ergänzt. Normatives Commitment wird definiert als Gefühl der Verpflichtung in der Organisation zu bleiben, d.h. die Mitarbeiter glauben, einer *sozialen oder moralischen Norm* entsprechen zu müssen und fühlen sich aus diesem Grunde verpflichtet, in der Organisation zu bleiben.

Es gelingt Meyer und Allen (1990) somit, die unterschiedlichen Stränge miteinander zu verknüpfen und in einem einzigen Commitment-Modell zu integrieren. Die bislang unterschiedlichen und zum Teil widersprüchlichen Bedeutungen, die mit dem Commitmentkonzept verknüpft waren und eher zu Verwirrung als zu Klarheit beigetragen haben („confusion surrounding conceptual distinctions", Allen & Meyer, 1990), sind damit unter einem Dach zusammengefasst. Tabelle 2 zeigt die drei Komponenten mit den jeweiligen Aspekten im Überblick.

Die Betrachtung unterschiedlicher Dimensionen oder Komponenten bedeutet, dass das *„psychologische Band"*, welches eine Person mit einer Organisation oder ihrem Beruf verbindet, nicht nur unterschiedlich stark, sondern auch von unterschiedlicher Qualität sein kann. Bei Personen, bei denen affektives Commitment im Vordergrund steht, charakterisieren in erster Linie positive Emotionen wie Freude, Stolz, Loyalität etc. die Verbundenheit. Mit rationalem Commitment hingegen ist gemeint, dass die Bindung auf Vernunftgründen basiert. Bisherige Investitionen, aufgewendete Kosten und Nutzenerwartung werden aktuell und für die Zukunft bilanziert bzw. prognostiziert. Zusätzlich werden Alternativen geprüft und in das Kalkül einbezogen. Bei normativem Commitment stehen eigene Normen, Werte oder Erwartungen anderer im Vordergrund, denen gegenüber eine Verpflichtung erlebt wird (s. Tabelle 2). Grundsätzlich erleben Individuen alle drei Komponenten, die unabhängig voneinander variieren können (Meyer, Allen & Topolnytsky, 1998). Deshalb sollten bei der Beschreibung der Stärke der Bindung stets sowohl affektives als auch normatives und kalkulatorisches Commitment berücksichtigt werden.

Allerdings betonen die Autoren, dass ihr Drei-Komponenten-Modell insgesamt einstellungsorientiert ist („focus on attitudinal commitment, conceptualized as a psychological state that reflects employees' relationship to the organization"). Dies bedeutet, dass auch das ursprünglich verhaltensbezogene *kalkulatorische Commitment jetzt als Ausdruck einer Einstellung* bzw. einer Haltung gegenüber der Organisation verstanden wird. Dadurch, dass Personen bei der Charakterisierung ihrer Beziehung insbesondere Kosten und Nutzen in den Mittelpunkt stellen, kommt eine Einstellung zum Ausdruck, die eher rational als emotional geprägt ist. Diese Einschätzungen unterliegen der subjektiven Bewertung. Nicht entscheidend sind die tatsächlichen Kosten und Nutzen, sondern inwieweit sie im Erleben der Beziehung eine Rolle spielen.

Allen und Meyer (1990) begründen ihren integrativen Ansatz u.a. damit, dass alle drei Bindungsmechanismen gleichzeitig, und in unterschiedlichen Ausprägungen in Erscheinung treten können (Meyer, Allen & Topolnytsky, 1998). Dabei lassen sich unterschiedliche Typen unterscheiden. Diese Typen können einzelne Personen charakterisieren, aber auch das durchschnittliche Commitment in einer Organisation oder in einem Unternehmensbereich. Wie aus Abbildung 2 ersichtlich, verfügt Typ 1 zum Beispiel über ein hohes affektives Commitment und über ein mittleres normatives Commitment. Das kalkulatorische Commitment ist hier jedoch vergleichsweise niedrig ausgeprägt.

Dies bedeutet, dass sich die Personen in hohem Maße mit den Zielen und Werten des Unternehmens identifizieren, stolz darauf sind, der Organisation anzugehören und sich der Organisation emotional verbunden fühlen. Unabhängig davon fühlt sich dieser Typ auch bis zu einem gewissen Grad der Organisation verpflichtet, weil er zum Beispiel Personen, mit denen er zusammenarbeitet (Kunden, Kollegen, Klienten) nicht enttäuschen will oder der Organisation viel zu verdanken hat. Sicherlich würde so jemand auch auf viele Vorteile verzichten, wenn er die Organisation verlassen würde und könnte nicht sicher sein, ob ihm ein anderes Unternehmen ähnliche Möglichkeiten bietet. Diese Überlegungen spielen bei diesem *affektiv gebundenen Typ 1* jedoch nur eine untergeordnete Rolle.

Tabelle 2: Drei-Komponeten-Modell von Allen und Meyer (1990)

	Affektives Commitment	**Kalkulatorisches Commitment**	**Normatives Commitment**
Erleben	„want to" Verbundenheit Loyalität Stolz, Freude	„need to"	„ought to" Schuld Dankbarkeit
Basis	Gemeinsame Werte und Ziele Persönliche Bedeutung	Kosten - Nutzen Investitionen Alternativen Seitenwetten	Normen Moral Verantwortung Verpflichtung
Entstehung	Arbeitsbedingungen Arbeitsrolle	Investitionen Alternativen	Sozialisation (familiär, betrieblich) Reziprozität

Genau umgekehrt ist es beim *kalkulatorisch gebundenen Typ 2*. Hier ist das Gefühl der Verpflichtung nur gering ausgeprägt und auch die Identifikation ist nur schwach. Dafür scheint ein Wechsel mit erheblichen Kosten verbunden und wahrscheinlich gibt es auch kaum attraktive Alternativen. Carla K. aus dem obigen Beispiel könnte diesem Typ entsprechen. Beim *normativ gebundenen Typ 3* steht die moralische Verpflichtung im Vordergrund. Eine Veränderung wird abgelehnt, weil dadurch gegen Normen und Standards verstoßen würde, denen man sich verpflichtet fühlt. Hingegen spricht eine nüchterne Betrachtung der Chancen und Risiken für eine Veränderung.

Die Kosten und Risiken scheinen kalkulierbar und außerdem stehen ausreichende Alternativen zur Verfügung. Auch die emotionale Bindung ist vergleichsweise gering. Stolz und Identifikation spielen eine untergeordnete Rolle. Olaf S. aus dem oben angeführten Beispiel weist zu diesem Typ deutliche Übereinstimmungen auf. Beim *Typ 4* ist das affektive Commitment ebenfalls gering ausgeprägt. Dafür sind sowohl das kalkulatorische als auch das normative Commitment vergleichsweise stark. Bei diesem Typ ist ein Wechsel vor allem unwahrscheinlich, weil die Situation zum einen kaum Gelegenheiten bietet und diese zum anderen aus moralischen Gründen kaum genutzt werden würden.

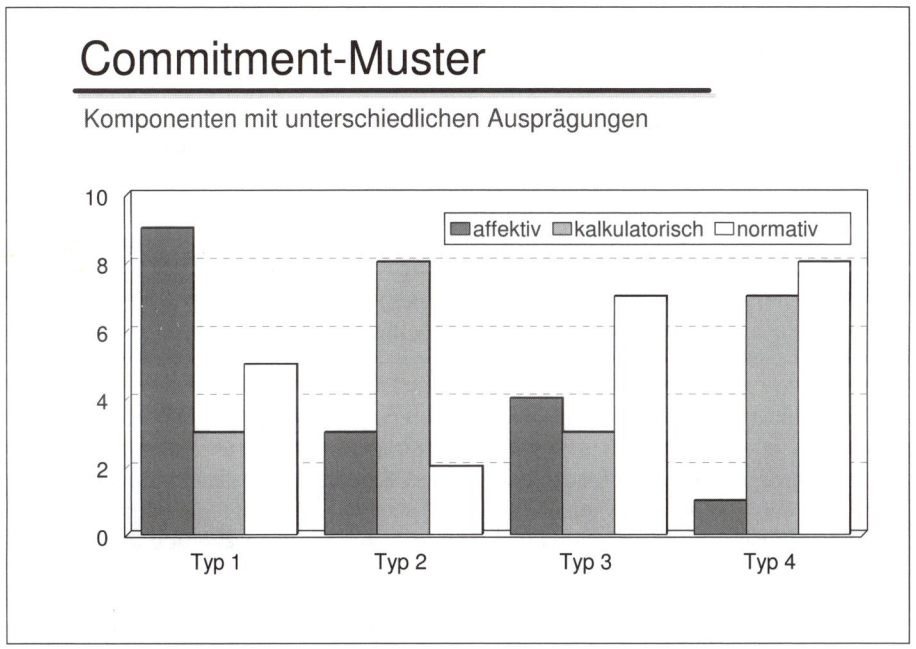

Abbildung 2: Commitmentprofile

Die Differenzierung unterschiedlicher Komponenten ist vor allem in Hinblick auf mögliche Maßnahmen zur Förderung von Commitment von praktischer Relevanz. Beispielsweise besteht ein relativ hohes Risiko, dass Mitarbeiter, die in erster Linie kalkulatorisch gebunden sind, wie z.B. Typ 2, das Unternehmen verlassen, sobald sich eine attraktivere Alternative anbietet. Organisationen und insbesondere die Führungskräfte sind dann gefordert, z.B. durch Veränderung der Arbeitsaufgaben und -bedingungen oder durch eine Verbesserung der Kommunikation Bedingungen für ein stärkeres affektives Commitment zu schaffen. Meyer und Allen (1997) sprechen in diesem Zusammenhang von einem *aktiven Commitmentmanagement*. Die einzelnen Komponenten lassen sich entsprechend spezifischen Bedingungsfaktoren zuordnen.

Ergänzend soll kurz auf den Ansatz von O'Reilly und Chatman (1986) verwiesen werden, der ebenfalls mehrere Komponenten unterscheidet und von Becker (1992) und Cohen (1993) aufgegriffen wurde. Nach O'Reilly und Chatman (1986) ist Commitment das psychologische Band, welches den Mitarbeiter an die Organisation bindet („psychological bond, that ties the employee to the organization"). Aber dieses Band weist unterschiedliche Stränge auf, die als *Basen* von Commitment bezeichnet werden. Dabei handelt es sich um (1) Internalization, (2) Identification und um (3) Compliance oder Instrumental Commitment. Die drei Basen unterscheiden sich nicht grundsätzlich hinsichtlich ihrer psychologischen Qualität wie bei Meyer und Allen (1990), sondern vor allem hinsichtlich ihrer Intensität.

Am geringsten ist die Intensität des Commitments beim *Instrumentellen Commitment (Compliance)*. Hier werden Ziele und Vorgaben des Unternehmens nur befolgt, weil es notwendig ist oder als opportun erachtet wird. „Compliance (instrumental commitment) occurs when attitudes and behaviors are adopted not because of shared beliefs but simply to gain specific rewards. In this case public and private attitudes may differ." (O'Reilly & Chatman, 1986). Einschätzungen und Einstellungen, die in der Arbeit gefordert werden, weichen von den privaten Ansichten ab. „Wes Brot ich ess, des Lied ich sing." Damit ergibt sich eine gewisse Überschneidung mit dem kalkulatorischen Commitment von Meyer und Allen. Gemeinsam ist beiden Konzepten, dass rationale Nutzenaspekte oder Notwendigkeiten im Vordergrund stehen.

Identifikation geht bereits einen Schritt weiter. Die Werte und Vorgaben werden bereitwillig akzeptiert und das Ausmaß an Diskrepanz zwischen privater Meinung und Berufsrolle ist gering. Hier liegt sogar die Bereitschaft vor, Werte zu übernehmen und sich anzupassen. um dadurch auch eine befriedigendere Arbeitssituation zu erreichen („Identification, ... occurs, when an individual accepts influence to ... maintain a satisfying relationship; that is an individual may feel proud to be part of a group, respecting its values ... without adopting them as his or her own." (s.o.).

Während in dieser Form Diskrepanz und Anpassung noch auf Inkongruenzen der Wertesysteme hinweisen, ist die Basis der *Internalisierung* durch eine hohe Wertekongruenz gekennzeichnet: „Internalization occurs when influence is accepted because the induced attitudes and behavior are congruent with one's own values; that is, the values of the individual and the group or organization are the same." s.o. Internalisierung entspricht damit weitgehend dem affektiven Commitment nach Meyer und Allen. Cohen (1993) hat diese Basen in seinem Work Commitment Konzept modifiziert und dahingehend vereinheitlicht, dass unterschiedliche Qualitäten affektiver Bindungen an die Organisation abgebildet werden. Cohen hat den Begriff der Identifikation übernommen, die in seinem Ansatz aber eher dem Konzept der Internalisierung von O'Reilly und Chatman (1986) entspricht (Beispielitem: „I find that many of my values are very similar to the values of:"). Hinzu kommen Affiliation und moralisches Involvement. Mit Affiliation sind Gefühle der Zugehörigkeit (Beispielitem: „I am proud to be a member of:") und mit moralischem Involvement Gefühle von Sorge und Verantwortung gemeint (Beispielitem: „I take personally any problems that occur in:").

Zusammengefasst: Erschwerung der Bindung

Die klassische Konzeption von Commitment als Ausmaß, in dem sich eine Person mit einer bestimmten Organisation identifiziert und an sie gebunden fühlt, beinhaltet die drei Komponenten **affektives, normatives und rationales** Commitment (Meyer & Allen, 1997). Personen mit affektivem Commitment halten die Bindung aufrecht, weil sie es **wünschen und wollen**. Umgekehrt setzen Menschen, bei denen das rationale Element im Vordergrund steht, Beziehungen fort, weil es ihnen **vernünftig** erscheint, oder weil sie es aufgrund mangelnder Alternativen **müssen**. Steht das normative Element im Vordergrund, überwiegt das Erleben, dass man sich **verpflichtet fühlt** eine Bindung oder eine Beziehung aufrecht zu halten, obwohl man es nicht unbedingt wünscht oder gar Nachteile in Kauf nimmt und Opfer bringt.

2.2.2 Multiple Richtungen der Bindung (Foci)

Zum Ende des Abschnitts 1.3.2 wurde die Frage diskutiert, ob die Bindung an die Organisation mittel- oder langfristig an Bedeutung einbüßen könnte. Mit Blick auf einschneidende Veränderungen sowohl bei den Organisationen selbst wie auch bei den Beschäftigungsformen wurde vorgeschlagen, verstärkt Bindungen gegenüber der unmittelbaren Arbeitsgruppe, dem Beruf oder der Tätigkeit oder zusätzlich gegenüber der Beschäftigungsform als weitere Richtungen von Commitment in den Focus der Aufmerksamkeit zu rücken, weil die bislang meist übliche Bindung an eine Organisation in Zukunft möglicherweise eher eine untergeordnete Rolle spielen wird (Cooper-Hakim & Viswesvaran, 2005). Diese unterschiedlichen Richtungen oder Ziele, auf die sich das Commitment beziehen kann, werden auch als *Foci* bezeichnet.

Es gibt in der Literatur bereits einige Beispiele dafür, dass Commitment nicht nur auf die Organisation, sondern auch auf andere Bereiche gerichtet ist. Für Reichers (1985) setzt sich organisationales Commitment aus mehreren Commitments im organisationalen Kontext zusammen („... organizational commitment can be understood as a collection of multiple commitments to various groups that comprize the organization", p. 469). Die Organisation ist ein abstraktes Gebilde, das sich aus realen Gruppen, Individuen und Zielen zusammensetzt. Hierzu zählen beispielsweise das Top Management, Klienten, Geldgeber und Professionalität. Nachfolgend unterscheidet Becker (1992) neben dem Commitment gegenüber der Organisation fünf weitere Foci: Top Management, Abteilung, Abteilungsleiter, Arbeitsgruppe und Team sowie Team- bzw. Gruppenleiter.

Für jeden Focus wird jeweils zwischen den drei Basen Compliance, Identification und Internalization unterschieden. Blau, Paul und John (1993) postulieren zusätzlich zum organisationalen das berufsbezogene (occupational) Commitment (Beispielitem: „Have ideal occupation for life work") und Job involvement (Beispielitem: „Like to be absorbed in job most of time"). Cohen (1993) differenziert zwischen Organisation, Beruf, Gewerkschaft sowie Job und unterscheidet für jeden Focus die Komponenten Identifikation, Affiliation und moralisches Involvement (s.o.). Ein detaillierter Überblick über die Ansätze multipler Commitments findet sich bei Cohen (2003). Zu den multidimensionalen Ansätzen von Becker (1992), Cohen (1993) und Blau et al.

(1993) liegen erprobte und validierte Erhebungsverfahren vor. Im Folgenden wird auf Grund des hohen Verbreitungsgrades und der zahlreichen empirischen Befunde, die hierzu vorliegen, der Ansatz von Meyer und Allen (1997) in den Vordergrund gestellt.

Auch Meyer und Allen (1997) gehen ebenfalls davon aus, dass ihr Commitment-Modell nicht nur für die Bindung an die Organisation als Ganzes Gültigkeit besitzt, sondern als *universelles Bindungsmodell* auch auf die Bindung an die Tätigkeit, den Beruf, das Team etc. übertragen werden kann. Sie schlagen daher vor, den Commitmentansatz auf andere Bereiche zu generalisieren („generalization hypothesis", Meyer & Herscovitch, 2001). Grundsätzlich können die Beschäftigten in einem organisationalen Kontext gegenüber verschiedenen arbeitsbezogenen Einheiten gleichzeitig Commitment zeigen (z.B. gegenüber dem Beruf, der Karriere, der Arbeitsgruppe, dem Top Management und natürlich gegenüber der Organisation als Ganzes). Abbildung 3 gibt einen Überblick über eine Reihe unterschiedlicher Foci, für die jeweils die Komponenten unterschieden werden können. Commitment kann also zusammenfassend sowohl in seiner Qualität (Komponenten) als auch in seiner Ausrichtung (Foci) als mehrdimensional verstanden werden. Die Integration zu einem Gesamtmodell lässt Commitment zu einem komplexen Modell werden.

2.2.2.1 Commitment gegenüber dem Beruf bzw. der Tätigkeit

Der Bindung an den Beruf bzw. die Tätigkeit wurde bereits früh Beachtung geschenkt. Als *Occupational Commitment* bezeichnet, ist hiermit die Identifikation und Verbundenheit mit der ausgeübten Tätigkeit gemeint. Bei einer starken Bindung an den Beruf oder die Tätigkeit kommt es den Personen insbesondere darauf an, einen bestimmten Beruf oder eine bestimmte Tätigkeit weiterhin ausüben zu können. Die Gründe hierfür können wieder unterschiedlich sein. Wie eingangs am Beispiel der Krankenschwester gezeigt wurde, die ihren Beruf als „Berufung" erlebt, kann ein Beruf in hohem Maße dazu dienen, eigene Wertvorstellungen zu verwirklichen. So wie es für die Krankenschwester oder andere Vertreter pflegerischer oder medizinischer Berufe darauf ankommt, andere Menschen zu heilen und zu helfen, so geht es zum Beispiel bei Wissenschaftlern und Professoren um Wissen, Wahrheit und Erkenntnis, bei Juristen und Polizisten um Gerechtigkeit und Sicherheit u.s.w. Haben diese Personen durch ihre Tätigkeit die Möglichkeit, diese Werte zu verfolgen, resultieren Freude, Stolz und emotionale Verbundenheit, d.h. affektives Commitment gegenüber dem Beruf bzw. der Tätigkeit (occupational commitment). Daher ist es ihnen besonders wichtig, ihren Beruf auch in Zukunft ausüben zu können. Ein Wechsel in ein anderes Berufsfeld ist dann kaum vorstellbar. Der Beruf ist wesentlicher Bestandteil der eigenen Identität.

Bei einem ausgeprägten beruflichen- bzw. tätigkeitsbezogenen Commitment, ist es daher von eher nachrangiger Bedeutung, in welchem Unternehmen oder in welcher Organisation man tätig ist. Bezogen auf die obigen Beispiele ist das einzelne Krankenhaus oder die jeweilige Hochschule oder Forschungseinrichtung als Organisation so lange zweitrangig oder austauschbar, wie sie die Möglichkeit zur befriedigenden

Ausübung der Tätigkeit bietet. Ein „naher Verwandter" dieses berufs- oder tätigkeits-bezogenen Commitments ist das so genannte „Job Involvement" (Lodhal & Kejner, 1965). Job Involvement ist wie das affektive Commitment gegenüber der Tätigkeit durch eine hohe Identifikation mit der Arbeit charakterisiert

In Analogie zu organisationalem Commitment kann die Bindung aber auch kalkulatorisch oder normativ basiert sein. Viele können sich gut vorstellen, eine andere Tätigkeit auszuüben, die ihren Neigungen und Interessen eher entspricht und dabei mehr Freude zu erwarten. Sei es der Wunsch, ein Hotel in einer attraktiven Urlaubsgegend zu betreiben, einen exklusiven Weinladen zu eröffnen, Bücher zu schreiben, Autos zu tunen oder Heilpraktiker zu werden, um nur einige Beispiele zu nennen. Häufig steht dahinter der Wunsch, ein Hobby zum Beruf zu machen oder einfach etwas deutlich anderes als bisher. In jedem Fall ist der Wunsch, die bisherige Tätigkeit weiterhin auszuüben, gering. Könnte man einfach wie man wollte, wäre die Veränderung schon längst vollzogen. Augenscheinlich gibt es doch gute Gründe, den aktuellen Job nicht aufzugeben. Das kann zum einen an den hohen Investitionen in Form einer langen, teuren und anstrengenden Ausbildung, den guten Verdienstmöglichkeiten, welche die aktuelle Tätigkeit bietet, oder der Souveränität und Erfahrung liegen, die mit der Zeit erworben wurden. Zum anderen sind es die mit einer Neuorientierung verbundenen Kosten und Risiken, die von einem Wechsel Abstand nehmen lassen.

Wie beim organisationalen Commitment können aber auch normative Aspekte im Vordergrund stehen. Man fühlt sich verpflichtet, zurückzugeben, was man als Ausbildung bekommen hat, damit diese Investition der Eltern oder der Gesellschaft nicht umsonst war. Oder man möchte diejenigen nicht enttäuschen, mit denen man in dem jeweiligen Beruf zu tun hat. Der Volksmund hat hierfür als normative Orientierung den Spruch „Schuster bleib bei deinen Leisten" parat. Entsprechend haben Meyer, Allen und Smith (1993) in Erweiterung ihres Ansatzes die Übertragung des 3-Komponenten-Modells auf die Bindung an den Beruf bzw. die Tätigkeit vorgenommen. Hierzu wurden die Items entsprechend angepasst und einer empirischen Überprüfung unterzogen. Tatsächlich konnten Meyer et al. (1993) mit Hilfe von Faktorenanalysen nachweisen, dass sich ihr dreidimensionales Konzept auch auf den Bereich der Tätigkeit übertragen lässt, und dass es sich bei organisationalem und berufsbezogenem Commitment um distinkte Konzepte handelt. Bestätigt wurde die Generalisierbarkeit auch in einer jüngeren Arbeit von Irving, Coleman und Cooper (1997).

2.2.2.2 *Commitment gegenüber dem Team oder der Arbeitsgruppe*

Wie bereits zuvor ausgeführt, können Globalisierung, Fusionen und Umstrukturierungen dazu führen, dass die Organisation einem ständigen Wandlungsprozess unterworfen und dadurch für den einzelnen Mitarbeiter als Ganzes kaum noch zu erkennen ist. Hinzu kommt, dass die Distanz zur Unternehmenszentrale mitunter so groß ist, dass die Beziehung hierzu psychologisch von untergeordneter Bedeutung ist. In diesen Fällen ist es nicht unwahrscheinlich, dass die Beziehung zum unmittelbaren Arbeitsbereich oder zur Arbeitsgruppe in den Vordergrund rückt. Die Verbundenheit mit der Gruppe und dem Bereich könnte dann auch ein wesentlich aussagekräftigerer

Prädiktor für Engagement und Fluktuation sein als die Bindung an die Gesamtorganisation. Diese Überlegungen haben dazu geführt, auch die Bindung an die Arbeitsgruppe als *Workgroup Commitment* mit einzubeziehen.

Personen mit einem hohen Commitment gegenüber der Arbeitsgruppe identifizieren sich mit der Leistung und den Zielen ihres Teams, sind stolz darauf, in diesem Team dazuzugehören und fühlen sich gerade dieser Gruppe emotional verbunden. Als Konsequenz sind sie bereit einander zu unterstützen, sich für das Team einzusetzen, erleben ein starkes Wir-Gefühl und würden das Team auch gegen „Angriffe" von außen verteidigen. In diesen Fällen wird der Zusammenhalt häufig wie in einer Familie erlebt und die Atmosphäre als familiär beschrieben. Deswegen ist es den Mitgliedern besonders wichtig, auch weiterhin in dieser Gruppe zu bleiben. In Fällen mit besonders hohem Gruppenzusammenhalt und starkem Commitment gegenüber der Arbeitsgruppe kann es dazu kommen, dass das ganze Team oder zumindest ein Großteil der Gruppe das Unternehmen gemeinsam verlässt, um als eingespielte Mannschaft in einem anderen Unternehmen tätig zu werden oder gemeinsam eine eigene Firma zu gründen.

Analog zum organisationalen und berufsbezogenen Commitment kann das Commitment gegenüber dem Team aber auch eher kalkulatorisch oder normativ begründet sein. Zum Beispiel kann es viel Einsatz und Anstrengung gekostet haben, bis man ein akzeptiertes Mitglied einer Gruppe geworden ist. Bei einem Wechsel wäre es mühsam, wieder einen festen Platz zu erlangen. Möglicherweise haben sich in der speziellen Arbeitsgruppe aber auch spezifisch Arbeits- und Organisationsformen herausgebildet, die besonders vorteilhaft sind und ein Wechsel wäre mit erheblichen Umstellungen verbunden. Vielleicht gibt es zurzeit aber auch einfach keine freien Plätze in anderen Gruppen, so dass es keine Alternativen gibt, die einen Wechsel erlauben.

Sind es in erster Linie die Kolleginnen und Kollegen im Team, denen man sich verpflichtet fühlt und die man durch einen Weggang nicht enttäuschen will, oder würde man gegen eine Norm verstoßen, die besagt, dass man sein Team nicht im Stich lassen darf, wäre das Commitment gegenüber dem Team normativ begründet. Es gibt mittlerweile empirische Belege dafür, dass sich das dreidimensionale Konzept auch auf das Commitment gegenüber der Arbeitsgruppe übertragen lässt, und dass es sich bei organisationalem und arbeitsgruppenbezogenem Commitment um distinkte Konzepte handelt. Entsprechende Belege liefern zum Beispiel die Studien von Ellemers, De Gilder und Van den Heuvel (1998), Keller (1997), Ouwekerk, Ellemers und De-Gilder, 1999 sowie Stinglhamber, Bentein und Vandenberghe (2002).

2.2.2.3 *Commitment gegenüber der Führungskraft*

Einige Autoren haben darauf hingewiesen, dass auch die unmittelbare Beziehung zur direkten Führungskraft die maßgebliche Grundlage für das Commitment der Mitarbeiter sein kann *(Commitment to the supervisor)*. Ähnlich wie beim Commitment gegenüber der Arbeitsgruppe ist es nicht die Organisation als Ganzes, sondern es sind die unmittelbaren Interaktionspartner, zu denen eine bedeutsame Bindung entwickelt wird. Je nachdem, ob die Führungskraft zur Arbeitsgruppe dazugerechnet wird, handelt es sich hier um einen Teilaspekt des Commitments gegenüber der Arbeitsgruppe. Vor allem in Arbeitskontexten, bei denen die Gruppe z.B. aus organisatorischen Gründen (geringe Kooperationsanforderungen, geringer Koordinationsbedarf, wenig Kommunikationsmöglichkeiten) nur eine untergeordnete Rolle spielt, dürfte das Commitment gegenüber der Führungskraft an Bedeutung gewinnen. Mitarbeiter mit einem hohen Commitment gegenüber ihrer Führungskraft erleben eine hohe Übereinstimmung bei Werten und Einstellungen, sind möglicherweise aufgrund besonderer Kompetenz froh und stolz darauf, mit dieser Person zusammenarbeiten zu können und würden nur ungern mit einer anderen Führungskraft zusammenarbeiten. Es ist durchaus denkbar, dass sich Führungskraft und Mitarbeiter hinsichtlich ihrer Wertvorstellungen einig sind, diese aber durchaus von denen der Organisation abweichen können.

Ähnlich wie beim Commitment gegenüber der Arbeitsgruppe gibt es auch eine Reihe pragmatischer Gründe, die dafür sprechen, weiterhin mit der aktuellen Führungskraft zusammenzuarbeiten. Man hat sich aneinander gewöhnt, hat gelernt, die gegenseitigen Schwächen zu akzeptieren und weiß, worauf man sich beim anderen verlassen kann. In diesem Fall wäre das Commitment gegenüber der Führungskraft wieder kalkulatorischer Natur. Böte sich eine attraktivere Alternative, gäbe es keinen Grund dem bisherigen „Chef" oder der bisherigen „Chefin" treu zu bleiben. Fühlt man sich der Führungskraft hingegen zu Dankbarkeit verpflichtet oder hätte man Sorge, die Führungskraft in Schwierigkeiten zu bringen, wenn man ihren Verantwortungsbereich verlässt, ist das Commitment normativ begründet. Ein hohes Commitment gegenüber der Führungskraft kann auch wieder dazu führen, dass Mitarbeiter ihrer Führungskraft folgen, wenn sie das Unternehmen verlässt. Empirische Belege für die Übertragbarkeit und differentielle Vorhersagen von Commitment gegenüber der Führungskraft gibt es zum Beispiel bei Becker, Billings, Eveleth und Gilbert (1996), Stinglhamber et al. (2002) sowie Cheng, Jiang und Riley (2003).

2.2.2.4 Commitment gegenüber der Beschäftigungsform

Der zunehmende Rückgang herkömmlicher Beschäftigungsformen („Normalarbeitsverhältnisse") und die Zunahme zeitlich befristeter Anstellungsverhältnisse werfen die Frage auf, inwieweit sich Personen an bestimmte Beschäftigungsformen gebunden fühlen. Der Anstieg von Teilzeitarbeit, die Verbreitung von Zeitarbeit oder Leiharbeit, die Ausweitung von Beschäftigung auf Basis von Praktika oder freier Mitarbeit, Heim- und Telearbeit sowie die wachsende Zahl „neuer Selbständigkeit" (z.B. Ich-AG) macht deutlich, wie stark die Beschäftigungsformen mittlerweile diversifiziert sind.

Die Zunahme von Alternativen eröffnet zumindest teilweise auch die Möglichkeit einer bewussten Wahl der Beschäftigungsform. Das bedeutet, sich in einer bestimmten Lebenssituation bewusst für Telearbeit oder Zeitarbeit zu entscheiden oder die eigene Selbständigkeit einem Anstellungsverhältnis vorzuziehen. Welche Rolle spielt die Beschäftigungsform bei der Überlegung, einen Arbeitsplatz oder eine Tätigkeit zu wechseln bzw. beizubehalten? Beim Commitment gegenüber der Beschäftigungsform stehen nicht das „Was" (Beruf, Tätigkeit) oder das „Wo" (Organisation) oder das „mit Wem" (Team, Vorgesetzter), sondern das „Wie" im Vordergrund.

Personen mit einem starken affektiven Commitment gegenüber einer bestimmten Beschäftigungsform ist es besonders wichtig, zum Beispiel fest angestellt zu sein, um eine langfristig sichere Perspektive zu haben, oder aber als Selbständiger oder Zeitarbeiter flexibel und unabhängig zu sein. Hierfür hat der Volksmund die folgende Empfehlung parat: „Lieber kleiner Herr als großer Knecht". Die Bindung gegenüber der Beschäftigungsform kann hier wieder analog zur Bindung gegenüber der Organisation und dem Beruf bzw. der Tätigkeit kalkulatorisch oder normativ begründet werden (Felfe, Six & Schmook, 2002; Felfe, Schmook, Six & Wieland, 2005).

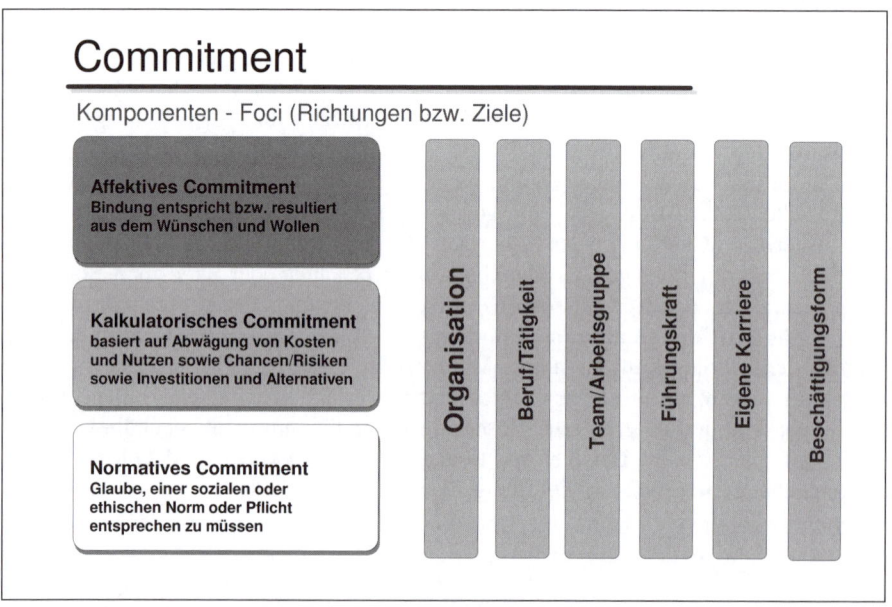

Abbildung 3: Komponenten und Foci (Richtungen) von Commitment

2.2.2.5 Commitment gegenüber Veränderungen

In den einführenden Abschnitten wurde auf die Bedeutung unterschiedlichster technologischer und organisationaler Veränderungsprozesse in Organisationen hingewiesen, mit denen die Produktivität und die Wettbewerbsfähigkeit erhalten bzw. gesteigert werden soll. Der Erfolg dieser Veränderungsprojekte hängt nicht unwesentlich davon ab, ob die Ziele und Strategien durch die Mitarbeiter unterstützt werden. Genauso gut können sie aber auch scheitern, wenn die Mitarbeiter offenen oder verdeckten Widerstand leisten. Vor diesem Hintergrund haben Herscovitch und Meyer (2002) Commitment gegenüber Veränderungen („*Commitment to organizational change*") als weiteren Focus eingebracht. Sie definieren Commitment to organizational change als „... as a force (mind-set) that binds an individual to a course of action deeemed necessary for the successful implementation of a change initiative" (p. 475). Herscovitch und Meyer (2002) gehen davon aus, dass insbesondere die aktive Unterstützung aber auch Widerstand von Veränderungsprozessen besser durch dieses spezifische Commitment vorhergesagt werden kann als durch das allgemeine organisationale Commitment. Wie auch für die anderen Foci lassen sich wieder drei Komponenten unterscheiden.

Affektives Commitment gegenüber Veränderungen bedeutet, dass sich Mitarbeiter mit den Zielen eines Veränderungsprozesses identifizieren und von der Notwendigkeit der Maßnahmen und Strategien überzeugt sind. Die angestrebten Veränderungen entsprechen damit dem eigenen Wünschen und Wollen. Auch wenn die Prozesse durch die Organisation selbst mit wenig Nachdruck verfolgt würden, wären Mitarbeiter mit einem hohen affektiven Commitment gegenüber einer Veränderung wahrscheinlich bereit, für den Erfolg des Prozesses zu sorgen, indem sie selber Initiative ergreifen und sich besonders engagieren.

Von kalkulatorischem Commitment gegenüber einer Veränderung kann hingegen gesprochen werden, wenn die Unterstützung nur aus dem Grund erfolgt, weil Verweigerung der Unterstützung mit negativen Konsequenzen verbunden ist und als riskant wahrgenommen wird. Die Veränderung wird als notwendiges Übel erlebt, der man sich nicht ohne Risiken entziehen kann. Damit wird sich die Unterstützung auf das Notwendigste beschränken. Sobald die Kosten und Risiken anders bewertet werden können, weil z.B. der Druck von Seiten der Organisation nachlässt, würden diese Mitarbeiter ihre Unterstützung einstellen.

Normatives Commitment gegenüber Veränderungen liegt vor, wenn sich die Betroffenen moralisch verpflichtet fühlen, die Ziele der Veränderung zu unterstützen oder den Vorgaben der Organisation zu entsprechen. Eine Verweigerung der Unterstützung würde als unverantwortlich erlebt und die Betroffenen kämen mit ihren eigenen Ansprüchen und Wertvorstellungen in Konflikt. Werden sie aus dieser Verpflichtung entlassen oder hätten sie das Gefühl durch kompensatorische Leistungen nicht mehr an ihre Verpflichtung gebunden zu sein, wird das Engagement ebenfalls nachlassen.

2.2.2.6 *Weitere Foci*

Darüber hinaus finden sich in der Literatur noch Beispiele für weitere Foci bzw. Ziele, auf die der Commitmentansatz übertragen wurde: Commitment gegenüber dem Top-Management (Becker et al., 1996), Commitment gegenüber Veränderungen (Commitment to change) (Herscovitch & Meyer, 2002), Commitment gegenüber Europa (Vandenberghe, Stinglhamber, Bentein & Delhaise, 2001), Commitment gegenüber der eigenen Karriere (Hall, 1971; Felfe, Schmook & Six, 2006; Meyer et al., 1998), Commitment gegenüber der Gewerkschaft (Cohen, 2003) und Commitment gegenüber Kunden und Patienten (Customers) (Stinglhamber et al., 2002). Allerdings handelt es sich hierbei in der Regel nur um vereinzelte Studien.

2.2.2.7 Differenzielle Vorhersagen

Wie legitim ist es, Commitment beliebig auf andere Foci zu übertragen? Prinzipiell droht hier die Gefahr einer *Inflationierung* des Commitmentbegriffs, wenn die einzelnen Komponenten und Foci nicht mehr klar zu trennen sind. Neben der theoretischen Begründung ist zunächst der Nachweis einer empirischen Unterscheidbarkeit der Konzepte zu führen. Dies geschieht in der Regel mit Hilfe von Faktorenanalysen. Ausgangspunkt ist die faktorielle Unterscheidung zwischen affektivem, kalkulatorischem und normativem Commitment gegenüber der Organisation.

Der Stand der Forschung wird in Kapitel 3.1 ausführlicher behandelt. In diesem Zusammenhang werden auch Studien berichtet, welche die Konstruktvalidität der drei Komponenten und mehrerer Foci gleichzeitig getestet haben. Darüber hinaus ist diese Differenzierung unterschiedlicher Foci nur dann gerechtfertigt, wenn sich mit den unterschiedlichen Komponenten differentielle, d.h. spezifische und verbesserte Vorhersagen bezüglich bestimmter Erfolgskriterien machen lassen.

Durch eine solche Unterscheidung wird es möglich, ein vollständigeres Verständnis der Bindung einer Person an ihre Beschäftigung in all ihren Facetten zu erlangen. Auch die Verhaltensweisen, die als Konsequenzen von Commitment aufgefasst werden, lassen sich so präziser für den jeweiligen Arbeitnehmer bestimmen. So sollte beispielsweise jemand, der affektiv an seinen Beruf gebunden ist, erhöhte Bereitschaft zeigen, mit den Entwicklungen in seinem Berufsfeld Schritt zu halten (vgl. Meyer et al., 1993). Für verbesserte und differentielle Vorhersagen gibt es einige Belege, auf die bereits an dieser Stelle erwähnt werden sollen:

- Es konnte in mehreren Studien gezeigt werden, dass die Vorhersage von Fluktuationsabsichten verbessert werden konnte, wenn zusätzlich zu den Komponenten des organisationalen Commitments auch noch das Commitment gegenüber dem Beruf (Occupational commitment) berücksichtigt wurde (Irving et al., 1997; Meyer, Allen & Smith, 1993; Lee et al., 2000).

- Auch mit einem etwas anderen Commitment-Modell, dass zwischen den Komponenten Internalization, Compliance und Identification als Basen von Commitment unterscheidet, konnten Becker und Billings (1993) die Bedeutung unterschiedlicher Foci belegen. Sie fanden, dass die Hinzunahme der Foci Commitment gegenüber dem Top-Management, Commitment gegenüber der Führungskraft und der Arbeitsgruppe zusätzlichen Erklärungswert gegenüber organisationalem Commitment aufwiesen, wenn Kündigungsabsichten, Arbeitszufriedenheit und OCB vorhergesagt werden sollten.

- Keller (1997) konnte zeigen, dass die Leistung von Wissenschaftlern und Ingenieuren, gemessen an der Anzahl ihrer Veröffentlichungen, sehr wohl mit berufsbezogenem Commitment korreliert, jedoch nicht mit organisationalem Commitment zusammenhängt. Möglicherweise stellt berufsbezogenes Commitment (occupational Commitment) in bestimmten Kontexten (befristete Beschäftigungsperspektive, hohe Professionalität, Expertentum) einen durchaus besseren Prädiktor für individuelle Leistungen dar als organisationales Commitment.

Meyer und Allen (1997) haben zusätzlich darauf hingewiesen, dass die Beziehung zwischen Commitment und einem Verhalten stärker sein wird, wenn sich Verhalten und Commitment auf dasselbe Ziel beziehen. Dies bedeutet, dass Commitment gegenüber der Arbeitsgruppe eher für Kriterien von Bedeutung ist, die in unmittelbarem Zusammenhang mit der Arbeitsgruppe stehen.

Das könnte zum Beispiel die Unterstützung von Kollegen, die Bereitschaft Zusatzaufgaben im Team zu übernehmen etc. sein. Berufsbezogenes Commitment hingegen wird sich nach dieser Überlegung weniger stark auf das Hilferverhalten im Team auswirken, sondern beispielsweise eher die Weiterbildungsbereitschaft beeinflussen. Und Commitment gegenüber dem Vorgesetzten wird sich am stärksten auf die Unterstützung des Vorgesetzten auswirken. Diese Überlegung wird durch die Befunde einer Untersuchung von Ellemers et al. (1998) gestützt:

- Ellemers et al. (1998) haben zwischen Commitment gegenüber der Arbeitsgruppe (team-oriented Commitment), Commitment gegenüber der Organisation als Ganzes und Commitment gegenüber individuellen Arbeitszielen (karriere-orientiertes Commitment) unterschieden. Es ergaben sich deutliche Unterschiede zwischen den nach Bindungsziel differenzierten Commitmentformen. Diese Unterschiede zeigen sich sowohl für das Messniveau als auch für die Beziehungen zu anderen relevanten Arbeitsaspekten. So gaben die Personen, die hohes affektives Commitment gegenüber ihrer Arbeitsgruppe bzw. ihren Kollegen empfanden an, dass sie bereit wären, Überstunden zu machen, um einem Kollegen bei der Fertigstellung seiner Arbeit zu helfen. Kein Zusammenhang ergab sich dagegen zwischen organisationalem bzw. karriere-orientiertem Commitment und der Unterstützung von Kollegen. Entsprechend zeigte sich im Längsschnitt auch ein deutlicher Zusammenhang zwischen den Überstunden im Verlauf eines Jahres und den zuvor gemachten Angaben zum Commitment gegenüber der Arbeitsgruppe, nicht aber zwischen den Überstunden und dem Commitment gegenüber der Karriere bzw. der Organisation als Ganzes (s.a. Ouwekerk et al., 1999).

- Becker et al. (1996) unterschieden zwischen Commitment gegenüber der Organisation und gegenüber Vorgesetzten. Sie konnten zeigen, dass das Commitment gegenüber der Organisation als Ganzes kaum in Beziehung stand mit der Leistung, wohl aber zeigt sich ein positiver Zusammenhang zwischen Commitment gegenüber dem Vorgesetzten und der Leistung.

Damit sind zusammenfassend vor allem folgende unterschiedliche Objekte bzw. Ziele von Bindung zu unterscheiden, die unterschiedlich ausgeprägt sein können und differentielle Vorhersagen ermöglichen:

Zusammengefasst:

Das **organisationale Commitment**: Hiermit ist die Bindung an die Organisation, den Betrieb oder die Firma gemeint. Mitarbeiter mit einem hohen organisationalen Commitment fühlen sich „ihrem" Unternehmen in hohem Maße verbunden und würden das Unternehmen aus diesem Grunde nur ungern verlassen.

Das **berufliche- bzw. tätigkeitsbezogene Commitment**: Damit ist die Verbundenheit mit einem bestimmten Beruf oder einer Tätigkeit gemeint. Mitarbeiter mit einem starken beruflichen bzw. tätigkeitsbezogenen Commitment identifizieren sich in besonderem Maße mit ihrer Tätigkeit und ihrem Beruf und würden den Beruf bzw. die Tätigkeit nur sehr ungern wechseln.

Das Commitment **gegenüber dem Team**: Damit ist die Verbundenheit mit der unmittelbaren Arbeitsgruppe gemeint. Mitarbeiter mit einem starken Commitment gegenüber dem Team identifizieren sich in besonderem Maße mit ihrer Arbeitsgruppe und würden das Team nur ungern verlassen.

Das Commitment **gegenüber der Führungskraft** meint die Verbundenheit mit der unmittelbaren Führungskraft. Mitarbeiter mit einem starken Commitment gegenüber der unmittelbaren Führungskraft identifizieren sich in besonderem Maße mit ihrer Führungskraft und würden nur ungern mit einer anderen Führungskraft zusammenarbeiten.

Das **Commitment gegenüber der Beschäftigungsform**: Personen mit einem starken Commitment gegenüber einer bestimmten Beschäftigungsform ist es besonders wichtig, zum Beispiel fest angestellt zu sein, um eine langfristig sichere Perspektive zu haben, oder aber als Selbständiger oder Zeitarbeiter flexibel und unabhängig zu sein.

Das **Commitment gegenüber der eigenen Karriere**: Im Vordergrund steht hier die eigene berufliche Entwicklung bzw. der persönliche Aufstieg. Personen mit einem starken Commitment gegenüber ihrer eigenen Karriere sind eher bereit, die Organisation oder ihr Team zu wechseln oder sich in neue Aufgaben und Tätigkeiten einzuarbeiten, wenn es ihrer beruflichen Entwicklung förderlich ist.

Das **Commitment gegenüber Veränderungen**: Im Vordergrund steht hier die Bereitschaft, anstehende Veränderungs- und Innovationsprozesse zu akzeptieren und zu unterstützen. Personen mit hohem Commitment gegenüber Veränderungen sind bereit, sich für die Veränderungsziele einzusetzen und sich zu engagieren.

2.2.2.8 Beziehung der Komponenten und Foci untereinander sowie offene Fragen

Wie weiter unten im Kapitel 3 „Instrumente und Messung" noch ausführlich beschrieben wird, weisen die Beziehungen zwischen den drei Commitmentkomponenten ein vergleichsweise konsistentes Bild auf. Affektives und kalkulatorisches Commitment korrelieren nur sehr gering miteinander. Damit wird empirisch belegt, dass es sich bei diesen beiden Komponenten um vergleichsweise unabhängige Beziehungsqualitäten handelt. Mitarbeiter mit hohem affektiven Commitment zeigen tendenziell auch kalkulatorisches Commitment, da sich beide Komponenten nicht ausschließen und zu einer hohen affektiven Bindung durchaus rationale Bindungsgründe hinzutreten können. Wie bereits anhand der unterschiedlichen Typen und Commitmentprofile gezeigt wurde (vgl. Abschnitt 2.2.1 und insbesondere Abbildung 2), sind aber durchaus unterschiedliche Kombinationen aus hohem und niedrigem affektiven und kalkulatorischen Commitment denkbar, bei denen entweder das „Wünschen und Wollen" oder aber das „Müssen und Können" im Vordergrund stehen. Demgegenüber zeigen sich in der Regel deutliche Zusammenhänge zwischen affektivem und normativem Commitment. Die gemeinsamen Normen und Werte spielen bei beiden Komponenten eine Rolle. Systematische Zusammenhänge bestehen in der Regel ebenfalls zwischen normativem und kalkulatorischem Commitment. Das kann damit erklärt werden, dass beide Komponenten eher extrinsisch motiviert sind, während affektives Commitment vor allem intrinsisch motiviert ist.

In aktuellen Diskussionen um das Drei-Komponenten-Modell wird die Frage aufgeworfen, ob eine weitere Differenzierung der Komponenten erforderlich ist (Delobbe & Vandenberghe, 2000; Stinglhamber et al., 2002). Bereits McGee und Ford (1987) haben aufgrund theoretischer Überlegungen und ihrer eigenen Befunde vorgeschlagen, die kalkulatorische Komponente weiter zu differenzieren. Bei der ersten Subdimension „*Low alternatives*" steht die Verfügbarkeit bzw. das Fehlen von Alternativen im Vordergrund, während bei der zweiten Subdimension „*High sacrifices*" eher der Verlust von Investitionen thematisiert wird.

Beide Dimensionen haben zwar eine kalkulatorische und rationale Grundlage, können aber unabhängig voneinander auftreten. So kann es durchaus sein, dass ein Mitarbeiter bisherige Investitionen und erworbene Vergünstigungen in Form von Ausbildung, Erfahrung, sichere Stelle, Einkommen, Betriebsrente etc. nicht verlieren bzw. aufgeben möchte, aber durchaus Alternativen auf dem Arbeitsmarkt hätte. Das bedeutet, dass diese Person wahrscheinlich bei ihrem Arbeitgeber bleiben wird, weil es sich lohnt und viele Vorteile verloren gehen könnten. Umgekehrt ist auch der Fall denkbar, bei dem es wenig zu verlieren gibt. Die bisherigen Investitionen sind gering und besondere Vorteile gibt es nicht. Der einzige Grund nicht zu wechseln besteht darin, dass es hierzu aufgrund fehlender Angebote auf dem Arbeitsmarkt keine Möglichkeit gibt. Es ist leicht nachvollziehbar, dass die psychologische Erlebensqualität beider Subdimensionen sich durchaus unterscheiden dürfte und auch unterschiedliche Verhaltenskonsequenzen zu erwarten sind.

Steht der Verlust von Vorteilen und Investitionen im Vordergrund, dürfte die Erlebensqualität eher positiv ausfallen und der Mitarbeiter wird sich eher bemühen, diese Vorteile nicht leichtfertig aufs Spiel zu setzen. Ein möglicher Wechsel wird in diesem Fall wahrscheinlich sorgfältig überlegt, weil es einige gute Gründe gibt, im Unternehmen zu bleiben. Im zweiten Fall handelt es sich bei dem Arbeitsverhältnis um ein „notwendiges Übel". Der einzige Grund für die Bindung ist hier die Alternativlosigkeit. Dies wird in der Regel mit negativem Erleben wie Hilflosigkeit, Kontrollverlust sowie Stress und Ärger verbunden sein. Die Bereitschaft sich zu engagieren dürfte entsprechend gering sein und die betreffenden Mitarbeiter werden das Unternehmen mit hoher Wahrscheinlichkeit bei der nächsten Gelegenheit verlassen.

Die Überlegung, eine weitere *Differenzierung auch im Bereich der normativen Komponente* vorzunehmen, wurde von Gellatly, Meyer und Luchak (2006) angestoßen. Sie haben sich der Frage zugewandt, wie sich unterschiedliche Commitmenttypen (s.o.), d.h. Interaktionen zwischen den Komponenten, auf das Engagement der Mitarbeiter auswirken. Bis dato wurden die Dimensionen jeweils einzeln für sich in ihren Zusammenhängen mit unterschiedlichen Konsequenzen untersucht. Sie fanden in einer ihrer Studien, dass sich normatives Commitment sehr unterschiedlich auf das Engagement der Mitarbeiter auswirkt, je nachdem wie hoch das affektive Commitment ausgeprägt ist und vermuten, dass hier unterschiedliche Subdimensionen wirksam werden: Eine Dimension, die eher mit affektivem Commitment korrespondiert (*„moralischer Befehl"*) und eine, die eher mit geringem affektiven Commitment einhergeht (*„dankende Verpflichtung"*).

Es kann spekuliert werden, inwieweit es sich bei einer moralischen Orientierung eher um ein stabiles Persönlichkeitsmerkmal handelt, das unabhängig vom spezifischen Arbeitgeber die Höhe des normativen Commitments beeinflusst. Dem gegenüber könnte die Verpflichtung von der Höhe der bereits vom Unternehmen erhaltenen Leistungen abhängen, die zu Schuld und Dank verpflichtet. Die Mitarbeiter fühlen sich verpflichtet, die Investitionen seitens der Organisation – wie z.B. Ausbildung, Training etc. – oder andere in sie gesetzten Erwartungen nicht zu enttäuschen. Die Investitionen des Unternehmens in den Mitarbeiter werden als Vorleistungen in einer Austauschbeziehung erlebt, die eine entsprechende Gegenleistung erfordern. Brechmacher (2007) hat diesen Gedanken aufgegriffen und eine Unterscheidung zwischen normativem Commitment auf Grund von Werten und Normen (Wert-Komponente) auf der einen und normativem Commitment auf Grund von Schuldempfinden gegenüber der Organisation (Schuld-Komponente) auf der anderen Seite vorgeschlagen und empirisch untersucht.

In den vorangegangenen Abschnitten wurden unterschiedliche Foci von Commitment vorgestellt. Im Abschnitt 2.2.2.6 wurde deutlich gemacht, dass die Liste unterschiedlicher Foci nahezu beliebig ergänzt und erweitert werden kann. Allerdings ist die Frage, wie die unterschiedlichen Foci zusammenhängen, vor allem theoretisch vergleichsweise wenig geklärt. Auf der einen Seite kann man davon ausgehen, dass Mitarbeiter, die sich ihrer Beschäftigung, ihrem Team und ihrer Führungskraft verbunden fühlen, auch eher Commitment gegenüber der Organisation zeigen. Zahlreiche Befunde weisen in diese Richtung (Felfe, Schmook & Six, 2006; Stinglhamber et al., 2002). Auf der anderen Seite stellt sich die Frage, wie viele Bindungen Mitarbeiter gleichzeitig eingehen können, ohne in Konflikte zu geraten: „Organizations are not undifferentiated wholes but encompass multiple constituencies (managers, customers, coworkers) ... individuals may become committed to some or all of these constituencies ... possibly experience conflicts" (Reichers, 1985). In Anlehnung an das Modell der Rollenkonflikte ist es durchaus denkbar, dass die unterschiedlichen Bindungen analog zu den unterschiedlichen Rollenerwartungen und -anforderungen in Konflikt geraten.

In diesem Zusammenhang soll noch auf ein methodisches Problem hingewiesen werden. Die unterschiedlichen Foci Organisation, Führungskraft und Team sind nicht unabhängig voneinander, sondern stehen zum Teil in einer hierarchischen Abhängigkeit zueinander. Zum Beispiel kann man die Beziehung zu einer Arbeitsgruppe in der Regel nur aufrecht halten, wenn man auch in der Organisation bleibt. Außerdem sind die Einschätzungen einzelner Mitarbeiter nicht unabhängig voneinander, sondern werden auf unterschiedlichen Ebenen durch den gemeinsamen Kontext determiniert: beim organisationalen Commitment durch Merkmale der Organisation (z.B. Arbeitsplatzsicherheit, Image), beim Commitment gegenüber der Arbeitsgruppe durch Faktoren wie Gruppengröße, Diversität, gemeinsame Führungskraft etc. Diese Punkte führen zu der Überlegung, dass Mehrebenenansätze erforderlich sind, um diese abhängige Datenstruktur angemessen abbilden zu können.

2.3 Soziale Identifikation in Organisationen

Es wurde bereits darauf hingewiesen, dass es mit dem Konzept der organisationalen Identität neben den Commitmentansätzen einen weiteren konzeptuellen Zugang gibt, der ebenfalls die Bindung von Mitarbeitern in Organisationen zu erklären und zu erfassen versucht. Während das Commitmentkonzept, wie in den vorherigen Abschnitten gezeigt wurde, Mitarbeiterbindung eher als *individuelle Einstellung* gegenüber dem „Objekt" Organisation konzeptualisiert (individuelle Perspektive), argumentiert der Identitätsansatz eher aus einer *Gruppenperspektive*. Organisationen und Organisationsbereiche werden als soziale Gruppen betrachtet, die interagieren, kooperieren sowie konkurrieren und die Zugehörigkeit zu Gruppen erklärt die Entwicklung sozialer und insbesondere organisationaler Identität. Dieser Ansatz wird im Folgenden dargestellt. Anschließend werden Gemeinsamkeiten und Unterschiede des Commitment- und Identitätskonzepts diskutiert.

Von organisationaler Identität kann gesprochen werden, wenn Gedanken und Einstellungen zur Organisation für die eigenen Identität bdeutsam werden („... an individual's beliefs about his or her organization become self-referential or self-defining", Pratt, 1998, S. 172) oder „individuals think and act on behalf of the group they belong to because this group membership adds to their social identity which is partly determining one`s self-esteem" (van Dick et al. 2004, p. 351) und „organizational values and goals become part of the individual's self-concept" (Hogg & Terry, 2001). Dies bedeutet, dass Einstellungen, Gedanken und Emotionen gegenüber der Organisation nicht nur Auswirkungen auf das Verhalten in Organisationen haben – wie dies beim Commitment Konzept im Vordergrund steht – sondern für die eigene Identität von Bedeutung sind. Die Mitgliedschaft ist damit sehr relevant, als sie das Selbstkonzept und den Selbstwert mit beeinflusst. Ein zentraler Gedanke besteht darin, dass die *Identität* eines Menschen nicht nur auf seinen individuellen, persönlichen Besonderheiten beruht, sondern dass es darüber hinaus einen Teil der Identität gibt, der durch die Mitgliedschaft zu sozialen Gruppen definiert ist.

Wenn wir also bei der Frage, wer wir sind, nicht nur auf individuelle Einzigartigkeiten zurückgreifen, sondern auch zur Antwort geben, Mitglied in einem Verein, Wähler einer bestimmten Partei, Befürworter einer bestimmten öffentlich diskutierten Position (Steuerreform), Anhänger einer bestimmten Szene oder Fan eines Sportvereins u.s.w. zu sein, definieren wir uns über die Mitgliedschaft dieser Gruppen. Damit geben wir Auskunft über unsere Einstellungen, Ansichten und Meinungen, die wir mit anderen gemeinsam haben und man weiß, was man von uns zu halten hat. Das Gleiche gilt, wenn wir uns als Angehöriger einer bestimmten Berufsgruppe oder als Mitarbeiter eines Unternehmens bzw. einer Organisation beschreiben.

Ebenso wie die Gruppen selbst unterschiedlich bewertet werden, werden auch die Mitgliedschaft und ihre Mitglieder als unterschiedlich attraktiv eingeschätzt. Das kann je nach Gruppe für den Selbstwert sehr dienlich sein oder aber auch den Selbstwert gefährden. Aus diesem Grund fühlen sich die meisten Menschen gerne Gruppen zugehörig, die ein hohes Ansehen und Prestige genießen. Nicht nur unsere Identität, sondern auch unser *Verhalten* wird durch die Zugehörigkeit zu Gruppen bestimmt. Wenn jemand auf die Frage nach den Gründen und Ursachen seines Handelns antwortet, er oder sie habe als Frau oder Mann, als Bürger dieses Landes, als Mitarbeiter eines Unternehmens oder als Arzt gehandelt, wird die Bedeutung der Gruppe, der man sich gerade zugehörig fühlt, erkennbar.

Organisationen sind damit ebenfalls wichtige Gruppen, mit denen sich Personen identifizieren können und damit zur Identität beitragen sowie unser Verhalten beeinflussen. Organisationale Identifikation ist folglich eine besondere Form der sozialen Identifikation als „… the perception of oneness with or belongingness to some human aggregates." (Ashforth & Mael, 1989, p. 21). Mit ihrer Veröffentlichung von *Social Identity Theory and the Organization* gaben Ashforth und Mael (1989) den Anstoß für die systematische Übertragung der theoretischen Annahmen zur sozialen Identität auf den arbeitsrelevanten Kontext.

Seit einiger Zeit beschäftigen sich viele Autoren mit organisationaler Identifikation, ihrer Entstehung und ihren Auswirkungen (z.B. Christ, van Dick, Wagner & Stellmacher, 2003; Ellemers, de Gilder & Haslam, 2004). Die Annahmen des Social Identity Approach werden auf zahlreiche Phänomene und Zusammenhänge im organisationalen Kontext angewendet. Sie können z.B. zum besseren Verständnis und zur Erklärung von Gruppenkohäsion und Devianz (Hogg & Terry, 2001), Gruppenentscheidungen und Macht (Haslam, 2001, zit. nach van Dick, 2001), Führung (Turner & Haslam, 2001) sowie von Fusionsprozessen (van Dick, 2004) beitragen.

Es gibt ähnlich wie beim Commitment sowohl eindimensionale (z.B. Mael & Tetrick, 1992) als auch Multifacetten-Konzeptualisierungen (z.B. Ouwerkerk et al., 1999; van Dick et al., 2004) und auch Identifikation wird auf verschiedene Ziele bzw. Foci im Arbeitskontext ausgerichtet. Weil die soziale Identitätstheorie die theoretische Basis für das Konzept der organisationalen Identifikation bildet, werden die Grundlagen im folgenden Abschnitt erläutert.

2.3.1 Theoretischer Hintergrund: Soziale Identitätstheorie

Der Ansatz zur sozialen Identität (Social Identity Approach) wurde wesentlich durch Tajfel und Turner entwickelt und geprägt (Tajfel, 1978; Tajfel & Turner, 1986; Turner, Brown & Tajfel, 1979). Der Gesamtansatz der sozialen Identität (Social Identity Approach) besteht aus zwei einander ergänzenden Theorien, der *Sozialen Identitätstheorie* (Social Identity Theory, SIT) und der *Selbst-Kategorisierungs-Theorie* (Self-Categorization Theory, SCT).

Der Ausgangspunkt für die Entwicklung dieser Theorien lag in der Erforschung von *Diskriminierung und Vorurteilen* und deren Bedeutung für Intergruppenprozesse. Man spricht von sozialer Diskriminierung, wenn Individuen oder Gruppen Chancengleichheit oder Chancengerechtigkeit verweigert oder eine unerwünschte Behandlung zuteil wird, weil sie einer bestimmten sozialen Gruppe oder Kategorie angehören, die in keiner Beziehung zum konkreten Verhalten oder den individuellen Fähigkeiten des einzelnen Individuums stehen. Im organisationalen Kontext liegt zum Beispiel soziale Diskriminierung vor, wenn Frauen aufgrund ihres Geschlechts der Zugang zu Führungspositionen verweigert wird, oder Mitarbeiter mit Migrationshintergrund aufgrund ihrer ethnischen Herkunft von Weiterbildungsmöglichkeiten oder Beförderung ausgeschlossen werden. Diskriminierung kann unterschiedliche Formen annehmen. Sie kann in Gestalt von Ausgrenzung, Abwertung, Benachteiligung bei Einkommen und Beförderung erscheinen oder in Form der Verweigerung von Ressourcen auftreten (z.B. Gelder, Ausstattung oder Informationen).

Welche Gruppen diskriminiert werden, hängt von aktuellen *Kategorisierungsprozessen* ab, d.h. nach welchen Merkmalen die Gruppen unterschieden und wo damit die Grenzen gezogen werden. Mögliche Kategorien sind Geschlecht, Alter, ethnische Herkunft, aber auch die Zugehörigkeit zu unterschiedlichen Organisationsbereichen. So können sich beispielsweise F & E und Vertrieb, Produktion und Verwaltung, Akademiker und Nicht-Akademiker oder Standort A und B einander diskriminieren. Gleiches kann auf der Ebene von Organisationen oder sogar Wirtschaftsbereichen fortgesetzt werden.

Bemerkenswert ist vor allem, dass offenbar keine offensichtlichen Konflikte oder Interessengegensätze erforderlich sind, um Kategorisierungsprozesse und Diskriminierung auszulösen. Ursprünglich war man jedoch davon ausgegangen, dass es eines *realistischen Konflikts* wie z.B. eines Verteilungskonflikts bedarf, um Veränderung von Einstellung und Verhalten gegenüber der eigenen (positiv: z.B. Bevorzugung) und einer fremden Gruppe (negativ: z.B. Diskriminierung) zu bewirken. Bekannt geworden sind in diesem Zusammenhang Untersuchungen von Sherif und Sherif (1953) mit Teilnehmern amerikanischer Feriencamps, die als so genannte *Ferienlagerexperimente* in die Literatur eingingen.

Die Teilnehmer dieser Ferienlager wurden in Gruppen eingeteilt und durch Wettbewerb sowie knappe Ressourcen dazu gebracht, miteinander zu konkurrieren. Es zeigte sich nach kurzer Zeit, dass die eigene Gruppe (Ingroup) aufgewertet wurde (Stolz, Identifikation) und der Zusammenhalt in der eigenen Gruppe zunahm (Konformität,

Kohäsion, Solidarität). Die fremde Gruppe (Outgroup) hingegen wurde abgewertet und deren Mitglieder mit Intoleranz und Vorurteilen begegnet. Erst als beide Gruppen ein Problem gemeinsam lösen mussten, entspannten sich die Beziehungen wieder und es wurden wieder positive Kontakte zu den Mitgliedern der jeweils anderen Gruppe geknüpft.

Sherif und Sherif (1953) folgerten daraus, dass das Verhältnis von Gruppen durch positive oder negative Abhängigkeit (Interdependenz) geprägt ist. Kooperationserfordernisse und gemeinsame Interessen verringern Vorurteile, während echte Interessenkonflikte zu Diskriminierung führen. Allerdings gab es in diesen Studien keine Kontrollgruppe. Das heißt, es wurde nicht untersucht, was passiert, wenn es keinen bewusst induzierten Konflikt gibt. Damit blieb die Frage offen, ob Kategorisierungs- und Diskriminierungsprozesse nicht auch ohne realistischen Konflikt entstanden wären, weil die Jungs zum Beispiel Interesse und Spaß am Wettbewerb hatten. Auch wurde entgegen der Annahmen beobachtet, dass selbst unter Kooperationsbedingungen die Eigengruppe immer noch favorisiert wurde.

Die weitere Forschung zeigte tatsächlich, dass es keiner objektiven, realistischen Konflikte bedarf, damit Kategorisierungs- und Diskriminierungsprozesse entstehen. So konnten vor allem Tajfel und Kollegen (Turner et al., 1979) in zahlreichen Experimenten zeigen, dass die bloße Zuordnung, d.h. Kategorisierung zu einer Gruppe ausreichend sein kann, um Diskriminierung zwischen Gruppen auszulösen: „... the mere perception of belonging to two distinct groups – that is, social categorization per se – is sufficient to trigger intergroup discrimination favoring the in-group" (Tajfel & Turner, 2003, p. 81). In einem klassischen Experiment wurde daher versucht, alle Alternativerklärungen, die zur Bevorzugung der Eigengruppe bzw. zur Benachteiligung der Fremdgruppe führen können, auszuschließen (Tajfel, 1978). Die Gruppenbildung erfolgte auf Grundlage eines minimalen und unbedeutenden Unterschieds, nämlich der Präferenz für die Maler Klee oder Kandinsky.

Darüber hinaus hatten die Gruppenmitglieder keine Möglichkeit direkt zu kommunizieren und die Mitgliedschaft blieb anonym. Das heißt niemand musste befürchten, für sein Verhalten später zur Rechenschaft gezogen zu werden. Das einzige, was die Teilnehmer wussten war, dass sie zu der einen oder der anderen Gruppe gehörten. Dieser Gruppe waren sie durch ein fiktives Feedback zufällig zugeteilt wurden. Damit waren reale Unterschiede ausgeschlossen und die Gruppen existierten nur in den Köpfen der Teilnehmer, weswegen dieser Untersuchungsansatz auch als *Minimales Gruppenparadigma* (MGP) bezeichnet wird (Tajfel & Turner, 1986). Anschließend sollten die Versuchspersonen eine begrenzte Menge an Geld unter zwei anderen Teilnehmern aufteilen, von denen nur bekannt war, dass der eine zur eigenen Gruppe (z.B. Klee) und der andere zur anderen Gruppe Kandinsky gehörte.

Wie die Ergebnisse zeigten, wurden dabei die Mitglieder der eigenen Gruppe tatsächlich bevorzugt und die der anderen benachteiligt. Besonders interessant ist aber, dass nicht in erster Linie der Nutzen für die eigene Gruppe maximiert wurde. Maximiert wurde der Abstand zwischen beiden Gruppen! Man war also bereit, beim Betrag für die eigene Gruppe Einbußen in Kauf zu nehmen, wenn dafür der Abstand zur anderen

Gruppe vergrößert werden konnte. Offensichtlich kann das Verhalten der Versuchsteilnehmer als „reiner" Kategorisierungseffekt interpretiert werden.

Damit liegt die Erklärung für das individuelle Verhalten einzig und allein darin begründet, dass jemand als Mitglied einer Gruppe handelt und jemand anderen als Mitglied einer anderen Gruppe behandelt. Konflikte machen die Kategorisierung zwar deutlicher, aber sie sind nicht erforderlich. Folgende Beispiele mögen dieses Phänomen zusätzlich verdeutlichen. Wenn sich zum Beispiel Mitglieder von Fangruppen zweier rivalisierender Fußballvereine treffen, erwartet man geradezu, dass nicht freundlich miteinander umgegangen wird. Farben der Schals und Mützen, Fahnen, Abzeichen und andere Symbole sowie Gesänge und Rituale „erleichtern" den Kategorisierungsprozess. Wie stabil und mächtig diese Kategorien sind, macht die Überlegung deutlich, wie leicht oder schwer ein Wechsel der Kategorie ist. Der „Verräter" oder „Überläufer" dürfte in den eigenen Reihen wahrscheinlich auf wenig Verständnis hoffen. Treffen sich die gleichen Leute allerdings zu einem Spiel der Nationalmannschaft und tragen die gleichen Farben und Trikots, wird man gemeinsame Gesänge anstimmen und sich sogar ggf. umarmen.

Das gleiche mag bei einem Rockkonzert passieren: Hier kommen nur die Anhänger eines Stars oder einer Band zusammen. Die Menschen sind die gleichen geblieben, aber sie agieren als Mitglieder unterschiedlicher Gruppen. Einstellung und Verhalten gegenüber anderen werden nicht durch die individuellen Einstellungen bestimmt, sondern durch das Verhältnis, das die Gruppen zueinander haben. Diese Beispiele zeigen, wie sich Personen nicht als Individuen, sondern als Mitglieder einer Gruppe verhalten. Man muss also deutlich unterscheiden zwischen Verhalten zwischen Individuen (interpersonales Verhalten) und Verhalten zwischen Gruppen (Intergruppenverhalten). Generell ist die Zuordnung zu einer Kategorie nach Turner und Haslam (2001) mit Selbst-Stereotypisierung und *Depersonalisation* verbunden. Das eigene Selbst wird an den Gruppenprototyp „angeglichen". Dieser Prozess führt letztendlich zur Herausbildung gruppenabhängiger Stereotype und zu normativen Wahrnehmungen, Denkweisen und Handlungen (Hogg & Terry, 2001).

Im organisationalen Kontext finden ähnliche Kategorisierungsprozesse statt. Die Mitarbeiter kategorisieren sich als Mitglied einer Schicht (Früh, Spät), einer Abteilung, eines Bereichs oder Standortes und einer bestimmten Hierarchieebene zugehörig oder einfach nach ihrem Alter oder Geschlecht. Zahlreiche Symbole und Rituale machen die Unterschiede zwischen den Kategorien deutlich. In Organisationen gibt es hierfür Unterschiede bei der Kleidung, den Ausstattungsmerkmalen, Zugangsberechtigungen, Grußritualen, Privilegien usw. Beim Militär sind es Uniformen, Rangabzeichen, Abzeichen oder Fahnen der Einheit oder Waffengattung, die für alle sichtbar und offen kommunizieren, wer wo dazugehört und wer nicht – kurz: wer „in" ist und wer „out".

Offen ist aber noch die Frage, warum Menschen – angesichts geringster und unbedeutender Unterschiede – offenbar so stark zu Kategorisierungprozessen neigen und darüber hinaus auch ohne objektiven Grund zur Favorisierung der eigenen und Benachteiligung der anderen Gruppe tendieren. Verständlich wird diese Tendenz vor dem Hintergrund der SIT. Sie postuliert, dass die *Steigerung des Selbstwerts* (Self-enhancement) ein grundlegendes Bedürfnis des Menschen darstellt. Die SIT betrachtet die soziale Identität als „… part of an individual's self-concept which derives from his knowledge of his membership of a social group together with the value and emotional significance attached to that membership." (Tajfel, 1978, p. 63).

Damit ist die soziale Identität ein wesentlicher Teil des Selbstkonzepts und maßgeblich für den Selbstwert. Ausgehend von dem Bedürfnis nach positiver Selbstbewertung ist es äußerst selbstwertdienlich, Mitglied in Gruppen zu sein, die über ein hohes Ansehen und viel Prestige verfügen, um auf diesem Weg eine positive soziale Identität zu entwickeln. Für die Bewertung einer Gruppe gibt es allerdings kaum objektive Kriterien. Wir sind auf soziale Vergleichsprozesse angewiesen. Es wird daher weiterhin angenommen, dass sich eine positive Gruppenidentität und damit ein höheres Selbstvertrauen der Eigengruppe sowie der einzelnen Mitglieder dann einstellen, wenn Vergleiche mit relevanten Fremdgruppen zugunsten der Eigengruppe ausfallen. Daraus ergibt sich ein Streben nach positiver Distinktheit. Dies bedeutet, dass je stärker sich die eigene Gruppe positiv von einer Vergleichsgruppe abhebt, umso positiver kann die soziale Identität erlebt werden (Tajfel & Turner, 1986).

Mit Hilfe dieser Prinzipien lassen sich nun auch die Ergebnisse der Studien zum Paradigma der minimalen Gruppen erklären. Die Versuchspersonen wurden von außen den zwei Gruppen zugeteilt und hatten damit keine Möglichkeit, in die attraktivere Gruppe zu wechseln. Es musste also versucht werden, den Wert der eigenen Gruppe zu erhöhen, um den eigenen Selbstwert nicht zu gefährden. Das zu verteilende Geld war die einzige Dimension, auf der ein sozialer Vergleich beider Gruppen stattfinden konnte. Um maximale Distinktheit zu erzielen, entschieden sich die Versuchspersonen nicht für eine Strategie, die den Gruppengewinn maximiert, aber den Abstand zwischen den Gruppen klein gehalten hätte, sondern für eine Strategie der maximalen Differenz. Es ging nicht um das Geld an sich, von dem die Versuchspersonen auch nicht profitiert hätten, sondern um ein gutes Abschneiden im sozialen Wettbewerb, der mangels Alternativen nur auf dieser Dimension ausgetragen werden konnte. Der erfolgreiche soziale Vergleich hilft dem Aufbau einer positiven sozialen Identität und dient damit dem Selbstwert. Aus diesem Grund wurde auch die minimale Chance einer Kategorisierung geradezu dankbar aufgenommen. Selbst als man den Teilnehmern offen zu verstehen gab, dass die Gruppenzuweisung zufällig erfolgte, hielt sie dieses Wissen nicht von den Kategorisierungsprozessen ab. Wir benötigen offensichtlich die Kategorisierung (SCT) in In- und Outgroup als Grundlage für einen sozialen Vergleich, durch den wir unseren Selbstwert erhöhen können (SIT). Der vielfach geäußerte Wunsch nach Gleichheit scheint diesem psychologischen Mechanismus diametral entgegenzustehen.

2.3.2   Theoretischer Hintergrund: Selbstkategorisierungstheorie

Während die SIT eine Erklärung für Kategorisierung und Intergruppenverhalten liefert, spezifiziert die SCT darüber hinaus die Prozesse der Selbstkategorisierung genauer und erklärt den Prozess der Gruppenbildung. Hier lassen sich mehrere Schritte unterscheiden, die wieder an einem Beispiel erläutert werden sollen.

Beispiel 8:

Frau Weber ist vor wenigen Wochen zur Gruppenleiterin der Einkaufsabteilung in einem größeren Unternehmen befördert worden. Wie allen neuen Führungskräften, hat man ihr auch angeboten, an einem einwöchigen Managementseminar teilzunehmen, um sich auf die neuen Aufgaben vorzubereiten. Bei diesem Seminar ist sie die einzige Teilnehmerin aus ihrem Unternehmen. Die übrigen Teilnehmer kommen ebenfalls aus unterschiedlichen Firmen. Obwohl sie ehrgeizig und selbstbewusst ist, möchte sie auch auf dem Seminar „eine gute Figur machen" und nicht verunsichert an ihre neuen Aufgaben herangehen. Nach einer ersten Begrüßung und Einführung durch den Seminarleiter werden die Teilnehmer gebeten, sich in Kleingruppen zu dritt oder viert zusammenzufinden, um darüber zu sprechen, was jeder in dem Seminar lernen möchte und um das Ergebnis anschließend in der Gesamtgruppe zu präsentieren. Da das Gespräch in den Kleingruppen durchaus persönlich werden soll, fordert der Dozent dazu auf, sich bei der Wahl der Gesprächspartner einen kleinen Moment Zeit zu lassen. Frau Weber schaut sich in der Runde um: Mit wem soll sie sich zusammentun? Da sind zum einen eine ältere Dame und eine wesentlich jüngere Frau und zum anderen die beiden etwas älteren, bereits ergrauten Herren in dunklen Anzügen, die bestimmt schon viel Erfahrung haben. Damit wäre es zunächst nahe liegend, eine Frauengruppe zu bilden. Andererseits möchte Frau Weber hier nicht in erster Linie als Frau, sondern als kompetente Führungskraft wahrgenommen werden. Das wäre also das falsche Signal. Dann ist da noch der eher sportlich gekleidete Herr, den sie bereits auf dem Parkplatz getroffen hat und der das gleiche Auto wie sie fährt, was gleich Anlass zu einer netten charmanten Plauderei über die Vorzüge und Ärgernisse dieser Marke gab. Das wäre sicher lustig, aber ... dann fällt ihr Blick auf die drei rechts von ihr sitzenden Männer. Kleidung und Alter lassen vermuten, dass die drei in ähnlichen Positionen sind wie Frau Weber selbst. Der eine hat sogar begonnen sich bereits Notizen zu machen und scheint den Seminarbesuch ebenso wie Frau Weber ernst zu nehmen. Bei dem anderen hat sie einen Kugelschreiber mit Aufschrift und Logo eines großen Mitbewerbers ihrer eigenen Firma gesehen. Damit ist die Wahl entschieden ...

Zunächst erfolgt die *Identifikation mit einer Gruppe* mit Hilfe eines Unterscheidungsmerkmals (Kategorisierung). Hierzu stehen im Prinzip alle möglichen Unterscheidungsmerkmale zur Verfügung: Alter, Geschlecht, Herkunft, Sprache, Kleidung. Welches Merkmal gewählt wird, hängt davon ab, was in einer Situation für die soziale Identität *psychologisch* relevant ist. Wir haben gesehen, dass Geschlecht und das gemeinsame Interesse für das gleiche Auto in dieser Situation, in der es um die Kompetenz und Karriere geht, keine Rolle spielen.

Man kann sich aber leicht vorstellen, dass in einer anderen Situation, zum Beispiel auf einer Party, andere Kategorien psychologisch bedeutsam werden und in den Vordergrund treten. Gleichzeitig müssen die relevante Vergleichsdimension und die Vergleichsgruppe in der Situation verfügbar *(salient)* sein. Das heißt, wären in dem Seminar von Frau Weber alle Teilnehmer ambitionierte Führungsnachwuchskräfte oder gäbe es keinerlei Hinweise auf diesen Hintergrund, hätte Frau Weber auf andere Unterscheidungsmerkmale zurückgreifen müssen.

Allgemein hängt es damit von der *Zugänglichkeit* als auch von der *Passung zur Situation* ab, welche sozialen Vergleichsprozesse stattfinden: Legt die Situation nahe, dass man sich mit einer anderen Person vergleicht, wie z.B. beim näheren Kennen lernen zu zweit, wird die *personale Identität* als Selbstdefinition, die auf persönlichen bzw. idiosynkratischen Eigenschaften basiert, psychologisch relevant. Legt die Situation aber nahe, dass die Gruppe, der man angehört, mit einer anderen verglichen wird, wie z.B. beim Sport, bei einer Verhandlungsrunde oder einer Abstimmung in einem politischen Gremium, wird die auf die Eigengruppe bezogene *soziale Identität* salient. Da man allerdings mehreren Gruppen angehört, wird vor allem diejenige Kategorie aktiviert, welche in der spezifischen Situation eine relevante Differenzierung gegenüber anderen Individuen erlaubt (Ellemers et al., 2004).

Wenn z.B. ein Mitarbeiter mit Mitarbeitern eines anderen Unternehmens interagiert (Verhandlung), sollte die eigene Organisation als salient wahrgenommen werden, da diese in der Vergleichssituation eine passende Differenzierung zu den Interaktionspartnern ermöglicht. Wenn aber Mitarbeiter mit anderen Mitarbeitern des eigenen Unternehmens interagieren, wäre die Identifikation als Organisationsmitglied wenig informativ, da die Vergleichsgruppe (die anderen Mitarbeiter) ebenfalls diesem Unternehmen angehören. Stattdessen könnte aber die Team- oder Abteilungszugehörigkeit salient werden. Innerhalb eines Teams werden möglicherweise die Arbeitsaufgabe, das geteilte Arbeitszimmer u.s.w. der einzelnen Person relevante Informationen über das in dieser Situation angebrachte Verhalten liefern und Focus der Identifikation sein.

Wird die Salienz des Vergleichs zwischen Ingroup und Outgroup erhöht, führt dies wiederum dazu, dass die Wahrnehmung der Ähnlichkeit zwischen den Mitgliedern der eigenen Gruppe erhöht wird. Im Sinne der bereits genannten *Depersonalisierung* tritt die personale Identität in den Hintergrund. Stattdessen wird auf Stereotype zurückgegriffen, die prototypisch den Charakter der Ingroup beschreiben. Depersonalisierung bedeutet keineswegs einen Verlust an individueller Identität, sondern einen Wechsel von der individuellen auf die soziale Ebene der Selbstkategorisierungen.

Eine Gruppe, die sich in Organisationen wie auch anderswo hervorragend als Anschauungsbeispiel für Kategorisierungsprozesse eignet, ist die der zunehmend seltener werdenden Raucher. Die Kategorisierung erfolgt schnell und sicher. Die relevante Vergleichsdimension und die Vergleichsgruppe sind in der Regel ebenfalls verfügbar. Diese Kategorie ist psychologisch außerdem äußerst relevant, weil es um die Befriedigung essentieller Bedürfnisse geht. Gemeinsam gelingt es auch im Sinne der SIT durch die vermeintlich positive soziale Identität als Raucher (gemütlich, kommunikativ, Genießer), den Selbstwert zu erhöhen. Damit basiert die Selbstkategorisierung zunächst auf einem kognitiven Prozess als „conditio sine qua non". Doch es bleibt nicht bei der nüchternen und neutralen Erkenntnis, der einen oder anderen Gruppe anzugehören. Vielmehr zieht die Kategorisierung, wenn sie psychologisch bedeutsam ist, *emotionale* (Raucher sind mir sympathisch und ich gehöre gerne dazu), *bewertende* (Raucher sind kommunikative Menschen, die das Leben genießen) und *verhaltensbezogene* (gemeinsam mit den anderen rauchen, für Raucherpausen sorgen etc.) Konsequenzen nach sich.

Selbstkategorisierung basiert auf Vergleichen. Wie bereits erwähnt, hängt es vom Kontext und den Vergleichsmöglichkeiten ab, welche Kategorisierung gewählt wird. Damit eröffnet sich die Möglichkeit, Selbstkategorisierungsprozesse zu beeinflussen. Vergleiche erfordern Ähnlichkeiten und Unterschiede. Dabei müssen die Unterschiede zwischen den Gruppen größer sein als innerhalb der Gruppen.

Praktische Konsequenzen:

Unternehmen, die die Selbstkategorisierung ihrer Mitarbeiter als Mitglied des Unternehmens fördern wollen, können durch eine systematische Kommunikation ihrer **Corporate Identity** dafür sorgen, dass die Kategorie eigene Organisation vs. andere Organisation bzw. die Öffentlichkeit **häufig und intensiv kommuniziert** wird und damit immer salient ist. Damit wird auch gewährleistet, dass das Unternehmen als Einheit wahrgenommen wird. Das ist besonders bei großen Organisationen mit mehreren Standorten von Bedeutung. Dabei kommt es darauf an, Ähnlichkeit zu stiften und Unterschiede zu minimieren.

Das geschieht durch unterschiedliche Medien wie Firmenzeitung, Intranet, Werbung etc. oder durch Accessoires wie Kugelschreiber, Anstecknadeln, Namensschilder etc., die das Logo oder den Namen des Unternehmens tragen bis hin zu Uniformen, Dienstwagen mit Werbung usw. Aber auch **gemeinsame Aktivitäten** wie Betriebsfeste, Betriebssportvereine und gemeinsame Verhaltensregeln (z.B. Führungsleitlinien) sorgen für Ähnlichkeit und verringern Unterschiede. Umgekehrt sollten die Unterschiede zur Fremdgruppe möglichst deutlich gemacht werden, sodass eine Identifizierung mit der Fremdgruppe zusätzlich erschwert wird. Werden die Unterschiede in der Fremdgruppe möglichst gering wahrgenommen, fällt es besonders leicht, eine eindeutige Selbstkategorisierung vorzunehmen.

Wichtig ist auch, nicht nur gemeinsame Symbole zu schaffen, sondern ein **gemeinsames Ziel** oder eine Vision, für die die Organisation und ihr Handeln stehen, zu kommunizieren. Der Blick in die Zukunft sollte ergänzt werden durch einen Bezug zur Vergangenheit. Herkunft, Entwicklung, bisherige Erfolge und Tradition sind ebenso identitätsstiftend. Je deutlicher die Organisation erkennbar und abgrenzbar ist, um so eher wird die Selbstkategorisierung gefördert.

Kategorien werden darüber hinaus besonders salient, wenn sie bedroht werden. Droht einer Abteilung, einem Bereich oder einem ganzen Unternehmen die Schließung oder Zusammenlegung bzw. Fusion, rückt die Zugehörigkeit schlagartig in das Bewusstsein der Mitglieder. Besonders positive oder negative Presse oder Kritik sorgt ebenfalls für eine hohe Salienz einer Kategorie.

Insbesondere bei Umstrukturierungen innerhalb eines Unternehmens oder auch bei Unternehmenszusammenschlüssen können die alten Kategorien (Team A und B, Unternehmen X und Y) bei der Entwicklung einer neuen gemeinsamen Identität sehr schnell hinderlich sein.

Neben den bereits genannten Strategien helfen gemeinsame Aufgaben und Projekte, in denen die Mitglieder aus beiden ehemaligen Gruppen kooperieren, die alte Kategorisierung aufzulösen (Dekategorisierung) und eine neue gemeinsame Kategorie zu entwickeln. Allerdings sollte darauf geachtet werden, dass Status- und Hierarchieunterschiede nicht mit den alten Gruppen korrespondieren.

Praktische Konsequenzen (Fortsetzung):

Außerdem sollten sich die Beiträge und Kompetenzen der Gruppenmitglieder sinnvoll ergänzen. Doppelt besetzte Funktionen mit Mitgliedern aus den beiden alten Gruppen sind
hier kontraindiziert. Werden neue Strukturen mit Mitgliedern beider ehemaliger Gruppen
geschaffen, wird gewährleistet, dass die alten Unterscheidungsmerkmale zunehmend in
den Hintergrund treten. Die systematische Etablierung einer neuen gemeinsamen Kategorie wird auch als Rekategorisierung bezeichnet.

Kategorisierungsprozesse zwischen Gruppen innerhalb eines Unternehmens, die eigentlich
kooperieren sollen, können ebenfalls unproduktiv sein und zu Konflikten führen. Hier
kommt es ebenfalls darauf an, eine Dekategorisierung zu betreiben. Dies geschieht z.B.,
indem in Teamentwicklungsmaßnahmen durch individuelle Kontakte, intensive Kommunikation und gegenseitiges Feedback die bislang als einheitliche, geschlossene Gruppe
wahrgenommene Outgroup individualisiert wird. Durch diese Personalisierung wird die
Unterschiedlichkeit innerhalb der Gruppe deutlich und damit die Dekategorisierung unterstützt. Eine differenziertere wechselseitige Wahrnehmung erhöht die Anzahl der Vergleichsdimensionen und damit entsteht ein ausgewogeneres Bild von Stärken und Schwächen auf beiden Seiten.

2.3.3 Reduktion negativer Distinktheit

Es wurde bereits darauf hingewiesen, dass eine positive Distinktheit im Vergleich zur
Fremdgruppe wesentlich zu einer positiven sozialen Identität beiträgt. Was passiert
aber, wenn der soziale Vergleich negativ ausfällt? Löst sich dann die eigene Gruppe
auf und läuft geschlossen zur Fremdgruppe über? Das mag sicher auch vorkommen.
Wenn dies einzelne Personen tun, wird diese Strategie als *soziale Mobilität* bezeichnet, löst sich tatsächlich die ganze Gruppe auf, spricht man von *Assimilation*. Bevor
das geschieht, werden jedoch in der Regel einige Versuche unternommen, die
Distinktheit zu korrigieren. Hierzu wollen wir sehen, wie es mit Frau Webers Geschichte weitergeht:

Beispiel 9:

Das Gespräch in der kleinen Gruppe läuft für Frau Weber wie erwartet. Die Atmo-
sphäre ist offen und freundlich, besonders spannend ist es, Interna des Konkurrenz-
unternehmens zu erfahren und es gibt viele gemeinsame Erfahrungen, so dass es
nicht schwer fällt, eine Reihe konkreter Lernziele zu formulieren, die dann sogar auf
Initiative des Herrn mit dem Notizblock ordentlich auf einem Flipchart festgehalten
werden. Alle vier sind mit dem Ergebnis sehr zufrieden und optimistisch, dass das
Seminar bei soviel Einigkeit erfolgreich wird. Man versichert sich noch gegenseitiger
Unterstützung, als einer der Herren zu bedenken gibt, dass man ja noch nicht wisse,
was die anderen Gruppen für Ergebnisse präsentieren werden. Und Frau Weber be-
tont noch mal, dass sie bestimmt kein Interesse daran hat, die Woche als Urlaub an-
zusehen und erhält dafür nickende Zustimmung. In der anschließenden Plenumsrunde
ist Frau Webers Gruppe die erste, die ihre Ergebnisse vorträgt. Der Dozent zeigt sich

beeindruckt von den ambitionierten Inhalten und der gut strukturierten und überzeu-genden Präsentation. Die Resonanz von übrigen Teilnehmern ist eher spärlich. Die nächste Gruppe ist auf die Präsentation offenbar weniger vorbereitet. Zum einen ist nicht klar, wer vorträgt und zum anderen wurde nichts schriftlich festgehalten. Schließlich geht der Herr, dem Frau Weber auf dem Parkplatz begegnet war, nach vorne und leitet damit ein, dass man die Aufgabe ganz anders verstanden und folglich die Zeit dafür genutzt habe, sich persönlich kennen zu lernen. Dabei habe man vor allem festgestellt, dass man sich gut verstanden hätte, alle einen interessanten Hin-tergrund mitbrächten und man sogar gemeinsame private Interessen entdeckt habe. Aufgrund der ganz unterschiedlichen Erfahrungen sei es auch nicht sinnvoll gewesen, konkrete Lernziele zu formulieren. Vielmehr sei deutlich geworden, dass Führung eher ein kreativer, ganzheitlicher Prozess sei, bei dem es vor allem darauf ankäme, angesichts des alltäglichen Chaos optimistisch zu bleiben. Deswegen sei es interes-sant von den Erfahrungen der anderen zu hören und man sei sich einig, in dieser Wo-che keinen Stress haben zu wollen, sondern die kreativen Ressourcen zu stärken. Während er berichtet, hat er auf dem Flip eine Landschaft mit Bergen, See und einer Hütte skizziert und die zwei anderen aus seiner Gruppe als Strichmännchen in dem Bild platziert ... Sichtlich zufrieden nimmt er wieder Platz und die Stimmung in der Gruppe ist nun heiter und gelöst, bis einer der Herren aus Frau Webers Gruppe das Wort ergreift und etwas ironisch die künstlerischen Fähigkeiten seines Vorredners lobt, darauf hinweist, dass er zum Urlaub lieber ans Meer fahren würde und von Führung ein eher konkretes, pragmatisches und weniger künstlerisches Verständnis hätte. Dabei blickt er in die Richtung seiner Gruppenmitglieder. Eigentlich hat Frau Weber die lockere und sympathische Präsentation gut gefallen, aber irgendwie möch-te sie auch nicht als unkreativ dastehen. Also ergreift sie das Wort, pflichtet ihrem Vorredner bei, weist darauf hin, dass Kunst vom Können käme und dass man erstmal das Handwerkszeug lernen müsse, bevor man sich zu Kreativem aufschwinge ... Schließlich entbrennt eine Diskussion über Kunst und Können im betrieblichen Alltag und ganz allgemein, in die sich noch einige andere einklinken und Partei ergreifen. Schließlich bricht der Dozent ab und empfiehlt eine Kaffeepause.

Was ist in diesem einfachen Beispiel passiert? Betrachten wir vorrangig den Aspekt der positiven Distinktheit. Frau Webers Gruppe hat sich ambitioniert und gewissen-haft mit der Aufgabenstellung auseinandergesetzt und dies mit einer sorgfältig vorbe-reiteten Präsentation unterstrichen. Die Inhalte zeigen ebenfalls, dass man das Semi-nar effizient nutzen will, um etwas zu erreichen. Das passte auch zu den Kriterien, nach denen Frau Weber ihre Gruppenmitglieder ausgesucht hatte. Das Lob des Do-zenten war ihnen gewiss.

Hätte die zweite Gruppe mit dem gleichen Anspruch und ähnlichen Inhalten präsen-tiert (gewissenhaft und leistungsmotiviert), hätte sie im Vergleich dazu nur schwach aussehen können, zumal sie sich hierfür nicht vorbereitet hatte. Vielleicht waren die Mitglieder der zweiten Gruppe sogar von der Vorlage der ersten Gruppe überrascht. Wir können aber davon ausgehen, dass sie negative Distinktheit erlebt haben. Also wurde die Vergleichsdimension gewechselt. Die durch die erste Gruppe vorgegebene Vergleichsdimension wurde als eher unwichtig in den Hintergrund gestellt und dafür rückten Kreativität, Spaß und Genuss in den Vordergrund. Die Botschaft war: „Ihr mögt ja fleißiger und gewissenhafter sein, aber darauf kommt es nicht an – wir dafür sind kreativer und haben auch noch Spaß dabei – und darauf kommt es an. Auf dieser viel wichtigeren Dimension sind wir besser." So hat die zweite Gruppe ihre positive Distinktheit wieder hergestellt. Jetzt wächst dafür das Bestreben der ersten Gruppe, negative Distinktheit zu vermeiden und man setzt sich anschließend mit Argumenten und Ironie gegen den Wechsel der Vergleichsdimensionen zur Wehr. Frau Weber, der die Präsentation eigentlich gut gefallen hat und die den Vorschlägen in einem anderen Kontext durchaus weitgehend zugestimmt hätte, bemüht sich nun aber, die Normen und Werte ihrer Gruppe (Leistung und Gewissenhaftigkeit) zu verteidigen. Dieses Phänomen, dass Personen vor dem Hintergrund ihrer sozialen Identität agieren und ihre personale Identität in den Hintergrund stellen, haben wir oben bereits als Depersonalisierung beschrieben.

Die Strategie, die Vergleichsdimension zu wechseln, wird als *soziale Kreativität* bezeichnet und ist häufig anzutreffen, wie die folgenden Beispiele zeigen. Wenn die deutsche Fußballnationalmannschaft in der Vergangenheit gewonnen hat, kam es nicht selten vor, dass ihr Spiel von der ausländischen Presse als diszipliniert, stur, einfallsarm etc. – eben typisch deutsch – kommentiert wurde. Die anderen haben zwar verloren, spielen dafür aber den schöneren Fußball: elegant, spielerisch leicht usw. Die Spielstärke des deutschen Rekordmeisters hat schon viele andere Vereine und ihre Anhänger verzweifeln lassen. Positive Distinktheit lässt sich aber herstellen, wenn man die anderen als arrogant oder als „nur am Geld interessiert" kategorisiert oder in Skandale verwickelt sieht. In ähnlicher Weise wird im zwischenmenschlichen Kontakt „Dicksein" „Gemütlichkeit" entgegengehalten, „Armut" dem „Glücklichsein" (arm aber glücklich oder wenigstens ehrlich) entgegengesetzt und „nicht Einparken können" wird dafür aber mit „zuhören können" quittiert.

Im betrieblichen Kontext werden ebenfalls die Vergleichsdimensionen gewechselt, um positive Distinktheit zu ermöglichen: Die kleinen Unternehmen behaupten sich gegenüber den großen Marktführern dadurch, dass sie bessere Qualität liefern, einen besseren Draht zu Kunden haben und insgesamt viel flexibler sind. Der Volksmund hat hierfür auch wieder den Spruch „klein aber fein" parat. Der Vertriebsbereich, der im internen Ranking etwas zurückgefallen ist, verweist auf das bessere Betriebsklima im eigenen Bereich. Ein Anbieter von Elektrogeräten, der im Preiskampf mit den Mitbewerbern zu unterliegen droht, kommuniziert nach innen und außen „Wir sind die Guten" und meint damit, dass es auf andere Dinge wie z.B. den Preis dann nicht mehr so ankommt. Da soll der Kunde bitte nicht kleinlich sein!

In der Regel findet sich immer eine Möglichkeit, durch Wahl einer geeigneten Vergleichsdimension zu einer positiven sozialen Identität zu gelangen. Eine weitere Strategie, positive Distinktheit zu erlangen, ist die Umkehrung der Bewertungsrichtung. Aus der Not oder einem vermeintlichen Makel wird eine Tugend gemacht. So wehrten sich die Afroamerikaner mit dem Slogan „black is beautiful", und ein anderer als der oben genannte Anbieter von Elektrogeräten kontert mit „Geiz ist geil". Weitere Strategien bestehen darin, die negativen Bewertungen zu akzeptieren (*Internalisierung*), aber die negative soziale Identität dadurch erträglicher zu gestalten, indem man versucht, sich dem Vergleich zu entziehen und damit die Salienz zu reduzieren. Dies geschieht durch *Rückzug* oder Bildung einer Subkultur. Auch in Betrieben finden sich immer wieder eher kleine Gruppen, die keinen Einfluss haben, weitgehend isoliert sind und sich irgendwann zurückgezogen haben.

Praktische Konsequenzen:

Unternehmen sollten dem Bedürfnis nach einer positiven sozialen Identität ihrer Mitarbeiter Rechnung tragen. Wie bereits in Abschnitt 2.3.2 erläutert, ist eine entsprechende Selbstkategorisierung die erste (kognitive) Voraussetzung hierfür. Mit welchen Mitteln die Selbstkategorisierung als Mitglied der Organisation gefördert werden kann, wurde bereits angesprochen.

Die emotionale und bewertende Komponente ist eng mit der positiven oder negativen Distinktheit verbunden, und wir können davon ausgehen, dass die verhaltensbezogene Komponente hierdurch unmittelbar beeinflusst wird. Mitarbeiter, die ihre Zugehörigkeit emotional positiv erleben und bewerten, werden mit großer Wahrscheinlichkeit eher bereit sein, sich für das Unternehmen zu engagieren und sich loyal zu ihrem Unternehmen verhalten. Aus diesem Grund sollten die oben genannten Strategien zur Erlangung einer positiven Distinktheit bewusst gewählt und systematisch betrieben werden. Andernfalls ist damit zu rechnen, dass Mitarbeiter Strategien wählen, die die Lage des Unternehmens kaum verbessern werden.

So zum Beispiel, wenn man sich mit seinem schlechten Image abgibt und den Vergleich mit anderen vermeidet (kein Interesse mehr an Mitbewerbern oder Benchmarks), die Vergleichsdimensionen wechselt (Wir sind zwar nicht erfolgreich ... dafür ist das Klima aber gut und man muss sich bei uns nicht kaputt machen) oder sich mit dem Abwärtsvergleich tröstet.

Der Vergleich mit einer stärkeren oder besseren Gruppe wird auch als Aufwärtsvergleich bezeichnet, weil der Blick gewissermaßen nach oben gerichtet ist. Diesen Aufwärtsvergleich durch einen *Abwärtsvergleich* zu ersetzen, stellt eine weitere Möglichkeit dar, wieder eine positivere soziale Identität zu entwickeln. Die stärkere oder bessere Gruppe wird als Vergleichsgruppe ignoriert und stattdessen vergleicht man sich mit einer Gruppe, die schwächer oder schlechter ist als die eigene.

Eine Vertriebseinheit, die im Ranking ins untere Mittelfeld abgesackt ist, orientiert sich eher an den „Schlusslichtern", oder das Unternehmen, das zur Zeit wirtschaftliche Probleme hat, verweist auf andere Unternehmen in der Branche, die schon weit mehr Arbeitsplätze abbauen mussten. Diese Strategien werden vor allem dann gewählt, wenn eine Verbesserung der eigenen Situation schwierig oder gar aussichtslos erscheint. Schließlich gibt es ja noch die Möglichkeit, Konkurrenz mit der Vergleichsgruppe aufzunehmen mit dem Ziel, die Rangfolge schrittweise umzukehren. Diese Strategie wird als *sozialer Wettbewerb* bezeichnet und begegnet uns z.B., wenn Unternehmen ankündigen, Marktführer zu werden.

2.3.4 Identifikation als multidimensionales Konzept

Insbesondere im Rahmen der Übertragung des Ansatzes der sozialen Identifikation auf den organisationalen Kontext werden in den letzten Jahren eine Differenzierung verschiedener Komponenten und Foci diskutiert (vgl. van Dick, 2004; van Dick & Wagner, 2002). Diese multidimensionale Konzeptionalisierung wird im Folgenden genauer vorgestellt. Dabei werden Parallelen, aber auch Unterschiede zur Multidimensionalität von Commitment deutlich. Es wurde bereits im vorhergehenden Kapitel gezeigt, dass vier Komponenten der sozialen Identifikation unterschieden werden können. Der Prozess der Identifikation beginnt mit der Selbstkategorisierung als Gruppenmitglied. Auf dieser Grundlage entwickeln sich die affektiven, evaluativen und behavioralen Komponenten. Die Bestandteile sind nicht unabhängig voneinander, sondern können sich gegenseitig beeinflussen.

- Die kognitive Komponente, die das Wissen um die Gruppenmitgliedschaft und um das Selbst als Teil der Gruppe beinhaltet: „... identification as a group member" (van Dick, 2001, S. 270), Voraussetzung hierfür ist der bereits ausführlich dargestellte Prozess der Selbstkategorisierung

- Die affektive Komponente, die die emotionale Qualität der Mitgliedschaft in der Gruppe beschreibt: „... identification with the category ..." (van Dick, 2001, S. 270), hier geht es zum Beispiel um die Frage, wie gern oder ungern jemand Mitglied dieser Gruppe ist und wie stark die Identifikation ist

- Die evaluative Komponente, die den Wert der Gruppe beinhaltet, der ihr im Vergleich zu anderen Gruppen zugeschrieben wird, hier geht es um Fragen von Prestige, Status und Distinktheit

- Die konative bzw. behaviorale Komponente, die das auf die Gruppe ausgerichtete Verhalten betrifft, hier geht es um die Teilnahme an Ritualen, die Durchführung prototypischer Handlungen und den Einsatz und das Engagement für das Ansehen der Gruppe

Analog zur Unterscheidung unterschiedlicher Foci bzw. Richtungen oder Ziele beim Commitment lassen sich auch hier verschiedene Objekte der Identifikation differenzieren. Ausgangspunkt war die Unterscheidung personaler und sozialer Identität. Welche Identität in einer bestimmten Situation relevant ist, hängt wieder von deren Salienz ab. In Situationen, in denen eher die personale Identität salient ist, wird z.B. die Identifikation eines Mitarbeiters mit seiner Karriere im Vordergrund stehen und Auswirkungen auf die arbeitsbezogenen Einstellungen und Verhaltensweisen haben.

Umgekehrt werden in Situationen, in denen eher die soziale Identität salient ist, Denken und Verhalten des Mitarbeiters an seiner Identifikation mit der entsprechenden sozialen Gruppe (z.B. Arbeitsgruppe, Organisation) ausgerichtet sein (Wegge & van Dick, 2006). Werden die Komponenten und Foci gleichzeitig betrachtet, ergibt sich die in Tabelle 3 dargestellte Matrix.

Riketta, van Dick und Rousseau (2006) unterscheiden neuerdings zusätzlich zwischen oberflächlicher, *situationsgebundener* und *tiefgehender* Identifikation. Die situationsgebundene Identifikation kann vor allem dadurch gefördert werden, dass die Erfolge der eigenen Organisation kommuniziert und Gemeinsamkeiten zwischen den Mitarbeitern hervorgehoben werden sowie der Wettbewerb mit anderen Organisationen verdeutlicht und die Einzigartigkeit der Organisation herausgestellt wird. Werden diese Punkte kontinuierlich erlebt und zuverlässig erfahren, entwickelt sich aus der situationsgebundenen eine tiefgehende Identifikation, bei der die Identifikation fester Bestandteil des Selbstkonzepts wird.

Tabelle 3: Mehrdimensionalität der organisationalen Identifikation

	Personale Identität	Soziale Identität	
	Karriere	**Organisation**	**Team**
Kognitiv	CIC	OIC	TIC
Affektiv	CIA	OIA	TIA
Evaluativ	CIC	OIC	TIC
Konativ	CIB	OIB	TIB

2.4 Commitment und Identifikation: Ein Vergleich

Es ist bereits deutlich geworden, dass sich beide Konzepte zum Teil sehr ähnlich sind. Beide weisen eine multidimensionale Struktur auf. Bei den Foci, die üblicherweise unterschieden werden, gibt es kaum Unterschiede und auch bei den Komponenten gibt es zumindest deutliche begriffliche Überschneidungen, wenn man an die affektive Komponente denkt. Andererseits unterscheidet das Commitmentkonzept drei und das Identifikationskonzept vier Komponenten und zwischen dem fortsetzungsbezogenem Commitment, das einen Verhaltensaspekt aufgreift, besteht ein deutlicher Unterschied zur konativen, ebenfalls verhaltensbezogenen Komponente. Letztlich ist die konzeptuelle Unterscheidbarkeit von Commitment und Identifikation bislang nicht abschließend geklärt und aufgrund der erheblichen Überschneidungen auch nur begrenzt möglich. Autoren um van Dick (van Dick, 2004; Wegge & van Dick, 2006) betonen zum Teil eher die Unterschiede zwischen beiden Konzepten. Eine kritische Diskussion hierzu von Franke (2005) relativiert allerdings einige dieser Unterschiede. Im Folgenden sollen einiger der zentralen Gemeinsamkeiten und Unterschiede dargestellt werden.

2.4.1 Gemeinsamkeiten und Überschneidungen

Verschiedene Autoren betrachten Identifikation als Teil des Commitments und umgekehrt. So unterscheidet die dem Organizational Commitment Questionnaire (OCQ) zugrunde liegende Definition von Commitment (Mowday et al., 1979) die drei Aspekte (1) starke Akzeptanz und Identifikation mit den Werten und Zielen der Organisation, (2) Bereitschaft, sich besonders für die Organisation einzusetzen sowie (3) den Wunsch, weiterhin in der Organisation zu verbleiben (vgl. 2.1.1). Damit ist *Identifikation explizit als definitorischer Bestandteil von Commitment* genannt. Auch in der Konzeption von Becker (1992) und O'Reilly und Chatman (1986), die (1) Internalization, (2) Identification und (3) Compliance oder instrumental commitment unterscheiden (vgl. 2.2.1), ist Identifikation definitorischer Bestandteil. Letztlich betrachten auch Meyer und Allen Identifikation als Teil des Commitments, indem sie affektives Commitment als „... emotional attachment to, identification with, and involvement in, the organization" (Allen & Meyer, 1990, S. 1) definieren und der Identifikation ebenfalls eine zentrale Rolle bei der Entstehung von Commitment zubilligen. Insgesamt zeigt sich, dass Identifikation, wenn sie als Bestandteil von Commitment konzipiert wird, vor allem dem affektiven Teil des Commitments zugeordnet wird. Sei es, dass Identifikation durch Wertekongruenz (Mowday et al., 1979; Allen & Meyer, 1990) oder durch bereitwillige Anpassung und Übernahme von Normen und Werten mit dem Wunsch nach Zugehörigkeit (O´Reilly & Chatman, 1986) hervorgerufen wird, auch wenn die Werte nicht vollständig internalisiert werden.

Umgekehrt wird Commitment als Teil der Identifikation bzw. Identifikation als Erweiterung des Commitmentkonzepts betrachtet (Ellemers et al., 2004; Ouwerkerk et al., 1999). Betont wird vor allem die zusätzliche theoretische Fundierung der organisationalen Bindung durch den theoretischen Hintergrund der sozialen Identitätstheorie (vgl. auch van Dick, 2001). Bei der Differenzierung von Identifikation in eine kognitive (Selbst-Kategorisierung), evaluative (Gruppen-Selbstwert) und affektive Komponente entspricht letztere dem affektiven Commitment gegenüber der Gruppe. Damit ist *affektives Commitment definitorischer Bestandteil organisationaler Identifikation.* An anderer Stelle werden affektives Commitment und affektive Identifikation synonym verwendet (Ouwerkerk et al., 1999). Ellemers et al. (2004) betrachten Commitment als besondere Form sozialer Identifikation: „Thinking about organizational commitment as a form of social identification ..." (S. 465). Ein wesentlicher zusätzlicher Erklärungswert der sozialen Identitätstheorie besteht darin, dass durch die Salienz erklärt werden kann, welcher Focus aktuell im Vordergrund steht. Beim Commitmentkonzept gibt es keine explizite theoretische Begründung dafür, wann welcher Focus relevant ist. Diese Frage wird im Rahmen des sozialen Identitätsansatzes mit dem Konzept der Salienz beantwortet.

Insgesamt zeigen vor allem die gegenseitigen definitorischen Überschneidungen, dass Identifikation und Commitment im organisationalen Kontext sehr ähnliche Phänomene und Prozesse beschreiben. Das wird insbesondere bei den jeweils affektiven Komponenten deutlich. Darüber hinaus verfügen beide Konzepte neben den affektiven auch über kognitive Komponenten.

2.4.2 Unterschiede und Trennendes

Zunächst ist anzumerken, dass beide Konzepte aus unterschiedlichen Strängen der Theorieentwicklung hervorgegangen sind, die jeweils auch durch unterschiedliches Erkenntnisinteresse geprägt sind. Wie in Abbildung 4 dargestellt, geht der Commitmentansatz auf organisationspsychologische und sozialpsychologische Theorien zurück. Eine wesentliche Ausgangsfrage war, die Fluktuationsneigung bzw. Kündigungsbereitschaft von Mitarbeitern zu erklären. Da war der Gedanke nahe liegend, dass die Stärke der Bindung wesentlich zur Vorhersage von diesen unerwünschten Verhaltenstendenzen beiträgt.

Bei der Erklärung von Bindung wird zum einen auf in der Organisationspsychologie verbreitete Einstellungskonzepte zurückgegriffen. Hier gibt es, wie wir später sehen werden, z.B. auch deutliche Anknüpfungspunkte zu Konzepten der Arbeitszufriedenheit. Die Grundannahme besteht darin, dass die Bindung an ein Unternehmen als Einstellung verstanden und erfasst werden kann, die sich letztlich auf das Verhalten auswirkt. Zum anderen wurde mit dem fortsetzungsbezogenen Commitment ein sozialpsychologisches Konzept integriert, das aktuelles Verhalten vor allem mit bisherigem Verhalten begründet und dabei auf Kosten-Nutzen Theorien, Austauschtheorien und Dissonanztheorie zurückgreift. Beide Stränge, die völlig unterschiedliche Bindungsqualitäten akzentuieren (Wollen vs. Müssen), wurden dann unter weiterer Hinzunahme des normativen Moments zum aktuellen Commitmentkonzept integriert. Auch wenn es zahlreiche Annahmen dazu gibt, welche Faktoren und Determinanten die einzelnen Komponenten beeinflussen, ist der Entstehungsprozess von Commitment in der Theorie nicht weiter ausgeführt.

Wie die Vielzahl der mittlerweile diskutierten Foci von Commitment zeigen, kommt das Konzept ohne die sozialpsychologische Perspektive der Gruppe aus. Die Organisation wird hier nicht als Gruppe, sondern als *Einheit ("Entity")* betrachtet und die Beziehung gegenüber dieser Einheit entspricht dem Commitment. Commitment beschreibt damit die Beziehung eines Individuums aus einer individuellen emotionalen Perspektive zu einem nahezu beliebigen Focus. Commitment kann sich folglich auch auf Einzelpersonen, Veränderungen usw. beziehen, die keinerlei Gruppenmerkmal aufweisen. Die Beziehung von Mitarbeiter und Organisation wird im Commitmentkonzept also ausschließlich aus individueller Perspektive reflektiert.

Bei der sozialen Identifikation stehen hingegen die Gruppe und die Gruppenmitgliedschaft im Vordergrund. Die Ausgangsfrage lautet hier, inwieweit sich jemand als Mitglied einer Gruppe definiert und sich mit dieser identifiziert. Daraus folgt die Frage, wie sich Selbstkategorisierung bzw. Identifikation auf Erleben und Verhalten auswirken. Die Frage nach dem *Einfluss der Gruppe* ist in der Sozialpsychologie fest verankert. Die Selbstkategorisierungstheorie und die Soziale Identitätstheorie erklären gemeinsam, warum Menschen Gruppenmitgliedschaften eingehen und warum sie die eigene Gruppe bevorzugen und andere Gruppen benachteiligen. Der Blick auf die Bedeutung der organisationalen Identifikation für Leistung, Engagement und auch Fluktuation sind nachfolgende Schritte.

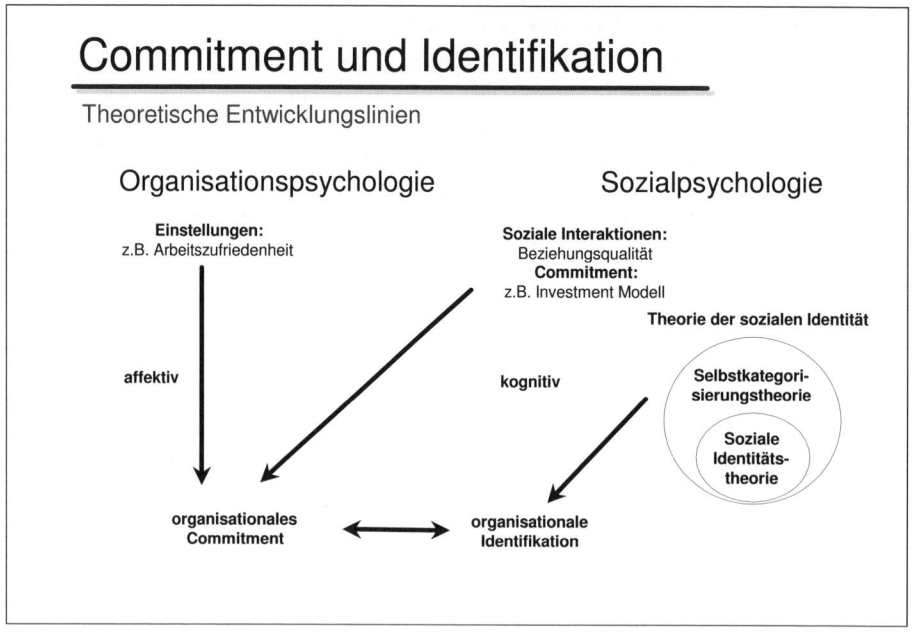

Abbildung 4: Theoretische Entwicklungslinien

Durch die Gruppenperspektive geht es darum, Einstellung (z.B. Stolz) und Verhalten (z.B. Verteidigung der Gruppe gegen Angriffe von außen) des Einzelnen vor dem Hintergrund der sozialen und insbesondere der organisationalen Identität zu erklären und damit den Einfluss der Gruppe deutlich zu machen. Implizit steckt hier die Annahme dahinter, dass sich der Einzelne ohne den Einfluss der Gruppe durchaus anders verhalten würde. Das Konzept der *Salienz* macht diesen Gedanken explizit, indem der situationale Kontext determiniert, ob eher die personale oder die soziale Identität aktiviert und damit handlungsleitend ist.

Das Commitmentkonzept kennt die Unterscheidung verschiedener Identitäten in diesem Sinne nicht. Vielmehr wird Commitment als Qualität einer Beziehung als eher *stabil* (Trait-like) angesehen. Kurzfristige Schwankungen (state-like), wie sie im Bereich der sozialen Identifikation vorgesehen und erklärbar sind – es ist lediglich erforderlich, die entsprechende Kategorie salient zu machen – widersprechen eher dem Gedanken des Commitments. Van Dick, Wagner, Stellmacher und Christ (2004) formulieren allerdings hierzu: „… although social identification with a certain category (e.g. the work-group) is relatively stable over time, its *impact* on group relevant behaviors (e.g. OCB on behalf of colleagues) is highly flexible" (p. 186).

Allerdings ist auch beim Commitment die *Bedeutung des Kontexts* nicht ausgeklammert. Gerade die Diskussion um die Deregulierung von Arbeitsverhältnissen und um die Globalisierung von Organisationen, die die Beziehung belasten (Auflösung des psychologischen Kontrakts) oder die Erkennbarkeit der Organisation beeinträchtigen

(Fusionen, Globalisierung), führen zu der Überlegung, dass das organisationale Commitment in den Hintergrund tritt und andere Foci, wie z.B. das Team, die Führungskraft oder die Beschäftigungsform, in den Vordergrund rücken. Es wird angenommen, dass mit zunehmender Beschäftigungsunsicherheit das Bedürfnis steigt, die eigene Karriere stärker zu kontrollieren, um marktfähig zu bleiben (Meyer et al., 1998). Dabei ist die Relevanz des Focus ein wichtiger Punkt: Wenn bestimmte Foci für eine Person von Bedeutung sind, wird sie diese gegenüber Commitment entwickeln und durch diese Foci im Handeln beeinflusst (Meyer & Herscovitch, 2001). Man könnte aber auch im Sinne der SIT sagen, dass dieser Focus salient wird. Allerdings sind diese Verschiebungen im Commitmentkonzept eher als langfristige Prozesse zu verstehen.

Fragen aus einer individuell-emotionalen Perspektive:

- Wie sehr fühle ich mich XY verbunden?

- Wie ist die Qualität der Beziehung, affektiv, kalkulatorisch oder normativ?

- Warum wird die Beziehung aufrechterhalten, warum wird sich für die Beziehung eingesetzt: Wünschen und Wollen, Müssen und Können, Verpflichtung und Sollen?

Fragen aus einer sozial-kognitiven Perspektive:

- Wie sehr definiere ich mich über die Zugehörigkeit zu einer Gruppe?

- Wie gerne bin ich Mitglied?

- Wie wird die Gruppe bewertet: Prestige, Status und Image der Gruppe?

- Wie stark ist die Bereitschaft, sich im Sinne der Gruppe einzusetzen?

Dennoch kann darüber hinaus auch für Commitment angenommen werden, dass ein Mitarbeiter in einem Kontext, der den Vergleich des eigenen Teams mit einem anderen nahe legt (z.B. werden die Zahlen des aktuellen Vertriebsrankings für die unterschiedlichen Teams ausgewertet), eher Team-Commitment erlebt und entsprechendes teamorientiertes Verhalten zeigt. Umgekehrt sollte in Situationen, in denen die personale Identität bedeutsam ist (z.B. wird die eigene Kompetenz in Frage gestellt oder der individuelle Arbeitsplatz ist bedroht oder es bietet sich eine Aufstiegschance), eher Karriere-Commitment im Vordergrund stehen und das Verhalten beeinflussen. Man kann also festhalten, dass beide Konzepte als relativ zeitstabil anzusehen sind und beide Kontexteinflüssen unterliegen, indem die gerade saliente Kategorie das Ziel der Bindung und damit das Verhalten bestimmt. Lediglich der Focus ist unterschiedlich gelagert: Beim Commitment als eigenschaftsnahem Konzept steht die Stabilität im Vordergrund, während bei der Identifikation die Dynamik durch die jeweilige Salienz akzentuiert wird. Der Social Identity Approach bietet für diese Dynamik eine Erklärung, die aber auch auf Commitment angewendet werden kann.

Beide Konzepte haben gemeinsam, dass sie mehrere Komponenten unterscheiden und gleichermaßen die affektive Komponente aufweisen. Allerdings unterscheiden sich die *Komponenten jeweils in ihrer Beziehung zueinander*. Während die Modellannahme beim affektiven Commitment darin besteht, dass die drei Komponenten unabhängige, unterschiedliche Beziehungsqualitäten repräsentieren, sind die Komponenten im Identitätsansatz durch ein Prozessmodell verbunden. Ausgangspunkt ist die kognitive Komponente bzw. die Selbstkategorisierung. Sie ist Voraussetzung für die übrigen Komponenten, die in diesem Modell direkt miteinander verbunden sind und lediglich unterschiedliche psychische Funktionen repräsentieren (Emotion, Kognition und Verhalten).

Van Dick und Kollegen (z.B. Gautam, van Dick & Wagner, 2004; van Dick, 2004; Wegge & van Dick, 2006) haben ebenfalls einige Punkte herausgearbeitet, die nach ihrer Meinung für die konzeptuelle Unterscheidbarkeit von Identifikation und Commitment sprechen. Der *kognitive Aspekt der Selbstkategorisierung* wird als ein wesentliches Unterscheidungsmerkmal gegenüber dem Commitment herausgestellt, das „... eher eine affektive, also gefühlsmäßige, Einstellung gegenüber der Arbeitsgruppe oder der Organisation [darstellt]" (van Dick, 2004, S. 4).

Diese kognitive Eingangsvoraussetzung wird im Commitmentkonzept nicht gesetzt. Allerdings sollte diese Unterscheidung nicht in dem Sinne überakzentuiert werden, dass es sich bei Identifikation eher um ein kognitives und bei Commitment eher um ein affektives Konzept handelt. Es darf nicht übersehen werden, dass auch Commitment kognitive Anteile beinhaltet und umgekehrt Identifikation ebenfalls eine affektive Komponente aufweist. Sogar beim affektiven Commitment handelt es sich nach Meyer und Herscovitch (2001) nicht einzig und allein um den emotionalen Zustand eines Individuums, sondern es werden auch Kognitionen und Urteile wie z.B. bei der Wertekongruenz erfasst.

Ein drittes Argument für die theoretische Trennbarkeit der Konzepte sehen van Dick und Kollegen darin, dass Identifikation vor allem auf wahrgenommener Ähnlichkeit und geteilten Überzeugungen mit der Organisation bzw. den Organisationsmitgliedern beruht, während Commitment im Wesentlichen als *austauschbasiert* betrachtet werden kann. Ein solcher austauschbasierter Prozess sei bei der Identifikation – zumindest theoretisch – nicht notwendig, weil der Mitarbeiter sich selbst als Teil der Organisation sieht und damit letztlich etwas mit sich selbst austauschen würde (Wegge & van Dick, 2006).

Tatsächlich ist der Austauschgedanke im Commitmentkonzept zum Teil verankert. Der bereits angesprochene psychologische Vertrag (z.B. Sicherheit gegen Loyalität) unterstreicht diesen Gedanken. Außerdem gibt es zahlreiche Hinweise darauf, dass im weitesten Sinne positive Arbeitsbedingungen, die den Vorstellungen und Erwartungen der Mitarbeiter entsprechen, das Commitment erhöhen. Aber Meyer und Herscovitch (2001) weisen explizit darauf hin, dass „... commitment is distinguishable from exchange-based forms of motivation ... and can influence behavior even in the absence of extrinsic motivation or positive attitudes." (p. 301).

Außerdem dürfte die Qualität der Austauschprozesse für die emotionale, evaluative und konative Komponente der Identifikation ebenfalls von zentraler Bedeutung sein und zwar in gleicher Weise wie für das Commitment. Wie später noch zu zeigen ist, sind es durchaus die gleichen Arbeitsbedingungen, die Commitment wie auch Identifikation fördern. Für die kognitive Komponente der Selbstkategorisierung ist der Austauschgedanke jedoch tatsächlich nicht maßgeblich.

Als praktische Konsequenz des Austauschgedankens bedarf es nach van Dick (2004) und Gautam et al. (2004) für die Entstehung von Identifikation keiner direkten Interaktion, da allein die Selbstkategorisierung ausreicht, um Identifikation zu entwickeln. Dadurch kann auch jemand, der allein und weit entfernt von seiner Organisation arbeitet, mit dieser stark identifiziert sein. Commitment hingegen erfordert einen aktuellen Austausch. Allerdings argumentiert Franke (2005), dass allein die Selbstkategorisierung als Mitglied der Organisation nicht bedeuten muss, dass diese Zugehörigkeit auch bedeutsam ist. Erst durch die affektive Komponente im nächsten Schritt entsteht eine Identifikation mit der Organisation. Hinzu kommt noch die evaluative Komponente.

Diese emotionale und kognitive Bewertung ist jedoch ohne eine Form des materiellen oder immateriellen Austauschs ebenso wenig denkbar wie beim Commitment. Da die emotionalen und kognitiven Komponenten für Identifikation wie auch für Commitment gelten, ist es ist daher wahrscheinlich, dass der beispielhaft angeführte weit entfernte Mitarbeiter, der stark mit seiner Organisation identifiziert ist, auch ein hohes (affektives) Commitment zeigen wird (Franke, 2005). Die in diesem Kapitel vorgestellten und diskutierten Gemeinsamkeiten und Unterschiede von Commitment und Identifikation sind in Tabelle 4 stichwortartig zusammengefasst.

Eine weitere Unterscheidung zielt auf darauf, dass Identifikation eher mit Motivation einhergeht als Commitment. Bei hoher Identifikation würden die Werte und Ziele der Organisation stärker verinnerlicht und internalisiert. Daraus folgt stärkeres Engagement und damit eine größere Produktivität. Es wird weiterhin ausgeführt, dass dieses zwar auch Folgen eines starken Commitments sein können, aber dass damit nicht eine gleichermaßen hohe intrinsische Motivation einhergeht, sondern eher Gefühle der Reziprozität ursächlich dafür sind. Vor dem Hintergrund des Austauschgedankens wird argumentiert, dass Commitment anfällig für Schwankungen und Störungen ist. Zum einen wurde jedoch bereits oben darauf hingewiesen, dass sich beide Konzepte hinsichtlich des Austauschgedankens nicht stringent trennen lassen.

Damit sind auch bezüglich der intrinsischen Motivation keine prinzipiellen Unterschiede zu erwarten. Zum anderen merkt Franke (2005) hierzu an, dass die Komponenten des Commitments konzeptuell deutlicher voneinander trennbar sind als die stark miteinander verbundenen Identifikationskomponenten. Tatsächlich ist der Austauschgedanke beim kalkulatorischen Commitment (Kosten - Nutzen) und beim normativen Commitment (Schuld, Verpflichtung) stärker verankert als dies bei den affektiven Komponenten beider Konzepte der Fall ist. Damit dürfte die intrinsische Motivation bei diesen beiden Commitmentkomponenten durchaus niedriger sein, nicht jedoch beim affektiven Commitment.

Tabelle 4: Commitment und Identifikation: Gemeinsamkeiten und Unterschiede

	Commitment	Identifikation
Ursprüngliche Fachdisziplin	Organisations- und Sozialpsychologie	Sozialpsychologie
Basistheorien	Einstellungstheorien Austauschtheorien und Kosten-Nutzentheorie Dissonanztheorie Einstellungen zu bzw. Reaktion auf die Arbeit	Selbstkonzept Selbstwert und -steigerung SKT SIT
Ausgangs-problem	Erklärung und Vorhersage von Fluktuationsabsicht und -verhalten	Favorisierung der Ingroup und Benachteiligung der Outgroup
Fragestellung	Welche Konsequenzen hat die Bindung	Welchen Einfluss hat die soziale Identität
Modell	Unterscheidung unterschiedlicher, unabhängiger Bindungsqualitäten	Prozessmodell und Unterscheidung abhängiger Komponenten einer Bindungsqualität
Dauer	Langfristig (trait-like), aber auch durch Rahmenbedingungen veränderbar	Kurzfristig (state-like), abhängig von Salienz, aber auch langfristig
Komponenten	Affektiv Kalkulatorisch Normativ	Affektiv ./. ./. kognitiv evaluativ konativ
Ursachen *Affektiv* *Kalkulatorisch* *Normativ* *Kognitiv* *Evaluativ* *Konativ*	Wertekongruenz Investitionen, Kosten, Alternativen Sozialisation, Verpflichtung	./. ./. Salienz, Kategorisierung Image Prototypisches Handeln
Risiken	Eskalierendes Commitment	Überidentifikation

3 Instrumente zur Messung von Mitarbeiterbindung

3.1 Messung von Commitment

3.1.1 *Organizational Commitment Questionnaire (OCQ)*

Obwohl alternative Konzeptualisierungen und Messinstrumente für organisationales Commitment zur Verfügung stehen (Ritzer & Trice, 1969; Wiener & Vardi, 1980), hat der Organizational Commitment Questionnaire (OCQ) von Porter et al. (1974) bzw. Mowday et al. (1979) die Literatur über lange Jahre dominiert. In der Metaanalyse von Mathieu und Zajac (1990) war der OCQ mit einem Anteil von 52 % der Studien das am häufigsten verwendete Instrument zur Messung von affektivem organisationalen Commitment. Die Autoren entwickelten den OCQ mit 15 Items als *globales Messinstrument* zur Erfassung von organisationalem Commitment basierend auf ihrer Unterscheidung von (1) a strong belief in and acceptance of the organization's goals and values, (2) a willingness to exert considerable effort und (3) a strong desire to maintain membership. Diese Punkte bilden drei zusammenhängende Faktoren. In Tabelle 5 sind einige Beispielitems der Originalversion aufgeführt.

Interessanterweise verwenden Mowday et al. (1979) in ihrer Definition von Commitment den Begriff der Identification „Individual's identification with ... and involvement in a particular organization" und grenzen Commitment gegenüber Loyalität und Arbeitszufriedenheit ab. Im Vergleich zu Loyalität, die Mowday et al. (1979) eher als passiven Ausdruck einer Beziehung verstehen, die sich zum Beispiel in Gehorsam und Zustimmung äußert, ist Commitment durch eine aktive Gestaltung der Beziehung charakterisiert. Commitment zeigt sich in der Bereitschaft zu besonderem Engagement und dem Bestreben, in der Organisation zu bleiben. Gegenüber der Arbeitszufriedenheit, die eher als kurzfristige und spezifische Reaktion auf bestimmte Arbeitsbedingungen betrachtet wird „evaluative reaction to specific task environment, job or job facets, less stable over time", wird Commitment dadurch abgegrenzt, dass der langfristige und globale Charakter in den Vordergrund gerückt wird „Commitment is more global ... general affective response to the organization as a whole ... develops slowly but con-sistently".

Der OCQ wurde in mehreren unterschiedlichen Stichproben eingesetzt und validiert (Mowday et al., 1979). Eine Überprüfung der *faktoriellen Struktur* erbrachte eine einfaktorielle Lösung mit 83,2 bis 92,6% Varianzaufklärung. Die Reliabilität erwies sich in den unterschiedlichen Stichproben als hoch und stabil. Eine Itemanalyse ergab, dass vor allem die negativ formulierten Items geringere Trennschärfen aufwiesen. Aus den stärksten Items wurde eine Kurzversion mit neun positiven Items entwickelt.

Die Mittelwerte lagen in der Regel über dem Erwartungswert von 4 (siebenstufige Antwortskala), zeigten aber auch deutliche Unterschiede zwischen den Stichproben. Die Konstruktvalidierung ergab erwartungsgemäß positive Zusammenhänge zum beabsichtigten Verbleib in der Organisation und zum Stellenwert der Arbeit im Leben und negative Korrelationen zur Kündigungsabsicht.

Tabelle 5: Beispielitems des OCQ (Maier & Woschee, 2002)

Akzeptanz der Unterneh-mensziele u. -werte (8 Items)	Bereitschaft zu hohem Engagement (5 Items)	Wunsch im Unternehmen zu bleiben (2 Items)
• Ich fühle mich diesem Unternehmen nur wenig verbunden. (R) • Ich bin der Meinung, dass meine Wertvorstellungen und die des Unternehmens sehr ähnlich sind. • Ich bin stolz, wenn ich anderen sagen kann, dass ich zu diesem Unternehmen gehöre. • Ich bin ausgesprochen froh, dass ich bei meinem Eintritt dieses Unternehmen anderen vorgezogen habe.	• Ich bin bereit, mich mehr als nötig zu engagieren, um zum Erfolg des Unternehmens beizutragen. • Dieses Unternehmen spornt mich zu Höchstleistungen in meiner Tätigkeit an.	• Ich würde fast jede Veränderung meiner Tätigkeit akzeptieren, nur um auch weiterhin für dieses Unternehmen arbeiten zu können. • Schon kleine Veränderungen in meiner gegenwärtigen Situation würden mich zum Verlassen des Unternehmens bewegen. (R)

Hinsichtlich der *prognostischen bzw. Kriteriumsvalidität* zeigte eine Analyse über vier Messzeitpunkte, dass die Mittelwerte der Mitarbeiter, die am Ende das Unternehmen verlassen haben, bereits zu Beginn niedriger waren als die Vergleichswerte der Gruppe, die im Unternehmen geblieben ist. Während die Werte derjenigen, die im Unternehmen geblieben sind weitgehend stabil blieben, hat sich das Commitment derjenigen, die gekündigt haben, im Laufe der Zeit verringert. Außerdem konnten Mowday et al. (1979) zeigen, dass sich Commitment besser als Prädiktor für Kündigungsabsichten eignete als Arbeitszufriedenheit.

Wie lässt sich nun ein einzelner Commitmentwert oder der Mittelwert eines Teams interpretieren? Sicherlich kann man davon ausgehen, dass entsprechend dem Antwortformat ein Wert über vier als eher positiv und ein Wert unter vier als negativ zu bezeichnen ist. Wie positiv ist aber z.B. ein individueller Wert von 4,5 einzuschätzen? Die positive Interpretation dieses Einzelwertes relativiert sich, wenn man ihn mit dem typischen Antwortverhalten einer großen Stichprobe vergleicht. Mowday et al. (1979) haben daher auf Grundlage der ihnen bis dahin zur Verfügung stehenden Stichproben eine vorläufige *Vergleichsnorm* entwickelt. Abbildung 5 zeigt die Werte für die männliche Vergleichsstichprobe mit einem N von 1.530. Die Verteilung für die Gruppe der Frauen unterscheidet sich hiervon nur geringfügig.

Vergleicht man nun den individuellen Wert von 4,5 mit dieser Verteilung, zeigt sich, dass nur etwa 42% der Vergleichsstichprobe einen schlechteren, aber ca. 57% einen besseren Wert aufweisen. Das bedeutet, dass mehr als die Hälfte der Befragten einen besseren Wert aufzeigen und damit der Wert von 4,5 im sozialen Vergleich als eher unterdurchschnittlich zu bezeichnen ist. Noch kritischer ist das Commitment einer Person mit dem Wert 4 zu sehen. Lediglich 26,4 % weisen diesen oder einen schlechteren Wert auf, während fast drei viertel eine bessere Einschätzung vornehmen. Um von einem ausgesprochen hohen individuellen Commitment sprechen zu können, bei dem zum Beispiel nur 10% einen höheren Wert aufweisen, müsste wenigstens ein Wert von 6,25 vorliegen. Mowday et al. (1979) haben ausdrücklich darauf hingewiesen, dass es sich bei ihren Vergleichswerten nicht um echte Normen handelt, da sie nicht auf einer repräsentativen Stichprobe beruhen.

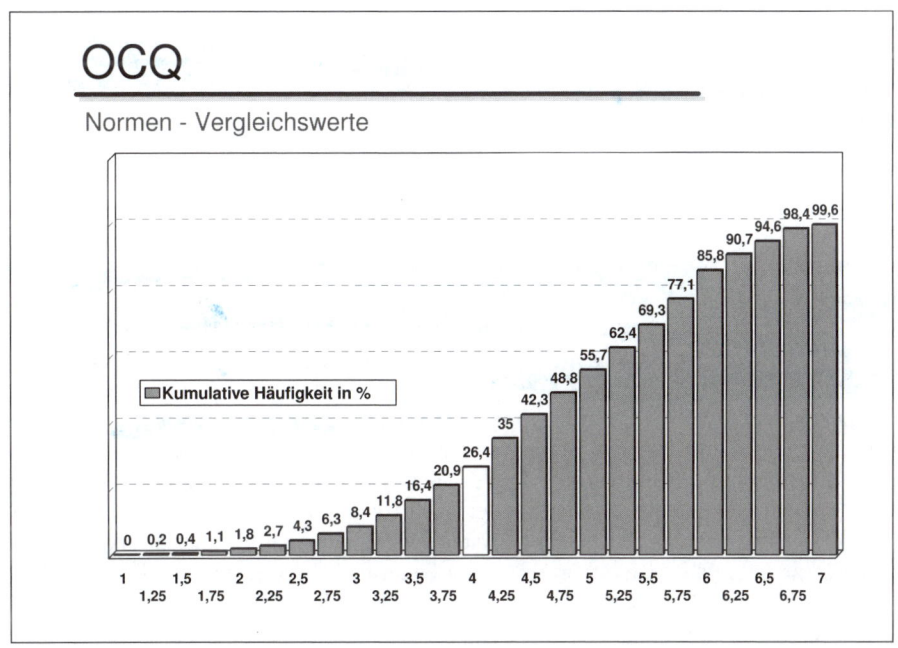

Abbildung 5: OCQ Normen, Männer (N=1.530)

Im deutschsprachigen Raum liegen unterschiedliche *Übersetzungen des OCQ* vor (z.B. Maier, Rappensperger, Wittmann & Rosenstiel, 1994; Moser & Schuler, 1993). Die Version von Maier et al. (1994) haben Maier und Woschée (2002) einer umfänglichen Validierung an einer Stichprobe mit 1.021 Angestellten unterschiedlicher Organisationen unterzogen. Die Dimensionalität wurde mit Hilfe konfirmatorischer Faktorenanalysen geprüft. Die Ergebnisse bestätigten zum Teil die einfaktorielle Struktur des OCQ im Vergleich zu zweifaktoriellen Modellen, bei denen positive und negative

Items getrennt wurden. Die Reliabilität der deutschen Fassung ($\alpha = .90$) entspricht der der Originalfassung (Originalversion: $.82 < \alpha < .93$ bei Mowday et al., 1979). Die diskriminante Validität des OCQ konnte zum Teil dadurch nachgewiesen werden, dass der OCQ sich von anderen Arbeitseinstellungen wie Arbeitszufriedenheit und Job Involvement faktorenanalytisch unterscheiden ließ.

3.1.2 Drei-Komponenten-Modell

Ausgangspunkt für die Entwicklung eines neuen Instruments zur Messung von organisationalem Commitment war die *Kritik am OCQ*, die sich insbesondere an folgenden Punkten festmachen lässt: (1) Die Messung mit einem globalen Maß wie dem OCQ erfasst die Komplexität des Commitmentkonstrukts nur unzureichend. Der OCQ misst im Wesentlichen die affektive Komponente. Damit bleiben das kalkulatorische und normative Commitment unberücksichtigt. (2) Einige Items des OCQ gehen über die Messung der Identifikation hinaus und messen bereits Konstrukte, die vorhergesagt werden sollen: Fluktuationsneigung und Engagement. Damit besteht die Gefahr einer Konfundierung der Masse, die zu einer Überschätzung von Zusammenhängen führen kann (Allen & Meyer, 1990). (3) Wenn Commitment mit dem OCQ gemessen wird, ergeben sich sehr starke Zusammenhänge zur Arbeitszufriedenheit (z.B. Mael & Tetrick, 1992).

Allen und Meyer (1990) begründen ihren *integrativen Ansatz* u.a. damit, dass alle drei Bindungsmechanismen gleichzeitig und in unterschiedlichen Ausprägungen wirken können. Die drei Komponenten werden darüber hinaus durch spezifische Bedingungen beeinflusst. So hängt affektives Commitment davon ab, inwieweit individuelle Bedürfnisse durch die Merkmale der Arbeit befriedigt werden. Kalkulatorisches Commitment hängt zusammen mit den wahrgenommenen Beschäftigungsalternativen und den in der Vergangenheit getätigten Investitionen. Ein wichtiger Indikator ist hierbei die Dauer der Organisationszugehörigkeit. Normatives Commitment basiert auf persönlichen Normen, die bestimmen, wie man glaubt, sich verhalten zu sollen. Bei einer undifferenzierteren Betrachtung könnten die spezifischen Zusammenhänge nicht angemessen erfasst werden. Diese Überlegungen sind von Bedeutung in Hinblick auf die Qualität der Bindung, aber auch für mögliche Maßnahmen zur Förderung von Commitment. So besteht beispielsweise ein relativ hohes Risiko, dass in erster Linie kalkulatorisch gebundene Mitarbeiter das Unternehmen verlassen, sobald sich eine lukrative Alternative ergibt. Hier müssten Überlegungen angestellt werden, wie affektives Commitment z.B. durch Veränderung der Arbeitsaufgaben und Arbeitsbedingungen entwickelt werden kann.

Zur Messung der drei unabhängigen Komponenten ihres multidimensionalen Konzepts haben Allen und Meyer (1990) ausgehend von einem Pool aus 51 Items einen 24 Items umfassenden Fragebogen entwickelt, der die drei Komponenten mit jeweils acht Items erfasst. Faktorenanalytisch wurden an einer Stichprobe mit 256 Angestellten drei trennbare Faktoren mit jeweils acht Items ermittelt, die sich im Sinne des Drei-Komponenten-Modells interpretieren ließen. Der erste Faktor (affektives Commitment) erklärte 58,8%, der zweite Faktor (normatives Commitment) 25,8%, und der dritte Faktor 15,4% der Varianz. Die Reliabilitäten lagen für organisationales Commitment (affektiv) (OCA) bei α =.87, für organisationales Commitment (kalkulatorisch bzw. fortsetzungsbezogen) (OCC) bei α =.75, und für organisationales Commitment (normativ) (OCN) bei α = .79. In einer weiteren Studie mit 337 Angestellten konnte die Faktorenlösung aus der ersten Studie bestätigt werden. Die Reliabilitäten fielen wieder gut bis zufrieden stellend aus. Die Interkorrelationen der drei Komponenten erwiesen sich ebenfalls als konsistent. Erwartungsgemäß korrelierten OCA und OCC nicht miteinander. OCA und OCN korrelierten zu .48 bzw. zu .51 und OCC und OCN korrelierten niedrig miteinander (r = .16 bzw. .14). Zu Validierungszwecken war zusätzlich der OCQ mit erhoben worden. Wie erwartet, korrelierte insbesondere OCA hoch mit dem OCQ (r = .81), wohingegen der OCQ mit OCN deutlich niedriger (r = .51) und mit OCC gar nicht korrelierte. Durch die Konvergenz von OCA und OCQ wurde gezeigt, dass OCA und der OCQ beide gemeinsam affektives Commitment erfassen und die beiden zusätzlichen Maße hiervon zum Teil bzw. gänzlich unabhängig sind.

Zum Nachweis der differentiellen Validität wurden die Zusammenhänge zu einer Reihe weiterer Variablen analysiert. Dabei zeigten sich hohe positive Zusammenhänge zwischen OCA und positiven Jobmerkmalen und Arbeitsbedingungen wie z.B. Rollenklarheit, Gruppenzusammenhalt, Aufgabeninhalt, Verlässlichkeit der Organisation, wohingegen die Zusammenhänge für OCC negativ ausfielen. Für OCN zeigten sich ebenfalls positive Zusammenhänge, die aber deutlich niedriger ausfielen als für OCA. Hieraus folgt, dass positive Bedingungen eher zu einem affektiven und normativen Commitment beitragen und die Wahrscheinlichkeit von kalkulatorischem Commitment eher verringern. Umgekehrt steigt die Wahrscheinlichkeit kalkulatorischen Commitments, je kritischer die Arbeitssituation eingeschätzt wird. Entsprechend korreliert die erwartete Loyalität gegenüber der Organisation positiv mit OCA und OCN, aber negativ mit OCC.

Allen und Meyer (1990) schlussfolgern, dass mit diesem Instrument eine *differenzierte Analyse* unterschiedlicher Commitmentkomponenten möglich ist, die jeweils zu spezifischen Vorhersagen führen. Einen weiteren Vorteil ihres Instruments sehen sie darin, dass ihre Skala zur Erfassung von affektivem Commitment kürzer und damit *ökonomischer* sei als der OCQ. Außerdem sei gewährleistet, dass eine Überlappung mit Outcomevariablen und damit die Gefahr einer methodischen *Konfundierung* ausgeschlossen seien. Kritisch wird allerdings eingeräumt, dass die Korrelation zwischen OCA und OCN vergleichsweise hoch ist und für OCN bislang keine spezifischen Prädiktoren bzw. Outcomes ermittelt werden konnten. Möglicherweise erfolgt die Messung dieser Komponente noch nicht spezifisch genug. Auf aktuelle Entwicklungen zu diesem Punkt wurde bereits in Abschnitt 2.2.2.8 hingewiesen (s.a. Gellatly et al., 2004, 2006). Später wurde das Instrument leicht modifiziert, um die normative Komponente stärker von der affektiven Komponente zu trennen, und zusätzlich gekürzt (6 statt 8 Items) (Meyer et al., 1993).

Die *Drei-Faktoren-Struktur* konnte in folgenden Studien empirisch wiederholt bestätigt werden (z.B. Allen & Meyer, 1996; Chen & Francesco, 2003; Clugston, Howell & Dorfman, 2000; Felfe, Schmook & Six, 2006; Stinglhamber et al., 2002). Darunter sind kanadische, amerikanische, deutsche, türkische, belgische, nepalesische und chinesische Stichproben. Dies spricht dafür, dass das Drei-Komponenten-Modell in verschiedenen kulturellen Kontexten Gültigkeit hat. Lediglich für OCC ergaben sich Hinweise auf zwei Subdimensionen „low alternatives" und „high sacrifices" mit jeweils drei Items (McGee & Ford, 1987) (s. Abschnitt 2.2.2.8). Obwohl beide Subdimensionen miteinander korrelierten, waren die Zusammenhänge zu OCA gegenläufig. Während „low alternatives" negativ mit OCA korrelierte (r = -.21), war der Zusammenhang zu „high sacrifices" positiv (r = .34). Nachfolgende konfirmatorische Faktorenanalysen brachten widersprüchliche Ergebnisse, die sowohl eine zweidimensionale Struktur (Meyer et al., 1990; Stinglhamber et al., 2002; Wasti, 2003a, b) als auch eine eindimensionale Lösung (Chen & Francesco, 2003; Cheng & Stockdale, 2003; Irving et al., 1997; Shore & Tetrick, 1991) unterstützen.

Auch die konzeptuelle Ähnlichkeit von OCQ und OCA konnte immer wieder repliziert werden (z.B. Meyer et al., 2002). Shore und Tetrick (1991) konnten zudem zeigen, dass einige Items der beiden Skalen auf demselben Faktor laden, was die Annahme bestätigt, dass der OCQ primär affektives Commitment misst.Einen Überblick über die *Reliabilitäten und Interkorrelationen* der Commitmentskalen liefern Meyer et al. (2002) in ihrer aktuellen Metaanalyse. Demnach beträgt die durchschnittliche gewichtete Reliabilität von OCA α =.82, von OCC α =.76, und von OCN α =.73. Die durchschnittliche gewichtete Korrelation zwischen *OCA und OCC* beträgt auf der Basis von 92 Studien mit einem N von fast 30.000 Befragten ρ = .05. Damit kann die Unabhängigkeit beider Komponenten als gesichert gelten. Werden zusätzlich die Subdimensionen „low alternatives" und „high sacrifices" unterschieden, wird für „low alternatives" ein negativer Zusammenhang ermittelt ρ = -.24. Beide Subdimensionen sind mit ρ = .86 selbst hoch miteinander korreliert. Dieser Befund unterstreicht, dass sich beide Subdimensionen einem gemeinsamen Konstrukt zuordnen lassen, aber dennoch differentielle Zusammenhänge aufweisen.

Die mittlere gewichtete Korrelation zwischen *OCC und OCN* ist mit ρ = .18 zwar bedeutsam, weist aber auf eine hinreichende Unabhängigkeit der Dimensionen hin. Werden wieder die Subdimensionen „low alternatives" und „high sacrifices" unterschieden, zeigt sich diesmal ein positiver Zusammenhang zwischen „high sacrifices" und OCN von ρ = .16, aber kein Zusammenhang für „low alternatives". Damit erhält die Forderung nach einer differenzierteren Betrachtung des kalkulatorischen Commitments zusätzliche Unterstützung. Allerdings ist die Zahl der Stichproben, die in diese differenzierteren Analysen einbezogen werden konnten, noch als eher gering zu betrachten (k = 10 mit N = 3.698 bzw. k = 5 mit N = 2.801).

Als vergleichsweise hoch ist der mittlere Zusammenhang zwischen *OCA und OCN* mit ρ = .63 zu bezeichnen. Hier zeigt sich eine starke Überlappung zwischen beiden Konzepten. Allerdings variieren die Zusammenhänge deutlich in Abhängigkeit der eingesetzten Fragebogenversion. Wird die 8-Itemversion (Allen & Meyer, 1990) verwendet, erweisen sich die beiden Messungen als unabhängiger (ρ = .54) als wenn die kürzere Version mit sechs Items von Meyer et al. (1993) eingesetzt wurde (ρ = .77). In der wohl aktuellsten Metaanalyse von Cooper-Hakim und Viswesvaran (2005), in die zahlreiche weitere Studien eingeflossen sind, werden ähnliche Korrelationen zwischen den Komponenten organisationalen Commitments berichtet: OCA und OCC: K = 163, N > 59.000, ρ = .13; OCA und OCN: K = 59, N > 19.000, ρ = .64; OCN und OCC: K = 56, N > 18.000, ρ = .19. Damit dürften die Befunde als zuverlässig angesehen werden.

Ingesamt bleibt der hohe Zusammenhang zwischen den beiden Komponenten OCA und OCN jedoch unbefriedigend, da er nur eine schwache Legitimation für eine konzeptionelle Trennung bietet. Trotzdem sprechen sich Meyer et al. (2002) aus theoretischen Gründen für eine Beibehaltung einer differenzierten Betrachtung aus. Sie vermuten, dass positive Erfahrungen im Organisationskontext zum einen zu emotionaler Verbundenheit führen und zum anderen aber auch das Bewusstsein entwickeln, diese positiven Erfahrungen zu würdigen und zurückzugeben. Damit ließe sich auch erklären, warum die Zusammenhänge zu den meisten arbeitsbezogenen Variablen für OCA und OCN ähnlich sind.

Bemerkenswert ist darüber hinaus, dass bei Studien außerhalb Nordamerikas die Zusammenhänge zwischen allen Komponenten höher ausfallen. Entweder werden die unterschiedlichen Bindungsqualitäten in Nordamerika bewusster wahrgenommen und daher stärker differenziert oder kulturelle Unterschiede sind dafür verantwortlich, dass außerhalb Nordamerikas Diskrepanzen zwischen individuellem Wünschen bzw. Wollen und Müssen bzw. Verpflichtung, die ja auch immer eine soziale Komponente beinhaltet, weniger deutlich in Erscheinung treten und erlebt werden.

Ebenso wie für den OCQ liegen bereits *validierte deutsche Versionen* zur Messung der drei Komponenten vor (Felfe et al., 2002; Schmidt et al., 1998). Die Validierung einer deutschen Übersetzung durch Schmidt et al. (1998) ergab befriedigende Trennschärfen, Reliabilitäten (.76 bis .79) und Ladungsverteilungen für eine dreifaktorielle Faktorenlösung. Mittels konfirmatorischer Faktorenanalysen wurde die Anpassungsgüte mehrerer konkurrierender Faktorenmodelle verglichen. Die beste Anpassung zeigte sich für das dreifaktorielle Modell, das damit als relativ gut bestätigt gelten kann. Zu ähnlichen Ergebnissen kommen Felfe et al. (2002) mit ihrer Version (*COBB*: Fragebogen zur Erfassung von affektivem, kalkulatorischem und normativem Commitment gegenüber der *O*rganisation, dem *B*eruf/der Tätigkeit und der *B*eschäftigungsform), die geringfügige Unterschiede zu der Version von Schmidt et al. (1998) aufweist, aber an einigen Stellen modifiziert wurde, um kompatible gleichlautende Items für weitere Foci (Beruf/Tätigkeit, Beschäftigungsform) ergänzen zu können.

Das Instrument von Felfe et al. (2002) ist angelehnt an die Skalen zur Erfassung des organisationalen Commitments von Meyer und Allen (1990), die Übersetzung der Skalen an Schmidt et al. (1998) und an die Skalen zur Erfassung beruflichen Commitments von Meyer et al. (1993). Die Items der Skalen wurden zum Teil neu übersetzt bzw. umformuliert und ergänzt und an einer Stichprobe mit insgesamt 580 Teilnehmern erprobt. Die Studie wurde im Rahmen von Befragungen in unterschiedlichen Organisationen und Unternehmen erhoben. Hierzu gehören Betriebe unterschiedlicher Branchen (Produktion, Dienstleistung). Der ursprüngliche Itempool umfasste 20 Items für das organisationale Commitment. Nach einer Hauptkomponentenanalyse mit anschließender Varimax-Rotation sowie der Itemselektion nach Maßgabe der Trennschärfen und Itemschwierigkeiten, reduzierte sich die Itemanzahl auf 14 Items (affektiv: 5; kalkulatorisch: 4; normativ: 5).

Tabelle 6: Beispielitems des COBB (Felfe et al., 2002)

Organisationales Commitment		
Affektiv (OCA)	**Kalkulatorisch (OCC)**	**Normativ (OCN)**
• Ich empfinde ein starkes Gefühl der Zugehörigkeit zu meiner Organisation (+). • Ich fühle mich emotional nicht sonderlich mit dieser Organisation verbunden (-). • Ich bin stolz darauf, dieser Organisation anzugehören (+). • Ich denke, dass meine Wertvorstellungen zu denen der Organisation passen.	• Zu vieles in meinem Leben würde sich verändern, wenn ich diese Organisation jetzt verlassen würde. • Ich glaube, dass ich momentan zu wenige Chancen habe, um einen Wechsel der Organisation ernsthaft in Erwägung zu ziehen. • Ich habe schon zu viel Kraft und Energie in diese Organisation gesteckt, um jetzt noch an einen Wechsel zu denken.	• Viele Leute, die mir wichtig sind, würden es nicht verstehen oder wären enttäuscht, wenn ich diese Organisation verlassen würde. • Es macht keinen guten Eindruck, häufiger die Organisation zu wechseln. • Selbst wenn es für mich vorteilhaft wäre, fände ich es nicht richtig, diese Organisation zu verlassen.

Die Reliabilitäten waren gut bis zufrieden stellend (OCA: $\alpha = .96$; OCC: $\alpha = .75$ und OCN: $\alpha = .77$). OCA korreliert mit OCN zu $r = .57$ und mit OCC zu $r = .31$. OCC und OCN korrelieren zu $.34$. Das Muster der Interkorrelationen entspricht weitgehend den bisherigen Befunden. Allerdings fällt der Zusammenhang zwischen OCA und OCC etwas höher aus. Die Metaanalyse von Meyer et al. (2002) hatte ebenfalls gezeigt, dass in Studien außerhalb Nordamerikas höhere Zusammenhänge zwischen OCA und OCC gefunden wurden. Insgesamt bewegen sich die Interkorrelationen für AC und CC sowie NC und CC auch bei der europäischen Studie von Stinglhamber et al. (2002) überwiegend im mittleren positiven Bereich. Korrelationen mit anderen Variablen zeigen wie erwartet unterschiedliche Zusammenhänge. Alter und Jobalter korrelieren jeweils am höchsten mit OCC. Arbeitszufriedenheit korreliert am höchsten mit OCA ($r = .49$) aber auch mit OCN ($r = .30$). Für OCC zeigt sich kein Zusammenhang mit allgemeiner Arbeitszufriedenheit. Das Instrument ist zwischenzeitlich auf weitere Foci erweitert worden (Führungskraft, Arbeitsgruppe, Karriere). Die Faktorenstruktur konnte in weiteren Studien bestätigt werden (z.B. Felfe, Schmook & Six, 2006). In Tabelle 6 sind einige Beispielitems aufgelistet.

3.1.3 Multiple Foci (Richtungen)

3.1.3.1 Commitment gegenüber dem Beruf

Der Generalisierungshypothese folgend, dass das Drei-Komponenten-Modell auf unterschiedliche Foci übertragen werden kann, haben Meyer et al. (1993) ihr Instrument zur Messung des organisationalen Commitments und den Focus des Commitments gegenüber der Tätigkeit bzw. dem Beruf erweitert („Occupational Commitment"). Analog zur Messung des organisationalen Commitments wurden drei Skalen zur Messung des affektiven, kalkulatorischen und normativen Commitments gegenüber dem Beruf bzw. der Tätigkeit ergänzt. Obwohl die jeweiligen Skalen beträchtlich miteinander korrelierten, rechtfertigte die faktorenanalytische Überprüfung der postulierten Struktur die Unterscheidung von insgesamt sechs Dimensionen (zwei Foci x drei Komponenten).

Dabei steht die Forschung vor einem gewissen *Dilemma*. Sind die Items weitgehend identisch und wird lediglich der Focus variiert, steigt die Wahrscheinlichkeit, dass die Dimensionen sehr ähnlich eingeschätzt werden. Werden auf der anderen Seite ausschließlich spezifische Items einbezogen, besteht die Gefahr, dass die Unterschiede nicht allein auf Differenzen des Commitments in Bezug auf die unterschiedlichen Foci zurückzuführen sind, sondern dass unterschiedliche Aspekte von Commitment in den jeweiligen Items in den Vordergrund gerückt werden. Mathieu und Zajac (1990) haben bereits auf diese Schwierigkeit hingewiesen, die beim Versuch, unterschiedliche Foci mit sehr ähnlichen Messinstrumenten zu vergleichen, entsteht: Skalen, die gemeinhin benutzt werden, um verschiedene affektive Antworten zu bewerten, beinhalten oftmals sehr ähnliche Items.

So haben beispielsweise Ferris und Aranya (1983) ähnlich wie Meyer et al. (1993) professional Commitment im Sinne von occupational Commitment erfasst, indem sie einfach den Bezugspunkt „diese Organisation" in der Organizational Commitment Skala von Mowday et al. (1979) durch „ihr Beruf" ersetzt haben. Mathieu und Zajac (1990) finden es dann nicht überraschend, wenn auf diese Weise hohe Korrelationen zwischen organisationalem Commitment und anderen Commitmentformen, die in solch ähnlicher Weise gemessen werden, zustande kommen. Allerdings sollte eine gewisse Redundanz zwischen verschiedenen arbeitsbezogenen Commitmentformen toleriert werden, da verschiedene Formen von arbeitsbezogenem Commitment wahrscheinlich korrelieren und voneinander abhängig sind (Cohen, 1997). Lee et al. (2000) ermittelten in ihrer Metaanalyse auf Basis von 49 Studien und einem $N = 15.774$ einen durchschnittlichen Zusammenhang von $\rho = .45$ zwischen Commitment gegenüber der Organisation und dem Beruf bzw. der Tätigkeit und Meyer et al. (2002) berichten einen etwas höheren Zusammenhang von $\rho = .51$ auf der Basis von 13 Studien. Cooper-Hakim und Viswesvaran (2005) berichten in ihrer Metaanalyse sogar einen Zusammenhang von $\rho = .61$ zwischen den affektiven Komponenten beider Foci. Die beiden kalkulatorischen Komponenten korrelieren zu $\rho = .67$. Damit kann immer noch davon ausgegangen werden, dass sich beide Foci empirisch hinreichend differenzieren lassen.

Allerdings weist der hohe Zusammenhang zwischen den normativen Komponenten von $\rho = .67$ darauf hin, dass die Trennung dieser beiden Komponenten nicht gewährleistet ist. Die Studie von Meyer et al. (1993) zeigte außerdem, dass die ergänzten Dimensionen einen zusätzlichen Beitrag zur Vorhersage der Variablen Berufswechsel, Organisationswechsel, Absentismus und Vernachlässigung der Arbeit ermöglichten. Damit konnte bestätigt werden, dass Bindungen gegenüber unterschiedlichen Foci gleichzeitig und zum Teil unabhängig wirksam werden.

3.1.3.2 Commitment gegenüber der Führungskraft, dem Team und den Kunden

Stinglhamber und Kollegen (2002), aber auch Felfe et al. (in review) haben den Ansatz multipler Commitments aufgegriffen und durch die Ergänzung weiterer Foci konsequent fortgeführt. In der Studie von Stinglhamber et al. (2002) wurden neben dem organisationalen Commitment auch Commitment gegenüber dem Beruf, dem Team, dem Vorgesetzten und gegenüber den Kunden erfasst. Da beim kalkulatorischen organisationalen Commitment zusätzlich zwischen den beiden Subdimensionen „high sacrifices" und „low alternatives" unterschieden wurde, resultierten insgesamt 16 unterschiedliche Commitmentfacetten (4 Foci x 3 Komponenten + 1 Focus x 4 Komponenten), die in Anlehnung an das Instrument von Meyer et al. (1993) mit jeweils 6 Items gemessen wurden. Tabelle 7 gibt einen Überblick über die Items, mit denen die unterschiedlichen Facetten erfasst werden. Durchgeführt wurde die Studie an einer Stichprobe mit 478 ehemaligen Studierenden (Alumni) einer belgischen Universität, die in unterschiedlichen Berufen und Branchen tätig waren (Industrie, Banken und öffentliche Verwaltung).

Die *Struktur des Verfahrens* wurde mittels konfirmatorischer Faktorenanalysen in mehreren Schritten überprüft. Aufgrund der hohen Itemzahl und der damit erforderlichen hohen Zahl zu schätzender Parameter, wurden pro latenter Variable (Faktor) nur zwei Indikatoren verwendet, die durch zufällige Kombination der jeweils sechs Indikatoren gebildet wurden. Zunächst wurde in einem *ersten Schritt* gezeigt, dass für jeden Focus das differenziertere drei- bzw. vierfaktorielle Modell einen besseren Modellfit erzielen konnte als die weniger differenzierten zwei- bzw. einfaktoriellen Modelle. Allerdings blieben die Kennwerte (Goodness of Fit Index, GFI) für das Commitment gegenüber den Kunden und gegenüber der Arbeitsgruppe unter den geforderten .90, was üblicherweise als eine unbefriedigende Anpassungsgüte interpretiert wird.

In einem *zweiten Schritt* wurde geprüft, ob die Daten eine Trennung der Foci innerhalb der drei Komponenten erlauben. Für alle drei Komponenten konnte gezeigt werden, dass eine Trennung der fünf Foci zu einer besseren Anpassung führte als beim jeweiligen einfaktoriellen Modell. Insgesamt wurden bei der Trennung nach Komponenten bessere Anpassungen erzielt als bei der Trennung nach Foci.

In einem *dritten Schritt* wurde das vollständige Modell überprüft, welches einen akzeptablen Fit erzielte. Eine zusätzliche Überprüfung der Korrelationen zwischen den Faktoren stellte sicher, dass alle Korrelationen signifikant abwichen. Damit konnte die theoretisch postulierte differenzierte Struktur auch empirisch bestätigt werden.

Darüber hinaus konnte mit Hilfe hierarchischer Regressionsanalysen gezeigt werden, dass sich die Vorhersage von Kündigungsabsichten jeweils durch die Hinzunahme eines weiteren Commitmentfocus (mit Ausnahme des Commitments gegenüber Kunden) gegenüber einer Vorhersage, die nur auf den Dimensionen des organisationalen Commitments basierte, signifikant verbesserte.

Tabelle 7: Beispielitems zur Messung multipler Foci von Commitment (Felfe et al., 2006* und Felfe et al., 2002** in Anlehnung an Stinglhamber et al., 2002)

Commitment gegenüber dem Vorgesetzten*		
Affektiv (SCA)	**Kalkulatorisch (SCC)**	**Normativ (SCN)**
• Ich bin stolz darauf, für meinen Vorgesetzten zu arbeiten. • Mein Vorgesetzter hat für mich eine große persönliche Bedeutung. • In den wichtigsten Punkten stimmen die Wertvorstellungen und Ansichten meines Vorgesetzten mit meinen überein.	• Bei einem Wechsel des Vorgesetzten müsste ich die Art und Weise, wie ich meine Arbeit mache, grundsätzlich neu organisieren. • Bei einem Wechsel des Vorgesetzten würde es mich große Anstrengung kosten, mich an einen neuen Führungsstil zu gewöhnen.	• Ich empfinde keinerlei Verpflichtung bei meinem derzeitigen Vorgesetzten zu bleiben. • Auch wenn es zu meinem Vorteil wäre, hätte ich das Gefühl, dass es nicht richtig wäre, von meinem Vorgesetzten wegzugehen. • Ich verdanke meinem Vorgesetzten sehr viel.
Commitment gegenüber dem Team*		
Affektiv (TCA)	**Kalkulatorisch (TCC)**	**Normativ (TCN)**
• Ich bin stolz darauf, Mitglied in dieser Arbeitsgruppe zu sein. • Mein Team hat große persönliche Bedeutung für mich. • Meine Arbeitsgruppe ist wie eine Familie für mich.	• Es wäre sehr schwierig für mich, mein Team jetzt zu verlassen, auch wenn ich es wollte. • Ich habe das Gefühl, dass ich zu wenig Alternativen habe, um darüber nachzudenken, diese Arbeitsgruppe zu verlassen.	• Ich empfinde keine Verpflichtung in meinem derzeitigen Team zu bleiben. • Ich hätte Schuldgefühle, wenn ich mein Team jetzt verlassen würde.

Commitment gegenüber dem Beruf**		
Affektiv (BCA)	**Kalkulatorisch (BCC)**	**Normativ (BCN)**
• Ich bin stolz darauf, dass ich in diesem Beruf arbeite. • Es ist für mich von großer Bedeutung, gerade diesen Beruf auszuüben. • Ich denke, dass ich meine Wertvorstellungen in meiner jetzigen Tätigkeit verwirklichen kann.	• Ich habe schon zu viel in meinen jetzigen Aufgaben- und Tätigkeitsbereich investiert, um noch an eine Neuorientierung zu denken. • Zuviel in meinem Leben würde durcheinander geraten, wenn ich den Beruf jetzt wechseln würde.	• Ich finde, dass man seinem Beruf treu bleiben sollte. • Es macht keinen guten Eindruck, den Beruf zu wechseln.
Commitment gegenüber den Kunden		
Affektiv (BCA)	**Kalkulatorisch (BCC)**	**Normativ (BCN)**
• Ich fühle mich meinen Kunden emotional verbunden. • Meine Kunden bedeuten mir viel. • Normalerweise mag ich meine Kunden.	• Ich habe soviel Wissen und Erfahrung mit meinen Kunden gesammelt, dass ein Wechsel nicht sinnvoll wäre. • Mit dem was ich meinen Kunden anbiete, bin ich so stark spezialisiert, dass ich mir nicht vorstellen kann, etwas anderes zu tun.	• Ich fühle mich moralisch dafür verantwortlich, die Bedürfnisse meiner Kunden zu erfüllen. • Ich würde meine Pflichten vernachlässigen, wenn ich meine Kunden nicht mehr betreuen würde.
Commitment gegenüber der eigenen Karriere*		
Affektiv (CCA)	**Kalkulatorisch (CCC)**	**Normativ (CCN)**
• Meine Karriere hat eine große persönliche Bedeutung für mich. • Es ist wichtig für mein Selbstbild beruflich vorwärts zu kommen. • Mein berufliches Fortkommen liegt mir besonders am Herzen.	• Zu vieles in meinem Leben würde sich verändern, wenn ich beschließen würde, meine Karriere zu unterbrechen. • Eine neue Karriere einzuschlagen wäre für mich sehr schwierig.	• Es würde keiner verstehen, wenn ich meine Karriere jetzt unterbrechen würde. • Ich hätte Schuldgefühle, wenn ich meine Karriere jetzt unterbrechen würde.

Besonders interessant ist, dass der stärkste Zuwachs an erklärter Varianz durch die Hinzunahme des Commitments gegenüber der Führungskraft erzielt werden konnte. Damit ist die differenzierte Analyse der unterschiedlichen Commitmentfoci auch von praktischer Bedeutung. Die gleichen Analysen wurden an einer weiteren Stichprobe von 186 Krankenschwestern durchgeführt und die Befunde konnten weitgehend repliziert werden. Hier zeigte sich im Gegensatz zur ersten Stichprobe ein bedeutsamer Effekt für das Commitment gegenüber den Kunden (hier Patienten), während das Commitment gegenüber der Arbeitsgruppe und der Tätigkeit keinen zusätzlichen Erklärungswert lieferten. Offenbar muss davon ausgegangen werden, dass die Bedeutung der einzelnen Foci zwischen unterschiedlichen beruflichen Kontexten variiert.

3.1.3.3 Commitment gegenüber der Karriere

In einer Studie zum Einfluss individueller Wertorientierungen mit 349 Teilnehmern (Bankangestellte und Lehrer) haben Felfe, Schmook und Six (2006) ebenfalls multiple Foci unterschieden. Zusätzlich zum Commitment gegenüber der Organisation, dem Vorgesetzten und dem Team wurde das Commitment gegenüber der eigenen Karriere erfasst (s.a. Tabelle 7). Inwieweit es sich bei den Commitmentfoci und -komponenten um eigenständige Konstrukte handelt, wurde analog zu der von Stinglhamber et al. (2002) gewählten Strategie überprüft. Zunächst wurde wieder für jeden Focus das theoretisch postulierte dreifaktorielle Modell einem einfachen Modell mit einem Faktor gegenübergestellt. In einem zweiten Schritt wurde überprüft, ob sich die vier Foci, bezogen auf jeweils eine der Komponenten, trennen lassen. Es konnte auch hier gezeigt werden, dass jeweils das differenziertere postulierte Modell eine signifikant bessere Anpassung aufweist als das einfaktorielle Modell. Die Fit Indices TLI und CFI weisen mit Werten um oder über .90 auf einen akzeptablen Fit für die jeweils postulierten Modelle hin.

Außerdem wurden in Anlehnung an Clugston et al. (2000) ein Common-Method-Modell mit einem Faktor, ein Foci-Modell sowie ein Komponenten-Modell einem vollständigen Modell mit zwölf Dimensionen gegenübergestellt. Das vollständige Modell erzielt wie erwartet die beste Anpassung. Eine deutlichere und befriedigende Modellbestätigung ist jedoch wie auch bei Stinglhamber auf der weniger komplexen Ebene der Teilmodelle möglich. Clugston et al. (2000) kommen in einer vergleichbaren Studie bei der Überprüfung des jeweils komplexesten Modells mit 9 Faktoren (drei Foci [Organisation, Führungskraft, Arbeitsgruppe] x drei Komponenten) zu ähnlichen Ergebnissen. In der Metaanalyse von Cooper-Hakim und Viswesvaran (2005) werden folgende durchschnittliche Zusammenhänge für Commitment gegenüber der Karriere berichtet: OCA: ρ = .42; OCC: ρ = -.09; OCN: ρ = .33. Damit zeigt sich zum einen das erwartete Zusammenhangsmuster und zum anderen zeigt die Höhe der Korrelationen, dass sich die Foci empirisch trennen lassen.

3.1.3.4 Commitment gegenüber der Beschäftigungsform

Ein weiterer Focus wurde in einer Studie zur Untersuchung der Bedeutung neuer Arbeitsformen ergänzt. Dabei handelt es sich um das Commitment gegenüber der Arbeitsform als Angestellter, Zeitarbeiter oder Selbständiger (Felfe et al., 2002; Felfe et al., in review; Felfe Schmook, Six & Wieland, 2005), dass zusätzlich zum Commitment gegenüber der Organisation und dem Beruf an unterschiedlichen Stichproben (Angestellte, Zeitarbeiter, Selbständige) erfasst wurde. Tabelle 8 zeigt Beispielitems zur Messung von Commitment gegenüber den unterschiedlichen Beschäftigungsformen. Für das Commitment gegenüber der Beschäftigungsform Zeitarbeit wurde aus inhaltlichen Gründen keine normative Komponente vorgesehen. Während es durchaus möglich ist, sich verpflichtet zu fühlen, weiterhin fest angestellt oder selbständig tätig zu sein, entfällt diese Komponente bei Zeitarbeitern.

Die Zusammenhänge zwischen den einzelnen Commitmentdimensionen wurden wieder mit Hilfe von Strukturgleichungsmodellen überprüft. Dabei war diesmal von Interesse, welches Aggregationsmodell durch die Daten eher bestätigt wird. Lassen sich die Commitmentfacetten eher nach dem Bindungsziel (Organisation, Beruf, Beschäftigungsform) oder nach der Bindungsart (affektiv, kalkulatorisch, normativ) aggregieren? Würde das Modell, das die Foci in den Mittelpunkt stellt (Foci-Modell), eine stärkere empirische Bestätigung erfahren, wäre das ein Hinweis darauf, dass in der internen Repräsentation zunächst das Bindungsziel dominiert und die Komponenten auf den jeweiligen Focus konvergieren. Ließe sich umgekehrt ein besserer Fit für das Modell finden, das die Dimensionen nach den Komponenten zusammenfasst (Komponenten-Modell), wäre dies ein Hinweis auf die Dominanz unterschiedlicher Komponenten, unabhängig vom Focus.

Das würde bedeuten, dass sich Personen in unterschiedlichen Bereichen (Beruf, Organisation) eher affektiv, kalkulatorisch oder normativ binden. Diesen beiden Modellen wird das vollständige Modell gegenübergestellt, welches Foci und Komponenten gleichermaßen berücksichtigt. Die drei Komponenten und die drei Foci stellen in diesem Modell Faktoren zweiter Ordnung dar (Foci: oc, bc und sc; Komponenten: AC, CC und NC, s. Abbildung 6).

Um die Sparsamkeit des Modells zu erhöhen, wurden die neun Dimensionen als beobachtbare Indikatoren modelliert (oca_1, occ_1, ocn_1, etc., s. Abbildung 6). Die Ergebnisse zeigten, dass das Foci-Modell zu einer etwas besseren Anpassung führte als das Komponenten-Modell. Das vollständige Modell führt damit ebenfalls zu einer sehr guten Bestätigung. Offenbar ist die Unterscheidung von Foci und Komponenten gleichermaßen für die Differenzierung der Commitmentdimensionen verantwortlich.

Eine nähere Betrachtung der einzelnen Ladungen zeigte, dass die affektiven und normativen Indikatoren stärker auf den entsprechenden Faktoren des affektiven und normativen Commitment (AC, NC, Komponenten-Modell) luden, während die kalkulatorischen Indikatoren eher auf den Foci Commitment gegenüber der Organisation (OC), dem Beruf (BC) und der Beschäftigungsform (SC) luden. Damit scheinen Unterschiede zwischen den Foci insbesondere die kalkulatorischen Dimensionen zu beeinflussen, während die affektiven und normativen Dimensionen jeweils gemeinsam durch die Komponenten erklärt werden. Insgesamt erlauben auch hier die Befunde eine weitgehende Bestätigung der postulierten Struktur.

Tabelle 8: Beispielitems zur Messung von Commitment gegenüber der Beschäftigungsform/Status (COBB, Felfe et al., 2002)

Commitment gegenüber der Beschäftigungsform/Status „feste Anstellung"		
Affektiv (SCA)	**Kalkulatorisch (SCC)**	**Normativ (SCN)**
• Ich bin stolz darauf, einen festen und dauerhaften Arbeitsplatz zu haben. • Es beruhigt mich, eine dauerhafte Beschäftigungs- und Einkommensperspektive zu haben. • Die Möglichkeit, dauerhaft und langfristig in einer Organisation tätig zu sein, gefällt mir.	• Es wäre für mich mit zu vielen Nachteilen verbunden, meinen Status als fest Angestellter z.B. zugunsten einer Selbständigkeit aufzugeben. • Es würde sich in meinem Leben zu viel verändern, wenn ich meinen Status als fest Angestellter aufgeben würde.	• Viele Leute, die mir wichtig sind, würden es nicht verstehen oder wären enttäuscht, wenn ich einen festen Arbeitsplatz aufgeben würde. • Es macht keinen guten Eindruck, einen festen Arbeitsplatz aufzugeben.
Commitment gegenüber der Beschäftigungsform „Zeitarbeit"		
Affektiv	**Kalkulatorisch**	
• Mir gefällt es eigentlich, immer wieder in anderen Unternehmen arbeiten zu können. • Es macht mir Spaß, viele unterschiedliche Unternehmen kennen zu lernen.	• Es wäre für mich mit zu vielen Nachteilen verbunden, meinen Status als Zeitarbeiter aufzugeben. • Wenn ich meinen Status als Zeitarbeiter aufgeben würde, müsste ich auf viele Vorteile verzichten.	
Commitment gegenüber der Beschäftigungsform „Selbständigkeit"		
Affektiv	**Kalkulatorisch**	**Normativ**
• Ich bin stolz darauf, beruflich auf eigenen Beinen zu stehen. • Die Möglichkeit, selber unternehmerisch denken und handeln zu können, gefällt mir.	• Es wäre schwierig für mich, meine Selbständigkeit aufzugeben und eine Festanstellung zu finden. • Ich habe schon zu viel in meine Selbständigkeit investiert, um wieder aufzugeben.	• Ich fühle mich irgendwie auch moralisch verpflichtet, mich in meiner Selbständigkeit zu bewähren. • Viele Leute, die mir wichtig sind, wären enttäuscht, wenn ich die Selbständigkeit aufgeben würde.

Zusätzlich konnte mit Hilfe *hierarchischer Regressionsanalysen* gezeigt werden, dass sich die Vorhersage von unterschiedlichen Outcomevariablen signifikant verbesserte, wenn nicht nur organisationales Commitment, sondern auch noch weitere Commitmentfoci einbezogen wurden (Felfe et al., in review).

So lieferte das Commitment gegenüber dem Beruf und der Beschäftigungsform einen signifikanten zusätzlichen Erklärungsbeitrag bei der Vorhersage von OCB und Commitment erklärte zusätzliche Varianz von Arbeitszufriedenheit. Für die Vorhersage von Stresserleben erwies sich organisationales Commitment als bedeutsam und die beiden anderen Foci konnten keine zusätzlichen Varianzanteile erklären. Betrachtet man zusätzlich die einfachen *bivariaten Korrelationen* der bislang vorgestellten Studien (Felfe et al., in review; Stinglhamber et al., 2002 etc.), zeigen sich zwar zum Teil auch hohe Zusammenhänge bis zu r = .60 zwischen einzelnen Dimensionen, die Korrelationen sind aber nicht so hoch, dass hier von vollständiger Redundanz gesprochen werden kann. Meyer et al. (2002) berichten in diesem Rahmen einen durchschnittlichen Zusammenhang von ρ = .51 zwischen affektivem organisationalen Commitment und Commitment gegenüber dem Beruf bzw. der Tätigkeit.

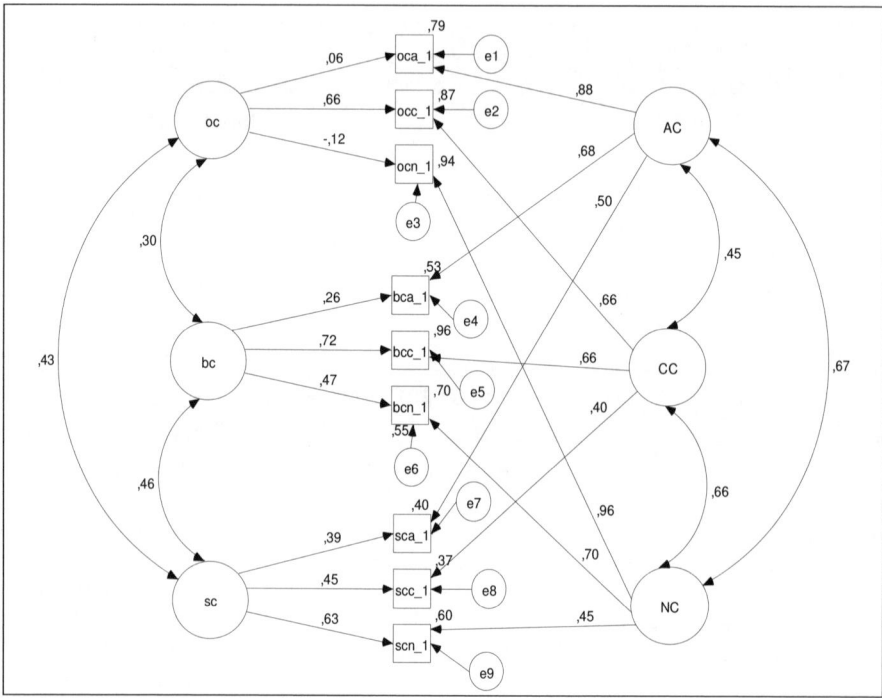

Abbildung 6: Strukturmodell für Foci und Komponenten von Commitment

In einer bislang unveröffentlichten Studie mit 509 Verwaltungsangestellten wurden ebenfalls Korrelationen in ähnlicher Größenordnung gefunden. Um das Risiko besser einschätzen zu können, ob die Teilnehmer angesichts der hohen Itemzahl nicht mehr ausreichend differenzieren, wurden zusätzlich einzelne Commitmentfoci mit Einzelitems abgefragt (z.B. „Wie verbunden fühlen Sie sich mit der Organisation?"). Tatsächlich korrelierten die Dimensionen bei den Einzelitemmessungen etwas niedriger (OCA mit BCA: als Skalen r = .43 und als Einzelitems r = .24; OCA mit BfCA als Skalen r = .52 und als Einzelitems r = .46; BCA mit BfCA als Skalen r = .40 und als Einzelitems r = .29). Offensichtlich fällt es den Teilnehmern im direkten Vergleich leichter ein differenzierteres Urteil zu fällen.

Wie aus Tabelle 9 ersichtlich, korrelieren insbesondere die korrespondierenden Foci zu r = .69 (OC), r = .75 (BC) und r = .60 (SC) (fett hervorgehoben). Die übrigen Korrelationen liegen deutlich niedriger. Dieser Befund kann im Sinne konvergenter und divergenter Validität interpretiert werden. Es zeigt sich außerdem, dass die einfache Frage nach der Verbundenheit in erster Linie im Sinne der affektiven Commitmentkomponente beantwortet wird. An zweiter Stelle steht die normative Komponente und der jeweilige Zusammenhang zur kalkulatorischen Komponente fällt am geringsten aus.

Tabelle 9: Korrelation unterschiedlicher Commitmentmaße

	Organisation	Führungskraft	Team	Beruf	Status
OCA	**.69*****	.29***	.19***	.31***	.52***
OCC	.19***	.08	.00	.14**	.38***
OCN	.35***	.21***	.16***	.21***	.31***
BCA	.29***	.21***	.29***	**.75*****	.32***
BCC	.15**	.04	.02	.24***	.33***
BCN	.29***	.19***	.19***	.30***	.34***
SCA	.43***	.22***	.15**	.22***	**.60*****
SCN	.13**	.02	-.05	.02	.43***
SCC	.33***	.19***	.11	.17***	.61***

Anmerkungen: Commitment gegenüber der Organisation: affektiv (OCA), kalkulatorisch (OCC), normativ (OCN); Commitment gegenüber dem Beruf: affektiv (BCA), kalkulatorisch (BCC), normativ (BCN); Commitment gegenüber der Beschäftigungsform/Status: affektiv (SCA), kalkulatorisch (SCC), normativ (SCN); N = 509.

Interessanterweise zeigt sich für die Verbundenheit mit der Führungskraft und dem Team, für die keine Skalen, sondern nur die Einzelitems eingesetzt wurden, dass die Verbundenheit mit der Führungskraft eher mit dem organisationalen Commitment zusammenhängt, während die Verbundenheit mit dem Team eher mit der Tätigkeit selber in Zusammenhang gebracht wird. Verbundenheit mit dem Team und mit der Arbeitsgruppe korrelieren zu $r = .21$. Auch in dieser Studie lässt sich mit einer Reihe weiterer Regressionsanalysen zeigen, dass die Foci zum Teil unabhängige Erklärungsbeiträge zur Vorhersage von Arbeitszufriedenheit und OCB leisten. Auf der Basis der Single Item Messungen wie auch auf Basis der Skalen werden OCB und Arbeitszufriedenheit neben organisationalem Commitment durch Commitment gegenüber dem Beruf und der Tätigkeit vorhergesagt.

3.1.3.5 Commitment gegenüber Veränderungen

Zur Messung des affektiven, kalkulatorischen und normativen Commitments gegenüber Veränderungen haben Herscovitch und Meyer (2002) eine Skala entwickelt und validiert. Tabelle 10 zeigt die Items zur Messung von Commitment gegenüber Veränderungen. In einer ersten Validierungsstudie mit Studierenden, denen Vignetten mit Szenarien, die jeweils ein unterschiedliches Commitment gegenüber einer Veränderung nahe legten, konnte zum einen die dreifaktorielle Struktur bestätigt und zum anderen die durch die Szenarien hervorgerufenen Unterschiede wie erwartet gefunden werden.

In einer zweiten Studie wurden 157 Krankenschwestern befragt, die mit einem größeren Veränderungsprozess konfrontiert waren, bei dem es um die Zusammenlegung von Bereichen, die Einführung neuer Technologien sowie neuer Arbeitszeitmodelle ging. Eine Überprüfung der faktoriellen Struktur mittels konfirmatorischer Faktorenanalysen ergab eine Bestätigung der drei Komponenten. Auch konnte gezeigt werden, dass eine Unterscheidung gegenüber den drei Komponenten des organisationalen Commitment möglich ist. Für das sechsfaktorielle Modell wurde die beste Anpassung im Vergleich zu allen alternativen Modellen gefunden. Allerdings zeigte sich auch ein guter Fit für ein fünffaktorielles Modell, bei dem beide kalkulatorischen Komponenten zusammengefasst wurden. Entsprechend konnte eine hohe Korrelation beider kalkulatorischer Komponenten gefunden werden.

Vor allem affektives und normatives Commitment gegenüber Veränderungen korrelierten bedeutsam mit unterschiedlichen Graden der Unterstützung der Veränderungen („compliance" = minimale Unterstützung, Befolgen der Anweisungen, „cooperation" = aktive Unterstützung und Einsatz, „championing" = hohes freiwilliges Engagement). Je höher der Grad der Unterstützung ausfiel, desto bedeutsamer waren das affektive und das normative Commitment gegenüber der Veränderung. Diese Zusammenhänge fanden sich auch für organisationales Commitment. Allerdings fielen die Korrelationen erwartungsgemäß geringer aus. Dass das Commitment gegenüber Veränderungen als spezifischerer Focus zu besseren Vorhersagen führt, konnte zusätzlich mit hierarchischen Regressionen gezeigt werden.

Tabelle 10: Beispielitems zur Messung von Commitment gegenüber Veränderungen (Herscovitch und Meyer (2002), eigene Übersetzung des Autors)

Commitment gegenüber Veränderungen		
Affektiv (VCA)	**Kalkulatorisch (VCC)**	**Normativ (VCN)**
• Ich bin vom Wert dieser Veränderungsmaßnahme überzeugt. • Diese Veränderungsmaßnahme dient einem wichtigen Zweck. • Diese Veränderung ist eine gute Strategie für die Organisation	• Ich habe keine andere Wahl als mich bei dieser Veränderungsmaßnahme zu beteiligen. • Es wäre zu riskant, mich gegen diese Veränderung auszusprechen.	• Ich fühle mich verpflichtet, diese Veränderung zu unterstützen. • Ich denke es wäre nicht richtig wenn ich mich dieser Veränderung verweigern würde. • Es wäre für mich unverantwortlich, wenn ich mich gegen diese Veränderung stelle.

Welche Kombinationen von Commitmentausprägungen oder welche Commitmentprofile korrespondieren mit hoher bzw. niedriger Unterstützung für Veränderungen? Um dieser Frage nachzugehen, wurden sechs Gruppen mit unterschiedlichen Profilen gebildet und ihre durchschnittliche Unterstützung ermittelt. Den höchsten Unterstützungswert wies die Gruppe mit hohem affektivem und normativem aber niedrigem kalkulatorischem Commitment auf. Ähnlich hoch war die Unterstützung, wenn auch das normative Commitment niedrig ausgeprägt war. Damit zeigt sich auch hier die zentrale Rolle des affektiven Commitments. Die niedrigsten Unterstützungswerte traten in der Gruppe mit hohem kalkulatorischem und jeweils niedrigem affektivem und normativem Commitment sowie in der Gruppe, in der alle drei Komponenten niedrig ausgeprägt waren, auf. Ein Großteil der Befundlage konnte an einer dritten Studie repliziert werden.

Zusammengefasst:

Die theoretisch postulierte multidimensionale Struktur des Commitmentkonzepts lässt sich mit Hilfe von Strukturgleichungsmodellen empirisch nachweisen.

Die Vorhersage unterschiedlicher Outcomevariablen lässt sich verbessern, wenn zusätzlich zum organisationalen Commitment weitere Foci berücksichtigt werden.

3.2 Messung von organisationaler Identifikation

3.2.1 OIQ, OIS und IDPG

Zur Erfassung der organisationalen Identifikation wurden mehrere Instrumente entwickelt (Cheney, 1983; Mael & Ashforth, 1992; van Dick, Wagner, Stellmacher & Christ, 2004). Auch hier lässt sich eine Entwicklung von mehr oder weniger eindimensionalen Skalen zu einem multidimensionalen Ansatz erkennen, der Foci und Komponenten systematisch unterscheidet.

Das von Cheney (1983) entwickelte Instrument, der *Organizational Identification Questionnaire OIQ*, beinhaltet zunächst folgende inhaltliche Aspekte: 1) Gefühl von Stolz und Verbundenheit, Mitglied der Organisation zu sein, 2) Loyalität gegenüber der Organisation und Unterstützung ihrer Ziele, und 3) die wahrgenommene Ähnlichkeit zwischen Werten der Organisation und den eigenen Normvorstellungen. Allerdings hat Cheney bei der Entwicklung des OIQ auch auf Items bereits existierender Commitmentinstrumente zurückgegriffen. Daher sind acht der insgesamt 25 Items von Cheney's (1983) OIQ fast identisch mit Items des OCQ (Mowday et al., 1979) und drei OIQ-Items entsprechen weitgehend den Items der ACS (Meyer et al., 1993). Bei der nicht unerheblichen Anzahl gemeinsamer Items ist eine empirische Trennung von Commitment und Identifikation kaum möglich.

Aus diesem Grund haben Gautam et al. (2004) mit Hilfe eines qualitativen Expertenratings eine *Kurzversion des OIQ* entwickelt, die sich empirisch besser von den üblichen Commitmentinstrumenten unterscheiden lässt (Allen & Meyer, 1990; Meyer et al., 1993; Mowday et al., 1979). Tabelle 11 zeigt Beispielitems dieser Kurzversion des OIQ. Die Zuordnung der Beispielitems zu den Komponenten des Identifikationskonzepts erfolgte ebenfalls durch die Experten. Explorative und konfirmatorische Faktorenanalysen zeigen jedoch, dass die Identifikationskomponenten so hoch miteinander korreliert sind (r > .80), dass nur die Interpretation eines einfaktoriellen Modells sinnvoll ist.

Die Korrelationen der revidierten Skala mit den Commitmentskalen fallen signifikant geringer aus als die Korrelationen mit der vollständigen 25-Item-Skala. Lang- und Kurzversion hingegen korrelieren mit r = .90. Damit kann davon ausgegangen werden, dass weiterhin das gleiche Konstrukt erfasst wird, aber die Überschneidung mit Commitment reduziert werden konnte. Mittels konfirmatorischer Faktorenanalysen konnte ebenfalls die Unterscheidbarkeit von Identifikation und Commitment nachgewiesen werden (Gautam et al., 2004). Allerdings ist die Korrelation beider Konzepte zumindest im affektiven Bereich als hoch zu bezeichnen. Während die Originalversion des OIQ zu r = .70 mit affektivem Commitment korrelierte, beträgt der Zusammenhang zur revidierten Version immerhin noch r = .65.

Tabelle 11: Beispielitems der Kurzversion des OIQ (Gautam et al., 2004 auf Basis von Cheney, 1983, Übersetzung durch den Autor)

Organizational Identification		
Affektiv	**Konativ**	**Kognitiv**
• Ich bin stolz darauf, bei xy angestellt zu sein • Ich bin froh, dass ich mich für xy und nicht für eine andere Organisation entschieden habe	• Selbst wenn ich das Geld nicht bräuchte, würde ich wahrscheinlich auch weiter für die Organisation arbeiten • Ich bin bereit, mich über das normalerweise Übliche hinaus zu engagieren, damit die Organisation xy erfolgreich ist	• Gegenüber anderen sage ich häufig, dass ich für xy arbeite bzw. von xy bin • Ich habe viel mit anderen, die auch bei xy beschäftigt sind, gemeinsam

Tabelle 12: Beispielitems der IDPG Skala (Mael & Ashforth, 1992; Mael & Tetrick, 1992)

Organizational Identification bzw. Identification with a Social Group	
shared experiences (IDPG-SE)	shared characteristics (IDPG-SC)
• When s.o. criticizes this org., it feels like a personal insult • When I talk about this org., I usually say 'we' rather than 'they' • When s.o. praises this org., it feels like a personal compliment	• If a story in the media criticized the org., I would feel embarrassed • I have a number of qualities typical of xy org. people

Eine weitere Instrumententwicklung wurde von Mael und Kollegen vorgelegt. Mael und Ashforth (1992) entwickelten die *Organizational Identification Scale OIS*. Die *Identification with a Psychological Group* Skala *(IDPG)* von Mael und Tetrick (1992) beinhaltet neben Items der OIS-Skala von Mael und Ashforth (1992) vier weitere Items. Beide Instrumente basieren auf Grundlagen der SIT und definieren organisationale Identifikation als Wahrnehmung geteilter Erfahrungen (Mael & Ashforth,

1992) bzw. als Wahrnehmung geteilter Erfahrungen (shared experiences) und gemeinsamer Charakteristiken (shared characteristics) mit einer bestimmten Gruppe (Mael & Tetrick, 1992). Tabelle 12 gibt einen Überblick über die jeweiligen Items.

3.2.2 Multiple Komponenten und Foci

Ein Fragebogeninstrument, das explizit verschiedene Komponenten und Foci der Identifikation im Sinne eines mehrdimensionalen Ansatzes berücksichtigt, wurde von Christ et al. (2003) sowie van Dick, Wagner, Stellmacher & Christ (2004) entwickelt und erprobt. van Dick et al. (2004) haben zwei unterschiedliche Versionen parallel eingesetzt: Eine Version mit Skalen im Likert-Format (z.B. Christ et al., 2003) und eine ökonomischere Version in Tabellen-Form (Grid-Form) (van Dick et al., 2004). Die Likertskalenversion umfasst 21 Items. Je sieben Items beziehen sich auf die Foci Organisation, Team und Karriere. Die drei Foci werden jeweils mit den vier Komponenten (1) kognitiv „Ich identifiziere mich mit dem Kollegium meiner Schule" (2 Items), (2) affektiv „Ich fühle mich nicht allzu wohl in meinem Kollegium" (2 Items), (3) evaluativ „Unsere Schüler sind stolz, auf diese Schule zu gehen" (1 Item) und konativ „Ich sorge für ein gutes Klima in der Schule" (2 Items) abgebildet (Christ et al., 2003).

Die faktorielle Validität konnte für die drei Foci in einer Studie mit 447 Lehrern bestätigt werden. Die zusätzliche Differenzierung der Komponentenstruktur wurde hingegen nicht geprüft. In einem weiteren Analyseschritt konnte die Validität der Unterscheidung mehrerer Foci durch differentielle Vorhersagen auf unterschiedliche OCB-Dimensionen untermauert werden. Es wurde erwartet, dass Identifikation mit der Karriere in erster Linie OCB in Bezug auf die eigenen Qualifikationen, Identifikation mit dem Team insbesondere OCB in Bezug auf das Team und Identifikation mit der Organisation vor allem mit OCB in Bezug auf die Organisation bedeutsam ist. Ein entsprechendes Strukturgleichungsmodell, bei dem nur die theoretisch erwarteten Pfade zugelassen wurden, bestätigte die Annahme einer differentiellen Vorhersage.

Tabelle 13: Beispielitems der Grid-Version (van Dick et al., 2004 und van Dick, 2004)

	Karriere	Team	Schule	Beruf
Ich identifiziere mich als karriereorientierter Mensch bzw. als Mitglied meines Teams, meiner Schule bzw. mit meinem Beruf				
Ich denke eher ungern an mein(e) Karriere, Team, Schule, Beruf				

Van Dick et al. (2004) haben den Ansatz um den Focus der Identifikation erweitert und parallel zur Fragebogenversion eine Version in Tabellen-Form (Grid-Form) eingesetzt (s.a. van Dick, 2004). Die Fragen dieser Grid-Version entsprechen weitgehend den Fragen aus dem Instrument von Christ et al. (2003). Im Gegensatz zu der Fragebogenversion mit sieben Items für jeden Focus, ist in der *Grid-Version* jede Frage nur einmal aufgeführt und muss dann in Bezug auf die unterschiedlichen Foci auf einer sechsstufigen Skala eingeschätzt werden (s. Tabelle 13). Damit ergeben sich bei dieser Variante insgesamt 28 Einschätzungen.

Mittels konfirmatorischer Faktorenanalyse konnte an einer Stichprobe von 515 Lehrern die Unterteilung in vier Foci insofern bestätigt werden, als das das komplexere Modell eine bessere Anpassung erzielte, als das einfaktorielle Modell. Allerdings wurde für das Modell mit vier Foci nur ein schwacher Fit erzielt. Die Unterteilung der Komponenten für jeden Focus führte hingegen zu sehr guten Anpassungen. Zuvor waren vier Items entfernt worden. In einem weiteren Schritt zur Überprüfung der Konstruktvalidität wurde getestet, inwieweit die Ergebnisse der unterschiedlichen Versionen miteinander konvergieren. Tatsächlich zeigte sich, dass die korrespondierenden Korrelationen signifikant höher ausfallen als die übrigen Kombinationen. Arbeitszufriedenheit, Fluktuationsneigung und Teamklima werden durch die Foci und Komponenten unterschiedlich vorhergesagt.

Zusammengefasst:

Die theoretisch postulierte multidimensionale Struktur des Identifikationskonzepts lässt sich mit Hilfe von Strukturgleichungsmodellen empirisch belegen.

Foci und Komponenten tragen in unterschiedlicher Stärke zur Vorhersage unterschiedlicher Outcomevariablen bei.

3.3 Empirische Unterschiede zwischen Commitment und Identifikation

In Kapitel 2.4 wurden die theoretischen Gemeinsamkeiten und Unterschiede von Commitment und Identifikation diskutiert. Dabei zeigte sich, dass ein erheblicher Überschneidungsbereich beider Konstrukte, insbesondere hinsichtlich der affektiven Komponente, besteht. Damit stellt sich die Frage nach dem empirischen Verhältnis beider Konzepte. Hierzu sind zum einen die direkten Zusammenhänge zu betrachten und zum anderen ist nachzuweisen, dass differentielle Vorhersagen geleistet werden.

Die bereits im vorhergehenden Abschnitt dargestellte Studie von Christ et al. (2003) hat bereits gezeigt, dass mittels einer modifizierten Messung der Identifikation eine Verringerung des Zusammenhangs zwischen Commitment und Identifikation möglich ist und die Trennung beider Konzepte auch einer Überprüfung durch eine konfirmatorische Faktorenanalyse standhält. Allerdings ist der Zusammenhang zwischen Commitment und Identifikation in dieser Studie immer noch als sehr hoch zu bezeichnen.

In einer Metaanalyse auf der Basis von 96 Einzelstudien kommt Riketta (2005) zu dem Schluss, dass es sich bei Commitment und Identifikation um stark überlappende, aber dennoch distinkte Konzepte handelt. Immerhin liegt der unkorrigierte durchschnittliche Zusammenhang bei r = .78. Allerdings zeigte sich, dass Identifikation etwas schwächer als Commitment mit Arbeitszufriedenheit, Absentismus und Fluktuationsabsicht korrelierte und umgekehrt stärker mit Job-involvement und OCB zusammenhing.

Zu einer *Verschmelzung* beider Konzepte kommt es daher bei Riketta und van Dick (2005), die beide Konzepte unter dem Oberbegriff „Attachment" zusammenfassen. Bei der Analyse der Relevanz unterschiedlicher Foci wurde eine Einteilung nach „Nähe" in proximale (z.B. Team oder Vorgesetzter) und distale (z.B. Organisation) Ziele vorgenommen. Riketta und van Dick (2005) konnten in einer Metaanalyse zeigen, dass Commitment gegenüber bzw. Identifikation mit der Arbeitsgruppe (Workgroup Attachment; WAT) generell stärker ausgeprägt ist sowie einen stärkeren Einfluss auf Outcomes hat als die Bindung gegenüber der Organisation (Organizational Attachment, OAT). Außerdem korreliert WAT im Vergleich zu OAT stärker mit Outcomes, die Gruppenfocus besitzen (Zufriedenheit mit Team, Teamklima), und schwächer mit solchen, die Organisationsfocus haben (Zufriedenheit mit Organisation, organisationales Extra-Rollen-Verhalten). Damit zeigen sich jeweils gleichermaßen höhere Zusammenhänge zwischen Commitment bzw. Identifikation gegenüber einem Focus und den jeweiligen korrespondierenden focusrelevanten Determinanten und Konsequenzen. Die gleichen Unterschieds- bzw. Zusammenhangsmuster konnten repliziert werden, wenn die Auswertungen für Commitment und Identifikation separat erfolgten. Offenbar ist die Unterscheidung zwischen unterschiedlichen Foci bedeutsamer als die Differenzierung zwischen Commitment und Identifikation, sofern die affektive Komponente im Mittelpunkt steht. Vergleiche zwischen Studien, die entweder Commitment oder Identifikation untersucht haben, sind insofern schwierig zu interpretieren, als zusätzliche Faktoren, die nicht in Unterschieden beider Konzepte begründet sein müssen, wie z.B. Besonderheiten der Organisation, für die gefundenen Unterschiede verantwortlich sein können. Diese Alternativerklärungen können nur ausgeschlossen werden, wenn beide Konzepte gleichzeitig erhoben werden.

Eine Studie, in der beide Konzepte gleichzeitig erhoben wurden, ist die bereits vorgestellte Untersuchung von Gautam et al. (2004). Allerdings wurde hier nur affektives Commitment und nur die Organisation als Focus betrachtet. Die parallele Erhebung multipler Foci und Komponenten wurde von Franke (2005) realisiert. Zunächst zeigte sich mit Hilfe konfirmatorischer Faktorenanalysen eine empirische Bestätigung des Drei-Komponenten-Modells für die unterschiedlichen Foci. Für die Messung von Identifikation konnte die Differenzierbarkeit der Komponenten zum Teil belegt werden. Für die Foci Organisation und Karriere konnten drei Komponenten gefunden werden und für die Foci Team und Beruf ließen sich jeweils zwei Komponenten trennen. Die Trennbarkeit der Foci fand in dieser Studie hingegen keine Bestätigung.

Tabelle 14: Bivariate Korrelationen der Bindungsskalen mit Outcomevariablen (Franke, 2005)

	Arbeitszufriedenheit	**OCB**	**Fluktuationsneigung**	**Stresserleben**
Organisation				
OCA	.41	.20	-.50	-.18
OIA	.49	.21	-.41	-.26
Team				
TCA	.13	.16	-.23	-.04
TIA	.35	.22	-.31	-.26
Karriere				
CCA	.15	.32	-.01	-.13
CIA	.23	.23	-.05	-.18

Anmerkungen: N = 349.

Die Zusammenhänge zwischen den Komponenten von Identifikation und Commitment zeigten folgendes Bild. Affektives und normatives Commitment korrelierten signifikant positiv mit allen Komponenten der Identifikation, während sich kalkulatorisches Commitment als weitgehend unabhängig erwies. Der stärkste Zusammenhang zeigte sich zwischen den affektiven Komponenten. Auf der Ebene der Foci konnte eine hohe Übereinstimmung beider Messungen festgestellt werden. Commitment gegenüber Organisation und Team korrelierten mit den korrespondierenden Identifikationsfoci zu r = .49 bzw. .40, während die Korrelationen bei ungleichen Foci deutlich niedriger lagen. Dieser Befund kann im Sinne konvergenter bzw. divergenter Validität interpretiert werden (Franke, 2005).

Trotz der augenscheinlichen Überlappung beider Konzepte lassen sich affektives Commitment und affektive Identifikation differenzieren. Strukturgleichungsmodelle ergaben für jeden Focus signifikante Verbesserungen des 2-Faktor-Modells (z.B. OCA vs. OIA) gegenüber dem 1-Faktor-Modell (z.B. affektive organisationale Bindung) (Franke, Felfe & Six, 2006). Außerdem ließ sich die Vorhersage von unterschiedlichen Outcomevariablen wie Arbeitszufriedenheit und Fluktuationsabsicht verbessern, wenn zusätzlich zu Commitment Identifikation zur Vorhersage herangezogen wurde.

Allerdings zeigen die in Tabelle 14 aufgeführten Korrelationen auch, dass Commitment und Identifikation durchaus ähnliche Zusammenhänge zu verschiedenen Outcomevariablen aufweisen. Damit erfährt die Schlussfolgerung von Riketta (2005), dass es sich bei Commitment und Identifikation um stark überlappende, aber dennoch distinkte Konzepte handelt, zusätzlich Bestätigung.

4 Wie verbunden sind die Mitarbeiter: Zahlen für Deutschland und Europa

Wie hoch ist der Anteil der Personen, die sich ihrer Organisation emotional verbunden fühlen und wie viele Mitarbeiter bleiben einzig und allein aus dem Grund in ihrer Organisation, weil sie keine andere Alternative sehen? Repräsentative Daten liegen zu diesen Fragen nur sehr eingeschränkt vor. Allerdings lassen sich auf der Basis zahlreicher Einzelstudien vorsichtige Aussagen tätigen, die als grobe Orientierung dienen können.

4.1 Commitment im europäischen Vergleich

Eine Ausnahme stellt eine Umfrage im Rahmen der regelmäßig zu unterschiedlichen Themen durch geführten Eurobarometer Studien dar, bei der einige Items erhoben wurden, die weitgehend dem affektiven organisationalen Commitment entsprechen. Die im Folgenden berichteten Ergebnisse wurden auf Grundlage der Originaldaten aus dem Eurobarometer 37.0 (1995, zit. in Six & Felfe, 2006) ermittelt. Die Eurobarometer-Studien werden hinsichtlich der Stichprobengenerierung und der Befragungsmodalitäten mit hohem methodischem Aufwand durchgeführt, sodass die Befunde als besonders repräsentativ und zuverlässig gelten können. Die Ergebnisse basieren auf den Einschätzungen von insgesamt 6082 angestellt Beschäftigten aus 14 vor allem westeuropäischen Ländern. Der Frauenanteil liegt bei 46,1%. Das Durchschnittsalter beträgt 38,7 Jahre mit einer Standardabweichung von 11,2. Bei 55,2% handelt es sich um gewerbliche Arbeitnehmer (blue collar) und 22,4% sind in Managementpositionen.

Wie aus Abbildung 7 ersichtlich, wird die Frage, wie stolz jemand darauf ist, in seiner bzw. ihrer Organisation zu arbeiten, recht unterschiedlich beantwortet. Zur besseren Übersicht sind die Antworthäufigkeiten in den folgenden Abbildungen vereinfacht dargestellt. Starke Zustimmung und einfache Zustimmung wurden wie auch einfache und starke Ablehnung zusammengefasst. Die unentschiedene Antwortkategorie ist nicht extra dargestellt. Ihr Anteil ergibt sich als Differenz der beiden dargestellten Zustimmungs- und Ablehnungsbalken zu 100%: Zum Beispiel beträgt der Anteil der Unentschiedenen in Italien 39%.

Irland und Dänemark nehmen beim affektiven organisationalen Commitment im europäischen Vergleich eine Spitzenposition ein. Während der Aussage, stolz zu sein, in beiden Ländern von jeweils über 70% der Befragten zugestimmt bzw. sogar stark zugestimmt wird, sind es in Deutschland lediglich 54%. Deutschland weist damit nach Italien die zweitniedrigste Zustimmung auf. Der Unterschied wird noch deutlicher, wenn man nur die Quoten derjenigen mit den höchsten Zustimmungen vergleicht. Hier liegt der Anteil in der deutschen Stichprobe lediglich bei 12,4%. In Dänemark ist er mit 46,2% beinahe viermal so hoch (ohne Abbildung). Entsprechend ist in Deutschland der Anteil derjenigen, die diese Aussage ablehnen mit 14,4% vergleichsweise hoch und wird nur von den griechischen Befragten mit 15,3% übertroffen. In zahlreichen anderen europäischen Ländern liegt der Anteil hingegen unter 10%. Die Übereinstimmung von eigenen und organisationalen Werten sowie die Identifikation der Mitarbeiter mit diesen Werten sind wesentliche Elemente affektiven organisationalen Commitments. Bei der Frage nach der Kongruenz von persönlichen und organisationalen Werten signalisieren vor allem wieder die Befragten aus Dänemark mit 72,6%, aber auch aus Irland und Schweden mit jeweils über 60 % hohe Zustimmung (vgl. Abbildung 8).

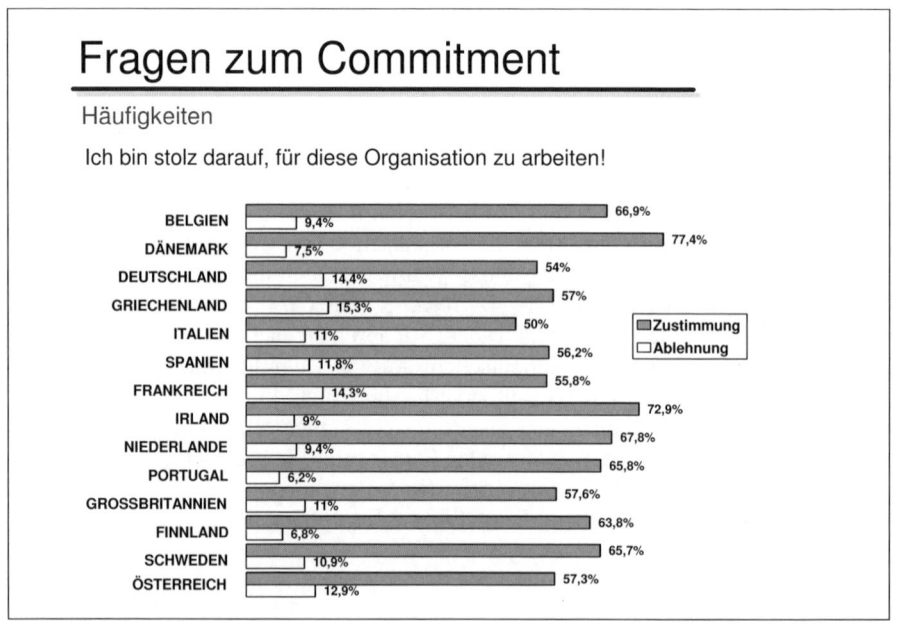

Abbildung 7: Commitment in Deutschland und Europa:
„Stolz darauf, für die Organisation zu arbeiten"

Geringe Identifikation mit den Werten der Organisation berichten die Teilnehmer aus Italien, Spanien, Frankreich und Portugal. In Italien zeigten lediglich 36% Übereinstimmung mit den Unternehmenswerten. Umgekehrt geben 32,6% ausdrücklich an, keine Übereinstimmung zu erleben. In Dänemark und Irland berichten lediglich 13,2 bzw. 13% von Diskrepanzen zwischen den eigenen und den Werten der Organisation. Für die deutsche Stichprobe ergibt sich ein ähnliches Bild wie bei der vorangehenden Frage. Während 50% Wertekongruenz signalisieren, bringen 14,2% Diskrepanzen zum Ausdruck.

Abbildung 8: Commitment in Deutschland und Europa:
„Ähnlichkeit der Werte"

Dass Mitarbeiter bereit sind, auf finanzielle Vorteile zu verzichten, um weiterhin in ihrer Organisation zu bleiben, kann mit gewisser Einschränkung ebenfalls als Ausdruck einer emotionalen Bindung interpretiert werden. Genau genommen wird durch diese Frage jedoch lediglich kalkulatorisches Commitment ausgeschlossen und damit nur indirekt auf andere Komponenten der Bindung geschlossen. Damit könnte aber auch normatives Commitment angesprochen werden. Wie aus Abbildung 9 ersichtlich, wären mit 42,8% vor allem wieder die Befragten aus Dänemark bereit, ein attraktives Beschäftigungsangebot einer anderen Organisation abzulehnen, um weiterhin in ihrer bisherigen Organisation tätig zu sein. In den Niederlanden und in Irland ist die Bereitschaft ebenfalls vergleichsweise hoch.

Auf breite Ablehnung stößt hingegen die Überlegung, ein attraktives Alternativangebot auszuschlagen, in Portugal, Frankreich und Italien, aber auch in Schweden. In den genannten Ländern würden ca. 55 bis 60% der Befragten ihr Unternehmen für eine besser bezahlte Stelle verlassen und lediglich ein Fünftel der Befragten würde ein solches Angebot ausschlagen. Deutschland nimmt bei dieser Frage einen mittleren Platz ein. 25,2% würden ihrem Unternehmen trotz eines besseren Angebots treu bleiben, während 45,2% dazu tendieren, die Stelle zu wechseln. Fast ein Drittel will sich bei dieser Frage nicht festlegen. Hier kommen offenbar weitere Überlegungen ins Spiel, die mit dieser Frage nicht erfasst werden.

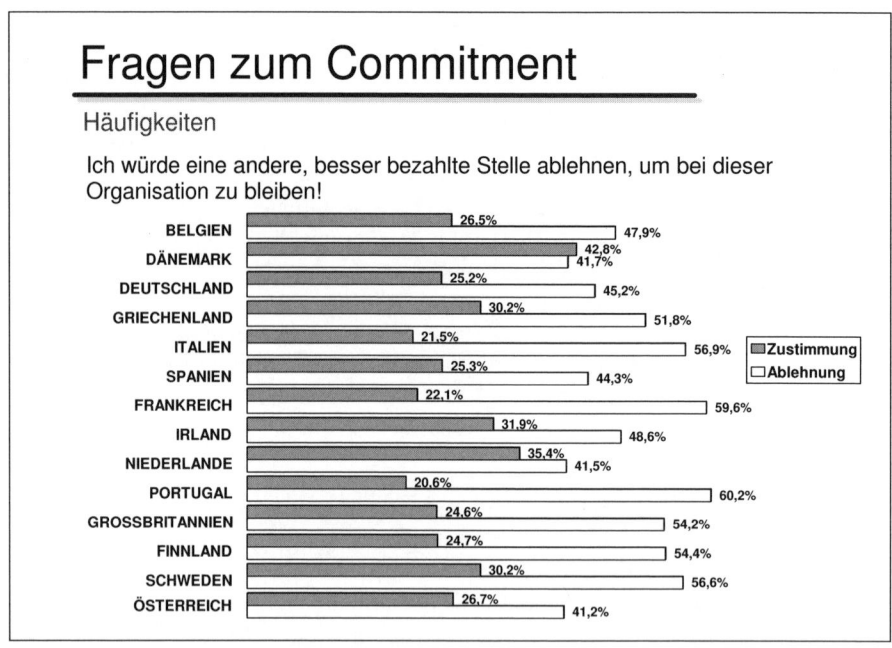

Abbildung 9: Commitment in Deutschland und Europa:
„Ablehnung einer besser bezahlten Stelle"

Insgesamt zeigt sich, dass die Bindung der befragten Mitarbeiter im europäischen
Vergleich eher im unteren Mittelfeld angesiedelt ist. Deutliche Spitzenreiter in Bezug
auf affektives Commitment sind Dänemark, Irland und die Niederlande. Vergleichsweise wenig Verbundenheit ist in Italien, Frankreich, Spanien und Portugal anzutreffen. Dass sich die drei Fragen im Sinne eines gemeinsamen Konstrukts interpretieren
lassen, kann durch eine Reliabilitätsanalyse belegt werden. Die interne Konsistenz
einer aus den drei Items gebildeten Skala liegt bei α = .71 und die Trennschärfen liegen über .45.

Das bedeutet, dass Mitarbeiter, die eher der Ansicht sind, in ihren Werten mit ihrer
Organisation übereinzustimmen, eher stolz darauf sind, der Organisation anzugehören
und ihrer Organisation mit größerer Wahrscheinlichkeit treu bleiben werden, auch
wenn sich eine lukrative Alternative ergibt. Umgekehrt berichten Mitarbeiter, die
hinsichtlich der Werte eher Diskrepanzen erleben, weniger Stolz und haben weniger
Bedenken, die Organisation für ein attraktives Angebot zu verlassen. Allerdings
schwankt die Konsistenz zwischen den Ländern etwas. Während sie in Deutschland
mit .74 vergleichsweise hoch ist, ist die Beantwortung der Fragen z.B. in Portugal mit
α = .62 weniger einheitlich.

4.2 Commitment in Deutschland: Foci und Komponenten

Für eine detailliertere Betrachtung, insbesondere im Hinblick auf unterschiedliche Komponenten und Foci, liegen keine repräsentativen Untersuchungen vor. Allerdings kann auf die Befunde zahlreicher Einzelstudien zurückgegriffen werden, um die Ausprägungen der einzelnen Foci und Komponenten abschätzen zu können (Felfe & Six, 2006; Felfe, Schmook & Six, 2006). Da nicht alle Komponenten gleichzeitig in allen Studien erhoben wurden, variiert die Größe der Gesamtstichprobe für die jeweiligen Foci von N = 350 für Commitment gegenüber der Karriere bis zu N = 3.800 für organisationales Commitment (vgl. Tabelle 15). Die Daten wurden in der Regel im Rahmen von Mitarbeiterbefragungen in unterschiedlichen Organisationen erhoben. Dazu zählen u.a. Industriebetriebe, öffentliche Verwaltungen, Finanzdienstleister und Schulen.

Wie aus Tabelle 15 ersichtlich, ergibt sich für die einzelnen Dimensionen ein äußerst differenziertes Bild. Für die Komponenten organisationalen Commitments zeigt sich, dass affektives und kalkulatorisches Commitment ähnlich stark ausgeprägt sind. Insgesamt ist das Niveau der Bindung eher als hoch zu bezeichnen. Emotionale, aber auch rationale Gründe spielen offenbar gleichermaßen eine wichtige Rolle. Weniger bedeutsam ist das normative Commitment. Verpflichtungen und die Orientierung an Normen und Werten als Grundlage von Commitment sind deutlich geringer ausgeprägt.

Tabelle 15: Commitmentmittelwerte: Foci und Komponenten

	Organisation	Beruf Tätigkeit	Führungs- kraft	Team	Karriere
N	3800	1400	500	350 - 450*	350
affektiv	3,53	**3,82**	3,03	3,51*	3,27
kalkulatorisch	**3,52**	2,78	2,19	2,62	3,08
normativ	2,60	2,53	2,51	2,67	**2,71**

Diese Befundlage spiegelt sich auch in den Häufigkeitsverteilungen wider (vgl. Abbildung 10). 52,7% der Befragten geben an, sich emotional mit ihrer Organisation verbunden zu fühlen, während 16,6% angeben, keine affektive Bindung an ihre Organisation zu haben. Es ist bemerkenswert, dass diese Verteilung weitgehend den Befunden aus der zuvor berichteten europäischen Vergleichsstudie entspricht.

Hier hatten ebenfalls ca. 50% der deutschen Teilstichprobe angegeben, auf ihre Organisation stolz zu sein und sich mit den Werten identifizieren zu können und ca. 15% hatten dies abgelehnt. Die hohe Übereinstimmung der Befunde darf als Hinweis auf die Verlässlichkeit der Ergebnisse interpretiert werden. Darüber hinaus scheint die Verteilung auch über die Zeit vergleichsweise stabil zu sein, da beide Studien ca. zehn Jahre auseinander liegen. Ähnlich stabile Werte sind z.B. auch aus der Arbeitszufriedenheitsforschung bekannt. Hier zeigen sich über die Jahre ebenfalls nur geringe Schwankungen.

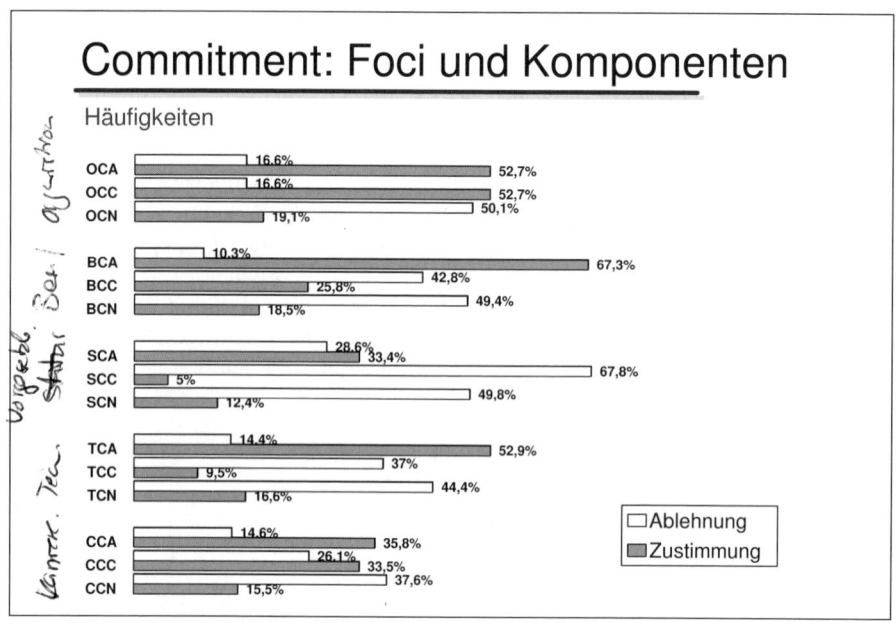

Abbildung 10: Commitment in Deutschland:
Verteilung nach Foci

Es ist zunächst überraschend, dass die Verteilung für kalkulatorisches Commitment nahezu identisch ist. Dies bedeutet, dass die Bindung an die Organisation für viele Mitarbeiter auf rationalen Erwägungen beruht. Entweder sehen sie zurzeit keine Alternativen oder wollen bisher Erreichtes nicht gefährden. Allerdings ist zu beachten, dass beide Komponenten nur mäßig miteinander korreliert sind ($r = .24$). Damit gibt es zwar einen signifikanten Zusammenhang zwischen beiden Komponenten, aber der Effekt ist insgesamt als klein bis mittel einzustufen. Somit zeichnet sich eine Tendenz ab, dass Mitarbeiter mit affektivem Commitment sich auch rational gebunden sehen.

Allerdings weist der mäßige Zusammenhang darauf hin, dass es zahlreiche Personen mit hohem affektiven Commitment gibt, die sich nicht rational gebunden fühlen und umgekehrt. Ein deutlich anderes Bild ergibt sich für das normative Commitment: Hier stimmen nur 19,1% zu und immerhin 50,1% lehnen Aussagen, die auf eine normative Gebundenheit hinweisen, ab. Betrachtet man aber die Korrelation zwischen affektivem und normativem Commitment, so zeigt sich ein hoher Zusammenhang von r = .59. Damit unterscheiden sich affektives und normatives Commitment gegenüber der Organisation zwar deutlich in Hinblick auf die Ausprägung, nicht jedoch in Bezug auf ihren Zusammenhang. Mitarbeiter, die eher affektiv gebunden sind, geben auch eher an, normativ gebunden zu sein.

Meyer und Allen (1997) haben darauf hingewiesen, dass die Komponenten in unterschiedlichen Ausprägungen vorliegen können. Mit Hilfe einer Clusteranalyse konnten vier Gruppen unterschieden werden. Abbildung 11 zeigt die Profile der vier Gruppen. In der ersten Gruppe (N = 1.080) finden sich Mitarbeiter, die in allen Komponenten hohe Werte annehmen, wobei das affektive Commitment den höchsten Wert aufweist. Die zweite Gruppe (N = 943) ist durch hohes affektives und gleichzeitig niedriges kalkulatorisches und normatives Commitment gekennzeichnet. Charakteristisch für die dritte Gruppe (N = 663) ist insgesamt ein niedriges Commitment. In der vierten Gruppe (N = 1.113) dominiert das kalkulatorische Commitment.

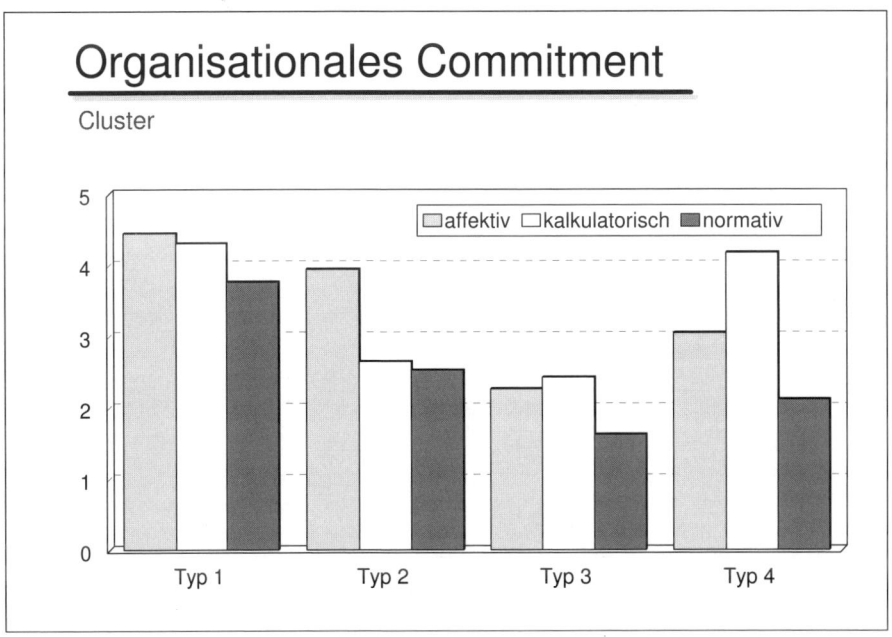

Abbildung 11: Commitment in Deutschland:
Cluster für organisationales Commitment

Beim Commitment gegenüber dem Beruf bzw. der Tätigkeit steht das affektive Commitment im Vordergrund (vgl. Tabelle 15). Im Durchschnitt zeigt sich hier im Vergleich zu den anderen Foci die stärkste Ausprägung. Entsprechend geben 67,3% an, dass sie sich ihrem Beruf bzw. ihrer Tätigkeit emotional verbunden fühlen. Kalkulatorisches und normatives Commitment spielen hier offenbar eine untergeordnete Rolle. Beide Komponenten werden von 42,8% bzw. 49,4% der Befragten abgelehnt (vgl.

Abbildung 10). Abweichend von dem üblichen Muster sind hier normatives und kalkulatorisches Commitment besonders stark korreliert (r = .61).

Das Commitment gegenüber der Führungskraft weist im Vergleich zu den anderen Foci für alle Komponenten die jeweils niedrigsten Werte auf (vgl. Tabelle 15). Am geringsten ist hier das kalkulatorische Commitment. Abbildung 10 zeigt, dass sich nur 33,4% ihrer Führungskraft emotional verbunden fühlen. Kalkulatorisches Commitment wird nur von 5% als bedeutsam erlebt, aber von 67,8% abgelehnt. Affektives und normatives Commitment sind hier hoch korreliert (r = .71), während der Zusammenhang zwischen affektivem und kalkulatorischem Commitment mit r = .36 deutlich geringer ausfällt. Die Verbundenheit gegenüber dem Team ist ebenfalls eher affektiv geprägt (vgl. Tabelle 15). Kalkulatorisches und normatives Commitment spielen hier wieder eine untergeordnete Rolle. Wie aus Abbildung 10 ersichtlich, fühlen sich 52,9% ihrem Team verbunden und für 14,4% trifft das nicht zu. Affektives und normatives Commitment sind wieder relativ hoch korreliert (r = .66), während der Zusammenhang zwischen affektivem und kalkulatorischem Commitment mit r = .34 deutlich niedriger ausfällt.

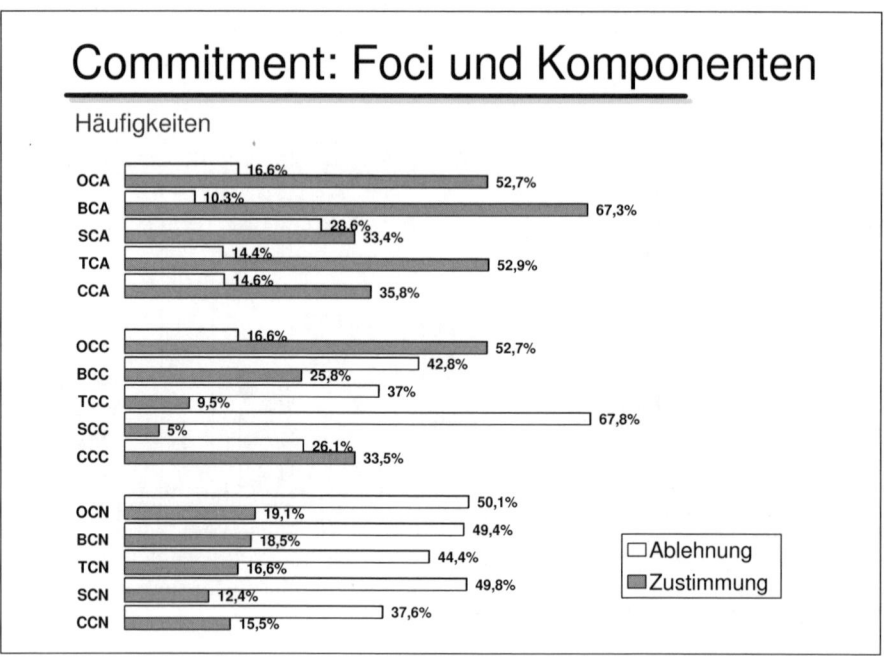

Abbildung 12: Commitment in Deutschland:
Verteilung nach Komponenten

Die Bindung an die eigene Karriere weist im Vergleich zu den anderen Foci nur eine mäßig ausgeprägte affektive Komponente auf. Dafür ist das kalkulatorische Commitment vergleichsweise hoch und das normative Commitment im Vergleich zu den anderen Foci mit 2.71 am höchsten ausgeprägt. Ähnlich wie beim Commitment gegenüber dem Beruf sind die kalkulatorische und die normative Komponente hoch korreliert (r = .63). Vergleicht man die Foci innerhalb der jeweiligen Komponenten, lässt sich feststellen, dass die stärkste affektive Bindung gegenüber dem Beruf und der Tätigkeit besteht, die geringste hingegen gegenüber der Führungskraft (vgl. Abbildung 12). Kalkulatorisches Commitment bezieht sich hingegen in erster Linie auf die Organisation und normatives Commitment besteht vor allem gegenüber der Karriere (s.a. Tabelle 15).

4.3 Vergleichswerte aus deutschen Stichproben

Wie lässt sich nun ein einzelner Commitmentwert oder der Mittelwert einer Arbeitsgruppe interpretieren? Wann ist ein individueller Wert als außerordentlich hoch oder eher als niedrig zu bewerten? Um diese Fragen zu beantworten, ist ein Vergleich eines Einzelwertes mit der Verteilung einer großen Stichprobe erforderlich. Wie bereits in Abschnitt 3.1.1 am Beispiel des OCQ erläutert, kann man zwar davon ausgehen, dass entsprechend dem Antwortformat ein Wert, der über der mittleren Antwortkategorie von drei liegt, als eher positiv und ein Wert, der unter dem Erwartungswert liegt, als negativ zu bezeichnen ist. Wie positiv aber ein individueller Wert von z.B. 3,5 einzuschätzen ist, ergibt sich aus dem Vergleich mit dem Antwortverhalten einer großen Vergleichsgruppe. Die Verteilungen der Antworten sind für die einzelnen Dimensionen in Tabelle 16 und Tabelle 17 aufgelistet.

Die zunächst positive Interpretation eines Einzelwertes von 3,5 für das affektive Commitment gegenüber dem Beruf bzw. der Tätigkeit (BCA) relativiert sich, wenn man, wie aus Tabelle 16 ersichtlich, berücksichtigt, dass lediglich 35% einer Vergleichsgruppe mit einem N von 1.404 einen niedrigeren Wert angeben, aber dafür über 65% ein höheres Commitment aufweisen. Ein gleicher Wert für das normative Commitment gegenüber der Organisation (OCN) ist hingegen deutlich positiver zu beurteilen.

Immerhin weisen 80% einen niedrigeren und nur 20% einen höheren Wert auf. Damit kann ein normatives Commitment gegenüber der Organisation von 3,5 als vergleichsweise hoch bezeichnet werden, während der gleiche Wert für das affektive Commitment gegenüber dem Beruf eher als gering eingestuft werden muss. Ausschlaggebend hierfür ist der soziale Vergleichsmaßstab, der für die einzelnen Dimensionen unterschiedlich ausfällt.

Es ist auch hier darauf hinzuweisen, dass es sich bei den vorliegenden Vergleichswerten nicht um echte Normen handelt, da sie nicht auf einer repräsentativen Stichprobe beruhen. In die vorgestellten Verteilungen und Mittelwerte sind unterschiedliche Stichproben eingegangen. Die Mitarbeiter stammen aus verschiedenen Organisationen, üben unterschiedliche Tätigkeiten aus und stellen selber unterschiedliche Ansprüche an ihre Arbeit und ihre Organisation. Welche personalen und organisationalen Merkmale Commitment beeinflussen, wird in den nächsten Kapiteln thematisiert.

Tabelle 16: Vergleichswerte für organisationales und berufsbezogenes Commitment

% / N	oca	occ	ocn	bca	bcc	bcn
	3810	3809	3800	1403	1397	1390
5	1,60	1,50	1,00	1,86	1,00	1,00
10	2,00	2,00	1,40	2,43	1,40	1,00
15	2,40	2,25	1,52	2,80	1,60	1,25
20	2,60	2,60	1,67	3,00	1,80	1,50
25	2,80	2,75	1,80	3,20	2,00	1,75
30	3,00	3,00	2,00	3,43	2,20	1,75
35	3,20	3,25	2,00	3,57	2,20	2,00
40	3,33	3,25	2,20	3,71	2,40	2,00
45	3,40	3,50	2,33	3,86	2,60	2,25
50	3,60	3,60	2,40	4,00	2,80	2,50
55	3,80	3,75	2,60	4,14	2,80	2,50
60	3,83	4,00	2,80	4,29	3,00	2,75
65	4,00	4,00	3,00	4,40	3,20	3,00
70	4,20	4,25	3,00	4,43	3,40	3,00
75	4,33	4,25	3,33	4,60	3,60	3,25
80	4,50	4,50	3,50	4,71	3,80	3,50
85	4,67	4,75	3,67	4,86	4,00	3,75
90	4,83	5,00	4,00	5,00	4,40	4,00
95	5,00	5,00	4,50	5,00	4,80	4,50

Tabelle 17: Vergleichswerte für Commitment gegenüber Führungskraft, Team und Karriere

	sca	scc	scn	tca	tcc	tcn	cca	ccc	ccn
% / N	500	500	500	450	349	349	349	349	348
5	1,40	1,00	1,00	2,00	1,25	1,40	1,50	1,40	1,00
10	1,80	1,02	1,33	2,20	1,50	1,60	2,00	1,80	1,50
15	2,03	1,40	1,50	2,60	1,75	1,80	2,50	2,00	1,75
20	2,20	1,60	1,75	2,60	2,00	1,80	2,50	2,20	2,00
25	2,40	1,60	1,75	2,80	2,00	2,00	2,75	2,40	2,00
30	2,60	1,80	2,00	3,00	2,25	2,20	3,00	2,60	2,18
35	2,60	1,87	2,00	3,20	2,25	2,40	3,00	2,80	2,25
40	2,80	2,00	2,25	3,20	2,50	2,40	3,00	3,00	2,50
45	3,00	2,00	2,25	3,40	2,50	2,60	3,25	3,00	2,50
50	3,00	2,20	2,50	3,60	2,50	2,60	3,25	3,20	2,75
55	3,20	2,20	2,50	3,60	2,75	2,60	3,50	3,20	2,75
60	3,40	2,40	2,75	3,80	2,75	2,80	3,50	3,40	3,00
65	3,40	2,40	2,75	4,00	3,00	3,00	3,75	3,40	3,00
70	3,60	2,60	3,00	4,20	3,00	3,00	3,75	3,60	3,25
75	3,80	2,60	3,00	4,20	3,25	3,20	4,00	3,80	3,50
80	3,80	2,80	3,25	4,40	3,25	3,40	4,00	3,80	3,50
85	4,00	3,00	3,50	4,60	3,50	3,60	4,25	4,00	3,75
90	4,20	3,20	3,75	4,80	3,50	3,80	4,50	4,40	4,00
95	4,40	3,59	4,25	5,00	4,00	4,20	4,75	4,80	4,25

5 Die Bedeutung für den Unternehmenserfolg

Die untersuchten Konsequenzen von hohem bzw. niedrigem Commitment lassen sich in zwei Bereiche unterteilen: erwünschte positive Auswirkungen wie Leistungssteigerung, Organizational Citizenship Behavior etc. und das Ausbleiben negativer Verhaltensweisen wie Absentismus und Fluktuation. Im Vordergrund steht immer wieder das Interesse, die Rolle von Commitment als Prädiktor für Fluktuation zu untersuchen. Meyer und Allen (1997) haben ein multidimensionales Gesamtmodell entworfen, das *Antezedenzfaktoren, Prozessvariablen*, die Commitmentkomponenten und zu erwartende Konsequenzen beinhaltet. Abbildung 13 gibt einen Überblick über die einzelnen Variablen und ihren Status in einem Rahmenmodell, das Commitment in den Mittelpunkt stellt und auf der einen Seite Konsequenzen und auf der anderen Seite Antezedenzen unterscheidet.

Die Antezedenzen sind folgendermaßen gruppiert: (1) Merkmale der Arbeit wie Bezahlung, Arbeitsinhalt, Arbeitssicherheit und Klima, (2) Führungsverhalten, (3) Charakteristika der Angestellten wie Selbstwirksamkeitserwartungen und demographische Eigenschaften, (4) Merkmale der Organisation wie der psychologische Kontrakt und das Niveau organisationaler Unterstützung und (5) Kontextvariablen wie wirtschaftliche Unternehmenssituation sowie kulturelle Gegebenheiten. Es wird davon ausgegangen, dass sich die Merkmale der Arbeit direkt und unmittelbar auf das Commitment der Mitarbeiter auswirken. Diese Gruppe von Antezedenzen wird daher auch als proximal bezeichnet, wohingegen der Einfluss von Organisationsmerkmalen, die eher indirekt und vermittelnd wirken, als distal bezeichnet wird. Commitment, das Kernkonzept, besteht aus verschiedenen Komponenten, wobei unterschiedliche Foci unterschieden werden: die Organisation, das Team oder die Arbeitsgruppe, der Vorgesetzte etc. Die Konsequenzen sind unterteilt in positive und negative Folgen. Positive Folgen sind zum Beispiel Leistung (z.B. durch Vorgesetztenbeurteilungen) und Organizational Citizenship Behavior (OCB).

Negative Folgen sind Absentismus, Stresserleben oder Burn-out und Kündigungsabsichten. Konzepte, die ebenfalls Einstellungen gegenüber der Organisation bzw. der Arbeit abbilden, wie zum Beispiel Arbeitszufriedenheit, werden zunächst als Korrelate bezeichnet. In der Literatur gibt es bezüglich dieser Konzepte eine uneinheitliche Verwendung. Wie später noch gezeigt wird, betrachten einige Autoren Arbeitszufriedenheit als eine Voraussetzung von Commitment, während andere davon ausgehen, dass Arbeitszufriedenheit Commitment begünstigt. Aus diesem Grund haben Meyer und Allen (1997) vorgeschlagen, diese Konstrukte hinsichtlich ihres Status als Ursache oder Wirkung zunächst als neutral einzustufen. In den folgenden Abschnitten werden zunächst die Zusammenhänge zu positiven und negativen Konsequenzen aufgezeigt. Hierzu liegen mittlerweile Befunde aus unterschiedlichen *Metaanalysen* vor (Mathieu & Zajac, 1990; Meyer et al., 2002; Tett & Meyer, 1993). Die zentralen Ergebnisse werden im Folgenden berichtet. Dabei handelt es sich jeweils um die durchschnittlichen korrigierten und gewichteten Zusammenhänge (ρ). Diese Zusammenhänge verdeutlichen die Bedeutung des Commitmentkonzepts für den organisationalen Erfolg. Cohen (2003) stellt hierzu fest „The importance of this topic rests on the argument that work commitment cannot be established as a valuable concept unless it can be verified as one that affects major work outcomes in the work environment" (p. 161). Erst diese Befunde legitimieren die Frage nach den Bedingungen, mit denen Commitment beeinflusst werden kann.

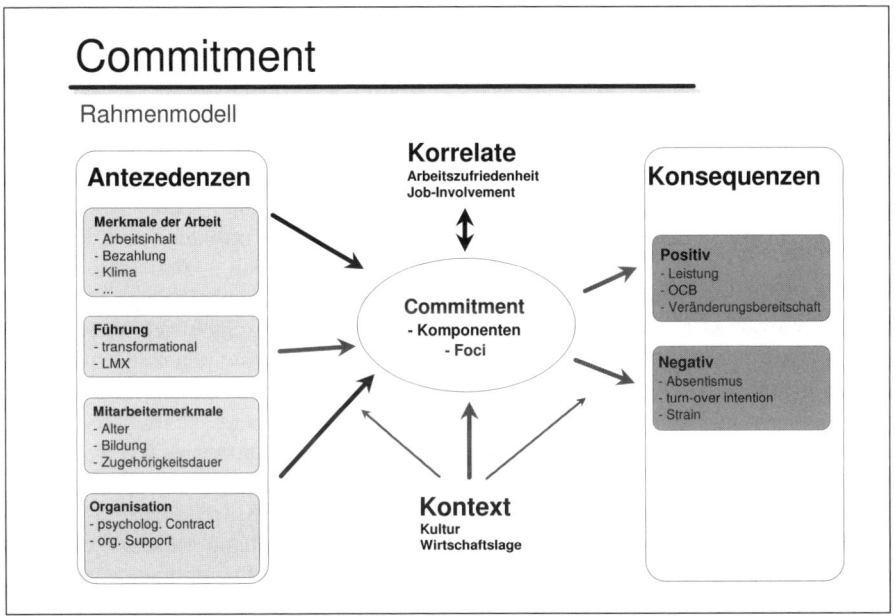

Abbildung 13: Antezedenzen und Konsequenzen von Commitment

5.1   Positive Konsequenzen

5.1.1   Arbeitsleistung

Wie groß ist der Zusammenhang von Commitment und Leistung? Mitarbeiter, die eine positive Einstellung gegenüber der Organisation haben, sich mit den Werten identifizieren und sich in starkem Maße zugehörig fühlen, sollten am Erfolg des Unternehmens interessiert sein und hierzu durch ihre Leistung beitragen. Vor dem Hintergrund der sozialen Identitätstheorie (SIT, Tajfel & Turner, 1986) wird der Zusammenhang zwischen Commitment und Leistung zusätzlich durch das Streben nach einer positiven sozialen Identität erklärt. Der Erfolg des Unternehmens wertet die soziale Identität auf und hebt damit den Selbstwert. In einer der ersten umfangreichen Metaanalysen zu Antezedenzen, Konsequenzen und Korrelaten von organisationalem Commitment auf Basis von 43 Einzelstudien und einem N von 15.531 berichten Mathieu and Zajac (1990) von einem durchschnittlichen, korrigierten Zusammenhang zwischen affektivem organisationalem Commitment und Leistung von ρ = .14. Wird die Arbeitsleistung nicht, wie in der Regel üblich, durch Vorgesetztenurteile erhoben, sondern mit *objektiven Leistungsdaten* gemessen, fällt der Zusammenhang noch niedriger aus. Podsakoff, MacKenzie und Bommer (1996) berichten in einer jüngeren Studie ebenfalls einen vergleichsweise geringen Zusammenhang von Commitment und Leistung von r = .14.

Während in den Studien, die in diese Metaanalyse eingegangen sind, Commitment überwiegend mit dem OCQ (Mowday et al., 1979) erhoben wurde, wurde in den folgenden Untersuchungen das Instrument von Meyer und Allen (1990) eingesetzt, das die drei Komponenten affektiv, kalkulatorisch und normativ unterscheidet. So berichten Meyer et al. (1993) einen negativen Zusammenhang zwischen Leistungsbeurteilung und kalkulatorischem Commitment, aber eine positive Korrelation zu affektivem Commitment. In einer aktuelleren Metaanalyse (69 Studien mit 23.656 Teilnehmern) berichten Meyer et al. (2002) einen ähnlich niedrigen Zusammenhang. Betrachtet man die einzelnen Commitmentkomponenten differenziert, zeigen sich zwar Unterschiede zwischen den Komponenten, aber die Höhe der Zusammenhänge bleibt unverändert niedrig (Meyer et al., 2002). Demnach korrelieren Leistung (Beurteilung durch Vorgesetzte) und affektives organisationales Commitment lediglich zu ρ = .17, zu kalkulatorischem Commitment besteht ein negativer Zusammenhang ρ = -.08. Riketta (2002) ermittelte in seiner Metaanalyse zum Zusammenhang von affektivem Commitment und Leistung ebenfalls eine durchschnittliche Korrelation von ρ = .19. Lee et al. (2000) haben in ihrer Metaanalyse den Zusammenhang zwischen Commitment gegenüber dem Beruf bzw. der Tätigkeit (Occupational Commitment) und Leistung (Vorgesetztenurteile) ermittelt und fanden einen etwas höheren durchschnittlichen Zusammenhang von ρ = .22.

In der wohl aktuellsten Metaanalyse von Cooper-Hakim und Viswesvaran (2005) wird auf der Basis von 63 Stichproben und 14.000 Befragten sogar ein Zusammenhang zwischen affektivem organisationalem Commitment und Leistung von ρ = .27 berichtet. Der Zusammenhang zu kalkulatorischem Commitment ist hier mit ρ = -.12 eindeutig negativ. Damit scheint sich das Bild mit wachsender Datenbasis im Bereich höherer Zusammenhänge zu stabilisieren. Die vergleichsweise geringeren Zusammenhänge aus der Metaanalyse von Meyer et al. (2002) basierten lediglich auf 25 Stichproben mit weniger als 6.000 Befragten. Cooper-Hakim und Viswesvaran (2005) berichten darüber hinaus Zusammenhänge zu weiteren Commitmentfoci. Commitment gegenüber der Karriere korreliert zu ρ = .19 und Commitment gegenüber der Gewerkschaft korreliert zu ρ = .22 mit Leistung. Insgesamt muss man feststellen, dass die Zusammenhänge zwischen Leistung einerseits und Commitment andererseits höher ausfallen als lange Zeit angenommen wurde.

Ansatzpunkte für Erklärungen der dennoch moderaten Zusammenhänge sind in Moderatorvariablen zu suchen, die hier offenbar zeit- und situationsabhängig eine wichtige Rolle spielen und keine allgemeinen Aussagen zulassen. Allerdings sind *Moderatoreneinflüsse* für den Zusammenhang von Commitment und Leistung bislang nicht in dem Umfang untersucht worden wie zum Beispiel für Arbeitszufriedenheit und Leistung (Judge, Bono, Thoresen & Patton, 2001). Zu diskutieren ist beispielsweise, ob Commitment stärker mit Leistungsmaßen in Zusammenhang stehen könnte, die eher motivationale Komponenten beinhalten und weniger von den Fähigkeiten der Mitarbeiter abhängen.

Grundsätzlich ist aber auch zu berücksichtigen, dass Leistung in nicht unerheblichem Maße von Faktoren abhängt, die außerhalb der Person des Mitarbeiters zu suchen sind und letztlich zu kontraintuitiven Zusammenhängen führen. Zum Beispiel kann es durchaus vorkommen, dass es Mitarbeitern, die über ein hohes Commitment verfügen, aus verschiedensten Gründen nicht gelingt, besonders hohe Leistungen zu erbringen. Umgekehrt lassen Mitarbeiter mit geringem Commitment aufgrund starker Kontrolle oder aus Angst vor Sanktionen nicht in ihren Leistungen nach (Six & Felfe, 2004). Diese Überlegungen machen deutlich, dass für Commitment keine zu hohen Zusammenhänge zur Leistung erwartet werden dürfen.

Ähnliche Überlegungen werden herangezogen, um die ebenfalls moderaten Zusammenhänge zwischen Leistung und Arbeitszufriedenheit zu erklären. Iaffaldano und Muchinsky (1985) fanden beispielsweise anhand der Ergebnisse ihrer Metaanalyse, in die 74 Studien mit den Daten von N = 12.192 Personen eingebracht wurden, eine durchschnittliche korrigierte Korrelation von lediglich $\rho = .17$ zwischen Arbeitszufriedenheit und Leistung. Hier zeigt die jüngere Forschung zwar ermutigendere Befunde als noch vor einigen Jahren (Iaffaldano & Muchinsky, 1985), aber die Höhe der Zusammenhänge macht deutlich, dass Verhalten nur zum Teil durch Unterschiede in den Einstellungen erklärt werden kann.

So haben Judge et al. (2001) eine wesentlich umfangreichere Metaanalyse mit 312 Stichproben und einem N von 54.417 Personen zum Zusammenhang von Arbeitszufriedenheit und Leistung vorgelegt. Dabei wurden zusätzlich Moderatoreffekte überprüft. So zeigten sich tendenziell höhere durchschnittliche Zusammenhänge, wenn die Arbeitszufriedenheit ausschließlich als globales Maß erhoben wurde ($\rho = .35$), die Leistungen nicht von unabhängiger oder objektiver Seite erfasst wurden und wenn die Arbeit anspruchsvoller und komplexer war ($\rho = .52$). Auch zeigten sich Unterschiede zwischen Berufsgruppen. Bei Krankenschwestern wurden signifikant niedrigere Korrelationen gefunden ($\rho = .19$) als bei akademischen Berufsgruppen oder Managern ($\rho = .45$).

Derart differenzierte Analysen stehen für den Zusammenhang von Commitment und Leistung bislang aus. Es darf aber erwartet werden, dass sich für den Zusammenhang von Commitment und Leistung ebenfalls höhere Zusammenhänge finden lassen, wenn entsprechende Moderatorvariablen wie Messmethode, Komplexität der Arbeitsaufgabe und Berufsgruppe berücksichtigt werden. Das ist umso wahrscheinlicher, als es sich bei Arbeitszufriedenheit und Commitment zwar um hinreichend distinkte, aber doch überlappende Konzepte handelt (Felfe & Six, 2006). In Abschnitt 7.1 werden wir noch detaillierter auf die Beziehung von Commitment und Arbeitszufriedenheit eingehen.

Außerdem sind die *kombinierten Effekte* mehrerer Foci bislang kaum in Metaanalysen untersucht worden. In der Regel wurden lediglich einzelne Komponenten (meist affektives Commitment) und einzelne Foci betrachtet (besonders organisationales Commitment). Wie bereits dargelegt, ist jedoch durch einige Einzelstudien belegt, dass sich die Vorhersage unterschiedlicher Outcomes verbessern lässt, wenn multiple Commitments betrachtet werden (Felfe et al., in review; Meyer et al., 1993; Stinglhamber et al., 2002). Insbesondere das Commitment gegenüber dem Beruf bzw. der Beschäftigung ist hierbei zu berücksichtigen, da sich für diesen Focus bereits höhere Zusammenhänge zur Leistung gezeigt haben (Lee et al., 2000).

Diese kombinierten Einflüsse sollten auch die Vorhersage von Leistung verbessern. Eine diesbezügliche Analyse der Daten einer Teilstichprobe einer kulturvergleichenden Studie (Felfe, Yan & Six, 2006) mit deutschen und rumänischen Teilnehmern zeigt, dass die Vorhersage selbsteingeschätzter Leistung von 6% durch die Hinzunahme weitere Foci signifikant auf 11% gesteigert werden kann. Dabei erweisen sich alle Foci (Organisation, Führungskraft, Team und Karriere) als bedeutsam. Beim vollständigen Vorhersagemodell mit vier Foci und jeweils drei Komponenten zeigt sich, dass sich affektives Commitment gegenüber der Organisation, dem Team und der Karriere (OCA, TCA und CCA) positiv auf die Leistung auswirken, während kalkulatorisches Commitment gegenüber der Führungskraft Leistung negativ beeinflusst. Vergleicht man die Beiträge der jeweiligen Komponenten, zeigt sich, dass die affektiven Komponenten jeweils im Vordergrund stehen. Die normativen Komponenten leisten hingegen keinen eigenständigen Beitrag.

5.1.2 *Organizational Citizenship Behavior (OCB)*

Um langfristig effizient und erfolgreich zu sein, sind Organisationen darauf angewiesen, dass sich ihre Mitarbeiter über das Geforderte hinaus engagieren. Das bedeutet, dass Mitarbeiter selbstständig und eigenverantwortlich im Sinne des Unternehmens die Initiative ergreifen. Weil dieses Verhalten über das offiziell Vereinbarte hinausgeht, wurde hierfür der Begriff des *„Extra-Rollen-Verhaltens"* geprägt. Zu diesen Verhaltensweisen zählen u.a. die freiwillige Unterstützung anderer Organisationsmitglieder, das Einbringen von Verbesserungsvorschlägen, die eigene Weiterbildung sowie loyales Auftreten gegenüber Außenstehenden. „Extra-Rollen-Verhalten" erfordert die besondere Initiative und Einsatzbereitschaft des Mitarbeiters, da es in den gängigen Lohn- und Anreizsystemen unberücksichtigt bleibt und sich weitgehend der Steuerung und Kontrolle durch die Organisation entzieht.

Folgende Merkmale lassen sich darüber hinaus als definitorische Bestimmungsstücke von OCB festhalten: (1) *Freiwilligkeit,* (2) *Spontaneität* (keine Vorhersagbarkeit, Planbarkeit), (3) *Organisationsdienlichkeit* und (4) *Kooperativität* (Felfe, in Druck). In der Literatur findet sich eine Reihe von sich zum Teil überlappenden Konzepten, die den Gedanken des „extra role behavior" aufgreifen: Organizational Citizenship Behavior, Contextual Performance und Personal Initiative. Smith, Organ und Near (1983) gehen davon aus, dass Organisationen grundsätzlich von der Kooperationsbereitschaft ihrer Mitarbeiter abhängen: „Every factory, office or bureau depends daily on a myriad of acts of cooperation, helpfulness, suggestions, gestures of goodwill, altruism, and other instances of what we might call citizenship behavior." (p. 653). Entsprechend definiert Organ (1988) OCB als „individual behavior that is discretionary, not directly or explicitly recognized by the formal reward system, and that in the aggregate promotes the effective functioning of the organization" (p. 4). OCB umfasst nach Organ (1988) folgende fünf Facetten:

Altruismus (freiwillige Unterstützung von Kollegen),

Gewissenhaftigkeit (besondere Zuverlässigkeit im Sinne der Organisation),

Sportmanship (Toleranz gegenüber Ärgernissen und Unannehmlichkeiten),

Courtesy (Rücksicht, Umsichtigkeit, Verbindlichkeit im Umgang mit Kollegen),

Civic virtue (aktive Beteiligung und Engagement).

*Altruismus (*Altruism) meint vor allem, Kollegen bei arbeitsbezogenen Aufgaben oder Hindernissen helfen. Altruismus ist jedoch nicht allein auf Kollegen beschränkt, sondern beinhaltet auch die Hilfsbereitschaft gegenüber Kunden und Lieferanten. *Gewissenhaftigkeit* zeigt sich beispielsweise darin, dass Angestellte zur Arbeit kommen, obwohl ein sozial akzeptierter Grund vorläge, dies nicht zu tun. Dazu zählt auch, dass Mitarbeiter sich bereitwillig an Regeln und Vorschriften halten, oder dass mit organisationalen Ressourcen im weitesten Sinne sparsam umgegangen wird. Im Gegensatz zu Altruismus, einer Verhaltensweise, bei der die Hilfe bestimmten Personen gilt, ist Gewissenhaftigkeit eher auf die Organisation ausgerichtet.

Großzügigkeit (Sportmanship) ist die Vermeidung kleinlicher Nörgelei. Schlechte Arbeitsumgebungen, Unzulänglichkeiten der Organisation und Unannehmlichkeiten, die bei jeder Organisation auftreten können, werden großzügig toleriert. Es handelt sich hierbei also um die Bereitschaft, Umstände zu akzeptieren, die nicht optimal sind, ohne sich lange damit aufzuhalten oder sich darüber zu beschweren.

Rücksicht (Courtesy) beschreibt die Tendenz, die Konsequenzen des eigenen Handelns für andere zu berücksichtigen und Probleme zu vermeiden. Rücksicht manifestiert sich beispielsweise darin, dass Angestellte rechtzeitig über Entscheidungen, Veränderungen, die andere betreffen, informieren, obwohl sie dazu nicht verpflichtet sind. Während Altruismus sich eher auf Hilfeverhalten bei der Lösung bereits bestehender Probleme bezieht, ist Rücksicht auf die Vermeidung von Problemen ausgerichtet.

Bürgerliche Tugend/Bürgersinn (Civic Virtue) schließlich äußert sich in Verhaltensweisen, in denen echte Besorgtheit um das Wohl der Organisation zum Ausdruck kommt. Die Angestellten bringen sich eigenverantwortlich ein, indem sie an nichtverpflichtenden Treffen teilnehmen, Angelegenheiten der Organisation auch während der Freizeit behandeln und auf Missstände hinweisen.

Bereits Organ (1977) machte, wie bereits oben diskutiert, darauf aufmerksam, dass der Zusammenhang zwischen AZ und Leistung durch betriebliche Restriktionen begrenzt ist. Sanktionsmechanismen erlauben es den Mitarbeitern nur in geringem Maße, mit Veränderungen des Leistungsverhaltens auf Zufriedenheit oder Unzufriedenheit zu reagieren. Ein Ausweg besteht darin, zusätzlich zu den herkömmlichen Leistungsmaßen, die sich auf die organisationsseitig vorgegebene Stellenfunktion und entsprechende Rollenerwartungen beziehen (in-role-behavior) und damit den genannten Beschränkungen unterworfen sind, Leistungsmaße einzubeziehen, die darüber hinaus gehen (extra-role-behavior) und damit stärker motivationalen und emotionalen Einflüssen unterworfen sind. Damit bietet sich OCB als eine zusätzliche erfolgsrelevante organisationale Leistungskategorie an, die auch für die Forschung zum Zusammenhang von Commitment und Leistung weiterführend sein kann (Organ & Paine, 1999). Unzufriedene Mitarbeiter können auf OCB verzichten, ohne negative Sanktionen befürchten zu müssen. Entsprechend können sich Mitarbeiter verstärkt in OCB engagieren, auch wenn die Möglichkeiten unmittelbarer Leistungssteigerung im herkömmlichen Sinne begrenzt sind.

Welche Zusammenhänge wurden bislang zwischen OCB und Commitment gefunden? Shore und Wayne (1993) konnten zeigen, dass affektives Commitment in positivem Zusammenhang mit den OCB Skalen Altruismus (r = .22) und Compliance (r = .14) steht, während eine negative Beziehung zwischen fortsetzungsbezogenem Commitment und Altruismus (r = -.20) bzw. Compliance (r = -.20) besteht. Dieses Muster kann darauf zurückgeführt werden, dass Angestellte, die zu der Organisation gehören möchten (affektives Commitment), sich eher für die Organisation anstrengen als diejenigen, die dazu gehören müssen (fortsetzungsbezogenes Commitment). Organ und Ryan (1995) kommen in ihrer Metaanalyse zu dem Ergebnis, dass Conscientiousness als Subdimension von OCB zu ρ = .32 mit Commitment korreliert ist. In der Metaanalyse von Meyer et al. (2002) korrelieren affektives Commitment und OCB zu ρ = .32 in gleicher Größenordnung. Allerdings wurden hier zusätzlich bedeutsame Moderatoren identifiziert. Wurde OCB durch den Vorgesetzten eingeschätzt, lag der Zusammenhang mit ρ = .27 niedriger als bei selbst eingeschätztem OCB (ρ = .37). Außerhalb Nordamerikas sind affektives Commitment und OCB enger miteinander verbunden als innerhalb (ρ = .46 bzw. .26). Dieser kulturelle Unterschied zeigt sich – ähnlich wie bei der Leistung – besonders auch für das normative Commitment. Außerhalb Nordamerikas sind normatives Commitment und OCB deutlich stärker miteinander korreliert als innerhalb (ρ = .37 bzw. .10). Kalkulatorisches Commitment hingegen korreliert nicht oder negativ mit OCB. Damit liegen für Commitment zunächst deutlich höhere Zusammenhänge zu OCB im Sinne von Extra-Rollen-Verhalten vor als zu aufgabenbezogener Leistung (in-role-behavior).

Darüber hinaus gibt es Hinweise, dass Commitment einen stärkeren Einfluss auf OCB hat als Arbeitszufriedenheit. Nach den Befunden der Studie von Randall, Cropanzano, Bormann und Birjulin (1999) korreliert Commitment mit Altruismus (r = .25) und Conscientiousness (r = .29) höher als mit Arbeitszufriedenheit (r = .15

bzw. .17). Untersuchungen in deutschen Organisationen bestätigen dieses Bild. Während AZ und OCB zu r = .19 korrelieren, besteht zwischen affektivem organisationalen Commitment und OCB mit r = .28 ein deutlich höherer Zusammenhang (Felfe, 2003). Wird Arbeitszufriedenheit auspartialisiert, beträgt die Partialkorrelation immer noch r = .22.

Chen und Francesco (2003) haben in einer aktuellen Untersuchung auf die besondere Bedeutung des normativen Commitments als Moderator für den Zusammenhang von affektivem Commitment und Leistung (extra- und in-role-behavior) in kollektivistischen Kulturen hingewiesen. An einer Stichprobe von 253 Vorgesetzten-Mitarbeiter-Dyaden eines chinesischen Pharmaunternehmens konnten sie nachweisen, dass bei hohem normativen Commitment der Zusammenhang zwischen affektivem Commitment und Leistung geringer ausfällt als bei Mitarbeitern mit niedrigerem normativen Commitment. Noch ist offen, ob sich dieser Befund auch in individualistischen westlichen Organisationen finden lässt, oder ob es sich um ein kulturspezifisches Phänomen handelt.

Bislang gibt es einige Studien, die nicht nur den Zusammenhang zwischen OCB und organisationalem Commitment untersucht haben, sondern weitere Foci einbezogen haben. Meyer et al. (1993) fanden beispielsweise für eine Reihe OCB-naher Konzepte (professional activity, helping others) höhere Korrelationen zu berufs- bzw. tätigkeitsbezogenem als zu organisationalem Commitment. Die Ergebnisse von Felfe (2003) bestätigen ebenfalls diesen Befund. Occupational Commitment korreliert mit OCB zu r = .33, während die Korrelation mit organisationalem Commitment r = .28 beträgt. Riketta und van Dick (2005) haben in ihrer Metaanalyse die Zusammenhänge zwischen Workgroup Attachment (WAT) und Attachment to the Organization (OAT) auf der einen und unterschiedlichen OCB-Facetten (organisationsbezogen, gruppenbezogen und allgemein) auf der anderen Seite untersucht. Beide Attachment-Komponenten lassen sich auch im Sinne von Commitment gegenüber der Organisation bzw. der Arbeitsgruppe interpretieren. Während allgemeines OCB gleich starke Zusammenhänge zu WAT und OAT (r = .19) aufwies, zeigten sich jeweils höhere Zusammenhänge zwischen WAT und gruppenbezogenem OCB (Altruismus) und OAT und organisationsbezogenem OCB.

Kombinierte Einflüsse sollten ebenso wie bei der Vorhersage von Leistung auch bei der Erklärung von OCB zu besseren Vorhersagen führen. Eine diesbezügliche Analyse der Daten einer kulturvergleichenden Studie (Felfe, Yan & Six, 2006) mit deutschen, rumänischen und chinesischen Teilnehmern zeigt, dass die Vorhersage von OCB von 9% durch die Hinzunahme weitere Foci signifikant auf 22% gesteigert werden kann. Dabei erweisen sich wieder alle Foci (Organisation, Führungskraft, Team und Karriere) als bedeutsam. Bei einem Vorhersagemodell mit drei Foci und jeweils drei Komponenten zeigt sich, dass sich affektives Commitment gegenüber der Organisation und dem Team (OCA und TCA) positiv auf OCB auswirken, während kalkulatorisches Commitment gegenüber der Führungskraft OCB negativ beeinflusst. Wird zusätzlich affektives Commitment gegenüber der eigenen Karriere zur Vorhersage herangezogen, überlagert der Einfluss dieser Dimension die Beiträge der übrigen Commitmentdimensionen.

5.1.3   Kundenzufriedenheit

Die Untersuchung der Kundenzufriedenheit hat in den späten achtziger und neunziger Jahren einen Aufschwung erlebt. Hintergrund sind u.a. intensive Bemühungen im Bereich Kundenorientierung als eine Komponente eines umfassenden Qualitätsmanagements (TQM). Der Zusammenhang von Kunden- und Mitarbeiterzufriedenheit kann als gesichert gelten (Felfe & Six, 2006). Allen und Grisaffe (2001) postulieren ebenfalls einen Zusammenhang zwischen Commitment der Mitarbeiter und der Bindung der Kunden an die Produkte oder Dienstleistungen eines Unternehmens. Dieser Zusammenhang wird auch als *„Loyality Link"* bezeichnet (McCarthy, 1997, zit. in Allen & Grisaffe, 2001). Allerdings liegen hierzu bislang kaum empirische Arbeiten vor. Allen und Grisaffe (2001) verweisen lediglich auf eine umfangreiche Studie von Ostroff (1992) mit 13.000 Lehrern aus 298 Schulen. Auf der Ebene der Schulen zeigten sich signifikante Zusammenhänge zwischen dem Commitment der Lehrer und der Zufriedenheit der Schüler (r = .45), der Abbrecherquote (r = -.17) sowie der Anwesenheitsrate (r =.24).

Eine aktuelle Studie zum Zusammenhang von Commitment und Kundenzufriedenheit wurde von Herz und Beck (2007) durchgeführt. Insgesamt wurden 27 Führungskräfte, 233 Mitarbeiter und 1463 Kunden aus 36 Unternehmen bzw. Filialen des Gastronomiebereichs, des Groß- und Einzelhandels und des Hotelgewerbes sowie aus Apotheken und Kindertagesstätten in die Datenauswertung einbezogen. Als bivariate Korrelation zwischen affektivem organisationalen Commitment und Kundenzufriedenheit wurde r = .23 ermittelt. Mit Hilfe von Strukturgleichungsmodellen konnte ein positiver Einfluss von OCA auf die Kundenzufriedenheit, insbesondere die Zufriedenheit mit dem Interaktionsverhalten der Mitarbeiter (γ = .27), festgestellt werden (Herz & Beck, 2006).

5.2   Negative Konsequenzen

5.2.1   Fluktuation

Im Gegensatz zu Leistung, OCB und Kundenzufriedenheit als positive Konsequenzen von Commitment werden im Folgenden Studien vorgestellt, bei denen negative Konsequenzen untersucht werden. Zu den häufig untersuchten Konsequenzen gehören Fluktuation, Absentismus und gesundheitliche Beeinträchtigungen. Fluktuation gehört zu den unerwünschten und negativen Verhaltenskonsequenzen, die besonders mit mangelndem Commitment in Verbindung gebracht wird. Commitment sollte aus konzeptionellen Gründen in einem engen Zusammenhang zu Fluktuationsbereitschaft und -verhalten stehen, denn bei einer engen Bindung an das Unternehmen sollten Mitarbeiter eher bereit sein, Unzulänglichkeiten im Zusammenhang mit ihrer Arbeit zu tolerieren.

Aus Perspektive des Unternehmens ist zwischen *funktionaler* oder beabsichtigter und *dysfunktionaler* bzw. unerwünschter Fluktuation zu unterscheiden. In Folge dysfunktionaler Fluktuation entstehen den Unternehmen zusätzliche Kosten durch Aufwand für Neubeschaffung, Einarbeitung und Qualifizierung und Know-how-Abfluss. Es kann aber davon ausgegangen werden, dass bereits im Vorfeld der „äußeren Kündigung" Rückzugsprozesse im Sinne einer „inneren Kündigung" stattgefunden haben, die sich bereits negativ auf das Leistungsverhalten auswirkten. Aus diesem Grund ist bereits die Absicht, das Unternehmen zu verlassen (intention to leave, turn over intention oder withdrawal cognitions), Gegenstand zahlreicher Untersuchungen.

Welche Zusammenhänge hat die Forschung bislang zwischen Fluktuation und Commitment gefunden? Bereits Mathieu und Zajac (1990) haben in ihrer Metaanalyse vergleichsweise hohe Zusammenhänge zwischen einstellungsbezogenem Commitment und Fluktuation ermittelt. Insgesamt berichten sie deutliche negative Zusammenhänge zur Absicht, den Arbeitsplatz zu wechseln (ρ = -.52) und zu tatsächlichem Fluktuationsverhalten (ρ = -.28). Tett und Meyer (1993) fanden in ihrer Metaanalyse ebenfalls einen höheren Zusammenhang zur Kündigungsabsicht von ρ = -.48 als zu tatsächlicher Fluktuation (ρ = -.33).

Dieser Unterschied ist dadurch zu erklären, dass die Absicht zu kündigen, aus unterschiedlichen Gründen nicht immer in die Tat umgesetzt werden kann. Auch ergeben sich spontane Kündigungen z.B. aufgrund unerwarteter Angebote, denen keine langfristige Absicht vorhergeht. Eine Reihe später durchgeführter Einzelstudien bestätigen diese Zusammenhänge. Die von Bycio, Hackett und Allen (1995) ermittelten Korrelationen liegen zum Beispiel auf vergleichbarem Niveau: Commitment und die Absicht, den Beruf bzw. den Arbeitsplatz zu wechseln, korrelieren negativ (-.37 bzw. -.42). Der von Moser und Schuler (1993) berichtete Zusammenhang liegt ebenfalls bei r = -.37. Randall et al. (1999) sowie Begley und Czajka (1993) berichten ebenfalls hohe Korrelationen zwischen Fluktuationsabsicht und Commitment in Höhe von r = > .60.

Auch die von Clugston (2000) gefundene Korrelation von -.50 zwischen affektivem Commitment und „intent to leave" bestätigt diese Befundlage. Die Ergebnisse der Längsschnittstudie von Farkas und Tetrick (1989) zeigen darüber hinaus einen Anstieg des Zusammenhangs im Laufe der Zeit. Die Metaanalyse von Meyer et al. (2002) liefert ähnliche Ergebnisse. Affektives organisationales Commitment korreliert im Durchschnitt zu ρ = -.56 mit der Absicht, die Organisation zu wechseln. In der aktuellen Metaanalyse von Cooper-Hakim und Viswesvaran (2005) wird mit ρ = -.58 ein nahezu identischer Wert berichtet. Der Zusammenhang zu tatsächlichem Fluktuationsverhalten ist bei Meyer et al. (2002) mit ρ = -.17, wie auch bei Cooper-Hakim und Viswesvaran (2005) mit ρ = -.20 deutlich geringer. Interessanterweise zeigt sich hier wieder ein deutlicher Unterschied beim normativen Commitment in Abhängigkeit der regionalen Herkunft der Studien (Meyer et al., 2002). Der Zusammenhang zwischen normativem Commitment und der Absicht zu wechseln, ist in Studien, die außerhalb Nordamerikas durchgeführt wurden, mit ρ = -.47 deutlich höher als bei Studien innerhalb Nordamerikas. Das Gleiche gilt für kalkulatorisches Commitment.

Für occupational Commitment liefert die Metaanalyse von Lee et al. (2000) spezifische Zusammenhänge. Die Absicht, die Organisation zu verlassen, korreliert lediglich zu $\rho = -.30$ mit dem Commitment gegenüber dem Beruf bzw. der Tätigkeit, während für die Absicht, eine andere Beschäftigung auszuüben, eine Korrelation von $\rho = -.62$ ermittelt wurde. Der Zusammenhang zu einem tatsächlichen Wechsel lag mit $\rho = -.21$ etwas über dem Wert, den Meyer et al. (2002) für organisationales Commitment ermittelt haben. Cooper-Hakim und Viswesvaran (2005) berichten in ähnlicher Größenordnung für Fluktuationsabsicht $\rho = -.33$ und für tatsächliche Fluktuation $\rho = -.20$. Sie berichten darüber hinaus Zusammenhänge zu weiteren Commitmentfoci, die aber niedriger ausfallen. Commitment gegenüber der Karriere korreliert zu $\rho = -.29$ mit Fluktuationsabsicht und zu $\rho = -.06$ mit Fluktuation, und Commitment gegenüber der Gewerkschaft korreliert zu $\rho = -.05$ mit Fluktuationsabsicht und zu $\rho = -.09$ mit Fluktuation.

Eine weitergehende Analyse der Daten der kulturvergleichenden Studie (Felfe, Yan & Six, 2006) mit deutschen, rumänischen und chinesischen Teilnehmern zeigt, dass vor allem die Dimensionen organisationalen Commitments mit Kündigungsabsicht korreliert sind. Die geringsten Zusammenhänge wurden für Commitment gegenüber der Karriere gefunden. Kombinierte Einflüsse konnten nur für OCA und OCN ermittelt werden. Sie erklären insgesamt 36% der Varianz. Die übrigen Dimensionen konnten jedoch keine zusätzliche Varianz erklären. Dieser Befund unterstreicht die inhaltliche Korrespondenz der Bindung an die Organisation und die Neigung, die Organisation zu verlassen. Commitment gegenüber der eigenen Karriere kann hingegen den Wechsel der Organisation begünstigen, wenn dies als karriereförderlich erlebt wird.

5.2.2 Absentismus

Absentismus verursacht unmittelbar erhebliche Kosten für jede Organisation. Es ist daher ein wichtiges Anliegen, Ursachen von Fehlzeiten zu erkennen und geeignete Gegenmaßnahmen zu ergreifen. Beispielsweise ist es ein vorrangiges Ziel der betrieblichen Gesundheitsförderung, Fehlzeiten zu reduzieren (Ducki, 2000; Liepmann & Felfe, 2002). In gleicher Weise, wie Leistung nicht allein durch Commitment oder Zufriedenheit gesteigert werden kann, lassen sich auch Absentismus und Fluktuation nur teilweise auf unterschiedliche Einstellungen der Mitarbeiter zurückführen. Insgesamt kann man wohl davon ausgehen, dass die Beziehung zwischen Commitment und Absentismus eher indirekt ist und durch zahlreiche situationale Faktoren wie z.B. belastende Arbeitsbedingungen, Anwesenheitsdruck und personale Faktoren (Gesundheit, Verantwortung für Kinder) beeinflusst wird. Sieht man von der Bereitschaft, Überstunden zu leisten ab, kann in der Regel umgekehrt Anwesenheit nicht durch hohes Commitment oder hohe Zufriedenheit gesteigert werden. Damit ist die Möglichkeit höhere Zusammenhänge zu finden, zusätzlich eingeschränkt.

So fällt auch der Zusammenhang zwischen Commitment und Absentismus mit $\rho = -.15$ eher gering aus (Meyer et al., 2002). Offenbar muss aber die Quelle für die Messung von Absentismus berücksichtigt werden. Hier weist der Zusammenhang zu selbst eingeschätztem Absentismus einen mit $\rho = -.11$ niedrigeren Wert auf als der

Zusammenhang mit Absentismus, wenn er durch den Vorgesetzten eingeschätzt wird ($\rho = -.22$). Das ist besonders bemerkenswert, da die Korrelationen in der Regel höher ausfallen, wenn die Messungen aus einer Quelle stammen (single-source). Deutlichere Zusammenhänge treten auch zu Tage, wenn zwischen freiwilligem oder beeinflussbarem Absentismus und unfreiwilligen, unverschuldeten Fehlzeiten unterschieden wird. Unabhängig davon, wie valide diese Unterscheidung vorgenommen werden kann, konnten in mehreren Studien höhere Zusammenhänge zwischen affektivem Commitment und motivational bedingten Fehlzeiten gefunden werden: $r = -.13$ gegenüber $-.03$ (Meyer et al., 1993) und $\rho = -.22$ gegenüber $-.09$ (Meyer et al., 2002).

Eine Analyse mit deutschen Stichproben ($N = 705$) ergab nur einen geringen Zusammenhang zwischen affektivem organisationalen Commitment und der Anzahl der Fehltage des letzten Jahres von $r = -.09$. Dafür korrelierten kalkulatorisches Commitment gegenüber der Organisation und dem Beruf positiv mit der Anzahl der Fehltage ($r = .15$ bzw. $.13$). Wird der kombinierte Effekt von Commitment gegenüber der Organisation und dem Beruf zur Vorhersage der Anzahl der Fehltage herangezogen, beträgt das multiple $R = .24$. Die affektiven Komponenten sowie normatives organisationales Commitment beeinflussen die Anzahl der Fehltage negativ, während die kalkulatorischen Komponenten einen positiven Beitrag leisten. Damit wird deutlich, dass kalkulatorisches Commitment zwar auch dazu beiträgt, Mitarbeiter an das Unternehmen zu binden, aber durchaus mit negativen Konsequenzen verbunden sein kann. Ein ähnliches Muster zeigt sich für die Beziehung zum Stresserleben.

5.2.3 Stress

Das psychosoziale Befinden der Mitarbeiter in einer Organisation ist ein relevanter Indikator für den Gesundheitsstatus einer Organisation. Arbeitgeber sind seit 1989 durch eine Rahmenrichtlinie der Europäischen Union zu betrieblicher Gesundheitsförderung verpflichtet. Diese Richtlinie legt die „Durchführung von Maßnahmen zur Verbesserung der Sicherheit und des Gesundheitsschutzes der Arbeitnehmer bei der Arbeit" fest. Entsprechend definiert die WHO auch Gesundheitsförderung als ein positives Gestaltungskonzept, das sich nicht nur auf physische Aspekte beschränkt, sondern auch psychische und soziale Dimensionen aufweist.

Unter Belastung werden grundsätzlich alle von außen auf einen Organismus einwirkenden Faktoren verstanden und unter Beanspruchung die Auswirkungen der Belastung auf den Organismus. Es handelt sich hierbei um neutrale Begriffe. Dieselbe Belastung kann zu völlig unterschiedlichen Beanspruchungen bei verschiedenen Menschen führen. Insbesondere die Verfügbarkeit personenbezogener und situationsbezogener Bewältigungsmöglichkeiten (Ressourcen) entscheidet darüber, ob eine Belastung im positiven Sinne als Herausforderung oder im negativen Sinne als Stress erlebt wird.

Stress ist damit eine aversiv erlebte und von negativen Emotionen begleitete Beanspruchung, für deren Bewältigung keine ausreichenden personenbezogenen und situationsbezogenen Ressourcen verfügbar sind. Greif et al. (1991) definiert Stress als einen unangenehmen Spannungszustand mit subjektiv hoher Intensität und von subjektiv längerer Dauer. Die Vermeidung dieses Zustands wird als subjektiv bedeutsam erlebt, und der Zustand wird ausgelöst durch eine negative Einschätzung der Situation und ihrer Kontrollmöglichkeiten.

Bedeutsame personenbezogene Ressourcen sind z.B. die berufliche Qualifikation und der Gesundheitszustand. Als bedeutsame situationsbezogene Ressourcen gelten der Handlungsspielraum in der Arbeit sowie die soziale Unterstützung durch Vorgesetzte, Kollegen und Partner. Die Folgen von Stress sind vielfältig. Sie reichen von kurzfristigen Stressreaktionen wie z.B. Befindensbeeinträchtigungen (Anspannung, Ärger, Gereiztheit) bis hin zu langfristigen chronischen körperlichen und/oder psychischen Erkrankungen (Zapf & Semmer, 2004).

Der Begriff „psychische Befindensbeeinträchtigungen" ist nach Mohr (1986) abzugrenzen gegen den Begriff „psychische Krankheit". Unter letzterem werden massive und i.d.R. (stationär) behandlungsbedürftige Zustandsbilder zusammengefasst, während Menschen mit psychischen Befindensbeeinträchtigungen in der Regel arbeitsfähig sind, wenngleich auch sie in ihrem Befinden massiv beeinträchtigt sein können. Psychische Befindensbeeinträchtigungen beschreiben langfristige Folgen von Stressoren, sie beziehen sich nicht auf kurzfristiges und situationsspezifisches Erleben und Empfinden. Bei Gereiztheit und Belastetheit handelt es sich um solche psychische Befindensbeeinträchtigungen. Sie werden als psychischer Erschöpfungszustand beschrieben, der in den üblichen Erholungszeiten wie Arbeitspausen, Feierabend, Wochenende nicht abgebaut werden kann (Mohr, 1986). Neuerdings wird die hierzu von Mohr (1986) entwickelte Skala auch als „Irritation" bezeichnet. Irritation kann aus eigener Kraft nicht beseitigt werden und führt zur Reizabwehr.

Mathieu und Zajac (1990) postulieren eine intuitive Verbindung zwischen Commitment und Stresserleben. Für Mitarbeiter, die sich mit ihrer Organisation verbunden fühlen und sich identifizieren, kann diese Verbundenheit selbst als Ressource dienen, indem diese Verbundenheit die Belastungsfolgen abmildert und damit Stressempfinden reduzieren hilft. Mathieu und Zajac (1990) berichten tatsächlich einen vergleichsweise hohen negativen Zusammenhang zwischen Stresserleben und Commitment von $\rho = -.33$. Meyer et al. (2002) haben in ihrer neueren Metaanalyse einen etwas geringeren negativen Zusammenhang zwischen Stresserleben und affektivem Commitment in Höhe von $\rho = -.21$ ermittelt. Der Zusammenhang von Stress und Commitment gegenüber dem Beruf bzw. der Tätigkeit ist etwas höher. Lee et al. (2000) ermittelten für Commitment gegenüber dem Beruf bzw. der Tätigkeit und emotionaler Erschöpfung, reduziertes Leistungsvermögen und Depersonalisation folgende Zusammenhänge $\rho = -.44$, $\rho = -.43$ bzw. $\rho = -.37$.

Darüber hinaus scheint insbesondere im Hinblick auf den Zusammenhang von organisationalem Commitment und Gesundheit eine differenzierte Betrachtung der Commitmentkomponenten angezeigt. Sind Mitarbeiter eher kalkulatorisch an das Unternehmen gebunden, indem ihr Commitment auf mangelnden Alternativen oder drohenden Verlusten basiert, ist diese abmildernde Wirkung unwahrscheinlich. Vielmehr kann das Empfinden gegen den eigenen Willen gebunden zu sein, selbst als Belastungsfaktor wirken (Meyer et al., 2002). Daher ist eher ein positiver Zusammenhang zwischen kalkulatorischem Commitment und Stresserleben zu erwarten. Tatsächlich berichten Meyer et al. (2002), dass kalkulatorisches Commitment positiv mit subjektivem Stress korreliert ($\rho = .14$).

Eine Analyse mit deutschen Stichproben (N = 2.850) ergab für die Foci Organisation und Beruf ebenfalls negative Zusammenhänge zwischen Gereiztheit und affektivem Commitment, während kalkulatorisches Commitment positiv mit Gereiztheit korreliert. Felfe et al. (in review) haben darüber hinaus die kombinierten Effekte unterschiedlicher Commitmentdimensionen analysiert. Dabei zeigte sich vor allem ein negativer Zusammenhang für affektives organisationales Commitment. Die Betagewichte für kalkulatorisches Commitment gegenüber der Organisation und dem Beruf waren positiv, aber nicht signifikant. Bemerkenswert ist, dass auch normatives Commitment gegenüber der Organisation Stresserleben positiv vorhersagt. Der negative Zusammenhang zwischen affektivem organisationalen Commitment und Stresserleben konnte auch in der kulturvergleichenden Studie von Felfe, Yan und Six (2006) bestätigt werden. Tan und Akhtar (1998) fanden bei asiatischen Stichproben sogar höhere Zusammenhänge zwischen emotionaler Erschöpfung und normativem Commitment als mit affektivem Commitment. Wenn andere Einflussgrößen kontrolliert wurden, erwies sich normatives Commitment als stärkste Einflussgröße für die Vorhersage von emotionaler Erschöpfung.

Wie bislang erst einzelne Studien belegen, scheint gerade in Bezug auf Stress und Gesundheit eine Betrachtung des normativen Commitments von Bedeutung. Hohes normatives Commitment könnte z.B. im Sinne eines Overcommitments mit dazu beitragen, sich übermäßig zu verausgaben und gesundheitliche Risiken zu ignorieren (Siegrist, 1996). Auf negative Konsequenzen von Commitment wurde bereits früher hingewiesen (van Dick, 2004). Übermäßiges Commitment kann demnach auch zu Überengagement, blindem Gehorsam und schließlich zu Fanatismus führen. In diesem Zusammenhang wird auch von „eskalierendem Commitment" gesprochen. Kalkulatorisches Commitment ist durch eine Einschränkung der Handlungsmöglichkeiten gekennzeichnet, was offenbar mit gesundheitlichen Risiken verbunden ist. Hierzu passend hat Fischer (1989) bereits darauf hingewiesen, dass eine instrumentelle Arbeitsorientierung mit Gesundheitsrisiken verbunden sein kann.

Zusammenfassend kann Commitment allerdings nicht pauschal als risikohaltig eingeschätzt werden. Vor dem Hintergrund der vorliegenden Befunde ist deutlich zwischen den Commitmentkomponenten zu unterscheiden. Während affektives Commitment als gesundheitsförderlich betrachtet werden kann, sind kalkulatorisches und normatives Commitment eher als Risiken einzustufen. Es ist eine Aufgabe zukünftiger Untersuchungen, diese Commitmentkomponenten in systematischer Weise zu einzubeziehen. Darüber hinaus sollte das Commitment gegenüber dem Beruf bzw. der Beschäftigung berücksichtigt werden, da sich für diesen Focus zum Teil höhere Zusammenhänge als für organisationales Commitment gezeigt haben.

5.3 Commitment als Moderator

In den bislang vorgestellten Befunden wurden direkte Beziehungen zwischen Commitment und Bedingungen, die Commitment beeinflussen sowie Erfolgskriterien untersucht. In diesem Abschnitt werden Studien vorgestellt, bei denen Commitment als Moderator fungiert. Das bedeutet, dass die Beziehungen zwischen zwei Variablen von der Ausprägung des Commitments abhängen. Zum Beispiel könnte der bereits nachgewiesene Einfluss von Führung auf OCB davon abhängen, ob die Mitarbeiter über ein hohes oder niedriges Commitment verfügen. Für Mitarbeiter mit niedrigem Commitment ist der Einfluss von Führung auf das Engagement begrenzt. Das niedrige Commitment neutralisiert die Bemühungen der Führungskraft. Die Bereitschaft, sich durch die Führungskraft im Sinne der Organisation beeinflussen zu lassen, ist gering.

Umgekehrt nehmen Mitarbeiter mit hohem Commitment die Impulse und Initiativen der Führungskraft auf und engagieren sich in besonderem Maße. Wenn derartige Impulse ausbleiben, wird das Engagement zwar über dem Niveau der Mitarbeiter mit niedrigem Commitment liegen, aber deutlich niedriger ausfallen, als wenn die Führungsanstrengungen auf fruchtbaren Boden fallen. Die unterschiedlichen Zusammenhänge sind in Abbildung 14 schematisch dargestellt. Commitment kann aber nicht nur als Verstärker, sondern auch als Puffer wirken. So kann zum Beispiel der Zusammenhang zwischen Belastungen und Stresserleben durch Commitment abgemildert werden. Diese unterschiedlichen Zusammenhänge sind ebenfalls in Abbildung 14 exemplarisch veranschaulicht. Insgesamt liegen vergleichsweise wenige Studien vor, welche die Rolle von Commitment als Moderator untersucht haben.

In der Literatur werden zwei konkurrierende Hypothesen diskutiert, wie Commitment den Zusammenhang zwischen Arbeitsbelastungen und Reaktionen der Mitarbeiter moderiert. In der einen Hypothese wird angenommen, dass Commitment die negativen Beanspruchungsfolgen zunehmender Arbeitsbelastungen verstärkt. Begründet wir dies damit, dass sich Personen mit einem starken Commitment stärker identifizieren und damit auch Belastungen stärker erleben. Sie verfügen über geringere Möglichkeiten, sich zu distanzieren. Sie fühlen sich stattdessen in hohem Maße verantwortlich, was die Belastungswirkung wiederum verstärkt. Ähnlich wie bei einem geschwächten Immunsystem, sind diese Personen im übertragenen Sinne anfälliger für Infektionen.

Der zweiten Hypothese liegt die Annahme zugrunde, dass Commitment eine Pufferfunktion in der Beziehung zwischen Belastung und Beanspruchung einnimmt. Hier wird Commitment eher als Schutzschild betrachtet. Positive Emotionen wie Sicherheit und Zugehörigkeit immunisieren diese Personen gegen auf sie einwirkende Belastungen. In der Gesundheitspsychologie werden solche Faktoren als Ressourcen bezeichnet. Zu den wichtigsten Ressourcen gehören soziale Unterstützung und ausreichende Kontrolle (Handlungs- und Entscheidungsspielräume).

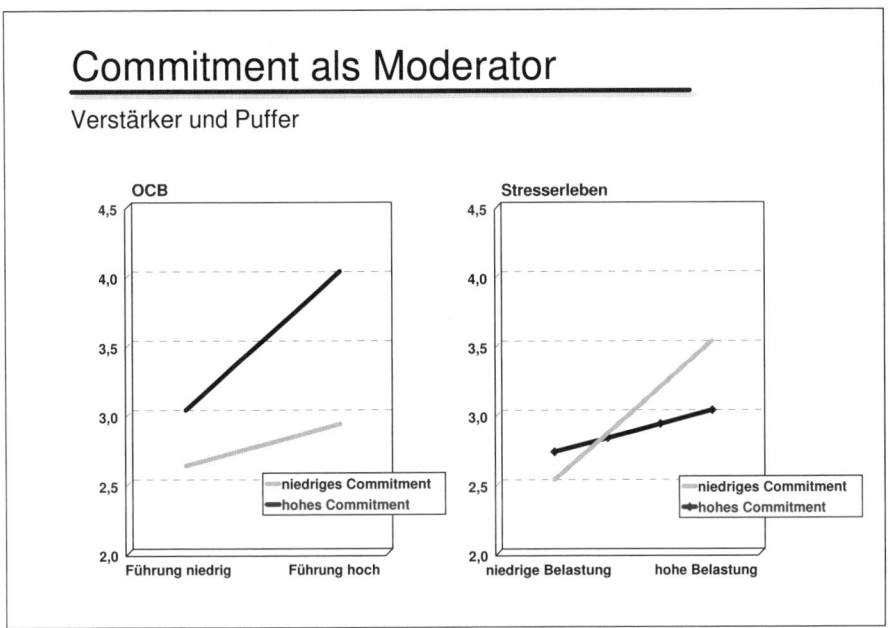

Abbildung 14: Commitment als Moderator

Diese Überlegungen gehen auf das „demands-control-model" von Karasek (1979) zurück. Dieses Modell erklärt die präventive Wirkung von Kontrolle für den Erhalt der Gesundheit, trotz psychosomatischer Beschwerden und psychischer Fehlbeanspruchungen. Demnach führen selbst hohe Arbeitsanforderungen nicht zu dysfunktionalen, gesundheitskritischen Beanspruchungen, sondern ermöglichen vielmehr das Erlernen verbesserter Leistungsvoraussetzungen, wenn arbeitenden Personen Kontrollmöglichkeiten eingeräumt werden. Demgegenüber gehen hohe Anforderungen bei fehlendem Tätigkeitsspielraum mit einem erhöhten Risiko gesundheitlicher Beschwerden einher.

Commitment wird hier eine ähnliche Ressourcenfunktion zugeschrieben. Dass Commitment nicht nur direkte Zusammenhänge zu Gesundheitsmerkmalen aufweist, sondern zusätzlich als Moderator im Sinne der Pufferhypothese die Zusammenhänge zwischen Stress und Unzufriedenheit beeinflusst, haben Begley und Czajka (1993) zum Teil in einer Längsschnittstudie gezeigt. Während sich bei Personen mit niedrigem Commitment Belastungen auf die Unzufriedenheit auswirken, bleibt dieser Einfluss bei hohem Commitment unbedeutend. Allerdings war die Befundlage nicht für alle Gesundheitsindikatoren gegeben.

In einer aktuellen Studie mit 349 Altenpflegekräften konnte Schmidt (2006) zeigen, dass sich die Wirkungen hoher Arbeitsbelastungen auf die Arbeitszufriedenheit, emotionale Erschöpfung und Depersonalisation mit zunehmendem Commitment abschwächen. Während bei der Arbeitszufriedenheit und emotionalen Erschöpfung

Commitment den Effekt der Belastung auf die Reaktionen abschwächte, wurde der Zusammenhang zur Depersonalisation durch hohes Commitment sogar aufgehoben Diese Ergebnisse stützen darüber hinaus auch die Pufferhypothese und die Annahme, dass Commitment eine bedeutsame Ressource bei der Arbeit darstellt. Von Commitment gehen ähnliche Wirkungen wie von sozialer Unterstützung und Kontrolle aus. Vor diesem Hintergrund sieht Schmidt (2006) insbesondere unter Bedingungen hoher Arbeitsbelastungen, die in vielen Fällen nicht unmittelbar abgebaut werden können, Commitment als neuen Ansatzpunkt zur Beanspruchungsprävention.

5.4   Zusammenhänge auf Gruppenebene

Lassen sich die bisher berichteten Zusammenhänge auch auf Teams, Abteilungen oder Organisationen übertragen? Sind Teams oder Organisationen mit einem hohen Commitment erfolgreicher als Teams mit einem geringeren Commitment oder lassen sich die zusammenhänge zwischen Commitment und Outcomes nur auf der individuellen Ebene der Mitarbeiter finden? In den bisher genannten Studien wird Commitment als individuelles Maß der Verbundenheit mit der Organisation betrachtet. Allerdings ist die individuelle Variabilität eingeschränkt, wenn man davon ausgeht, dass es bestimmte Bedingungen gibt, die sich förderlich oder hinderlich auf das Commitment auswirken und diese Bedingungen von den Mitarbeitern eines Teams, einer Abteilung oder sogar einer ganzen Organisation geteilt werden. Wie wir in Abschnitt 0 sehen werden, wirkt sich partizipative und vor allem transformationale Führung positiv auf das affektive organisationale Commitment aus. Ähnliches gilt für die Aufstiegs- und Qualifizierungschancen, die in einer Organisation geboten werden. Wenn diese Bedingungen für die Mitarbeiter einheitlich sind, sollte sich zum Beispiel das Verhalten einer transformationalen Führungskraft positiv auf das Commitment aller unterstellten Mitarbeiter auswirken. Sicherlich wird es hierbei auch Unterschiede geben, aber wir können davon ausgehen, dass es diesen Gesamteffekt geben sollte. Das gleiche sollte nicht nur auf der Ebene einer Gruppe oder eines Teams zu zeigen sein, sondern auch auf der Ebene der ganzen Organisation, wenn hier die Bedingungen für alle Mitarbeiter mehr oder weniger einheitlich sind, wie zum Beispiel bei der Gerechtigkeit des Entlohnungssystems oder bei den Aufstiegsmöglichkeiten. Andernfalls könnte nicht von allgemeingültigen Faktoren oder Bedingungen gesprochen werden, sondern die Einschätzungen wären vor allem durch subjektive Unterschiede geprägt.

Damit werden jetzt mehrere Ebenen unterschieden, die in aktuellen Verfahren der *Mehrebenenanalyse* auch als „level" bezeichnet werden: die Ebene des Individuums (level 1), die Ebene der Arbeitsgruppe bzw. des Teams (level 2), die Ebene des Standorts oder des Bereichs (level 3) und die Ebene der Gesamtorganisation (level 4). Diesen Ebenen sind jeweils levelspezifische Faktoren zugeordnet: z.B. auf level 1 individuelle Werte und das Alter, auf level 2 das Verhalten der Führungskraft und das der Kollegen und level 3 und 4 das Einkommen, die Arbeitsplatzsicherheit usw. Das individuelle Commitment wird damit auf unterschiedlichen Ebenen beeinflusst und ist dem der Kollegen insoweit ähnlich, wie sie gleiche Bedingungen vorfinden. Gibt es tatsächlich gruppen- oder bereichsspezifische Gemeinsamkeiten, sollten sich die Mitarbeiter in einer Einheit in ihren Einschätzungen eher ähnlich sein und dafür aber von anderen unterscheiden. Lassen sich diese Gruppen- oder Bereichseffekte empirisch belegen, ist es gerechtfertigt, die Werte zusammenzufassen und auf Gruppenebene zu interpretieren. Das bedeutet zum Beispiel dass in Team A das Commitment im Durchschnitt höher ist als in Team B und die Unterschiede innerhalb der Teams eher geringer ausfallen. Unterscheiden sich Gruppen oder Teams hinsichtlich ihres Commitments, sollte sich dies auch in Leistungsunterschieden widerspiegeln. Das heißt, dass Gruppen mit einem höheren Commitment eher bessere Leistungen zeigen als Gruppen mit einem niedrigeren Commitment. Dieser Punkt ist aus der Perspektive des Managements besonders interessant, da hier nach Möglichkeiten gesucht wird, nicht nur einzelne Mitarbeiter, sondern Teams, ganze Bereiche und letztlich die gesamte Organisation erfolgreicher zu machen. Ähnlich wie in der Arbeitszufriedenheitsforschung gibt es bislang wenige Studien, die den Zusammenhang von Einstellungen und Leistungen auf Gruppenebene untersucht haben. Der enorme Aufwand dürfte hierfür eine wesentliche Ursache sein. Aufgrund der konzeptionellen Ebene zwischen Arbeitszufriedenheit und Commitment werden im Folgenden daher auch Studien genannt, die zwar Arbeitszufriedenheit, aber nicht Commitment erhoben haben.

Hervorzuheben ist hier die Metaanalyse von Harter, Schmidt und Hayes (2002), die auf der Ebene von 2.000 bis 6.000 Organisationseinheiten den Zusammenhang von Leistungsmaßen (Produktivität, Profitabilität, Kundenzufriedenheit und Fluktuation) auf der einen und allgemeiner Arbeitszufriedenheit sowie Employee Engagement auf der anderen Seite untersucht haben. Der Zusammenhang zwischen den für die einzelnen Unternehmenseinheiten ermittelten durchschnittlichen Leistungs- und Zufriedenheitsmaßen liegt für Arbeitzufriedenheit zwischen $\rho = .15$ (Profitabilität) und .32 (Kundenzufriedenheit). Für Fluktuation beträgt der Zusammenhang $\rho = -.36$. Für das Engagement bewegen sich die durchschnittlichen Korrelationen zwischen $\rho = .17$ (Profitabilität) und .33 (Kundenzufriedenheit).

Die Aussagekraft derartiger Studien steigt, wenn davon ausgegangen werden kann, dass die einzelnen Einheiten weitgehend ähnlich sind, indem sie z.B. alle zu einer großen Organisation gehören und der Einfluss weiterer Faktoren wie z.B. das Marktumfeld möglichst konstant gehalten wird. So haben Ryan, Schmit und Johnson (1996) die Zusammenhänge von Einstellungen und Leistungskriterien für 146 Niederlassungen eines Finanzdienstleistungsunternehmens analysiert und ebenfalls substantielle Zusammenhänge auf der Gruppenebene nachgewiesen. Abschließend soll auf eine neuere Studie von Schmidt (2006) hingewiesen werden, in die 111 Veranlagungsstellen mit insgesamt über 2.100 Mitarbeitern einbezogen wurden. Hier wurde neben der Arbeitszufriedenheit auch Commitment erhoben. Als Leistungsindikatoren dienten Durchlaufzeiten und Anfechtungsquoten. Die Ergebnisse zeigen, dass je höher das Commitment in den Veranlagungsstellen war, umso geringer waren die Anfechtungsquote ($r = -.26$) und die Durchlaufzeiten ($r = -.24$). Außerdem gab es in den Veranlagungsstellen mit hohem Commitment weniger gesundheitliche Beeinträchtigungen ($r = -.40$). Die Bedeutung der Korrelationen wird besonders offensichtlich, wenn man zusätzlich die Leistungskennziffern für unterschiedliche Gruppen betrachtet. Hierzu hat Schmidt (2006) die Veranlagungsstellen in vier gleich große Gruppen unterteilt (Quartile). Vergleicht man die Anfechtungsquote in der Gruppe mit den höchsten Commitment-Werten (3,95) mit den Werten der Gruppe mit dem niedrigsten Commitment (4,65), zeigt sich ein um ca. 18% erhöhter Wert. Die Durchlaufzeiten liegen in der Gruppe mit niedrigen Commitment-Werten um ca. 14% höher.

Offenbar gibt es systematische und bedeutsame Unterschiede zwischen unterschiedlichen Organisationseinheiten, die mit Leistungsunterschieden kovariieren. Die Höhe der Zusammenhänge liegt zum Teil über denen, die für Analysen auf individueller Ebene berichtet werden. Zur gleichzeitigen Analyse der Effekte auf unterschiedlichen Ebenen sind Multilevelanalysen erforderlich (Bryk & Raudenbush, 1992; Nezlek, Schröder-Abe & Schütz, 2006). Sie erlauben eine exaktere Schätzung der Einflüsse auf den jeweiligen Ebenen und ermöglichen darüber hinaus unterschiedliche Zusammenhänge innerhalb der Gruppen zu identifizieren und ggf. zu erklären. In Zukunft sind zunehmend Studien zu erwarten, die diesen methodischen Ansprüchen gerecht werden.

Zusammengefasst:

Insgesamt zeigen sich für die erste der drei Komponenten – affektives Commitment – die stärksten Zusammenhänge zu unterschiedlichen Antezedenzfaktoren und Konsequenzen. Für normatives Commitment werden ähnliche Korrelationsmuster berichtet, jedoch auf deutlich niedrigerem Niveau. Für kalkulatorisches Commitment zeigen sich zum Teil spezifische, negative Zusammenhänge. Betrachtet man insbesondere die Forschung der letzten Jahre, stellt sich heraus, dass affektives Commitment die zentrale Komponente des Gesamtkonzepts darstellt. Konzeptionell bedeutsam ist die Abgrenzung von kalkulatorischem Commitment, das eher auf rationalem Kalkül beruht, auch wenn die empirischen Belege hierfür eher schwach sind. Neuere Forschung zeigt darüber hinaus, dass die Zusammenhänge zwischen Commitment und Outcomes nicht nur auf individueller, sondern auch auf der Ebene von Organisationseinheiten Bestand haben.

6 Bindungsmanagement: Mitarbeiterbindung erhöhen

Welche Merkmale der Arbeit, der Organisation und der Person erhöhen bzw. gefährden die Bindung der Mitarbeiter? Gesicherte Erkenntnisse hierzu sind eine wichtige Voraussetzung, um das Commitment der Mitarbeiter aktiv und systematisch beeinflussen zu können. Meyer und Allen (1997) sprechen in diesem Zusammenhang von Commitmentmanagement als wichtige Aufgabe für die Organisation. Dabei geht es zum einen darum, *Chancen* zu nutzen und Potentiale zu entwickeln, mit denen Commitment gefördert werden kann und zum anderen sollen *Risiken,* die die Bindung schwächen und gefährden, identifiziert und gemindert werden.

Aus den Ausführungen des vorherigen Abschnitts ist deutlich geworden, dass Commitment differenziert betrachtet werden muss. Während affektives Commitment in der Regel positive Konsequenzen nach sich zieht, bestehen bei kalkulatorischem Commitment durchaus Risiken, dass unerwünschte Folgen wahrscheinlicher werden. In diesem Sinne sollte den Faktoren besondere Aufmerksamkeit geschenkt werden, die hoch positiv mit affektivem Commitment korrelieren.

Schwache Ausprägungen dieser Merkmale sind als Potentiale einzustufen, da sie als Ansatzpunkte genutzt werden können, die Bindung der Mitarbeiter zu steigern. Umgekehrt sollten Faktoren, die in negativem Zusammenhang zu affektivem Commitment stehen, möglichst niedrig ausgeprägt sein, da sie ein besonderes Risiko darstellen. Bei ihrem Vorhandensein wird die Wahrscheinlichkeit einer affektiven Bindung eher geringer. Aber auch hier besteht die Chance, durch Beeinflussung dieser Merkmale im Sinne einer Reduzierung, das Risiko für geringes Commitment zu senken. Faktoren, die hingegen positiv mit kalkulatorischem Commitment korreliert sind, stellen ebenfalls Risiken dar und sollten reduziert werden.

Zur Frage nach relevanten Einflussfaktoren liegen zahlreiche empirische Befunde vor, die im Folgenden dargestellt werden. In Abbildung 13 wurde ein Rahmenmodell mit Antezedenzen, Konsequenzen und Korrelaten von Commitment als zentralem Konstrukt vorgestellt. Bei der Beschäftigung mit Bedingungsfaktoren und Ursachen von Commitment sind jetzt die Antezedenzen angesprochen. Dabei werden vier größere Bereiche unterschieden. Zunächst handelt es sich um Merkmale der Arbeit selbst, die die Bindung der Mitarbeiter positiv oder negativ beeinflussen. Ein zweiter Bereich thematisiert die Bedeutung personaler Führung für das Commitment der Mitarbeiter. Der dritte Bereich wendet sich den Mitarbeitermerkmalen als günstige bzw. hinderliche Bedingungen zu, und die Merkmale der Organisation bilden einen vierten Bereich.

6.1 Merkmale der Arbeit

Das Erleben und Verhalten von Mitarbeitern in Organisationen wird wesentlich durch Merkmale der konkreten Arbeitssituation bestimmt. In diesem Bereich sind die Hauptursachen sowohl für positive als auch für negative Konsequenzen im Bereich des Erlebens und Verhaltens der Mitarbeiter zu suchen. Dazu gehören die Arbeitstätigkeit mit ihren spezifischen Anforderungen und Belastungen, die im Wesentlichen durch die *Arbeitsaufgabe* und den Arbeitsinhalt bestimmt ist, aber auch Charakteristika des Arbeitsplatzes wie z.B. Umgebungsbedingungen, technische Ausstattung etc. In zahlreichen Studien wurde insgesamt die Bedeutung der Arbeitsaufgabe bzw. des Arbeitsinhalts als wesentliches Merkmal der Arbeit herausgestellt (Fried & Ferris, 1987).

Arbeitsaufgaben unterscheiden sich hinsichtlich der *Vielseitigkeit* ihres Anforderungsgehalts. Die Anforderungen können sehr einseitig und reduziert sein, wie z.B. bei kurzzyklischen Tätigkeiten an einem Fließband. Damit verbunden sind einseitige Belastungen und hohe Risiken für eine physische und psychische Fehlbeanspruchung wie z.B. Ermüdung, Sättigung und Monotonie. Bietet sich an einem Arbeitsplatz jedoch die Möglichkeit, unterschiedliche Aufgaben zu erledigen, die mit verschiedenen kognitiven, sozialen und sensumotorischen Anforderungen verbunden sind, wird diese Tätigkeit als weniger belastend und dafür als interessanter und abwechslungsreich erlebt. Durch den Gebrauch unterschiedlicher Arbeitsmittel, Kontakt zu unterschiedlichen Personen und Ortswechsel entsteht *Variabilität*.

Allerdings kann es sich hierbei noch um sehr einfache Aufgaben handeln, die kaum eigenes Planen und Entscheiden ermöglichen. Arbeitsaufgaben unterscheiden sich daher außerdem ganz wesentlich darin, inwieweit den Mitarbeitern jeder Handgriff bzw. jeder Bearbeitungsvorgang genau vorgeschrieben ist bzw. in welchem Ausmaß selbständig Entscheidungen getroffen werden, wann was wie zu tun ist. Der *Handlungsspielraum* beschreibt die Möglichkeiten, selbständig eigene Entscheidungen in Bezug auf Arbeitsverfahren und Vorgehensweise, die Verwendung von Arbeitsmitteln und die zeitliche Einteilung zu treffen (Ulich, 1994). Große Handlungsspielräume ermöglichen es, die Arbeit optimal einzuteilen, das konkrete Vorgehen aktuellen Erfordernissen anzupassen und Störungen rechtzeitig zu begegnen. Damit handelt es sich beim Handlungsspielraum aus stresstheoretischer Sicht um eine zentrale Ressource (Karasek, 1979). Das Konzept des Handlungsspielraums weist hohe Überschneidungen mit ähnlichen Konzepten wie Tätigkeitsspielraum, Autonomie und Kontrolle auf. Folgt man den Ausführungen Türk (1995), fordern größere Handlungsspielräume und somit ein höheres Maß an zugestandener Autonomie nicht nur eine größere Loyalität von den Mitarbeitern, sondern erzeugen diese auch über „psychische Mechanismen der Selbstbindung an zu treffende und getroffene Entscheidungen" (S. 328).

Arbeitsbedingungen spielen offenbar auch eine wichtige Rolle für die Entstehung von Commitment. Es zeigt sich ein durchschnittlicher Zusammenhang zwischen Commitment und dem Anforderungsgehalt der Arbeitsaufgabe (job scope) von $\rho = .50$

(Mathieu & Zajac, 1990). Ähnliche Aufgabenmerkmale werden auch mit den Konzepten der „intrinsischen Zufriedenheit bzw. intrinsischen Motivation" erfasst. Meyer et al. (2002) berichten in ihrer Metaanalyse einen durchschnittlichen Zusammenhang zwischen affektivem Commitment und intrinsischer Zufriedenheit von $\rho = .68$.

Felfe et al. (in review) ermittelten ebenfalls einen Zusammenhang von r = .36 zwischen affektivem Commitment und einem interessanten und abwechslungsreichen Arbeitsinhalt sowie der Möglichkeit, selbständig entscheiden zu können. Deutlich höher war mit r = .51 in dieser Studie der Zusammenhang zum affektiven Commitment gegenüber dem Beruf. In der bereits genannten kulturvergleichenden Studie betrug die Korrelation zwischen affektivem organisationalen Commitment und dem Aufgabeninhalt für die deutsche Substichprobe r = .45 (Felfe et al., in review, b). Für kalkulatorisches Commitment hingegen zeigten sich in beiden Studien keine Zusammenhänge.

Diese Merkmale der Arbeit lassen sich aus handlungs- und stresstheoretischer Perspektive in Anforderungen bzw. Ressourcen auf der einen und Belastungen bzw. Stressoren auf der anderen Seite unterscheiden. Während die oben genannten Merkmale wie Handlungsspielraum, Autonomie, Variabilität zu den Anforderungen bzw. Ressourcen gehören, zählen Rollenkonflikte und Rollenambiguität zu den Belastungen bzw. Stressoren. Belastungen und Stressoren entstehen aus handlungstheoretischer Perspektive, wenn Ziele nicht erreicht werden können, die Zielerreichung erschwert oder behindert ist und die eigenen Leistungsreserven dauerhaft überfordert werden. Sie zwingen dazu, Umwege zu gehen, zusätzlichen Aufwand zu leisten oder risikoreich zu handeln.

Wie wirken sich Rollenkonflikte und Rollenambiguität als Stressoren auf das Commitment der Mitarbeiter aus? Meyer et al. (2002) ermittelten für Rollenkonflikte und Rollenambiguität auf der einen und Commitment auf der anderen Seite vergleichsweise hohe durchschnittlichen Zusammenhänge von $\rho = -.30$ bzw. $\rho = -.39$. Betrachtet man nur Studien aus nordamerikanischem Kontext liegt der Zusammenhang sogar deutlich höher ($\rho = -.33$ bzw. $\rho = -.45$). Bemerkenswert ist auch hier wieder, dass Rollenkonflikte und Rollenambiguität tendenziell positiv mit kalkulatorischem Commitment korrelieren ($\rho = .13$ bzw. $\rho = .10$). Besonders ausgeprägt ist diese Befundlage in Nordamerika ($\rho = .20$ bzw. $\rho = .12$).

Aus deutschen Stichproben liegen außerdem Analysen zur Bedeutung der Aufstiegs- und Qualifizierungsmöglichkeiten, der technischen Ausstattung, der Einkommenssituation und des Gesamtklimas vor (Felfe, 2003). Diese Merkmale können einerseits den Merkmalen des Arbeitsplatzes zugeordnet werden, andererseits sind sie häufig für die gesamte Organisation in ähnlicher Weise geregelt. Wie aus Tabelle 18 ersichtlich, begünstigen vor allem Qualifizierungs- und Aufstiegschancen sowie eine gute räumliche und technische Ausstattung (Umgebungsbedingungen) affektives Commitment gegenüber der Organisation und dem Beruf bzw. der Tätigkeit.

Gute Rahmenbedingungen erhöhen aber auch das Gefühl der Verpflichtung gegenüber der Organisation und dem Beruf (normatives Commitment). Kalkulatorisches
Commitment wird nur in geringem Maße beeinflusst. Bemerkenswert ist, dass das
Betriebsklima und die Einkommenssituation bis zu einem gewissen Grade die Bindung an die Organisation beeinflussen, aber kaum mit der Bindung an den Beruf korreliert. Die Bindung an die Tätigkeit bzw. den Beruf wird erwartungsgemäß durch
Merkmale der Tätigkeit determiniert und weniger durch Merkmale, die hiermit nicht
in unmittelbarem Zusammenhang stehen.

Um die kombinierten Einflüsse aller Merkmale vergleichen zu können, wurden Regressionen mit den Arbeitsbedingungen als Prädiktoren und den Commitmentfacetten
als Kriterien berechnet. Wie aus Tabelle 19 ersichtlich wird, können die jeweiligen
Commitmentdimensionen unterschiedlich gut durch die Arbeitsmerkmale vorhergesagt werden. Es sind jeweils die affektiven Komponenten, die in nennenswerter Weise vorhergesagt werden können, während die Anteile aufgeklärter Varianz bei den
kalkulatorischen und normativen Dimensionen jeweils unter 10% liegen.

Tabelle 18: Korrelationen zwischen Merkmalen der Organisation bzw. Arbeit und
Commitment

	Quali	Technik	Geld	Klima
OCA	.34***	.43***	.25***	.24***
OCC	.07	.08	-.08	.00
OCN	.20***	.21***	.12**	.12**
BCA	.33***	.55***	.18***	.19***
BCC	.11*	.13**	-.08	.01
BCN	.19***	.24***	.08	.11*

Anmerkungen: Commitment gegenüber der Organisation: affektiv (OCA), kalkulatorisch
(OCC), normativ (OCN); Commitment gegenüber dem Beruf: affektiv (BCA), kalkulatorisch
(BCC), normativ (BCN); N = 1.538.

Vergleicht man die Beiträge der einzelnen Merkmale, zeigt sich, dass der Aufgabe
das stärkste Gewicht bei der Vorhersage von affektivem Commitment zufällt, während das Klima und die räumlich-technischen Bedingungen keine Rolle spielen. Für
die Vorhersage der kalkulatorischen Komponenten spielt erwartungsgemäß das Einkommen eine wichtige Bedeutung. Ein positives Klima hingegen vermindert die
Wahrscheinlichkeit von kalkulatorischem Commitment. Umgekehrt zeigen Mitarbeiter, die das Klima negativ einschätzen, eher kalkulatorisches Commitment. Normatives Commitment wird sowohl durch den Aufgabeninhalt als auch durch das Einkommen beeinflusst. Wenn diese Merkmale stärker ausgeprägt sind, steigt das Gefühl
der Verpflichtung gegenüber der Organisation wie auch gegenüber dem Beruf.

Tabelle 19: Vorhersage von Commitment durch Arbeitsbedingungen

	OCA	OCC	OCN	BCA	BCC	BCN
	Standardisierte Betagewichte					
GELD	.21***	.24***	.17***	.09**	.19***	.13***
QUAL	.11***	.02	.09**	.10***	.05	.08*
AUFG	.28***	.08*	.11**	.51***	.14***	.18***
KLIMA	.04	-.17***	.00	-.08**	-.20***	-.05
TECH	.05	-.04	.00	.00	-.04	.01
R²	.26	.07	.08	.33	.19	.13

Anmerkungen: Commitment gegenüber der Organisation: affektiv (OCA), kalkulatorisch (OCC), normativ (OCN); Commitment gegenüber dem Beruf: affektiv (BCA), kalkulatorisch (BCC), normativ (BCN); N = 1.538.

Damit lässt sich Folgendes festhalten. Während positive Merkmale der Arbeit (Anforderungen und Ressourcen) die Entstehung von affektivem Commitment begünstigen und in Bezug auf kalkulatorisches Commitment weitgehend neutral sind, führen negative Arbeitsmerkmale (Stressoren) zu einer Verringerung des affektiven und gleichzeitig zu einem Anstieg des kalkulatorischen Commitments. Insgesamt wird außerdem deutlich, dass die Merkmale der Arbeit insbesondere einen Beitrag zur Vorhersage von affektivem Commitment leisten, während kalkulatorisches und normatives Commitment nur in deutlich geringerem Maße erklärt werden können. Vergleicht man die Bedeutung der einzelnen Merkmale, treten in erster Linie die Aufgabe, aber auch das Einkommen sowie die Qualifizierungs- und Aufstiegschancen in Erscheinung. Während bei den affektiven Komponenten die Aufgabe im Vordergrund steht, dominiert bei den kalkulatorischen Aspekten das Einkommen. Die Arbeitsaufgabe erweist sich im Vergleich mit anderen Faktoren als die bedeutsamste Arbeitsbedingung.

6.2 Mitarbeiterführung

Neben den Merkmalen der Arbeitsaufgabe hat sich die Qualität der Mitarbeiterführung als weiterer wichtiger Bedingungsfaktor für Commitment herauskristallisiert. Nach Fuller, Morrison, Jones, Bridger und Brown (1999) kann dieser Zusammenhang durch „psychological empowerment" erklärt werden. *Empowerment* bewirkt eine erhöhte intrinsische Aufgabenmotivation, die eine aktive Orientierung des Mitarbeiters in Bezug auf dessen Arbeit widerspiegelt. Mathieu und Zajac (1990) berichten

Zusammenhänge zwischen Commitment und partizipativer und mitarbeiterorientierter Führung von $\rho = .39$ bzw. .34. Die Ergebnisse einer aktuellen Untersuchung mit einer Stichprobe von 258 Krankenschwestern von Lok, Westwood und Crawford (2005) bestätigen diese Befundlage. Führung wurde mit dem LBDQ erhoben. *Aufgabenorientierung* (Initiating of structure) korreliert zu $r = .20$ und *Mitarbeiterorientierung* zu $r = .45$ mit Commitment.

Gerade für die Bewältigung von Innovations- und Veränderungsprozessen in Organisationen sind jedoch zunehmend herausragende Leistungen der Mitarbeiter erforderlich. Commitment und Bindung sind hierfür wesentliche Voraussetzungen. Aufgabe der Führungskräfte ist es, zunehmend den Wandel und die Veränderungen von Strukturen (Organisationsentwicklung, Neu- und Ausgründungen), aber auch von human resources (Lernen, Personalentwicklung) aktiv und eigenverantwortlich zu gestalten und die Rolle eines „change agents" zu übernehmen. Im Rahmen aktueller Managementkonzepte, wie z.B. „lernende Organisation", werden weitergehende Anforderungen an die Rolle der Führungskräfte z. B. als Visionär, Berater, Coach oder Teamplayer diskutiert und gefordert. Teamorientiertes Arbeiten und Vertrauen stehen hierbei als Führungsleitlinien im Vordergrund, während klassische Führungsinstrumente, wie Anweisungen und Kontrollen, den wachsenden Anforderungen an Kundenorientierung und Innovationsfähigkeit nicht mehr dienlich zu sein scheinen. Damit stellt sich die Frage, wie es Führungskräften gelingen kann, diesen Anforderungen gerecht zu werden.

Vor diesem Hintergrund werden in der Führungsforschung seit Beginn der 90er Jahre Konzepte der *transformationalen und charismatischen Führung* diskutiert (Bass, 1985; Bass & Avolio, 1994; Conger & Kanungo, 1998). Die Popularität und das wachsende Interesse an diesen Ansätzen sind damit zu erklären, dass es transformationalen bzw. charismatischen Führungskräften in besonderem Maße gelingen soll, bei zunehmender Globalisierung und steigendem Wettbewerb Veränderungen zu bewirken und herausragende Leistungen zu erzielen. Transformationale Führungskräfte motivieren ihre Mitarbeiter dadurch, dass sie attraktive Visionen vermitteln, überzeugend kommunizieren, wie Ziele gemeinsam erreicht werden können, selber als Vorbild wahrgenommen werden und die Entwicklung der Mitarbeiter unterstützen (Bass, 1985, 1998). Dabei werden vor allem die Werte und Motive der Geführten beeinflusst. An die Stelle kurzfristiger, egoistischer Ziele treten langfristige, übergeordnete Werte und Ideale. Das Selbstkonzept wird stabilisiert, sodass Selbstvertrauen und Einsatzbereitschaft der Mitarbeiter steigen (Shamir, House & Arthur, 1993).

In vorangehenden Ansätzen eher vernachlässigte Aspekte wie Persönlichkeit, Begeisterung und emotionale Bindung finden durch diese Konzepte wieder Eingang in die Führungsforschung. Demnach scheint es Führungspersönlichkeiten mit besonderen Fähigkeiten zu geben, denen es in besonderem Maße gelingt, Veränderungen herbeizuführen, und Leistungen auf Seiten der Mitarbeiter zu erzielen, die über den Erwartungen „beyond expectations" liegen (Bass, 1985). Es gelingt ihnen Veränderungen zu bewirken, indem sie Visionen entwickeln und kommunizieren, sich ohne Einschränkung mit der Aufgabe identifizieren, andere motivieren und Widerstände überwinden sowie andere an sich binden, verpflichten und Commitment erzeugen.

Das Interesse an der Erforschung von transformationaler bzw. charismatischer Führung hat sich seit Mitte der 80er Jahre vor allem im englischsprachigen Raum (Bass, 1985) entwickelt und erfreut sich steigenden Interesses.

Eine aktuelle PsycInfo-Recherche liefert für die letzten 20 Jahre (1986 bis 2006) über 190 Einträge in „peer-reviewed" Journals, die „transformational" oder „charismatic leadership" im Titel führen. Dabei ist ein stetiger Anstieg zu verzeichnen. Allein 74 Einträge entfallen auf die letzten vier Jahre (2002 bis 2005). Für den Zeitraum von 1998 bis 2001 sind es bereits 57 und für den davor liegenden Zeitraum nur 23 Nennungen (Felfe, 2006b). Entsprechend finden sich mittlerweile in den einschlägigen Standardwerken und Lehrbuchkapiteln ausführliche Darstellungen. Das gilt nach anfänglicher Zurückhaltung auch für Deutschland (Felfe, Tartler & Liepmann, 2004). Die am weitesten entwickelten Konzepte, die auch über eine breite und langjährige empirische Basis verfügen, gehen u.a. auf Bass (1985) sowie Conger und Kanungo (1998) und aktuell auch auf Podsakoff, Ahearne und McKenzie (1997) zurück. Diese Ansätze weisen erhebliche Überschneidungen auf und haben sich historisch gegenseitig beeinflusst. Den größten Verbreitungsgrad hat dabei wohl der Ansatz von Bass (1985) erreicht, der im Folgenden kurz vorgestellt wird. Nach Bass und Avolio (1994) lässt sich transformationale Führung durch die vier „I" als Subdimensionen (*I*dealized Influence, *I*nspirational Motivation, *I*ntellectual Stimulation und *I*ndividualized Consideration) charakterisieren. Eine ausführliche Darstellung findet sich bei Felfe (2005).

Idealized Influence (Einfluss durch Vorbildlichkeit und Glaubwürdigkeit): Hiermit ist die besondere Vorbildfunktion transformationaler Führungskräfte angesprochen, mit deren Hilfe es gelingt, die Mitarbeiter nachhaltig zu beeinflussen. Die Mitarbeiter bringen ihnen hierfür Respekt und Vertrauen entgegen. Sie identifizieren sich mit ihren Vorgesetzten und versuchen sich an deren Verhalten zu orientieren und sie nachzuahmen. Die Vorbildfunktion wird seitens der Mitarbeiter aufgrund bestimmter Verhaltensweisen zuerkannt. Hierzu gehört, dass Führungskräfte ihre persönlichen Ziele und Bedürfnisse zugunsten anderer zurückstellen und bereit sind, persönliche Risiken auf sich zu nehmen bzw. Risiken mit ihren Mitarbeitern zu teilen. Dadurch entstehen Glaubwürdigkeit und Verlässlichkeit. Außerdem stellen die Führungskräfte hohe Erwartungen an ihre Mitarbeiter und sind selbst in der Lage, diese Erwartungen zu erfüllen und vorzuleben. Ihr Handeln ist zudem an ethischen und moralischen Prinzipien ausgerichtet.

Inspirational Motivation (Motivation durch begeisternde Visionen): Transformationale Führungskräfte verfügen über attraktive Visionen und Vorstellungen von zukünftigen Entwicklungen und vermitteln überzeugend, dass sie selber dahinter stehen. Dadurch können sie den Dingen und Erfordernissen im Alltag (Aufgaben, Maßnahmen, Anstrengungen etc.) eine weitergehende Bedeutung verleihen und sie in einen größeren Sinnzusammenhang stellen. Sie begeistern die Mitarbeiter für ihre Ziele, indem sie Herausforderungen anbieten und den Mitarbeitern Hoffnung, Vertrauen und Zuversicht vermitteln, dass sie diese Erwartungen auch erfüllen können. Insgesamt fördern sie durch die Betonung des gemeinsamen Ziels und der Gruppenidentität den Teamgeist.

Intellectual Stimulation (Anregung zu kreativem und unabhängigem Denken): Führungskräfte regen ihre Mitarbeiter zu eigenständigem und innovativem Denken an und unterstützen sie dabei, indem sie alte Annahmen und bisherige Voraussetzungen immer wieder hinterfragen, Probleme in neue Zusammenhänge stellen und dazu ermutigen, immer wieder neue Lösungen zu erproben. Fehler werden dabei toleriert und nicht öffentlich kritisiert. Die Mitarbeiter werden aufgefordert, sich zu beteiligen und selber Ideen einzubringen, auch wenn diese von den Vorstellungen des Vorgesetzten abweichen.

Individualized Consideration (individuelle Förderung): Transformationale Führungskräfte verstehen sich als Coach oder Mentor ihrer Mitarbeiter und erkennen deren persönliche Bedürfnisse und Wünsche nach Leistung und Wachstum. Ihr Ziel ist es, die Mitarbeiter systematisch zu fördern und ihr Potential schrittweise weiterzuentwickeln. Transformationale Führungskräfte helfen ihren Mitarbeitern, sich zu entwickeln und etwas zu erreichen. Dazu bieten sie in einem unterstützenden Klima, z.B. durch Delegation, neue Lernchancen an. Dabei berücksichtigen sie die persönlichen Voraussetzungen, indem sie die einen eher ermutigen, anderen mehr Autonomie gewähren oder wiederum anderen klarere Vorgaben oder mehr Struktur geben. Mitarbeiter fühlen sich gefordert und gefördert, jedoch nicht kontrolliert und erleben, dass ihr Vorgesetzter sie als Gesamtperson akzeptiert und nicht nur an ihrer Arbeitskraft interessiert ist. Eine intensive, partnerschaftliche Kommunikation, bei der es die Führungskraft versteht, effektiv zuzuhören, ist hierfür Voraussetzung.

Transformationale Führung umfasst zusammen mit transaktionalen Verhaltensweisen und Laissier-faire als Vermeidung von Einflussnahme die gesamte Bandbreite möglichen Führungsverhaltens („Full range of leadership"). Diese reicht von passiver ineffektiver Führung (Laisser-faire) bis hin zu einem aktiven transformationalen Führungsstil (die vier „I"). Dabei gehen Bass und Avolio davon aus, dass Führungskräfte nicht auf eine einzige Strategie festgelegt sind, sondern das gesamte Spektrum („Full range of leadership") möglichen Führungsverhaltens nutzen. Das bedeutet, dass auch eine Führungskraft, die überwiegend transformational führt, sich in bestimmten Situationen heraushält und auf Einfluss verzichtet (Laisser-faire). Entscheidend ist dabei, wie die einzelnen Verhaltensweisen gewichtet sind.

Um die Wirksamkeit und den Nutzen transformationaler Führung zu überprüfen, bieten sich neben Leistungsindikatoren spezifische Konzepte an, die dem Ansatz der transformationalen Führung in besonderer Weise Rechnung tragen. Da transformationale Führung beansprucht, die Werte, Einstellungen und Motivation der Mitarbeiter zu beeinflussen, sollte sich dies vor allem auf die emotionale Verbundenheit mit dem Unternehmen auswirken.

So sollten vor allem Idealized Influence und Inspirational Motivation, aber auch Individualized Consideration das affektive und normative Commitment der Mitarbeiter steigern. In der Literatur findet sich mittlerweile eine ganze Reihe empirischer Studien zum Zusammenhang zwischen transformationaler Führung und Commitment, von denen einige an dieser stelle exemplarisch vorgestellt werden.

Bycio et al. (1995) haben in ihrer Studie an 1.376 Krankenschwestern den Zusammenhang zwischen Commitment und transformationaler Führung untersucht. Die Dimensionen transformationaler Führung korrelieren mit affektivem Commitment zu r = .39 bis .45. Die stärksten Zusammenhänge ergaben sich jeweils für die Skalen „Idealized Influence" und „Motivational Inspiration". Der Zusammenhang zwischen affektivem Commitment und transaktionaler Führung fällt etwas geringer aus. Zu kalkulatorischem Commitment konnten hingegen keine Zusammenhänge gefunden werden. Allerdings bestehen leichte Zusammenhänge zwischen transformationaler Führung und normativem Commitment (r = .14 bis .20). Als Begründung hierfür verweisen die Autoren auf die im Rahmen transformationaler Führung angesprochenen Werte und moralischen Verpflichtungen.

Bycio et al. (1995) diskutieren als Grund für den geringen Zusammenhang transformationaler Führung mit kalkulatorischem Commitment die bereits angesprochene Vermengung der beiden Subdimensionen kalkulatorischen Commitments. Zum einen wird nach Verlusten, die durch einen Weggang zu erwarten sind, gefragt (High sacrifices), und zum anderen wird die Verfügbarkeit möglicher Alternativen und Chancen angesprochen (Low alternatives). Während transformationale Führung mit dem Ersteren durchaus zusammenhängen kann, sind die Chancen und verfügbaren Alternativen nicht durch Führung zu beeinflussen. Hierdurch könnten die geringen Zusammenhänge erklärt werden. Als weiterer Beleg lässt sich eine große Studie von Podsakoff et al. (1996) mit 1.539 Angestellten anführen. Die Korrelationen zwischen transformationaler Führung und Commitment liegen hier zwischen r = .20 und .34.

Die Befunde der Studie von Rafferty & Griffin (2004) mit 1.398 Angestellten einer australischen Verwaltungsbehörde unterstützen diese Ergebnisse ebenfalls. Die transformationalen Führungsskalen korrelieren zu .25 bis .34 mit organisationalem Commitment. Das Gleiche können De Vries, Roe und Taillieu (1999) an einer niederländischen Stichprobe (r = .46) zeigen. Die Zusammenhänge zu kalkulatorischem Commitment hingegen weisen auch hier eher in die negative Richtung (r = -.13 bis .00).

Schmidt et al. (1998) haben an einer Stichprobe von 811 Mitarbeitern einer deutschen Verwaltungsbehörde die Beziehungen zwischen Commitment, Führung und Arbeitsbedingungen untersucht. Der Bereich Führung wurde mit den drei Skalen „freundliche Zuwendung und Respekt", „mitreißende und stimulierende Aktivität" und „Mitbestimmung und Beteiligung" aus dem Fragebogen zur Vorgesetzten-Verhaltens-Beschreibung (FVVB) von Fittkau und Fittkau-Garthe (1971) erfasst. Auch wenn der FVVB nicht beansprucht, transformationale Führung zu erfassen, so sind in ähnlicher Weise wie zum LBDQ (Leadership Behavior Description Questionnaire) zumindest partielle Überschneidungen zu erwarten. Die Ergebnisse zeigen insgesamt bedeutsame Zusammenhänge zwischen den Arbeitsbedingungen und affektivem Commitment, aber auch zwischen affektivem Commitment und Führung. Die Partialkorrelationen liegen für „mitreißende Aktivität" bei r = .13, für „Mitbestimmung und Beteiligung" bei .10 und für „freundliche Zuwendung" bei .08. Die Führungsdimension „mitreißende Aktivität" korreliert ebenfalls zu .13 mit normativem Commitment.

Bei deutschen Stichproben korrelieren die Dimensionen transformationale Führung mit affektivem Commitment zwischen r = .26 bis .35 (Felfe, 2006a; Felfe et al., 2004). In der aktuellen kulturvergleichenden Studie von Felfe et al. (in review) beträgt der Zusammenhang in der deutschen Teilstichprobe für affektives Commitment r = .37 und für normatives Commitment r = .28. Allerdings verringert sich der relative Einfluss von Führung auf affektives Commitment, wenn gleichzeitig Merkmale der Arbeit (z.B. Arbeitsinhalt) kontrolliert werden, die als „Substitute" Effekte von Führung neutralisieren oder verstärken (Felfe, 2005a). Eine aktuelle Metaanalyse auf der Basis von 25 Studien ergab eine durchschnittliche korrigierte Korrelation von ρ = .44. Zu kalkulatorischem Commitment besteht jedoch kein Zusammenhang (Felfe, 2005).

Meyer et al. (2002) haben in ihrer Metaanalyse mit ρ = .46 einen ähnlichen durchschnittlichen Zusammenhang zwischen transformationaler Führung und affektivem organisationalen Commitment ermittelt. Der Zusammenhang zu normativem Commitment beträgt ρ = .27 und zu kalkulatorischem Commitment ρ = .14. Die Metaanalyse von DeGroot, Kiker und Cross (2000) berichtet für affektives Commitment ebenfalls einen ähnlichen Wert von .43. Judge und Bono (2000) haben in ihrer Studie zum Zusammenhang von transformationaler Führung und den Big-Five organisationales Commitment als Erfolgsindikator erhoben. Für die vier I´s und Commitment werden Korrelationen von .29 bis .38 berichtet.

Damit darf wohl als gesichert gelten, dass zwischen transformationaler bzw. charismatischer Führung und Commitment ein substantieller Zusammenhang besteht. Bei den bislang vorgestellten Studien wurden meist direkte Zusammenhänge zwischen transformationaler Führung und Commitment analysiert. Jüngere Studien haben daher verstärkt untersucht, wie diese Zusammenhänge erklärt werden können. Veränderung von Einstellungen und Werten sowie die Beeinflussung des Selbstkonzepts werden in diesem Zusammenhang als Wirk- und Vermittlungsprozesse diskutiert (Klein & House, 1995; Shamir et al., 1993). So konnte zum Beispiel gezeigt werden, dass der Zusammenhang zwischen transformationaler Führung und Commitment durch die Entwicklung von Autonomie, Kompetenz und dem Einfluss der Mitarbeiter mediiert wird (Empowerment) (Avolio, Zhu, Koh & Bhatia, 2004). Bono und Judge (2003) identifizierten die Förderung der Identifikation der Mitarbeiter mit ihren Zielen (Self-concordance) als weitere Mediatorvariable und Brown und Keeping (2005) fanden, dass die individuelle Sympathie („liking") den Zusammenhang von transformationaler Führung und Commitment vermittelt. Eine höhere Kohäsion in der Gruppe (Pillai & Williams, 2004) sowie eine stärkere kollektive Selbstwirksamkeit (Walumbwa, Peng, Lawler & Kan, 2004) wurden ebenfalls als Mediatoren nachgewiesen.

6.3 Merkmale der Organisation

Neben den unmittelbaren Arbeitsbedingungen und dem Führungsverhalten des Vorgesetzten erweisen sich Merkmale der Organisation als wichtige Einflussgrößen für Commitment. Hierzu gehören die erlebte organisationale Unterstützung und Gerechtigkeit, der psychologische Kontrakt zwischen Mitarbeiter und Organisation, die Sicherheit des Arbeitsplatzes, der Erfolg der Organisation und die Art des Arbeitsverhältnisses.

Meyer et al. (2002) ermittelten durchschnittliche Zusammenhänge zwischen Commitment und *organisationaler Unterstützung* von ρ = .63 und zu unterschiedlichen Maßen von *Gerechtigkeit* (prozedural, ρ = .38, distributiv, ρ = .40 und interaktional, ρ = .50). In den letzten Jahren wird vermehrt die Bedeutung des *psychologischen Kontrakts* als ungeschriebene Vereinbarung zwischen einem Individuum und der Organisation für das Commitment der Organisationsmitglieder diskutiert (Morrison & Robinson, 1997; Rousseau, 1995). Je dauerhafter und verbindlicher die Anforderungen und Zusicherungen sind, desto wahrscheinlicher entwickelt ein Angestellter eine eindeutige und konsistente Wahrnehmung seiner Verpflichtungen und Ansprüche. Dabei werden transaktionale Kontrakte und relationale Kontrakte unterschieden (Rousseau & McLean Parks, 1993).

Eine transaktionale Verpflichtung beruht auf ökonomischem Austausch, während relationale Verpflichtungen mit sozialem Austausch einhergehen (Blau, 1964). Eine transaktionale Orientierung bedeutet wenig emotionale Bindung oder Commitment zu investieren. Der relationale Kontrakt beinhaltet hingegen „… unspecified obligations, the fulfillment of which depends on trust, because it cannot be enforced in the absence of a binding contract …" (Blau, 1964, p. 113). Affektives Commitment sollte vor allem durch die Wahrnehmung von Veränderungen des relationalen Kontraktes beeinflusst werden. Kalkulatorisches und normatives Commitment sollten hingegen variieren, wenn Veränderungen des transaktionalen Kontraktes Kosten und Nutzen deutlicher werden lassen.

Erste weitergehende Analysen zum organisationalen Kontrakt, zur organisationalen Unterstützung sowie zur wirtschaftlichen Situation der Organisation auf Basis der kulturvergleichenden Studie von Felfe et al. (2006) zeigen folgendes Bild (vgl. Tabelle 20): Die Arbeitsplatzsicherheit und die wirtschaftliche Situation der Organisation wirken sich in erster Linie auf das affektive und normative Commitment gegenüber der Organisation aus. Insbesondere die Sicherheit des Arbeitsplatzes erzeugt ein Verpflichtungsgefühl gegenüber der Organisation, wohingegen wirtschaftlicher Erfolg eher die Identifikation steigert. Arbeitsplatzsicherheit und wirtschaftlicher Erfolg wirken sich auch positiv auf das affektive und normative Commitment gegenüber der Führungskraft aus. Führungskräfte werden als Repräsentanten der Organisation bis zu einem gewissen Maß ähnlich eingeschätzt wie die Organisation selbst.

Das Commitment gegenüber dem Team und der Karriere werden vom Erfolg der Organisation und der damit verbundenen Arbeitsplatzsicherheit kaum berührt. Erwartungsgemäß beeinflusst das Ausmaß der wahrgenommenen organisationalen Unterstützung vor allem das Commitment gegenüber der Organisation, gefolgt vom Commitment gegenüber dem Vorgesetzten als Repräsentanten der Organisation, dem Commitment gegenüber dem Team und schließlich dem Commitment gegenüber der Karriere. Ein ähnliches Muster zeigt sich für den relationalen Kontrakt. Je transaktionaler der Kontrakt erlebt wird, umso geringer ist das affektive Commitment. Werden die Einflüsse von Merkmalen der Arbeit und der Organisation gleichzeitig berücksichtigt, zeigen sich die relativen Gewichte der einzelnen Faktoren auf die affektiven Komponenten der einzelnen Foci (vgl. Tabelle 21).

Während sich das Ausmaß organisationaler Unterstützung auf alle Foci positiv auswirkt, zeigen die übrigen Merkmale spezifische Einflüsse. Erwartungsgemäß wird das Commitment gegenüber der Führungskraft in erster Linie durch die Art der erlebten Führung bestimmt. Je transformationaler das Führungsverhalten eingeschätzt wird, umso stärker ist die emotionale Bindung an die Führungskraft. Die Bindung an das Team bzw. die Arbeitgruppe wird hingegen vor allem durch die Qualität des Betriebsklimas determiniert. Je besser das Verhältnis zu den Kollegen und das Klima unter den Mitarbeitern insgesamt eingeschätzt werden, umso stärker ist die emotionale Bindung an das Team. Das Commitment gegenüber der eigenen Karriere wird vor allem durch die Arbeitsaufgabe mit beeinflusst. Für das Commitment gegenüber der Organisation sind neben der organisationalen Unterstützung mehrere Faktoren bestimmend. Hierzu zählen die Arbeitsaufgabe, das Klima, das Vorgesetztenverhalten sowie der wirtschaftliche Erfolg der Organisation.

Auch Veränderungen der *Arbeitszeiten* können sich positiv auf das Commitment der Mitarbeiter auswirken. Als Gründe für die Einführung flexibler Arbeitszeiten werden von Organisationen in der Tat eine Verbesserung der Motivation und der Arbeitsmoral sowie die Möglichkeit der besseren Vereinbarkeit von Erwerbsarbeit und Familie angegeben (Kush & Stroh, 1994). Auch empirisch zeigten sich deutliche Hinweise auf einen Zusammenhang zwischen der Einführung von Programmen zur besseren Vereinbarung von Erwerbsarbeit und Familie und direkten Anstrengungen auf Seiten der Arbeitgeber, das Commitment der Angestellten zu erhöhen (Osterman, 1995). So führt das Angebot flexibler Arbeitszeiten zu einer erhöhten Bindung an die Organisation und zu genereller Zufriedenheit (Scandura & Lankau, 1997).

Dieser Zusammenhang gilt primär für Frauen, die in besonderem Maße Anforderungen der Erwerbsarbeit und Familie miteinander vereinbaren müssen und sich daher stärker Konflikten zwischen Arbeit und Familie ausgesetzt sehen als Männer (Greenhaus, Parasuraman, Granrose, Rabinowitz & Beutell, 1989). Durch flexible Arbeitszeiten gewinnen die Mitarbeiter eine erhöhte Kontrolle über ihr Leben, da sie nun die Möglichkeit haben, an Zeiten zu arbeiten, die mehr den persönlichen Bedürfnissen (z.B. Kinderbetreuung, Pflege älterer Personen, eigener Bio-Rhythmus) entsprechen.

Durch das Angebot flexibler Arbeitszeiten bringt die Organisation in den Augen der Mitarbeiter ihre Fürsorge für Arbeit *und* Familie *(Work-Life-Balance)* zum Ausdruck. Die Organisation wird als „familienfreundlich" wahrgenommen. Dieses Angebot wird als Aspekt eines relationalen psychologischen Vertrages wahrgenommen. Und schließlich kann ein Vergleich der eigenen Situation mit der von Kollegen in anderen

Berufen oder anderen Organisationen, die keine flexiblen Arbeitszeiten anbieten, den Wert des psychologischen Kontraktes der Arbeitnehmer mit ihrer Organisation zusätzlich erhöhen.

Tabelle 20: Commitment und Merkmale der Organisation

	Arbeits-platz-sicherheit	Wirt-schafts-lage	Transaktionaler Kontrakt	Relationaler Kontrakt	Organisationale Unterstützung
OCA	.28***	.37***	-.31***	.45***	.50***
OCC	.15***	.15***	.03	.07	.11
OCN	.32***	.23***	-.18***	.37***	.45***
SCA	.19***	.14**	-.19***	.36***	.44***
SCC	.10*	-.03	.06	.11**	.09*
SCN	.19***	.09	-.14*	.34***	.37***
TCA	.09	.14**	-.08*	.24***	.29***
TCC	-.09	-.05	.09	.12**	.08
TCN	.07	.06	-.06	.30***	.32***
CCA	.12*	.09	-.04	.18***	.22***
CCC	.09	.06	-.02	.20***	.13***
CCN	.09	.01	-.01	.19***	.16***

Anmerkungen: Commitment gegenüber der Organisation: affektiv (OCA), kalkulatorisch (OCC), normativ (OCN); Commitment gegenüber dem Vorgesetzten (Supervisor): affektiv (SCA), kalkulatorisch (SCC), normativ (SCN); Commitment gegenüber dem Team: affektiv (TCA), kalkulatorisch (TCC), normativ (TCN); Commitment gegenüber der Karriere: affektiv (CCA), kalkulatorisch (CCC), normativ (CCN); N = 349.

Zu der Frage, wie sich das Arbeitsverhältnis auf das Commitment der Mitarbeiter auswirkt, ist bislang wenig geforscht worden. Thorsteinson (2003) fand in seiner Metaanalyse, dass sich *Teilzeit- und Vollzeitbeschäftigte* nicht hinsichtlich ihres Commitments unterscheiden. In einer deutschen Stichprobe mit 502 Verwaltungsangestellten wurde ebenfalls kein bedeutsamer Unterschied gefunden, der mit der Arbeitszeit zusammenhängt. Allerdings war der Anteil der Teilzeitbeschäftigten in der deutschen Stichprobe mit unter 5 % sehr gering.

Tabelle 21: Vorhersage von Commitment durch Merkmale der Arbeit und der Organisation

	OCA	SCA	TCA	CCA
	Standardisierte Betagewichte			
Einkommen	-.06	.04	-.05	-.08
Arbeitsaufgabe	.15**	-.06	.11*	.14*
Betriebsklima	.14*	-.03	.29***	.01
Technik und Räumlichkeiten	-.05	-.01	-.04	.01
Transformationale Führung	.16**	.61***	.10	.01
Arbeitsplatzsicherheit	-.07	.09*	-.11*	.01
Wirtschaftliche Lage	.11*	-.04	.05	.04
Psych. Kontrakt transaktional	-.02	.09*	.08	.07
Psych. Kontrakt relational	.07	.01	.07	.14
Organisationale Unterstützung	.30***	.26***	.22**	.20*
R^2	.35	.55	.26	.14

Anmerkungen: Commitment gegenüber der Organisation: affektiv (OCA); Commitment gegenüber dem Vorgesetzten (Supervisor): affektiv (SCA); Commitment gegenüber dem Team: affektiv (TCA); Commitment gegenüber der Karriere: affektiv (CCA); N = 349.

Von größerer Bedeutung ist jedoch die Frage, ob das Arbeitsverhältnis *befristet oder unbefristet* ist. Tatsächlich zeigen Beschäftigte in befristeten Arbeitsverhältnissen geringeres Commitment als Mitarbeiter mit unbefristeten Verträgen (van Dyne & Ang, 1998). Bemerkenswert ist allerdings, dass für die Gruppe der befristet Beschäftigten ein stärkerer Zusammenhang zwischen Commitment und OCB gefunden wurde als für die Mitarbeiter mit einem unbefristeten Anstellungsverhältnis. Jedoch basiert dieses Ergebnis auf einer Studie mit 155 Angestellten aus Singapur.

In wieweit die Ergebnisse verallgemeinert werden können bzw. die gefundenen Effekte auf Besonderheiten der Stichprobe zurückgehen, muss in weiteren Studien geklärt werden. Auf die Frage nach der Bedeutung unterschiedlicher Beschäftigungsformen wie, z.B. Zeit- bzw. Leiharbeit, wird im Kapitel 0 ausführlich eingegangen. Abschließend sollen noch zwei weitere organisationale Merkmale angesprochen werden: Das Image oder Prestige einer Organisation und die Organisationskultur. Vor dem Hintergrund der Social Identity Theory (Tajfel & Turner, 1986) ist das Streben nach einer positiven sozialen Identität eine wesentliche Voraussetzung für die Identifikation mit einer Gruppe bzw. einer Organisation. Cialdini, Borden, Thorne, Walker, Freeman und Sloan (1976) haben dieses Phänomen im Sportkontext als „Basking in reflected glory" bezeichnet. Dieser Aspekt entspricht vor allem der evaluativen Komponente des Identifikationskonzepts. Damit sollte die Identifikation mit einer Organisation oder Gruppe leichter fallen, wenn sie über ein positives Image oder Prestige verfügt. Tatsächlich lässt sich der erwartete Zusammenhang empirisch bestätigen. Riketta (2005) ermittelte in seiner Metaanalyse einen durchschnittlichen Zusammenhang zwischen organisationaler Identifikation und Prestige der Organisation von r = .56.

Lok, Westwood und Crawford (2005) haben den Einfluss der Organisationskultur auf das Commitment der Mitarbeiter untersucht. Erhoben wurde, inwieweit die Kultur als bürokratisch, innovativ und unterstützend wahrgenommen wurde. Außerdem wurde zwischen der Kultur der gesamten Organisation und der Kultur in den einzelnen Bereichen als „Subkulturen" unterschieden. Die Mittelwertvergleiche zeigen, dass die eigene Subkultur als unterstützender und die Kultur der gesamten Organisation als bürokratischer eingeschätzt wurde. Darüber hinaus korrelierten die Einschätzungen der Subkulturen als eher proximale Antezedenzen höher mit Commitment als die Ratings für die eher distale Gesamtkultur. Je innovativer und unterstützender vor allem die Subkultur wahrgenommen wurde, umso höher war das Commitment der Befragten. Eine Abnahme des Commitments war hingegen zu verzeichnen, wenn die Subkultur als bürokratisch erlebt wurde.

6.4 Merkmale der Person

Welche Mitarbeiter neigen eher dazu, sich mit der Organisation verbunden zu fühlen? Es gibt zahlreiche Hinweise darauf, dass Merkmale der Mitarbeiter in Zusammenhang mit Commitment stehen. Dabei werden zum einen demographische Merkmale wie Alter, Geschlecht und Bildungshintergrund betrachtet und zum anderen wird die Bedeutung von Persönlichkeitsmerkmalen diskutiert.

6.4.1 Demographische Merkmale

Zum einen zeigt sich, dass Commitment mit dem Alter ansteigt. Die gefundenen Zusammenhänge sind allerdings moderat: ρ = .20 (Mathieu & Zajac, 1990) und ρ = .15 (Meyer et al., 2002). Als ursächlich werden hier Sozialisations- und Selektionsprozesse diskutiert. Schmidt et al. (1998) fanden im Gegensatz zu Mathieu und Zajac (1990) für Lebensalter und Jobalter etwas höhere Zusammenhänge zu kalkulatorischem als zu affektivem Commitment. Längsschnittstudien hingegen weisen zunächst auf einen Rückgang des organisationalen Commitments während des ersten Jahres nach dem Zeitpunkt des Organisationseintritts hin (Meyer et al., 1991). Erklärt wird dieser Umstand mit ersten Enttäuschungen, nachdem die erste Freude über den neuen Job und die Euphorie bezüglich der eigenen Möglichkeiten in der Organisation verflogen sind.

Man geht aber davon aus, dass es danach durch Anpassungs- und Gestaltungsprozesse wieder zu einem langsamen, aber stetigen Anstieg kommt. Auch in deutschen Stichproben korrelieren Alter und Commitment (Felfe, 2003). Affektives organisationales Commitment korreliert mit dem Alter zu r = .20 und mit dem affektiven Commitment gegenüber dem Beruf zu r = .22. Die jeweils stärksten Zusammenhänge zeigen sich allerdings mit r = .30 bzw. .40 zu den kalkulatorischen Commitmentkomponenten. Dieser Zusammenhang lässt sich dadurch erklären, dass mit zunehmendem Alter zum einen die bis dahin getätigten Investitionen steigen und zum anderen sich aber die möglichen Beschäftigungsalternativen verringern. Für das *Jobalter* wurde ein nahezu identisches Zusammenhangsmuster gefunden.

Es zeigt sich außerdem ein leichter *Geschlechterunterschied* dahingehend, dass Frauen ein etwas höheres Commitment aufweisen als Männer (ρ = -.15, Mathieu & Zajac, 1990). Als Erklärung hierfür werden höhere Zugangsbarrieren, aber auch geringere Alternativen diskutiert (Mathieu & Zajac, 1990). Entsprechend fand Felfe (2003) insbesondere ein höheres kalkulatorisches Commitment bei Frauen als bei Männern. In Bezug auf die familiären Hintergründe zeigten Gould und Werbel (1983), dass Doppelverdiener weniger organisationales Commitment aufweisen als Doppelverdiener mit Kindern, die wiederum weniger Commitment angaben als Einzelverdiener. Meyer et al. (2002) berichten hingegen keine systematischen Geschlechtsunterschiede.

Das *Bildungsniveau* korreliert offenbar negativ mit Commitment. Möglicherweise gehen die bei höherem Bildungsniveau größeren Chancen, den Arbeitsplatz zu wechseln, mit geringerem Commitment einher. Die vergleichsweise stärksten, wiewohl absolut sehr geringen, negativen Zusammenhänge werden für kalkulatorisches Commitment mit ρ = -.11 berichtet (Meyer et al., 2002). Insofern scheint insgesamt die wirtschaftliche Abhängigkeit bzw. Unabhängigkeit Commitment zu beeinflussen. Entsprechend ermittelten Meyer et al. (2002) deutliche negative Zusammenhänge zwischen kalkulatorischem Commitment und den vorhandenen Beschäftigungsalternativen (ρ = -.21) und der Übertragbarkeit von Fähigkeiten und Fertigkeiten auf Arbeitsplätze in anderen Organisationen (ρ = -.31).

Zwischen der *Funktion in der Organisation* und dem Commitment zeigt sich ein schwacher Zusammenhang für die kalkulatorischen Komponenten (Felfe, 2003). Führungskräfte zeigen etwas weniger kalkulatorisches Commitment als die Mitarbeiter ohne Führungsfunktion. Möglicherweise ist hier die gleiche Erklärung wie für den Zusammenhang zum Bildungsniveau heranzuziehen. Autonomie und Unabhängigkeit gehen mit einem geringeren kalkulatorischen Commitment einher.

6.4.2 Persönlichkeitsmerkmale

Besonders hohe durchschnittliche, korrigierte Korrelationen zu Merkmalen der Person fanden Mathieu und Zajac (1990) zwischen Commitment und der Höhe der *selbst wahrgenommenen Kompetenz* (ρ = .63) und der Einstellung zur Arbeit („*Protestant work ethic*") (ρ = .29). Meyer et al. (2002) berichten darüber hinaus Zusammenhänge zur internalen Kontrollüberzeugung (ρ = .29) und *Selbstwirksamkeitserwartung* (ρ = .11). Der Zusammenhang zwischen affektivem organisationalem Commitment und beruflicher Selbstwirksamkeitserwartung liegt bei deutschen Stichproben mit r = .08 etwas niedriger (Felfe, 2003). Dieser Wert entspricht aber der von Meyer et al. (2002) berichteten Größenordnung. Etwas höher fallen hingegen die Zusammenhänge zum berufsbezogenen Commitment aus. Bei deutschen Stichproben wurde ein Zusammenhang von r = .16 zwischen affektivem Commitment gegenüber dem Beruf und Selbstwirksamkeitserwartung gefunden (Felfe, 2003).

Selbstwirksamkeitserwartungen (SWE) beziehen sich auf die Einschätzung der eigenen Fähigkeiten, Anforderungen erfolgreich bewältigen zu können, um ein bestimmtes Ziel zu erreichen: „Perceived self-efficacy refers to beliefs in one's capabilities to organize and execute the course of action required to produce given attainments" (Bandura, 1997, p.3). Der Einfluss der SWE auf Motivation, Kognition und Verhalten wurde in einer Vielzahl unterschiedlicher Studien belegt, beispielsweise im Bereich des Gesundheitsverhaltens und sportlicher Leistungen (Bandura, 1997). Innerhalb der Forschung zum Einfluss von Arbeitsbedingungen auf die mentale und physische Gesundheit gehört die SWE zu den am häufigsten untersuchten Persönlichkeitsmerkmalen. Aufgezeigt wurde auch ein Einfluss von SWE auf die Entwicklung der beruflichen Laufbahn sowie des Leistungsverhaltens: Personen mit hoher SWE zeigen bessere Leistungen (z.B. Sadri & Robertson, 1993), setzen sich höhere Ziele und weisen höhere Frustrationstoleranzen und Belastungsgrenzen auf. Ebenfalls besteht ein positiver Zusammenhang zwischen SWE und der Effizienz und Effektivität von Problemlösestrategien (z.B. Bandura & Jourden, 1991; Bandura & Wood, 1989) sowie SWE und der Fähigkeit zum Selbstmanagement.

Beim *organisationalen Selbstwert* handelt es sich um eine spezifische Form des allgemeinen Selbstwerts, die sich besonders auf den Selbstwert im organisationalen Kontext bezieht und andere Lebensbereiche ausklammert. Das Konzept des organisationalen Selbstwerts geht auf Pierce, Gardner, Cummings und Dunham (1989) zurück und erfasst, inwieweit eine Person der Ansicht ist, für und in der Organisation einen wertvollen Beitrag zu leisten. Da sich das Konzept des organisationalen Selbstwerts viel spezifischer als der allgemeine Selbstwert auf den organisationalen Kontext bezieht, sollten auch höhere Zusammenhänge zu organisationalen Einstellungsvariablen wie Commitment bestehen. Pierce et al. berichten für unterschiedliche Stichproben mit über 2000 Teilnehmern Zusammenhänge zwischen organisationalem Commitment und organisationalem Selbstwert, die zwischen r = .43 und .60 variieren. Eine deutsche Version wurde von Kanning und Schnitker (2004) entwickelt und validiert. Es wird beispielsweise gefragt, wie wertvoll bzw. wichtig man sich fühlt und ob man denkt, dass einem vertraut bzw. dass man ernst genommen wird. Hier konnten Kanning und Schnitker (2004) in einer Studie mit 193 Krankenpflegeschülern zeigen, dass organisationaler Selbstwert deutlich höher mit der Verbundenheit gegenüber der Organisation korrelierte als mit allgemeinem Selbstwert (r = .52 gegenüber .19). Das gleiche Bild zeigte sich für die Korrelationen bezüglich der Identifikation mit der Berufsgruppe (r = .49 gegenüber .21).

Allerdings ist die Wirkrichtung von Persönlichkeitsmerkmalen wie Selbstwert und Selbstwirksamkeitserwartung nicht eindeutig. Einerseits können ein hoher Selbstwert und eine hohe Selbstwirksamkeitserwartung Personen unterstützen, ihre beruflichen Ziele zu erreichen und ihre Vorstellungen erfolgreich umzusetzen. Damit steigt die Wahrscheinlichkeit, sich auch mit diesem beruflichen und organisationalem Rahmen zu identifizieren und sich verbunden zu fühlen. Andererseits kann aber auch im Sinne der Social Identity Theory (Tajfel & Turner, 1986) die Identifikation mit einer attraktiven Organisation und einem prestigeträchtigen Beruf den eigenen Selbstwert erhöhen.

Erwartungsgemäß korrelierte das individuelle Bedürfnis nach Struktur („*Personal need for structure*") negativ mit affektivem Commitment gegenüber dem Beruf und positiv mit den kalkulatorischen Komponenten. Demnach erleben insbesondere Mitarbeiter, die sich einer protestantischen Arbeitsethik (Bereitschaft zu hoher Anstrengung, Arbeit als Lebenssinn und Zweck) verpflichtet fühlen und über ein hohes Bedürfnis nach Leistung und Kompetenz verfügen, starkes Commitment. Dies deckt sich mit dem Befund von Podsakoff et al. (1996), welcher eine hohe negative Korrelation zwischen „Gleichgültigkeit gegenüber Belohnungen" und Commitment aufzeigte. Insgesamt ist jedoch in diesem Bereich vergleichsweise wenig Forschungsaktivität zu verzeichnen.

Betrachtet man die Zusammenhänge (vgl. Tabelle 22) zwischen den Commitmentfacetten und den *Big Five*, zeigen sich insgesamt kaum signifikante Zusammenhänge (Felfe, 2003). Dennoch korrelieren Neurotizismus und die kalkulatorischen Commitmentkomponenten positiv. Ängstliche und unsichere Personen neigen offenbar eher dazu, die Beziehung zur Organisation und zu ihrem Beruf als weniger gewünscht, sondern eher den Umständen geschuldet zu sehen.

Umgekehrt erleben selbstsichere Mitarbeiter weniger kalkulatorisches Commitment. Extraversion korreliert positiv mit den affektiven und negativ mit den kalkulatorischen Komponenten. Allerdings sind die positiven Zusammenhänge mit den affektiven Komponenten aufgrund der kleinen Teilstichprobe von N = 140 nicht signifikant. Offenheit korreliert vor allem negativ zu r = -.24 mit normativem Commitment gegenüber dem Beruf. Personen, die generell neuen Entwicklungen und Veränderungen offen gegenüberstehen, erleben offenbar weniger Verpflichtungen gegenüber ihrem Beruf und ihrer Tätigkeit. Damit fällt es ihnen auch leichter, zu wechseln. Vertragliche Personen sind an einem harmonischen Miteinander und guten Beziehungen interessiert. Sie sing ggf. auch eher bereit sich anzupassen. Erwartungsgemäß wurden hier positive Zusammenhänge zu affektivem Commitment gegenüber der Organisation und der Tätigkeit gefunden. Gewissenhaftigkeit korreliert eher mit berufsbezogenem Commitment als mit Commitment gegenüber der Organisation. Insgesamt ist festzuhalten, dass den hier untersuchten Persönlichkeitsmerkmalen kein bedeutender

Einfluss auf die unterschiedlichen Commitmentfacetten zukommt. Allerdings haben sich erwartungskonforme Tendenzen abgezeichnet, die an anderer Stelle weiter untersucht werden sollten.

Tabelle 22: Korrelationen zwischen Commitment und den Big Five

	Neuroti-zismus	Extra-version	Offenheit	Verträg-lichkeit	Gewissen-haftigkeit
OCA	-.10	.16	-.04	.16	.09
OCC	.17*	-.07	-.09	.08	.11
OCN	.09	-.09	-.09	.06	.10
BCA	-.01	.10	-.01	.20*	.17*
BCC	.17*	-.18*	-.08	.14	.16
BCN	.13	-.16*	-.24**	.08	.13

Anmerkungen: Commitment gegenüber der Organisation: affektiv (OCA), kalkulatorisch (OCC), normativ (OCN); Commitment gegenüber dem Beruf: affektiv (BCA), kalkulatorisch (BCC), normativ (BCN); N = 140.

6.4.3 Kulturelle Wertorientierungen

Vor dem Hintergrund zunehmender Globalisierung von Märkten und Unternehmen stellt sich die Frage, inwieweit kulturelle Unterschiede das Erleben und Verhalten der Mitarbeiter beeinflussen. Wie Six und Felfe (2004) in einem Überblicksartikel dargestellt haben, gibt es einige Studien, die Bedeutung von Werten und insbesondere kulturellen Wertorientierungen für das Erleben und Verhalten in Organisationen untersucht haben. So zeigten sich im Ländervergleich z.B. positive Zusammenhänge zwischen Individualismus, Unsicherheitsvermeidung und Machtdistanz auf der einen und Arbeitszufriedenheit auf der anderen Seite (Chiu & Kosinski, 1999; Hofstede, 2001). Six und Felfe (2006) fanden im Vergleich europäischer Länder ebenfalls positive Zusammenhänge zwischen verschiedenen Wertorientierungen (Freizeit, Karriere) und Arbeitszufriedenheit. Bei den kulturellen Wertorientierungen zeigen sich jedoch nicht nur systematische Unterschiede zwischen Kulturen (Hofstede, 2001; Sagiv & Schwarz, 2000; Triandis, 2004), sondern auch innerhalb der Kulturen (Clugston et al., 2000; Parkes, Bochner & Schneider, 2001).

Felfe, Schmook und Six (2006) sind daher der Frage nachgegangen, welche Bedeutung kulturelle Wertorientierungen (Individualismus-Kollektivismus, Unsicherheitsvermeidung und Machtdistanz) für das Commitment der Mitarbeiter innerhalb einer

Kultur haben. Wie kulturelle Unterschiede einzuschätzen sind, ist vor allem angesichts der zunehmenden Internationalisierung von Interesse, wenn z.B. verstärkt Projekte mit Mitarbeitern aus unterschiedlichen Kulturen durchgeführt werden.

Zur Erfassung kultureller Unterschiede zwischen Ländern oder Ländergruppen haben insbesondere die Dimensionen Individualismus-Kollektivismus, Machtdistanz und Unsicherheitsvermeidung Bedeutung erlangt (Hofstede, 1980, 2001). Kulturelle Wertorientierungen erfassen die individuellen Unterschiede in Bezug auf diese Dimensionen. So sind in kollektivistischen Kulturen Personen mit individualistischer Orientierung anzutreffen wie auch Personen mit kollektivistischer Orientierung in individualistischen Kulturen (Singelis, Triandis, Bhawuk & Gelfand, 1995; Triandis, 1995, 2004; Wasti, 2003a).

In einer Gesellschaft wird die Beziehung zwischen dem Individuum und der Gruppe durch die Dimension *Individualismus-Kollektivismus* charakterisiert (Hofstede, 1980, 2001). In kollektivistischen Gesellschaften werden zwischenmenschliche Beziehungen und Harmonie in der Gruppe sowie Engagement für gemeinsame Ziele betont, wohingegen individualistische Kulturen Autonomie, individuelle Unterschiede und individuelle Ziele in den Vordergrund stellen. Personen mit kollektivistischer Orientierung orientieren sich eher an Gruppenzielen und Normen. Sie legen Wert darauf, einer Gruppe anzugehören, unterscheiden deutlich zwischen in-group und out-group und definieren ihre Identität durch die Zugehörigkeit zu einer Gruppe. Personen mit individualistischer Orientierung betonen stärker die eigenen Ziele, legen Wert auf ihre Unabhängigkeit und gestalten ihre Beziehungen zu Gruppen weniger eng und verbindlich.

Hofstede (1980) definiert *Machtdistanz* als die Akzeptanz von Machtungleichheit und das Verhältnis zur Autorität in einer Gesellschaft. Mit Machtdistanz sind vergleichsweise feste hierarchische Strukturen, die geringe Aufstiegschancen bieten, verbunden. Personen mit einer ausgeprägten Machtdistanz fühlen sich Autoritäten gegenüber eher unterlegen und abhängig. Sie sind eher bereit, die Entscheidungen von Autoritäten zu akzeptieren und sich mit dem eigenen Status bzw. Statusunterschieden abzufinden.

Unsicherheitsvermeidung ist nach Hofstede (1980) das Ausmaß, in dem die Mitglieder einer Kultur ungewisse Situationen als bedrohlich erleben. In Kulturen mit einer ausgeprägten Unsicherheitsvermeidung werden differenzierte Systeme an Strukturen, Regeln und Kontrollmechanismen entwickelt, um das Ausmaß an Unsicherheit zu reduzieren. Auf der individuellen Ebene neigen Personen mit Unsicherheitsvermeidung dazu, Risiken zu vermeiden und Veränderungen eher abzulehnen. Normen und Regeln werden dafür eher akzeptiert.

Meyer und Allen (1997) haben bereits die Entstehung normativen Commitments mit kulturellen Einflüssen begründet. Außerdem gibt es empirische Hinweise, dass das Commitment gegenüber der Organisation in kollektivistischen Kulturen mit großer Machtdistanz stärker ausgeprägt ist (Donald & Siu, 2001; Siu & Cooper, 1998). Darüber hinaus scheinen im Vergleich zu individualistischen Kulturen das Commitment gegenüber dem Vorgesetzten (Chen, Farh & Tsui, 1998; Chen & Francesco, 2000; Cheng et al., 2003) und gegenüber der Arbeitsgruppe sowie das normative Commitment in kollektivistischen Kulturen von besonderer Bedeutung zu sein (Tan & Akhtar, 1998). Auf der individuellen Ebene haben Clugston et al. (2000) und Wasti (2003a) gezeigt, dass Kulturorientierungen Commitment beeinflussen. Felfe, Schmook und Six (2006) haben diesen Ansatz aufgegriffen und erweitert. Sie postulierten ebenfalls, dass ein Zusammenhang zwischen kulturellen Wertorientierungen und Commitment besteht.

Wie lassen sich diese Zusammenhänge theoretisch begründen? Zum Beispiel neigen Personen mit einer kollektivistischen Orientierung eher dazu, eine enge Bindung zu einer Gruppe aufzubauen. Es ist daher zu erwarten, dass sich diese Personen besonders mit ihrer Arbeitsgruppe, aber auch mit der Organisation verbunden fühlen. Hierfür gibt es zum Teil auch schon empirische Belege (Clugston et al., 2000; Parkes et al., 2001). Das Gleiche ist für das Commitment gegenüber dem Vorgesetzten als wichtigem Bezugspunkt in der Arbeitsgruppe zu vermuten. Da Kollektivismus affektive und normative Aspekte beinhaltet, sind für diese beiden Komponenten gleichermaßen Zusammenhänge zu erwarten. Kollektivismus sollte aber auch mit kalkulatorischem Commitment in Zusammenhang stehen, da der Aufbau und Erhalt von Beziehungen in einer Organisation Investitionen und Kosten verursachen, die bei einem Wechsel verloren gehen und wieder aufwändig entwickelt werden müssen. Weniger kollektivistische Personen sollten sich umgekehrt eher ihrer eigenen Karriere verpflichtet fühlen (Noordin, Williams & Zimmer, 2002). In einer Untersuchung mit 349 Teilnehmern zeigte sich wie erwartet, dass Kollektivismus und organisationales Commitment positiv miteinander korrelieren. Tatsächlich bestehen systematische Zusammenhänge zu affektivem ($r = .14$), normativem ($r = .20$) und kalkulatorischem Commitment ($r = .16$) (Felfe, Schmook & Six, 2006). Darüber hinaus zeigten sich systematische Zusammenhänge für die einzelnen Komponenten des Commitments gegenüber dem Team bzw. der Arbeitsgruppe: affektiv ($r = .27$), kalkulatorisch ($r = .15$) und normativ ($r = .20$). Kollektivismus korrelierte ebenfalls mit dem affektiven und normativen Commitment gegenüber dem Vorgesetzten (jeweils zu $r = .13$).

Welcher Einfluss ist von einer hohen bzw. niedrigen Machtdistanz zu erwarten? Bereits Bochner und Hesketh (1994) konnten in einer Studie mit Bankangestellten nachweisen, dass Personen mit hoher Machtdistanz dazu neigen, sich in sozialen Beziehungen unterzuordnen und eigene Bedürfnisse zurückzustellen. Sie sind eher bereit, sich den Gegebenheiten anzupassen. Diese Anpassungsleistung bedeutet aber gleichzeitig Verzicht, eigene Ziele zu verfolgen und ist daher mit Kosten verbunden. Hintergrund für diesen Verzicht sind aber nicht eigene Wünsche, sondern fehlende Alternativen und wahrscheinlich auch die Kosten der bisherigen Anpassung. Diese wäre umsonst gewesen und würde ihren Sinn verlieren, wenn man den sozialen Rahmen verlässt. Zudem wäre es aufwändig und mit Kosten verbunden, wieder ein neues Arrangement zu treffen. Sich in dieser Weise zu arrangieren, entspricht weitgehend dem kalkulatorischen Commitment. Umgekehrt sind für Personen mit niedriger Machtdistanz bisherige Investitionen und zu erwartende Kosten von geringerer Bedeutung, da es ihnen leichter fällt, sich neu zu orientieren und einzurichten. Clugston et al. (2000) konnten diesen Zusammenhang bereits bestätigen. Felfe et al. (2006) fanden ebenfalls signifikante Beziehungen zwischen Machtdistanz und kalkulatorischem Commitment gegenüber der Organisation, dem Vorgesetzten und der Arbeitsgruppe (r = .11, r = .15 und r = .17).

Auch für Unsicherheitsvermeidung ist ein Einfluss auf das Commitment zu erwarten. Personen mit hoher Unsicherheitsvermeidung neigen eher dazu, Risiken zu vermeiden. Auf Veränderungen reagieren sie eher ablehnend. Dass Unsicherheitsreduktion ein Motiv ist, sich mit der eigenen Gruppe zu identifizieren, konnte bereits in experimentellen Studien gezeigt werden (Scott & Hogg, 2005). Der Status quo wird wegen der zu erwartenden Unsicherheiten und Risiken beibehalten und stabile Beziehungen werden emotional positiv erlebt. Clugston et al. (2000) haben Zusammenhänge für kalkulatorisches, normatives, und affektives Commitment gegenüber der Organisation gefunden. Felfe, Schmook und Six (2006) berichten zudem, dass Unsicherheitsvermeidung nicht nur mit organisationalem, sondern auch mit Commitment gegenüber der eigenen Karriere korreliert. Unsicherheitsvermeidung hängt außerdem mit kalkulatorischem Commitment gegenüber der Arbeitsgruppe (r = .14) zusammen.

In den vorangehenden Abschnitten wurde gezeigt, dass Alter, die Dauer der Betriebszugehörigkeit ebenso wie Arbeitsbedingungen einen wesentlichen Einfluss auf Commitment ausüben. Welcher Stellenwert kommt kulturellen Wertorientierungen im Vergleich zu den bisherigen Ursachen von Commitment zu? Da die kulturellen Wertorientierungen als vergleichsweise stabile, durch Sozialisation erworbene Personenmerkmale betrachtet werden, sollten sie auf der einen Seite zusätzlich zu den Merkmalen der Arbeit und der Organisation einen unabhängigen Beitrag zur Erklärung von Commitment leisten. Diese Annahme ist jedoch nicht zwingend, da auf der anderen Seite die Arbeitsmerkmale durchaus Folgen der Wertorientierungen sein können (Selektion, aktive Veränderung). Der Zusammenhang zwischen Wertorientierungen und Commitment würde dann durch die Merkmale der Arbeitsbedingungen in dem Sinne mediiert, dass Personen mit einer bestimmten Wertorientierung eher Arbeitsplätze und Organisationen mit spezifischen Merkmalen anstreben, die in der Folge zu höherem Commitment führen.

Die vergleichende Analyse bedeutet gleichzeitig eine besonders kritische Prüfung, da der Arbeitsinhalt, transformationale Führung und das Betriebsklima zu den Faktoren gehören, welche die vergleichsweise stärksten Zusammenhänge zu organisationalem Commitment aufweisen (vgl. Meyer et al., 2002). Clugston et al. (2000) haben daher in ihrer Untersuchung die Einflüsse von Geschlecht, Betriebszugehörigkeitsdauer und Affekt kontrolliert und konnten zeigen, dass die Kulturvariablen zusätzliche Varianz bei der Vorhersage von Commitment erklären. In der Untersuchung von Felfe, Schmook und Six (2006) wurden außerdem Arbeitsbedingungen und Führung berücksichtigt. Mit Hilfe hierarchischer Regressionen wurde der unabhängige Zusammenhang der Kulturorientierungen ermittelt, indem Alter, Geschlecht, Bildung und Betriebszugehörigkeitsdauer sowie Arbeitsmerkmale und Führung kontrolliert wurden. Für acht von zwölf Commitmentdimensionen konnte gezeigt werden, dass sich die Kulturdimensionen zusätzlich zu den genannten Faktoren auf Commitment auswirkten. Das gilt vor allem für die kalkulatorischen und normativen Commitmentkomponenten gegenüber der Organisation, der Führungskraft, dem Team und der eigenen Karriere. Affektives Commitment gegenüber der Organisation hängt hingegen in erster Linie mit der Arbeitsaufgabe, dem Klima und transformationaler Führung zusammen und das affektive Commitment gegenüber der Führungskraft wird vor allem durch das Ausmaß transformationaler Führung erklärt. Das affektive Commitment gegenüber der Arbeitsgruppe wird in erster Linie durch das Klima und die Organisationszugehörigkeitsdauer vorhergesagt.

Damit zeigt sich insgesamt, dass Commitment nicht nur von demographischen Merkmalen und Merkmalen der Arbeitssituation determiniert wird, sondern zu einem gewissen Teil auch durch stabile Merkmale der Person. Dies wirft die Frage nach dem Einfluss von möglichen weiteren Persönlichkeitsmerkmalen wie z.B. Verträglichkeit und Gewissenhaftigkeit auf, die ebenfalls Commitment beeinflussen. Das Bedürfnis, sich zu binden, könnte in Anlehnung an das Anschlussmotiv eine weiterführende Perspektive darstellen.

Abschließend lässt sich festhalten, dass kulturelle Wertorientierungen auf individueller Ebene auch innerhalb einer Kultur einen bedeutsamen Beitrag zur Erklärung von Commitment leisten. Besonders Kollektivismus erweist sich als relevante Einflussgröße für Commitment. Besonders deutlich fällt der Zusammenhang mit dem Commitment gegenüber der Arbeitsgruppe aus. Kollektivismus korreliert aber auch mit Commitment gegenüber dem Vorgesetzten. Beides steht in Einklang mit der Annahme, dass kollektivistische Personen dazu neigen, intensive Beziehungen auch innerhalb der Arbeit zu entwickeln. Entgegen den Erwartungen wurde jedoch kein negativer Zusammenhang zwischen Kollektivismus und Commitment gegenüber der Karriere gefunden. Die Autoren vermuten, dass die hier eingesetzte Individualismus-Kollektivismus-Skala möglicherweise eher hohen vs. niedrigen Kollektivismus, jedoch nicht in ausreichendem Maß Individualismus erfasst. Machtdistanz korreliert wie erwartet weitgehend mit kalkulatorischem Commitment und stellt insofern ein gewisses Risiko dar, als diese Komponente eher mit unerwünschten Konsequenzen wie z.B. Stresserleben korreliert ist (Meyer et al., 2002). Mit nur zwei Ausnahmen korreliert Unsicherheitsvermeidung wie erwartet mit allen Commitmentskalen. Unsicherheitsvermeidung scheint damit eine unspezifische Neigung zu fördern, sich zu binden.

Zusammengefasst:

Bei der Frage nach den Antezedenzfaktoren liefert die Forschung ein relativ deutlich konturiertes Bild. Offensichtlich handelt es sich bei den Arbeitsinhalten und der Führung als Arbeitsbedingungen um die zentralen und bedeutsamen Antezedenzfaktoren von affektivem Commitment. Kalkulatorisches Commitment korreliert in erster Linie mit dem Jobalter. Für normatives Commitment zeigen sich insgesamt die schwächsten Zusammenhänge.

7 Korrelate und verwandte Konzepte von Commitment

In dem in Abbildung 13 vorgestellten Rahmenmodell sind neben Antezedenzen und Konsequenzen von Commitment so genannte Korrelate aufgeführt. Ihr Status wird in der Literatur zum Teil unterschiedlich behandelt. In einigen Ansätzen fungieren sie als Antezedenzen und an anderer Stelle werden sie als Konsequenzen geführt. In der Regel weisen die hohen Korrelationen bereits darauf hin, dass sich die Konzepte empirisch mitunter stark überlappen. Meyer und Allen (1997) haben daher vorgeschlagen, diese Variablen als Korrelate zu bezeichnen. Hierzu gehören das Involvement-Konzept, Identifikation und vor allem das Konzept der Arbeitszufriedenheit.

7.1 Die Relation von Commitment und Arbeitszufriedenheit

Nach einer Definition von Spector bedeutet Arbeitszufriedenheit die Einstellung gegenüber der Arbeit: „… simply how people feel about their jobs and different aspects of their jobs. It is the extent to which people like (satisfaction) or dislike (dissatisfaction) their jobs. As it is generally assessed, job satisfaction is an attitudinal variable." (1997, p. 2). Aktuelle ausführliche Darstellungen der Konzepte, einschlägige Übersichten über Ergebnisse und den Stand der Forschung finden sich u.a. bei Felfe und Six (2006), Fischer (1989, 1991), Ulich (1994) und Spector (1997). Es herrscht weitgehend Einigkeit, dass Arbeitszufriedenheit die Einstellung des Mitarbeiters gegenüber seiner *Arbeit insgesamt* oder gegenüber einzelnen *Facetten* der Arbeit erfasst. Zu diesen Facetten zählen u.a. die Arbeitsaufgabe, Kollegen, Vorgesetzte und Arbeitsbedingungen.

Commitment und Arbeitszufriedenheit weisen theoretische Gemeinsamkeiten, aber auch Unterschiede auf (Felfe & Six, 2006). Während das Zufriedenheitskonzept die Bewertung der aktuellen Arbeitssituation in den Vordergrund stellt, als deren Ergebnis dann Zufriedenheit oder Unzufriedenheit resultiert, versucht das Commitmentkonzept eher die stabile, langfristige Bindung an die Organisation abzubilden (Mowday et al., 1979). Zufriedenheit kann hierbei eine wichtige, unterstützende Funktion haben. Theoretisch lassen sich außerdem Beispiele finden, bei denen hohes Commitment mit geringer Zufriedenheit mit der Arbeit einhergeht und umgekehrt. Sie belegen eine konzeptionelle Unabhängigkeit beider Konzepte. Demnach können sich Bindung und Identifikation auch unabhängig von Zufriedenheit entwickeln, indem Commitment zum Beispiel bereits beim Organisationseintritt stark ausgeprägt ist. Denkbar ist auch, dass sich zufriedene Mitarbeiter dennoch nicht dem Unternehmen verbunden fühlen und das Unternehmen verlassen würden, sobald sich eine attraktive Gelegenheit ergibt. Umgekehrt ist vorstellbar, dass sich Mitarbeiter an ihre Organisation gebunden fühlen und ihr treu bleiben, obwohl sie aufgrund schlechter Bedingungen mit vielen Dingen unzufrieden sind. Die Gründe hierfür können vielfältig sein: Tradition, Identifikation, moralische Verpflichtung oder mangelnde Alternativen. Auch die Differenzierungen innerhalb der Konzepte machen unterschiedliche Akzente deutlich. Während im Bereich der AZ zahlreiche Facetten unterschieden werden, differenziert das Commitmentkonzept zunächst unterschiedliche Komponenten der Bindung. Arbeitszufriedenheit und Commitment sind damit zumindest theoretisch distinkte Konzepte. Allerdings gibt es auch eine Reihe theoretischer Gemeinsamkeiten. So spielt die Befriedigung unterschiedlicher emotionaler und materieller Bedürfnisse vor dem Hintergrund individueller Werte, Einstellungen und Ziele in beiden Konzepten eine zentrale Rolle. Arbeitszufriedenheit und Commitment haben hinsichtlich der emotionalen Bewertungen eine gemeinsame Basis. Aber auch für die kognitiven Komponenten lassen sich Überschneidungen finden. Das kalkulatorische Commitment weist gewisse Überschneidungen zum Konzept der „resignativen Zufriedenheit" auf. In beiden Fällen basieren Commitment bzw. Arbeitszufriedenheit nicht auf einem Wünschen oder Wollen der Mitarbeiter, sondern sind das Ergebnis rationaler, Dissonanz reduzierender Bewertungen. Die empirische Realisation beider Konzepte wird im Folgenden skizziert.

In der Literatur werden meist relativ hohe Zusammenhänge zwischen Arbeitszufriedenheit und Commitment berichtet. Mathieu und Zajac (1990) ermittelten einen durchschnittlichen Zusammenhang zwischen allgemeiner Arbeitszufriedenheit und organisationalem Commitment von ($\rho = .53$). Die durchschnittlichen Korrelationen zu einzelnen Facetten der Arbeitszufriedenheit variieren jedoch recht deutlich. Hohe Zusammenhänge zeigen sich zur Zufriedenheit mit den Aufstiegsmöglichkeiten ($\rho = .39$), zur Zufriedenheit mit der Führung ($\rho = .40$) und vor allem zur Zufriedenheit mit der Arbeit selbst ($\rho = .63$). Die Korrelationen zwischen Bezahlung und extrinsischen Zufriedenheitsfaktoren fallen hingegen schwächer aus ($\rho = .23$ bzw. $\rho = .17$). Für einen Teil der Studien konnten Mathieu and Zajac (1990) zwischen einstellungsbezogenem und kalkulatorischem Commitment differenzieren: Allgemeine Arbeitszufriedenheit korreliert zu $\rho = .69$ mit einstellungsbezogenem Commitment, aber nur zu $\rho = .23$ mit kalkulatorischem Commitment.

Offensichtlich bildet die affektive Bewertung bzw. Reaktion die gemeinsame Grundlage von Commitment und Arbeitszufriedenheit. Die Ergebnisse von Meyer et al. (2002) bestätigen dieses Bild. Sie berichten einen ähnlich hohen Zusammenhang von $\rho = .65$ zwischen globaler Arbeitszufriedenheit und organisationalem affektiven Commitment. Auch die Korrelationen mit den einzelnen Facetten der Arbeitszufriedenheit sind durchaus vergleichbar. Für kalkulatorisches Commitment werden sogar negative Zusammenhänge zur Arbeitszufriedenheit ermittelt.

Da die Zusammenhänge in den verschiedenen Studien erheblich variierten, wurden zusätzliche Moderatoranalysen durchgeführt. Eine getrennte Auswertung nach Studien mit nordamerikanischen Stichproben und Untersuchungen anderer Herkunft zeigt zum Beispiel, dass die Zusammenhänge zwischen affektivem Commitment und AZ außerhalb Nordamerikas niedriger ausfallen. In der wohl aktuellsten Metaanalyse von Cooper-Hakim und Viswesvaran (2005) wurde ebenfalls ein durchschnittlicher

Zusammenhang von affektivem organisationalen Commitment und allgemeiner Arbeitszufriedenheit von $\rho = .60$ ermittelt. Für normatives Commitment und kalkulatorisches Commitment werden hier $\rho = .36$ bzw. $\rho = .12$ berichtet.

Meyer et al. (1993) haben zusätzlich das Commitment gegenüber dem Beruf bzw. der Tätigkeit analysiert. Im Vergleich zum organisationalen Commitment korreliert das affektive Commitment gegenüber dem Beruf stärker mit der Arbeitszufriedenheit. Dieser Befund findet sich auch in der Metaanalyse von Cooper-Hakim und Viswesvaran (2005). Mit $\rho = .63$ fällt der Zusammenhang zwischen Arbeitszufriedenheit und berufsbezogenem Commitment tendenziell höher aus als zu organisationalem Commitment $\rho = .60$. Damit scheint die Bewertung der Arbeit selbst eine weitere Gemeinsamkeit von Commitment und Arbeitszufriedenheit darzustellen. Bei Untersuchungen in deutschen Organisationen zeigt sich ein ähnliches Bild. Felfe et al. (in review) fanden folgende Zusammenhänge mit globaler AZ: affektives organisationales Commitment ($r = .42$), kalkulatorisches Commitment ($r = -.02$) und normatives Commitment ($r = .26$). Auch hier wurde ein vergleichsweise stärkerer Zusammenhang zwischen Arbeitszufriedenheit und dem affektiven Commitment gegenüber dem Beruf von $r = .48$ ermittelt. Allerdings variierte auch hier die Höhe des Zusammenhangs in den unterschiedlichen Stichproben. In Organisationen des öffentlichen Dienstes waren die Zusammenhänge geringer als in privatwirtschaftlichen Unternehmen. Möglicherweise wird Commitment im öffentlichen Dienst weniger durch die Zufriedenheit mit der Arbeit als durch andere Faktoren, wie z.B. durch die Beschäftigungssicherheit, beeinflusst. Unterschiedlich hohe Zusammenhänge zeigen sich auch im europäischen Vergleich. Six und Felfe (2006) berichten eine Spannbreite von $r = .34$ (Deutschland, neue Bundesländer) bis $r = .53$ (Deutschland alte Bundesländer). Niedrige Zusammenhänge wurden auch für Portugal, Finnland und die Niederlande berichtet, während Dänemark, Frankreich und Spanien zu den Ländern mit vergleichsweise hohen Korrelationen zählen.

Insgesamt kann von einer starken Überschneidung zwischen affektivem Commitment und allgemeiner Arbeitszufriedenheit gesprochen werden. Die Befunde weisen eine hohe Konsistenz auf und lassen sich auch für deutsche Stichproben bestätigen. Die Gemeinsamkeiten resultieren insbesondere aus der affektiven Bewertung der Arbeit. Die Zusammenhänge zwischen beiden Konzepten sind jedoch nicht so hoch, dass von vollständiger Redundanz gesprochen werden kann (Mathieu & Zajac, 1990; Tett & Meyer, 1993). Allerdings bleiben die unterschiedlichen Binnendifferenzierungen beider Konzepte häufig unberücksichtigt. Differenziertere Analysen mit einzelnen Formen der Arbeitszufriedenheit (z.B. resignative Zufriedenheit) in Hinblick auf korrespondierende Commitmentkomponenten stehen noch aus und sollten zukünftig untersucht werden. Außerdem weisen die Zusammenhänge systematische Variation auf. Offenbar sind hier Moderatoreffekte zu berücksichtigen. Zur Beantwortung der Frage, welche Moderatoren neben dem organisationalen und kulturellen Kontext wirksam werden, müssen weitere Studien durchgeführt werden. Damit ist insgesamt zumindest von einer partiellen Eigenständigkeit beider Konzepte auszugehen (Meyer et al., 2002).

7.1.1 Beziehung zu Antezedenzen und Konsequenzen

Wenn es sich bei Arbeitszufriedenheit und Commitment um distinkte Konzepte handelt, sollten sich auch unterschiedliche Ursachen zuordnen lassen. Sind beide Konzepte weitgehend identisch, müssten sie auf die gleichen Faktoren zurückführen lassen. Hier zeigen sich tatsächlich Gemeinsamkeiten, aber auch Unterschiede (Felfe & Six, 2006). Insbesondere Führung und der Arbeitsinhalt determinieren gleichermaßen Zufriedenheit und Commitment. Zwischen den Merkmalen der Mitarbeiter und Arbeitszufriedenheit bzw. Commitment zeigen sich aber nur zum Teil ähnliche Zusammenhänge. Gemeinsamkeiten gibt es zum Beispiel bei Persönlichkeitsmerkmalen wie Selbstwirksamkeit und Kontrollüberzeugung, die sowohl mit AZ als auch mit Commitment positiv korreliert sind. Insbesondere die jüngere Forschung zur Arbeitszufriedenheit interessiert sich verstärkt für Persönlichkeitsmerkmale wie Affektivität und die Big Five (Connolly & Viswesvaran, 2000; Hochwarter, Perrewe, Ferris & Brymer, 1999; Judge & Bono, 2001; Judge, Heller & Mount, 2002). Die Befunde deuten darauf hin, das AZ in größerem Maße durch stabile Merkmale der Person bestimmt wird als bislang vermutet wurde (Arvey, Bouchard, Segal & Abraham, 1989). Vergleichbare Forschung liegt für Commitment nur vereinzelt vor (s. Abschnitt 6.4.2), so dass Vergleiche bislang nicht möglich sind. Angesichts der Befundlage im Bereich der Arbeitszufriedenheitsforschung wäre es daher verfrüht, für Commitment Einflüsse von Personenmerkmalen auszuschließen und von einem eher situationsspezifischen Konzept auszugehen. Vielmehr sollten zukünftig Einflüsse von Persönlichkeitsmerkmalen auch in der Commitmentforschung verstärkt berücksichtigt werden. Zum Beispiel zeichnet sich, wie bereits in Abschnitt 6.4.3 dargestellt, zunehmende Forschungsaktivität bei der Frage nach dem Einfluss individueller kultureller Wertorientierungen auf Commitment ab.

Gemeinsam ist beiden Konzepten die Erwartung, dass Mitarbeiter mit hohem Commitment, ähnlich wie hoch zufriedene Mitarbeiter, sich stärker im Sinne des Unternehmens engagieren. Geht man davon aus, dass vor dem bereits skizzierten Hintergrund zunehmenden Wandels Zufriedenheit eine immer schwieriger zu erreichende Zielgröße ist, könnte sich der Focus auf das Commitment der Mitarbeiter verlagern. Dahinter verbirgt sich die Hoffnung, dass es sich bei Commitment um eine in ihrer Wirkung über Zufriedenheit hinausgehende, positive emotionale Einstellung zum Unternehmen handelt. In Bezug auf die Auswirkungen auf unterschiedliche Outcomevariablen wie Leistung, Fluktuation etc. sind spezifische Beiträge zu erwarten, wenn die Konzepte nicht identisch sind.

Ein Vergleich der empirischen Befundlage zeigt allerdings, dass zumindest auf Grundlage jüngerer Studien nicht davon ausgegangen werden kann, dass Commitment einen deutlich engeren Zusammenhang zu Fluktuationsabsichten aufweist als Arbeitszufriedenheit. Vielmehr überwiegen die Studien, in denen für Arbeitszufriedenheit und Commitment ähnliche Korrelationen gefunden werden. Vergleicht man hingegen die jeweiligen Zusammenhänge von AZ und Commitment zu OCB, zeigt sich in den meisten Studien ein stärkerer Zusammenhang für Commitment. Es kann davon ausgegangen werden, dass Commitment etwas höhere Zusammenhänge und damit bessere Vorhersagen in Bezug auf Extra-role-Verhalten ermöglicht als Arbeitszufriedenheit. Bezogen auf In-role-Verhalten zeigen sich jedoch insgesamt die stärkeren Zusammenhänge für Arbeitszufriedenheit. Dass für Arbeitszufriedenheit häufiger stärkere Zusammenhänge berichtet werden als für organisationales Commitment, sollte jedoch nicht zu dem voreiligen Schluss führen, auf die Einbeziehung von Commitment zu verzichten. In den meisten Studien, in denen beide Konstrukte gemeinsam herangezogen wurden, zeigen sich verbesserte Vorhersagen. Damit ist auch hinsichtlich der Zusammenhänge zu Antezedenzen und Konsequenzen von einer partiellen Eigenständigkeit beider Konzepte auszugehen. Außerdem hat sich in einigen Studien gezeigt, dass u.U. andere Commitmentfoci herangezogen werden müssen. Beispielsweise korreliert occupational Commitment stärker mit Leistung und OCB als organisationales Commitment. Dass in der Regel nur organisationales Commitment und keine kombinierten Effekte multipler Foci analysiert werden, stellt eine deutliche Verkürzung der Reichweite des Commitmentkonzepts dar. Zukünftige Forschung sollte daher stärker auf die Wirkung kombinierter Effekte abstellen.

7.1.2 Arbeitszufriedenheit und Commitment: Die Frage nach Ursache und Wirkung

Wie bereits erwähnt, existieren unterschiedliche Vorstellungen zu der Kausalbeziehung von Commitment und Arbeitszufriedenheit. Zunächst erscheint die Annahme, dass zufriedene Mitarbeiter mit der Zeit eine stärkere Bindung an ihr Unternehmen entwickeln, plausibel. Umgekehrt ist zu erwarten, dass unzufriedene Mitarbeiter sich wenig oder gar nicht an ihr Unternehmen gebunden fühlen. Das bedeutet, dass Commitment ursächlich von Zufriedenheit abhängt. Dabei wird angenommen, dass sich Commitment langsamer als Zufriedenheit entwickelt und eine höhere Stabilität aufweist (Mowday et al., 1979; Porter et al., 1974). Unter dieser Annahme würde Commitment als Mediator für die Vorhersage positiver oder negativer Konsequenzen wie Leistung, Fluktuation etc. fungieren (Tett & Meyer, 1993). Diese Kausalkette ist in Abbildung 15 als oberer Pfad dargestellt. Bereits Judge et al. (2001) haben zum Beispiel darauf hingewiesen, dass die Zusammenhänge zwischen AZ und Leistung durch Drittvariablen erklärt werden können. Es ist daher denkbar, dass sich AZ nicht direkt auf OCB auswirkt, sondern nur mittelbar über Commitment als mediierende Einflussgröße wirkt. Demnach würde sich AZ zunächst auf Commitment auswirken und Commitment wiederum OCB beeinflussen.

Felfe, Six und Schmook (2005) haben in einer empirischen Studie gezeigt, dass Commitment nicht nur einen zusätzlichen Prädiktor zur Vorhersage von OCB darstellt, sondern dass der Zusammenhang von AZ und OCB durch Commitment mediiert wird. Hierfür sind bedeutsame Korrelationen zwischen jeweils AZ und OCB, AZ und Commitment sowie Commitment und OCB erforderlich. Commitment kann dann als Mediator bezeichnet werden, wenn der direkte Zusammenhang zwischen AZ und OCB deutlich abnimmt oder verschwindet, wenn der Einfluss von Commitment als Mediator kontrolliert (auspartialisiert) wird. Wie erwartet, korreliert AZ zu r = .28 mit OCB. Organisationales Commitment und berufsbezogenes Commitment korrelieren jeweils zu r = .30 bzw. zu r = .41 mit OCB und jeweils zu r = .46 (p < .001) bzw. r = .58 (p < .001) mit Arbeitszufriedenheit. Die Vorhersage von OCB durch die Hinzunahme von organisationalem Commitment und berufsbezogenem Commitment gegenüber Arbeitszufriedenheit als alleinigem Prädiktor wird signifikant verbessert. Darüber hinaus sinkt der Vorhersagebeitrag von Arbeitszufriedenheit in bedeutsamer Weise, wenn organisationales Commitment als Mediator eingeführt wird. Wird berufsbezogenes Commitment als Mediator hinzugenommen, ist der Beitrag der Arbeitszufriedenheit nicht mehr signifikant. Damit wird der Zusammenhang von AZ und OCB durch organisationales Commitment zum Teil und durch berufsbezogenes Commitment nahezu vollständig mediiert.

Eine umgedrehte Wirkrichtung, bei der Commitment zu Zufriedenheit führt und Zufriedenheit als Mediator für die Vorhersage positiver oder negativer Konsequenzen auftritt, lässt sich theoretisch ebenfalls begründen (Tett & Meyer, 1993). Ein hohes Commitment könnte dazu beitragen, die Arbeitssituation insgesamt positiver zu bewerten und damit die Zufriedenheit steigern. Umgekehrt könnte geringes Commitment oder Gleichgültigkeit die Bewertung der Arbeitssituation negativ beeinflussen und damit eher Unzufriedenheit erzeugen. Aus der Perspektive der Social Identity Theory kann ein hohes Maß an Identifikation mit dem Unternehmen zur persönlichen Identität und zum Selbstwert beitragen (Wegge & van Dick, 2006). Wird die Zugehörigkeit zum Unternehmen als identitätsstiftend und selbstwertdienlich erlebt, kann dies positive Folgen für die Zufriedenheit haben. Diese Kausalkette ist in Abbildung 15 als unterer Pfad dargestellt.

Der Befund, dass der Zusammenhang zwischen beiden Konstrukten mit der Zeit zunimmt, unterstützt die Annahme einer gegenseitigen Beeinflussung. In einer Längsschnittstudie mit drei Messzeitpunkten im Zeitraum von 21 Monaten war ein entsprechender Anstieg der Korrelationen von AZ und Commitment von $r = .61$ über $r = .70$ auf $r = .78$ zu verzeichnen (Farkas & Tetrick, 1989). Als drittes Wirkmodell könnten sich beide Konzepte im Sinne von Kausalketten abwechselnd gegenseitig beeinflussen, Zufriedenheit führt zu Commitment, Commitment steigert wiederum die Zufriedenheit (Farkas & Tetrick, 1989; Vandenberg & Lance, 1992).

Mittlerweile liegen einige Studien vor, in denen versucht wird, die Kausalrichtung von Arbeitszufriedenheit und Commitment zu untersuchen. Die Befunde von Williams und Hazer (1986) unterstützten zunächst die Annahme, dass Zufriedenheit als Antezedenz von Commitment einzustufen sei. Tett und Meyer (1993) haben später in ihrer Metaanalyse die unterschiedlichen Wirkungsrichtungen zwischen AZ und Commitment als Pfadmodelle abgebildet und mit Hilfe von Strukturgleichungsmodellen analysiert. Das „Satisfaction-to-commitment mediation-Modell" erzielte eine deutlich schlechtere Anpassung als das „Commitment-to-satisfaction mediation-Modell" (s. Abbildung 15). Das bedeutet, dass der Einfluss von Commitment auf die Fluktuationsabsicht eher durch Arbeitszufriedenheit mediiert wird als umgekehrt. Zusätzlich ist auch von unabhängigen Einflüssen beider Konstrukte auszugehen, was zumindest partielle Eigenständigkeit beider Konzepte unterstreicht. Aber auch hier erweist sich der direkte Pfad für Arbeitszufriedenheit als stärker als der direkte Einfluss von Commitment. Zu einem ähnlichen Ergebnis gelangen van Dick et al. (2004). Allerdings wurde in dieser Studie nicht organisationales Commitment, sondern organisationale Identifikation als Maß der Verbundenheit verwendet. Die Autoren konnten in vier Studien zeigen, dass Identifikation sowohl direkt als auch indirekt über die Arbeitszufriedenheit auf die Fluktuationsabsicht wirkt. Aufgrund der partiellen Eigenständigkeit von Arbeitszufriedenheit und Commitment empfehlen Tett und Meyer (1993), beide Konzepte gemeinsam als Prädiktoren zur Vorhersage von Fluktuationsabsicht zu nutzen. In einer aktuelleren Untersuchung ermittelte Clugston (2000) ebenfalls die beste Modellanpassung mit einem kombinierten Modell mit mediierenden und direkten Einflüssen. Insgesamt zeigte sich auch hier, dass AZ einen größeren, direkten Einfluss auf die Wechselabsicht hat als Commitment.

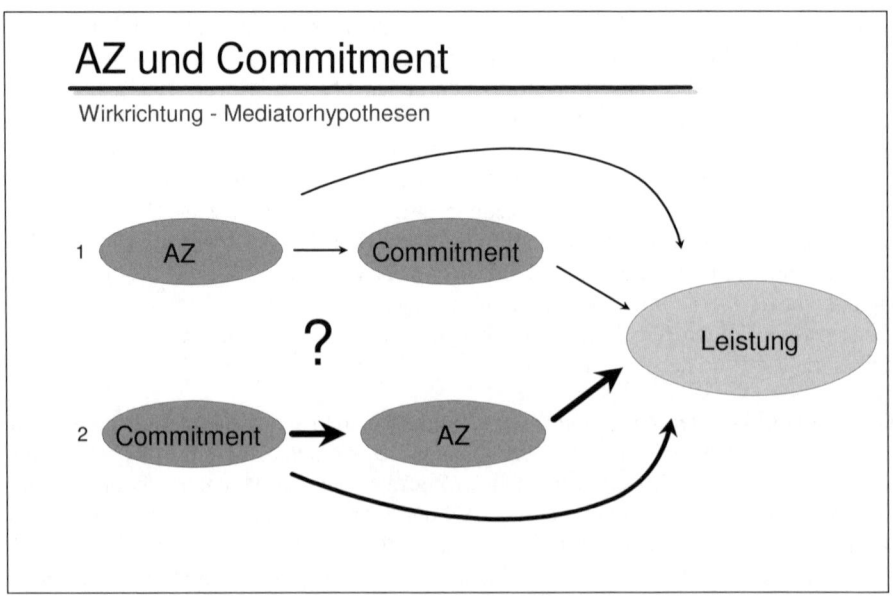

Abbildung 15: Ursachen und Wirkung von AZ und Commitment

Mit Ausnahme der Studie von Farkas und Tetrick (1989) gilt für die bisher aufgeführten Studien einschränkend, dass es sich um Querschnittsuntersuchungen handelt. Für eine verlässliche Analyse der Kausalannahmen sind jedoch Längsschnittstudien erforderlich. Farkas und Tetrick (1989) konnten in ihrer Längsschnittstudie mit drei Messzeitpunkten zunächst keine eindeutige Bestätigung einer Wirkrichtung finden. Empirische Unterstützung fand sich hingegen für ein exploratives Modell, in dem sich die Kausalrichtungen zu den unterschiedlichen Zeitpunkten veränderten. Es wird daher postuliert, dass sich Arbeitszufriedenheit und Commitment gegenseitig bedingen. Zu diesem Schuss kommen auch Vandenberg und Lance (1992) in ihrer Längsschnittuntersuchung mit zwei Messzeitpunkten. Allerdings geben sie dem sparsameren Modell, in dem AZ durch Commitment vorhergesagt wurde, bei nahezu gleicher Anpassungsgüte den Vorzug.

7.2 Involvement

Die konzeptionelle Überschneidung zwischen Involvement und Commitment wird bereits deutlich, wenn man berücksichtigt, dass Involvement definitorischer Bestandteil von Commitment ist. Sowohl Mowday et al. (1982) („The relative strength of an individual's identification with and involvement in a particular organization") als auch Meyer und Allen (1984) („... positive feelings of identification with, attachment to, and involvement in, the work organization", p. 375) verwenden diesen Begriff. Während Commitment die Bindung von Mitarbeitern an ihre Organisation beschreibt, bezieht sich Involvement auf das Ausmaß, in dem sich Menschen mit ihrer Arbeit identifizieren. Das Konzept des Job involvement geht ursprünglich auf Lodhal und Kejner (1965) zurück, die zur Messung eine Skala mit 20 Items entwickelt haben (Beispielitems der Job involvement scale: „The major satisfaction of my life comes from my work" oder „I live, eat, and breath my work" und „Most things in life are more important than work (rec)". Im Mittelpunkt dieses Konzepts steht die Frage, wie zentral die Bedeutung der Arbeit im Leben einer Person ist.

Kanungo (1982) unterscheidet zwischen „Work-involvement" und „Job-involvement". Ersteres ist eine relativ stabile Werthaltung und bezieht sich in Anlehnung an Lodhal und Kejner (1965) auf den allgemeinen Stellenwert, den Arbeit für einen Menschen hat (Beispielitems des Work-involvement measures: „Life is worth living only when people get absorbed in work" und „Work should be considered central to life"), während letzteres eher das Verhältnis zu einer bestimmten Arbeitstätigkeit charakterisiert (Beispielitems des Job-involvement measures: „Most of my personal life goals are job orientated" und „I consider my job to be very central to my existence"), das sich auf die Bereitschaft, sich dort zu engagieren, auswirkt.

Job-involvement korreliert daher zum Beispiel höher mit Arbeitszufriedenheit als Work-involvement. Zudem ist Job-involvement ein sensitiveres Maß für die Auswirkungen von Veränderungen am Arbeitsplatz als Work-involvement oder Arbeitszufriedenheit. Entsprechend wurde in der Metaanalyse von Cooper-Hakim und Viswesvaran (2005) wurde auf der Basis von 462 Studien mit insgesamt über 133.000 Befragten ein durchschnittlicher Zusammenhang zwischen Job-involvement und Arbeitszufriedenheit von $\rho = .35$ ermittelt, während für Work-involvement auf der Basis von 36 Studien mit ca. 16.000 Befragten lediglich eine durchschnittliche Korrelation von $\rho = .08$ berichtet wird. Ähnlich unterschiedlich fallen auch die Zusammenhänge zur Leistung aus. Während Job-involvment zu $\rho = .18$ mit Leistung korreliert liegt, der Zusammenhang für Work-involvement bei $\rho = .07$.

Für Fluktuation und Fluktuationsabsicht zeigt sich das gleiche Bild. Insgesamt liegen die Werte aber unter denen, die für organisationales Commitment bzw. affektives organisationales Commitment ermittelt wurden. Affektives organisationales Commitment korreliert in dieser Metaanalyse mit Zufriedenheit zu $\rho = .60$ und mit Leistung zu $\rho = .27$. Da sich Job-involvement eher auf die Arbeitstätigkeit als auf die Organisation bezieht, sehen Meyer et al. (2002) vor allem eine konzeptionelle Ähnlichkeit mit dem Commitment gegenüber dem Beruf bzw. der Tätigkeit (occupational commitment). Als durchschnittlichen Zusammenhang zwischen affektivem organisationalen Commitment und Job-involvement ermittelten Meyer et al. (2002) eine Korrelation von $\rho = .53$. Für normatives Commitment fällt der Zusammenhang mit $\rho = .40$ etwas niedriger aus und zur kalkulatorischen Komponente besteht kein Zusammenhang $\rho = .03$.

In Bezug auf Job-involvement basiert die Metaanalyse von Brown (1996) mit 51 Studien auf einer breiteren empirischen Basis als die Meta-Analyse von Meyer et al. (2002) mit 16 Studien zu Job-involvement und berücksichtigt darüber hinaus unterschiedliche Commitmentfoci. Brown (1996) ermittelte ähnlich wie Meyer et al. (2002) einen Zusammenhang zwischen Job involvement und „Attitudinal organisational commitment" (Mowday et al., 1979) von $\rho = .51$. Erwartungsgemäß wurde für den Zusammenhang zum Commitment gegenüber der eigenen Karriere ein etwas höherer Zusammenhang von $\rho = .60$ gefunden.

Lee et al. (2000) berichten in ihrer Metaanalyse insgesamt etwas niedrigere Zusammenhänge, können aber zeigen, dass Job-involvement stärker mit berufsbezogenem Commitment zusammenhängt ($\rho = .52$) als mit organisationalem Commitment ($\rho = .45$). Die Ergebnisse der aktuellen Metaanalyse von Cooper-Hakim und Viswesvaran (2005) bestätigen dieses Bild. Hier wird ein durchschnittlicher Zusammenhang zwischen Job-involvement und organisationalem Commitment von $\rho = .52$ berichtet. Auch in dieser Metaanalyse wurde ein höherer Zusammenhang von $\rho = .67$ zwischen berufsbezogenem Commitment und Job-involvement ermittelt. Allerdings ist die Datenbasis für dieses Teilergebnis mit nur zwei Stichproben deutlich geringer. Der Zusammenhang zwischen Work-involvement und organisationalem Commitment fällt mit $\rho = .42$ deutlich niedriger aus. Bezogen auf die oben erläuterte Unterscheidung zwischen Work-involvement und Job-involvement fanden Cooper-Hakim und Viswesvaran (2005) lediglich einen Zusammenhang von $\rho = .26$ zwischen den beiden Konzepten.

8 Bedeutung des Kontexts: Commitment in unterschiedlichen Kontexten

In den vorangehenden Abschnitten wurde davon ausgegangen, dass die dargestellten Ausprägungen von Commitment (Abschnitt 4: „Wie verbunden sind die Mitarbeiter: Zahlen für Deutschland und Europa") weitgehend einheitlich sind. Unterschieden wurde hierbei lediglich zwischen mehreren europäischen Ländern. Gleiches gilt auch für die Zusammenhänge zu den Antezedenzen und Konsequenzen von Commitment (Abschnitt 5: „Die Bedeutung für den Unternehmenserfolg" und Abschnitt 6 „Bindungsmanagement: Mitarbeiterbindung erhöhen"). In den folgenden Abschnitten wird der Frage nachgegangen, inwieweit sich die bislang berichteten Ausprägungen und Zusammenhänge in Abhängigkeit des jeweiligen Kontexts unterscheiden. Zunächst wird die bereits eingangs gestellte Frage aufgegriffen, wie sich neue Beschäftigungsformen auf die Bindung der Mitarbeiter auswirken (Abschnitt 8.1 und 8.2):

- Zeigen sich bei veränderten Beschäftigungsformen, wie z.B. Zeitarbeit, Veränderungen und Abweichungen gegenüber den traditionellen Beschäftigungsverhältnissen, oder bleiben Stärke und Art der Bindung hiervon unberührt?

- Tritt tatsächlich die Bindung an die Organisation zu Gunsten einer Bindung an den Beruf bzw. die Tätigkeit in den Vordergrund?

- Wem gegenüber fühlen sich Zeitarbeiter eher verbunden, dem Verleiher, d.h. der Zeitarbeitsagentur, bei der sie beschäftigt sind oder dem Entleiher, für den sie arbeiten?

Inwieweit sich der Kontext unterschiedlicher Organisationstypen auf die Mitarbeiterbindung auswirkt, wird in einem weiteren Schritt untersucht (Abschnitt 8.3).

- Unterscheidet sich die Bindung von Mitarbeitern im öffentlichen Dienst von Beschäftigten in privatwirtschaftlichen Organisationen?

- Welche Rolle spielt die Organisationsgröße und macht es einen Unterschied, ob sich das Unternehmen in der Entwicklung befindet oder bereits seit langer Zeit am Markt etabliert ist?

Von praktischer Bedeutung ist hierbei auch die Frage, ob das Commitment der Beschäftigten in unterschiedlichen Kontexten mit den gleichen Maßnahmen erfolgreich gefördert werden kann, oder ob die Bedeutung der einzelnen Strategien vom jeweiligen Kontext abhängt. Vor dem Hintergrund zunehmender Globalisierung ist zu prüfen, inwieweit die überwiegend in westlichen Organisationen und Kontexten gewonnen Erkenntnisse zur Bindung von Mitarbeitern auch auf andere Kulturkreise übertragen und generalisiert werden kann. Das gilt nicht nur für Europa, sondern vor allem mit Blick auf asiatische Kulturen. Im Abschnitt 8.4 werden erste Überlegungen und empirische Befunde vorgestellt, die deutlich machen, dass der kulturelle Kontext die Bindung der Mitarbeiter zu beeinflussen scheint und dass Commitment von unterschiedlicher Bedeutung sein kann.

8.1 Commitment in neuen Arbeitsformen

Wie bereits in den einführenden Kapiteln dargestellt, bekommt Commitment gerade vor dem Hintergrund organisationalen Wandels, der unter anderem durch flexiblere Organisations- und Beschäftigungsformen, flachere Hierarchien sowie sich verändernde Aufgaben und Anforderungen gekennzeichnet ist, besondere Bedeutung. Nicht nur das reibungslose und effiziente Funktionieren in den veränderten Strukturen, sondern auch die Bewältigung der Veränderungen selbst erfordern von den Organisationsmitgliedern mehr als nur die Erfüllung der ausdrücklich vorgegebenen Aufgaben und die Einhaltung von Regeln und Vorschriften. Organisationen sind zunehmend darauf angewiesen, dass Mitarbeiter sich über das ausdrücklich Geforderte hinaus engagieren. Die Bereitschaft hierzu dürfte bei einer entsprechenden emotionalen Verbundenheit mit der Organisation größer sein, als wenn die Beziehung als unwichtig erlebt wird. Allerdings gehen im Zuge aktueller Veränderungen zentrale Voraussetzungen für eine enge Bindung der Mitarbeiter an das Unternehmen verloren.

Strukturelle und technische Veränderungen haben vor allem die Entwicklung neuer Arbeitsformen im Sinne neuer Anstellungs- und Arbeitszeitmuster in den Ländern der europäischen Gemeinschaft forciert. Zeitlich befristete Anstellungsverhältnisse, Teilzeitarbeit, Zeitarbeit oder Leiharbeit, Ausbildungs- oder Trainingsverträge, Heimarbeit, Telearbeit, neue Selbständigkeit, flexible Arbeitszeitmodelle, Saisonarbeit und Sabbaticals sind typische Beispiele hierfür. Arbeit scheint ihre ursprüngliche Bedeutung als Vollzeitbeschäftigung für einen zunehmenden Anteil der Beschäftigten zu verlieren. Für diese bedeutet das unter anderem eine Zunahme an Unsicherheit und höhere Anforderungen an Flexibilität. Was bedeuten diese Veränderungen jedoch für das Commitment der Betroffenen? Insgesamt ist es wichtig, Auswirkungen neuer Arbeits- und Beschäftigungsformen auf Commitment zu berücksichtigen. Dabei ist z.B. an Telearbeit, Teilzeitarbeit, Zeitarbeit (Leiharbeit), aber auch an die so genannten „neuen Selbständigen" zu denken. Außerdem ist die verstärkte Berücksichtigung von Commitment an den Beruf oder die Tätigkeit (occupational Commitment) und die Hinzunahme weiterer Foci, wie z.B. Commitment an eine bestimmte Beschäftigungsform, erforderlich.

Der zunehmende Wegfall verlässlicher Strukturen (Arbeitsplatzunsicherheit, neue Arbeits- und Beschäftigungsformen) erschwert die Entwicklung von Commitment. Der Verlust von Zeit- und Ortsbindung, aber auch von Unmittelbarkeit (Kontakte, Feedback) bedeutet einen Verlust an Sicherheit, Verlässlichkeit und Sinnerleben. Besonders schwer dürften Arbeitsplatzunsicherheit als Ergebnis von Restrukturierungsprozessen und Personalabbau (Kozlowski, Chao, Smith & Hedlung, 1993) wiegen.

Bindung wird erheblich erschwert, wenn die bislang bestehenden Kontrakte (Treue und Leistung gegen Sicherheit und Versorgung) von Seiten der Unternehmen aufgekündigt werden (Morrison & Robinson, 1997; Rousseau, 1995; Sullivan, 1999).

Arbeitsplatzunsicherheit und Arbeitsplatzabbau

Wie wirkt sich zum Beispiel die durch Arbeitsplatzabbau entstehende Unsicherheit auf Commitment aus? Verstärken die nach Kündigungswellen verbliebenen Mitarbeiter ihr Commitment und ihre Anstrengungen, oder fühlen sie sich bedroht (Morrison & Robinson, 1997) und lösen auf Grund des Vertrauensverlustes ihre Bindung an das Unternehmen (Kozlowski et al., 1993)? Berichtet werden zum Beispiel verminderte Leistungs- und Innovationsbereitschaft, steigende Arbeitsunzufriedenheit sowie verstärkte gesundheitliche Probleme als Folge von Personalabbau (Mone, 1994; Sadri, 1993; Vahtera, Kivimaki & Pentti, 1997).

Zusammenhänge zwischen Arbeitsplatzunsicherheit und Commitment wurden bislang vor allem vor dem Hintergrund eines anstehenden oder vollzogenen Stellenabbaus (Downsizing) untersucht. So haben etwa Grunberg, Anderson-Connolly und Greenberg (2000) die Auswirkungen von Stellenabbau auf die verbliebenen Organisationsmitglieder („surviving layoffs") hinsichtlich ihres Commitments und der Leistung (Fehlzeiten und Engagement) untersucht. Dabei gingen sie von der Annahme aus, dass die Auswirkungen umso negativer ausfallen, wenn (1) bereits direkte, eigene Erfahrungen mit Kündigungen gemacht wurden (eigene Kündigung, Kündigungsankündigung etc.) und (2) der Selektionsprozess als unfair und ungerecht erlebt wird. Die Ergebnisse zeigen einen deutlichen Zusammenhang zwischen der erlebten Fairness und Commitment. Grunberg et al. (2000) vermuten, dass die Ursachen von Arbeitsplatzunsicherheit nicht dem einzelnen Unternehmen zugerechnet, sondern als strukturelles, gesamtwirtschaftliches Problem angesehen werden. Umso wichtiger ist die erlebte Fairness im Umgang mit diesem Problem. Die Ergebnisse zeigen außerdem, dass das Ausmaß der Betroffenheit sich zumindest kurzfristig positiv auf die Leistung der Arbeiter und einfachen Angestellten auswirkt, während Fach- und Führungskräfte in ihren Anstrengungen für das Unternehmen eher nachlassen und sich nach außen orientieren.

Eine wichtige Rolle kommt der erlebten Gerechtigkeit zu. Das Ausmaß der erlebten Gerechtigkeit beeinflusst das Commitment, das sich wiederum auf die Leistung auswirkt. Kritisch ist allerdings auch bei dieser Studie wieder anzumerken, dass für einige der unterstellten Wirkrichtungen genauso gut umgekehrte Richtungen begründet werden könnten: z. B. hohes Commitment führt dazu, dass der Prozess als gerechter erlebt wird oder höhere Leistungen sind bereits Ergebnis eines Selektionseffekts. Auch Heckscher (1995) fand in einer Untersuchung mit mittleren Führungskräften, dass Arbeitsplatzabbau als notwendiges Übel akzeptiert und die Loyalität zum Unternehmen nicht beschädigt wurde. Entsprechend zeigte sich auch hier eine signifikante Beziehung zu dem Maß, wie verantwortungsbewusst und fürsorglich das Unternehmen („organizational support") gegenüber seinen Angestellten wahrgenommen wurde.

Befristete Arbeitsverhältnisse

Welche Auswirkungen es auf das Commitment hat, wenn Arbeitsverhältnisse von vornherein nur auf eine bestimmte Zeit befristet sind, wurde bislang kaum untersucht. Van Dyne und Ang (1998) hatten bei befristetet Beschäftigten geringeres Commitment als bei unbefristet Angestellten im gleichen Unternehmen gefunden. So könnte vermutet werden, dass – ähnlich wie im Zuge von Personalabbau-Prozessen – nur sehr geringes Commitment vorhanden ist, weil keine entsprechende Austauschbeziehung wahrgenommen wird. Andererseits ist jedoch auch denkbar, dass die Anstrengungen erhöht werden, in der Hoffnung auf Vertragsverlängerung oder spätere Wiederbeschäftigung.

Telearbeit

Bislang wurde Commitment im Zusammenhang mit der Telearbeit, Zeitarbeit, neuer Selbständigkeit usw. eher am Rande erwähnt. So wird verschiedentlich darauf hingewiesen, dass etwa Fragen zum Zusammenhang zwischen neuen Arbeitsorganisationsformen und Commitment bislang weitestgehend nicht untersucht und damit nicht beantwortet sind. Auch Büssing und Broome (1999) stellen in ihrer Untersuchung zum Zusammenhang zwischen Vertrauen, Commitment und Involvement bei Telearbeit fest, dass „bislang kaum untersucht [wurde], inwieweit es durch Telearbeit zu einer Neuorientierung beruflicher und familiärer Werte, Haltungen und Einstellungen und insbesondere der Bindung an die Organisation und der Identifikation mit der Arbeit kommt" (S. 125). Ob sich bei Telearbeitern Commitment in gleichem Maße entwickelt, wie bei regulär in der Organisation tätigen Personen, lässt sich allerdings kaum feststellen. In der Regel werden Telearbeiter nicht als solche eingestellt. Vielmehr handelt es sich um Personen, die zuvor schon im Betrieb tätig waren. Meist wird auf „erfahrene" Mitarbeiter zurückgegriffen, eben um sicherzustellen, dass Commitment gegenüber der Organisation in ausreichendem Maße vorhanden ist.

Neue Selbständige und Ich-AG

Bei den so genannten „neuen Selbständigen" ist zu berücksichtigen, dass diese nur über zeitlich befristete Verträge an die jeweilige Organisation gebunden sind oder als Ich-AGs wesentlich auf Fördermittel angewiesen sind. Im Gegensatz zu regulär selbständig oder freiberuflich Tätigen sind diese Selbständigen häufig als freie Mitarbeiter („Freelancer") bei überwiegend einem Unternehmen tätig und haben keine eigenen Mitarbeiter. Damit sind sie einerseits selbständig, andererseits sind sie geschäftlich häufig von überwiegend einem Auftraggeber abhängig. Hierzu zählen typischerweise Trainer und Dozenten, die überwiegend für einen Bildungsträger tätig sind oder EDV-Spezialisten, die ihre Programmieraufträge immer wieder von dem gleichen Unternehmen erhalten.

Allerdings sind die Grenzen zur regulären Selbständigkeit fließend. Werden zunehmend auch auf Aufträge für andere Kunden übernommen, und damit die wirtschaftliche Abhängigkeit von einem Auftraggeber abgebaut, entwickelt sich eine reguläre Selbständigkeit. Ist der unternehmerische Entscheidungsspielraum jedoch derart eingeschränkt, dass keine selbständigen Entscheidungen möglich sind und der Auftragnehmer gegenüber dem Auftraggeber weitgehend weisungsgebunden ist, wird sogar von „Scheinselbständigkeit" gesprochen.

Call-Center

Aus Gründen der Rationalisierung, aber auch der Verbesserung der Kundenorientierung und Servicequalität, werden Funktionen der Kundenbetreuung und Beratung zunehmend in Call-Centern zusammengefasst. Der Anteil der in Call-Centern tätigen Personen hat in den letzten Jahren zugenommen. Call-Center-Arbeitsplätze weisen zwar ein spezifisches Anforderungs- und Belastungsprofil mit hohen kommunikativen Anforderungen, starker Zeitbindung (Zeit- und Zielvorgaben) und einem hohen Risiko, mit sozialen und emotionalen Stressoren (Umgang mit Kundenbeschwerden und negativen Emotionen) konfrontiert zu werden, auf. Gleichzeitig verfügen sie nur über begrenzte Handlungs- und Entscheidungsspielräume und werden in hohem Maße kontrolliert. Aber es handelt sich nicht im engeren Sinne um eine neue Beschäftigungsform. Aufgrund der flexiblen Arbeitszeitmöglichkeiten sind in Call-Centern allerdings häufig Personen anzutreffen, für die diese Tätigkeit eine Übergangslösung darstellt, da sie z.B. studieren oder sich anderweitig beruflich neu orientieren. Darüber hinaus nehmen Call-Center-Mitarbeiter häufig lediglich eine Mittlerfunktion zwischen einer Organisation, der sie selber nicht angehören, und ihren Kunden ein. Am Beispiel von Call-Center-Agenten konnten Moltzen und van Dick (2002) zeigen, dass sich der Grad der Eingebundenheit (Inhouse vs. Outhouse) auf Identifikation und OCB auswirkt.

Zeit- oder Leiharbeit

Aktuell ist ebenfalls ein Anstieg neuer Arbeits- und Beschäftigungsformen im Bereich von Zeit- oder Leiharbeit zu verzeichnen. Der Anteil der Zeitarbeiter in Deutschland hat in den letzten Jahrzehnten kontinuierlich zugenommen und im Jahre 2001 einen Anteil von 1,3% der Gesamtbeschäftigten erreicht. In absoluten Zahlen stieg die Zahl der Zeitarbeiter von fast 180.000 im Jahre 1996 auf über 350.000 im Jahre 2001 (Jahn & Rudolph, 2002). Nach Angaben der Bundesagentur für Arbeit lag der Anteil der Betriebe, die Leiharbeit einsetzten, im Jahre 2002 für Gesamtdeutschland bei 2,4%. In den Niederlanden und Großbritannien betrug der Anteil an den Beschäftigten sogar 4,5 bzw. 4,7% (Nienhüser & Matiaske, 2003). Die Zahlen zeigen, dass auch hierzulande mit einem weiteren Anstieg zu rechnen ist. Zeitarbeit wird vor allem als Chance für Unternehmen gesehen, kurzfristige Personalbedarfe zu decken, ohne sich langfristig an neue Mitarbeiter zu binden und Verpflichtungen hinsichtlich einer Weiterbeschäftigung einzugehen. Für die Beschäftigten kann Zeitarbeit als Chance zum Berufseinstieg, als Möglichkeit für Flexibilität und zur Verbreiterung der beruflichen Erfahrung gesehen werden.

Commitment bei bestimmten Berufsgruppen

Beispielsweise konnte Keller (1997) zeigen, dass die Leistung von Wissenschaftlern und Ingenieuren, gemessen an der Anzahl ihrer Veröffentlichungen, sehr wohl mit occupational Commitment korrelierte, jedoch nicht mit organisationalem Commitment zusammenhängt. Möglicherweise ist occupational Commitment in bestimm-

ten Kontexten (befristete Beschäftigungsperspektive, hohe Professionalität, Expertentum) ein besserer Prädiktor für individuelle Leistungen als organisationales Commitment. Auch Heckscher (1995) vermutet, dass sich Commitment zukünftig verstärkt
auf eine zeitlich begrenzte Aufgabe oder „Mission" beziehen wird. Die allseits geforderte Flexibilität bewirkt unter Umständen eine „Entbindung", eine „emotionally de-
tached" Beziehung vom bzw. zur Organisation.

Es darf angesichts der soweit skizzierten neuen Beschäftigungsformen vermutet werden, dass sich Mitarbeiter mit begrenzten Beschäftigungsperspektiven künftig möglicherweise stärker auf ihren Beruf, ihre eigene Karriere (Connelly & Gallagher, 2004;
Meyer, Allen & Topolnytsky, 1998) oder eine zeitlich begrenzte Aufgabe oder "Mission" (Heckscher, 1995) konzentrieren als auf eine einzelne Organisation. Entsprechend stellen Gallagher und McLean Parks (2001, p. 204) fest, "that the growth of
'contingent' or 'alternative' forms of work relationships highlights the need for re-
searchers to examine work related-commitments outside of the traditional employer-
employee framework."

Entsprechend zielte ein Projekt von Six et al. (2001) auf die Frage, inwieweit sich
Personen in unterschiedlichen Arbeits- und Beschäftigungsformen (konventionell,
Call-Center, Zeitarbeit, Selbständigkeit) in ihrem Commitment gegenüber der Organisation, ihrem Beruf bzw. ihrer Tätigkeit und gegenüber der Form der Beschäftigung
unterscheiden. Dabei wurde erwartet, dass die Beschäftigungsform grundsätzlich einen Einfluss auf die genannten abhängigen Variablen hat. Das heißt, die Unterschiede
zwischen den vier Beschäftigungsformen sollten auch dann bestehen bleiben, wenn
weitere Faktoren kontrolliert werden. Um dies zu prüfen, wurden andere Faktoren
wie Merkmale der Arbeit, Arbeitsklima, Bezahlung, Arbeitsplatzsicherheit, Führung,
aber auch das Alter neben der Beschäftigungsform in die Analysen aufgenommen
und kontrolliert. Die Stichprobe umfasste insgesamt 580 Personen, davon waren
34,7% als konventionell Angestellte beschäftigt, 9,1% waren selbständig, 24,3% der
Befragten arbeiteten in einem Call-Center und 31,9% waren als Zeitarbeiter tätig.
Zunächst werden die Befunde zum Organisationalen Commitment (8.1.1), dann zum
berufs- bzw. tätigkeitsbezogenes Commitment (8.1.2) und anschließend zum Commitment gegenüber der Beschäftigungsform (8.1.3) berichtet.

8.1.1 Organisationales Commitment bei unterschiedlichen Arbeitsformen

Six et al. (2001) vermuteten, dass Angestellte, die mehr der Peripherie einer Organisation zuzurechnen sind, eher einen transaktionalen Kontrakt mit der Organisation
eingehen, diejenigen aber, die dem Kern der Organisation zuzurechnen sind, eher
einen relationalen und daher auch eine stärkere affektive Bindung entwickeln. Die
Zugehörigkeit zur Organisation ist bei konventionell Angestellten sowie bei Selbständigen eher auf Dauer angelegt als bei Call-Center-Angestellten und bei Zeitarbeitern. Eine längerfristige Zugehörigkeit sollte aber die emotionale Bindung an die Organisation begünstigen. Entsprechendes zeigen auch die Ergebnisse dieser Studie.
Wie angenommen, konnte ein deutlicher Einfluss der Beschäftigungsform auf das
Commitment nachgewiesen werden. Die unterschiedlichen Commitmentprofile sind

zum einen in Abbildung 16 nach den Commitmentfoci gruppiert und zum anderen in Abbildung 17 nach Beschäftigungsformen zusammengefasst dargestellt.

Das affektive organisationale Commitment gegenüber der Organisation der konventionell Angestellten sowie der Selbständigen fiel erwartungsgemäß höher aus als das der Call-Center-Angestellten und der Zeitarbeiter (vgl. Abbildung 16). Dabei zeigten die Selbständigen mit einem Durchschnittswert von über vier auf der fünfstufigen Skala die stärkste affektive Bindung an ihr „Unternehmen". Dass sich die Selbständigen mit ihrem Unternehmen am stärksten identifizieren ist nahe liegend. Vergleichsweise hoch ist auch das affektive Commitment bei den traditionell Beschäftigten. Am niedrigsten ist das affektive organisationale Commitment jedoch bei Zeitarbeitern. Auch nach der Kontrolle relevanter Einflussvariablen, wie Aufgabeninhalt, Führung etc. blieben die Unterschiede signifikant. Damit scheint sich die Annahme, dass bei Beschäftigungsverhältnissen, die keine langfristige Perspektive aufweisen, die affektive Bindung an die Organisation in den Hintergrund tritt, zu bestätigen.

Ein ähnliches Bild zeigt sich für das normative Commitment gegenüber der Organisation. Diese Komponente ist bei den Selbständigen am stärksten ausgeprägt, dicht gefolgt von den konventionell Angestellten und mit Abstand dann von den Call-Center-Beschäftigten und zuletzt den Zeitarbeitern. Damit zeigen Zeitarbeiter gegenüber der Organisation, bei der sie angestellt sind, nicht nur eine geringe affektive, sondern auch die vergleichsweise geringste normative Bindung. Insgesamt ist das normative Commitment bei allen Gruppen deutlich niedriger als das affektive Commitment ausgeprägt. Das gilt auch für die Gruppe der Selbständigen. Im Vergleich zu den anderen Gruppen empfinden sie jedoch am ehesten auch eine moralische Verpflichtung gegenüber „ihrer" Organisation.

Am stärksten war das kalkulatorische Commitment gegenüber der Organisation in der Gruppe der konventionell Festangestellten ausgeprägt, gefolgt von den Selbständigen und den Zeitarbeitern. Das geringste kalkulatorische Commitment gegenüber der Organisation wiesen die Beschäftigten der Call-Center auf. In den hohen Werten der traditionell Beschäftigten spiegeln sich die hohen Investitionen wieder, die bei einem Wechsel nach einer langjährigen Betriebszugehörigkeit verloren gehen würden. Außerdem sind die Chancen, eine adäquate neue Beschäftigung zu finden, begrenzt. Bei den Selbständigen sind zwar auch Investitionen getätigt worden, diese wirken sich aber deutlich weniger auf das Erleben und die Verhaltensabsichten aus. Bindung und der Wunsch, weiterhin in der Organisation tätig zu sein, basiert hier kaum auf rationalen Zwängen, sondern wesentlich stärker auf dem Wünschen und Wollen der Befragten. Affektives und kalkulatorisches Commitment unterscheiden sich bei den Selbständigen deutlich, während die Unterschiede bei den traditionell Angestellten eher gering sind. Bei ihnen sind sowohl affektive als auch rationale Beweggründe maßgeblich. Bei den Zeitarbeitern ist das kalkulatorische Commitment ähnlich wie bei den Selbständigen auf einem mittleren Niveau angesiedelt. Die Investitionen sind hier begrenzt und damit die bei einem Wechsel zu erwartenden Kosten und Verluste wenig bedeutsam. Allerdings werden die möglichen Alternativen eher als begrenzt wahrgenommen. Bemerkenswert ist bei dieser Gruppe allerdings, dass das kalkulatorische Commitment deutlich stärker als das affektive Commitment ausfällt. Die

Wahrscheinlichkeit eines Wechsels ist damit sehr hoch, sobald sich eine geeignete
Möglichkeit ergibt. Der Übergangscharakter der Tätigkeit findet bei den Mitarbeitern
der Call-Center im geringen kalkulatorischen Commitment seine Entsprechung. Einem Wechsel stehen weder Kosten in Form bisheriger Investitionen noch mangelnde
Alternativen im Wege. Die Bindung an die Organisation ist zwar moderat, basiert
aber auf dem aktuellen Wünschen und Wollen der Beschäftigten.

8.1.2   Berufsbezogenes Commitment bei unterschiedlichen Arbeitsformen

Die affektive Bindung an den gewählten Beruf bzw. die ausgeübte Tätigkeit sollte
einen Einfluss darauf haben, welche Anstrengungen unternommen werden, diese Tätigkeit auch weiterhin ausüben zu können. Unter Umständen wird auch ein Wechsel
der Organisation vorgenommen, um die eigenen Vorstellungen von dem Beruf bzw.
der Tätigkeit umsetzen und verwirklichen zu können. Es wurde vermutet, dass die
Bedeutung des Commitments gegenüber dem Beruf bzw. der Tätigkeit insbesondere
bei Selbständigen im Vordergrund steht.

Insgesamt fällt auf, dass die Bindung an den Beruf bzw. die Tätigkeit bei allen Gruppen vor allem durch die affektive Komponente geprägt ist. Das kalkulatorische und
das normative Commitment sind hier deutlich niedriger angesiedelt. Das stärkste affektive Commitment gegenüber dem Beruf bzw. der Tätigkeit findet sich bei den
Selbständigen. Diese identifizieren sich offenbar so stark mit ihrem Beruf, dass sie
die Selbständigkeit gewählt haben, um ihren Beruf oder ihre Tätigkeit ohne organisationale Einschränkungen (z.B. Vorschriften, Vorgesetzte etc.) ausüben zu können.
Eine hohe Identifikation mit der eigenen Tätigkeit dürfte auch eine wesentliche Voraussetzung für eine erfolgreiche Selbständigkeit sein. Ebenfalls hoch ist das affektive
Commitment gegenüber dem Beruf bei den traditionell Beschäftigten. Bei den Zeitarbeitern und vor allem bei den Mitarbeitern der Call-Center ist die emotionale Bindung
an den Beruf eher geringer ausgeprägt. Während sowohl bei den Selbständigen als
auch bei den traditionell Beschäftigten das affektive Commitment gegenüber dem
Beruf stärker ausfällt als das Commitment gegenüber der Organisation, ist es bei den
Zeitarbeitern genau umgekehrt. Diese Gruppe der Beschäftigten scheint sich eher mit
ihrem Beruf zu identifizieren als mit der Organisation. Der Beruf bietet hier wesentlich mehr Kontinuität als die Zugehörigkeit zu einer Organisation.

Damit wird die Annahme bestätigt, dass bei unsicheren Beschäftigungsverhältnissen
das berufsbezogene Commitment gegenüber dem organisationalen Commitment deutlich an Bedeutung gewinnen könnte. Diese Personen definieren sich eher über ihren
Beruf bzw. über eine bestimmte Tätigkeit, als über die Zugehörigkeit zu einer bestimmten Organisation. Die vergleichsweise geringste emotionale Verbundenheit mit
ihrer Tätigkeit zeigen die Mitarbeiter der Call-Center. Bei Angestellten in Call-
Centern handelt es sich häufig um Personen, die diese Tätigkeit als Übergangslösung
ausüben, da sie nicht mehr oder noch nicht in ihrem gewählten Beruf tätig sein können. Eine affektive Bindung an die Tätigkeit im Call-Center ist daher nur in sehr geringer Ausprägung vorhanden.

Das kalkulatorische und normative Commitment gegenüber dem Beruf bzw. der Tätigkeit ist bei den Zeitarbeitern am geringsten. Da es sich hier um eine Übergangslösung handelt, gibt es auch keine Verpflichtungen, diese Art von Tätigkeit weiterhin auszuüben. Noch weniger wird die Fortführung der Tätigkeit mit Kosten oder fehlenden Alternativen begründet. Das vergleichsweise höchste kalkulatorische und normative Commitment gegenüber dem Beruf bzw. der Tätigkeit zeigt sich bei den traditionell Beschäftigten. Konventionell Angestellte und Selbständige haben in der Regel eine mehrjährige Ausbildung für ihren Beruf absolviert und auch einige Aussicht, weiterhin längerfristig ihrer Tätigkeit nachgehen zu können.

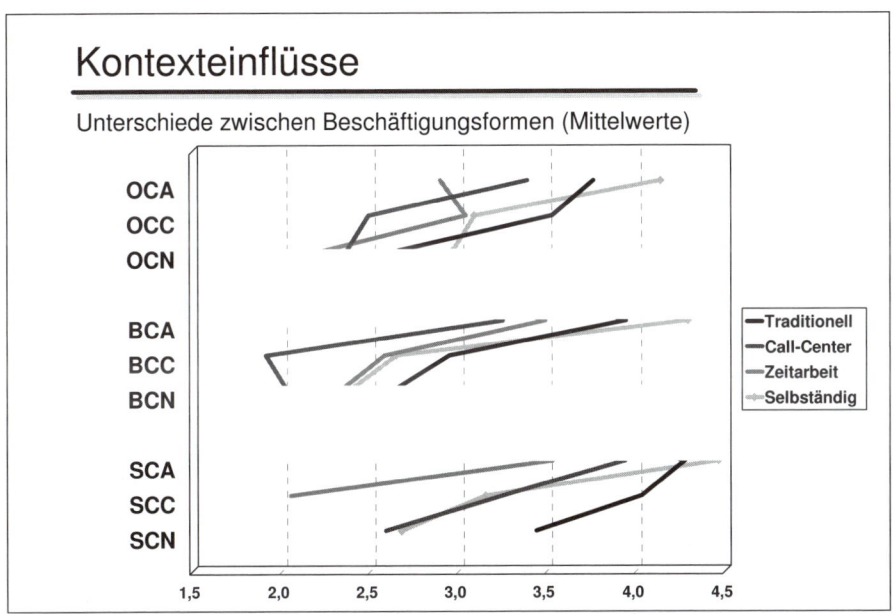

Abbildung 16: Commitment in unterschiedlichen Beschäftigungsformen I

Anmerkungen: Commitment gegenüber der Organisation: affektiv (OCA), kalkulatorisch (OCC), normativ (OCN); Commitment gegenüber dem Beruf: affektiv (BCA), kalkulatorisch (BCC), normativ (BCN); Commitment gegenüber der Beschäftigungsform/Status: affektiv (SCA), kalkulatorisch (SCC), normativ (SCN).

Längere Qualifizierungsphasen und betriebliche Spezialisierung könnten daher erklären, warum ein Wechsel der Tätigkeit für die Personen dieser Beschäftigtengruppe mit Kosten verbunden ist. Wurden Weiterbildungen durch den Betrieb finanziert, entsteht nicht nur eine Verpflichtung, der Organisation treu zu bleiben, sondern auch die Tätigkeit weiterhin auszuüben.

Auch gegenüber Kollegen und Vorgesetzten kann im Laufe der Zeit ein Verpflichtungsgefühl entstehen, die übertragenen Aufgaben weiterhin wahrzunehmen. Bemerkenswert ist auch hier wieder der Unterschied zwischen Selbständigen und traditionell Angestellten. Im Vergleich zu den Selbständigen zeigt das Bindungsmuster der traditionell Angestellten weniger affektives und dafür aber mehr kalkulatorisches Commitment. Dieses umgekehrte Muster hatte sich bereits für das Commitment gegenüber der Organisation gezeigt.

Die Umkehrung der Ausprägung von affektivem und kalkulatorischem Commitment zeigt sich auch beim Vergleich des organisationalen und berufsbezogenen Commitments bei Zeitarbeitern. Während die Bindung an die Organisation eher kalkulatorisch und weniger affektiv ausgeprägt ist, zeigt sich für berufsbezogenes Commitment ein umgekehrtes Bild. Hier erhält die emotionale Bindung ein deutlich stärkeres Gewicht, während die kalkulatorische Bindung eher gering ausfällt. Zwar haben auch Zeitarbeiter häufig einen Beruf erlernt, für den aber keine adäquate Festanstellung gefunden wird. Investitionen sind zwar getätigt, es zeichnet sich jedoch nicht ab, dass sich diese längerfristig auszahlen können. Daher kann es für diese Personengruppe rationaler sein, an eine Umschulung, d.h. an Investitionen, die vom bisherigen Beruf wegführen, zu denken. Die Gruppe der Call-Center-Agenten ist häufig nur angelernt. Daher können insgesamt für die letztgenannten beiden Gruppen viel eher berufliche Alternativen attraktiv sein als für die Selbständigen und konventionell Angestellten.

8.1.3   Commitment gegenüber der Beschäftigungsform bei unterschiedlichen Abeitsformen

Die Selbständigkeit sowie traditionelle Festanstellungen werden in der Regel bewusst gesucht und gewählt. Bei einer Beschäftigung im Call-Center oder als Zeitarbeiter handelt es sich hingegen häufig um Übergangslösungen. Erwartungsgemäß zeigen die Selbständigen im Mittel sehr hohes affektives Commitment gegenüber der Beschäftigungsform „Selbständigkeit". An zweiter Stelle folgen die Festangestellten. Mit wiederum jeweils deutlichem und signifikantem Abstand folgen dann die Mitarbeiter der Call-Center und an letzter Stelle die Zeitarbeiter. Es ist bemerkenswert, dass das affektive Commitment gegenüber der Beschäftigungsform in allen Gruppen höher als das Commitment gegenüber der Organisation oder das Commitment gegenüber dem Beruf eingeschätzt wird.

Damit zeichnet sich ab, dass die Organisation als „Bindungsobjekt" im Vergleich eine weniger herausragende Rolle spielt. Insbesondere die traditionell Angestellten identifizieren sich emotional in erster Linie mit ihrem Status als „Festangestellte", in zweiter Linie mit ihrem Beruf und erst an dritter Stelle mit ihrer Organisation. Aber auch für die Selbständigen hat der Status der „Selbständigkeit" einen besonderen Wert. Beide Gruppen streben danach, ihren jeweiligen Status aufrecht zu erhalten. Während dies bei den Selbständigen zwangsläufig an die eigene Organisation und die ausgeübte Tätigkeit gebunden ist, spielt die Organisation bei den traditionell Angestellten im Vergleich eine untergeordnete Rolle. Ihnen ist es im Zweifel wichtiger, fest angestellt zu sein als in einer bestimmten Organisation zu verbleiben. Das kalkulatorische Commitment gegenüber der Beschäftigungsform ist bei den konventionell Angestellten mit Abstand am stärksten ausgeprägt. Das gleiche gilt für das normative Commitment. Offensichtlich werden hier mit einem Wechsel in eine andere Beschäftigungsform höhere Kosten und größere Risiken verbunden und man fühlt sich verpflichtet, eine feste Stellung nicht leichtfertig aufzugeben. Bei den konventionell Angestellten und den Selbständigen spielen die getätigten Investitionen in Verbindung mit der Aussicht, dass diese sich im Rahmen der gewählten Beschäftigungsform auszahlen, bei einem Wechsel aber verloren wären, eine wichtige Rolle. Dagegen spielen die Investitionen, die notwendig sind, um in einem Call-Center oder als Zeitarbeiter tätig zu sein, eine zu untergeordnete Rolle, als dass rationale Gründe gegen einen Wechsel sprechen könnten.

Außerdem gibt es gesellschaftliche Normen und Werte, die besagen, dass man einen sicheren Arbeitsplatz oder auch die eigene Organisation als Verantwortlicher nicht so ohne weiteres im Stich lassen darf. Bei Zeitarbeitern ist das genaue Gegenteil der Fall. Derartige Normen und Werte existieren für Call-Center-Angestellte oder Zeitarbeiter nicht, da beides eher als vorübergehende Beschäftigung betrachtet wird, die man ohne schlechtes Gewissen wieder aufgeben kann. Eine normgebundene Verpflichtung gegenüber dem Arbeitgeber wird hier nicht erwartet. Zeitarbeiter weisen erwartungsgemäß das geringste kalkulatorische Commitment gegenüber ihrer Beschäftigungsform auf.

Hier spiegelt sich die hohe Bereitschaft vieler Zeitarbeiter wieder, in ein festes Anstellungsverhältnis zu wechseln. Erstaunlich ist an dieser Stelle jedoch das vergleichsweise hohe affektive Commitment gegenüber der Zeitarbeit. Möglicherweise wird Zeitarbeit von vielen in ihrer aktuellen Situation als gar nicht so unattraktiv erlebt. Allerdings gibt es auch wenig rationale Gründe, diesen Status beizubehalten, wenn sich die aktuelle Einschätzung ändert. Für die Zeitarbeiter wurde das normative Commitment gegenüber der Beschäftigungsform Zeitarbeit nicht erhoben.

Nicht zuletzt soll auch hier wieder auf den Unterschied zwischen Selbständigen und traditionell Angestellten hingewiesen werden. Im Vergleich zu den Selbständigen zeigt das Bindungsmuster in Bezug auf die Beschäftigungsform bei traditionell Angestellten weniger affektives und dafür aber mehr kalkulatorisches Commitment. Dieses Muster hatte sich bereits für das Commitment gegenüber der Organisation und dem Beruf gezeigt. Damit scheint das kalkulatorische Commitment bei traditionell Angestellten insgesamt ein größeres Gewicht zu haben als bei Selbständigen, bei denen affektives Commitment im Vordergrund steht. Abbildung 17 zeigt die jeweiligen Commitmentprofile für die einzelnen Beschäftigungsformen.

Für die Gruppe der traditionell Beschäftigten wird dabei nochmals deutlich, dass vor allem der Status der Festanstellung von hoher Bedeutung ist. Das gilt gleichermaßen für die affektive, die kalkulatorische und die normative Komponente. Das affektive Commitment gegenüber dem Beruf folgt an zweiter und das affektive Commitment gegenüber der Organisation erst an dritter Stelle. Charakteristisch ist ebenfalls ein hohes kalkulatorisches Commitment gegenüber der Organisation, dass sich im Niveau nur wenig vom affektiven Commitment unterscheidet. Die normative und kalkulatorische Bindung an den Beruf sind hingegen von untergeordneter Bedeutung.

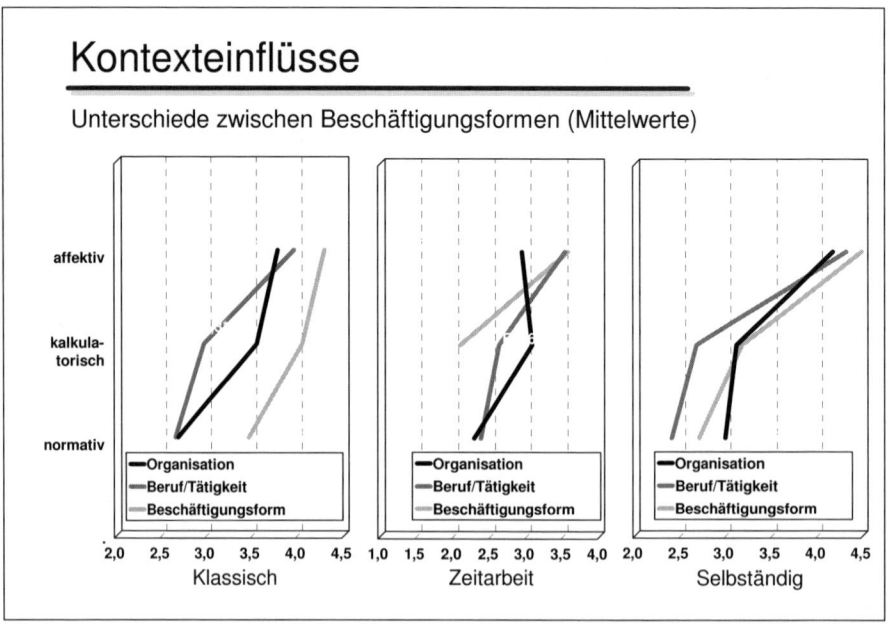

Abbildung 17: Commitment in unterschiedlichen Beschäftigungsformen II

Das Commitment bei Zeitarbeitern ist insgesamt auf einem niedrigeren Niveau ange-siedelt. Affektives Commitment ist hier gegenüber dem Beruf und der Beschäfti-gungsform zu finden. Gegenüber der Organisation wiegt das kalkulatorische Com-mitment stärker als das affektive Commitment. Das Profilmuster der Selbständigen ist insgesamt durch ein hohes affektives Commitment geprägt. Das gilt für die drei Foci Organisation, Beruf und Beschäftigungsform. Das kalkulatorische wie auch das nor-mative Commitment spielen bei allen drei Foci eine untergeordnete Rolle. Charakte-ristisch ist hier, dass sich die jeweiligen Ausprägungen für die drei Foci kaum unter-schieden.

Damit zeigt sich deutlich, dass das Commitment der Mitarbeiter durch den Kontext der Beschäftigungsform beeinflusst wird und zu spezifischen Ausprägungen in den einzelnen Foci und den jeweiligen Komponenten führt. Die bisherige Forschung, die überwiegend mit Stichproben fest Angestellter durchgeführt wurde, muss daher gera-de in Hinblick auf oben skizzierte Veränderungen am Arbeitsmarkt weiterhin ergänzt werden.

8.1.4 Zusammenhänge zu Antezedenzen und Outcomevariablen

Die Bedeutung der Befunde zum Commitment wird offensichtlich, wenn man zusätz-liche Positiv- und Negativindikatoren heranzieht. Six et al. (2001) berichten, dass bei den Selbständigen nicht nur das höchste Commitment, sondern auch die höchste Ausprägung von Arbeitszufriedenheit gefunden wurde, an zweiter Stelle folgen die traditionell Angestellten, an dritter Stelle die Call-Center-Mitarbeiter und zuletzt die Zeitarbeiter. Das entspricht der Rangreihe, die für affektives und normatives Commitment gegenüber der Organisation gefunden wurde. Für OCB ergibt sich ein ähnliches Bild. Die Selbständigen zeigen erwartungsgemäß das höchste Engagement, während die Zeitarbeiter hier eher zurückhaltende Angaben machen. Traditionell Angestellte und Call-Center-Mitarbeiter liegen im mittleren Bereich. Bemerkenswert ist, dass die Selbständigen mit dem höchsten affektiven organisationalen Commitment auch das geringste Ausmaß an Gereiztheit aufweisen. Die traditionell Angestellten weisen hingegen die stärkste Gereiztheit auf. Zwar verfügen sie ebenfalls über ein ausgeprägtes affektives Commitment, aber in dieser Gruppe ist vor allem auch das kalkulatorische Commitment stark angesiedelt. Wie bereits gezeigt wurde, steigert kalkulatorisches Commitment die Wahrscheinlichkeit negativer Belastungsfolgen.

Ein Blick auf die auf individueller Ebene ermittelten Korrelationen bestätigt das Bild der Zusammenhänge auf Gruppenebene. Wie Tabelle 23 zeigt, weisen alle affektiven und normativen Commitmentskalen positive Zusammenhänge mit Arbeitszufriedenheit auf. In Bezug auf die Variable Gereiztheit ergaben sich positive Zusammenhänge zu den kalkulatorischen Komponenten OCC, BCC und SCC, während die Korrelationen mit affektivem Commitment gegenüber der Organisation und dem Beruf negative Werte aufweisen (OCA und BCA). Deutliche Zusammenhänge ergaben sich ebenfalls in Bezug auf das OCB. Alle affektiven Commitmentskalen (OCA, BCA und SCA), aber auch OCN und BCN wiesen hoch signifikante positive Korrelationen zu OCB auf, während die Korrelationen zwischen OCB und den kalkulatorischen Skalen eher unbedeutend sind.

Die Zusammenhänge bestehen für die gesamte Stichprobe, die alle Gruppen umfasst, wie auch weitgehend innerhalb der einzelnen Beschäftigungsgruppen. Sie zeigen nochmals eindrücklich, dass nicht nur organisationales Commitment eine relevante Bedingung für Zufriedenheit, Gesundheit und Leistung darstellt, sondern dass auch Commitment gegenüber dem Beruf bzw. der Tätigkeit sowie gegenüber der Beschäftigungsform das Erleben und Verhalten in Organisationen maßgeblich beeinflussen.

In den Abschnitten 6.1 bis 6.4 wurde gezeigt, welche Merkmale der Person, der Arbeit und der Organisation vor allem das organisationale Commitment beeinflussen. Die meisten dieser Faktoren wurden in der Studie von Six et al. (2001) kontrolliert. Das bedeutet, dass die oben berichteten Unterschiede zwischen den Beschäftigungsformen nicht auf unterschiedliche Ausprägungen dieser Merkmale zurückzuführen sind. Vielmehr kann davon ausgegangen werden, dass die Beschäftigungsform neben den bekannten Einflussfaktoren einen zusätzlichen eigenständigen Einfluss ausübt. Ein Blick auf die Zusammenhänge zwischen Merkmalen der Person und der Arbeit auf der einen und den Commitmentdimensionen auf der anderen Seite bestätigt weitgehend die bisherige Befundlage. Diese Perspektive wird hier um den zusätzlichen Focus der Beschäftigungsform mit ihren jeweiligen Komponenten erweitert. Wie aus Tabelle 24 ersichtlich, steigt das Commitment mit zunehmendem Alter. In Bezug auf das Jobalter, d.h. der Zeit, die eine Person an einem bestimmten Arbeitsplatz verbracht hat, sind die Zusammenhänge sogar etwas höher.

Die jeweils höchsten Koeffizienten ergaben sich dabei für die kalkulatorischen Skalen (OCC, BCC und SCC). Dieser Befund entspricht weitgehend den in der Literatur berichteten Ergebnissen und wird mit den mit der Zeit zunehmenden Investitionen und den sich verringernden Alternativen erklärt. Diese Perspektive gilt nicht nur für das Commitment gegenüber der Organisation, sondern auch für das Commitment gegenüber dem Beruf und der Beschäftigungsform.

Tabelle 23: Korrelationen zwischen Commitment und Outcomes

	Arbeitszufriedenheit	Gereiztheit	OCB
OCA	.49***	-.10*	.38***
OCC	.05	.15**	.02
OCN	.30***	.04	.24***
BCA	.53***	-.14**	.41***
BCC	.07	.11*	.07
BCN	.26***	.02	.17***
SCA	.22***	.01	.35***
SCC	.08	.14***	.10*
SCN	.14**	.08	.00

Anmerkungen: Commitment gegenüber der Organisation: affektiv (OCA), kalkulatorisch (OCC), normativ (OCN); Commitment gegenüber dem Beruf: affektiv (BCA), kalkulatorisch (BCC), normativ (BCN); Commitment gegenüber der Beschäftigungsform/Status: affektiv (SCA), kalkulatorisch (SCC), normativ (SCN); N = 580.

Verfügen die Personen eher über eine hohe Selbstwirksamkeitserwartung (SWE), wirkt sich das insbesondere auf die affektiven Komponenten aus. Personen, die eher der Ansicht sind, ihr Leben allgemein und ihr Berufsleben im Besonderen beeinflussen zu können, geben eher an, dass ihre Verbundenheit auf eigenem Wünschen und Wollen beruht. Dieser Zusammenhang gilt auch für das affektive Commitment gegenüber der jeweiligen Beschäftigungsform. Wie bereits in zahlreichen Studien belegt wurde, sind der Arbeitsinhalt sowie Aufstiegs- und Qualifizierungschancen wichtige Voraussetzungen für organisationales und berufsbezogenes Commitment. Diese Ergebnisse werden hier bestätigt. Außerdem wirkt sich eine anspruchsvolle Tätigkeit mit Entwicklungsmöglichkeiten auch positiv auf das Commitment gegenüber der Beschäftigungsform aus.

Das gleiche gilt für den Einfluss transformationaler Führung, die auch hier deutlich mit dem affektiven und normativen Commitment gegenüber der Organisation und dem Beruf bzw. der Tätigkeit korreliert. Auf das Commitment gegenüber der Beschäftigungsform wirkt sich das Führungsverhalten jedoch kaum aus. Hervorzuheben ist an dieser Stelle allerdings wieder, dass die Variationen hinsichtlich dieser Merkmale die Unterschiede im Commitment nicht vollständig erklären, sondern dass die Beschäftigungsform einen eigenständigen Einfluss ausübt. Die berichteten Zusammenhänge bestehen nicht nur für die gesamte Stichprobe, sondern auch weitgehend innerhalb der einzelnen Beschäftigungsgruppen.

Tabelle 24: Korrelationen zwischen Commitment und Merkmalen der Person und der Arbeit

	Alter	Jobalter	SWE	Aufgaben-inhalt	Qualifizierung und Aufstieg	Transformationale Führung
OCA	.23***	.30***	.25***	.55***	.39***	.35***
OCC	.33***	.43***	-.06	.07	.04	-.01
OCN	.17***	.18***	.09*	.28***	.25***	.27***
BCA	.25***	.23***	.28***	.63***	.33***	.29***
BCC	.39***	.38***	-.02	.16***	03	03
BCN	.23***	.22***	.08	.25***	.10*	.19***
SCA	.15***	.25***	.20***	.27***	.16***	.13**
SCC	.28***	.46***	.01	.13**	.04	-.04
SCN	.28***	.30***	-.05	.15**	-.04	.07

Anmerkungen: Commitment gegenüber der Organisation: affektiv (OCA), kalkulatorisch (OCC), normativ (OCN); Commitment gegenüber dem Beruf: affektiv (BCA), kalkulatorisch (BCC), normativ (BCN); Commitment gegenüber der Beschäftigungsform/Status: affektiv (SCA), kalkulatorisch (SCC), normativ (SCN), berufliche Selbstwirksamkeitserwartung (SWE); N = 580.

8.1.5 Zusammenfassung der Ergebnisse

Vergleicht man die Beschäftigtengruppen, zeigen sich spezifische Commitmentprofile. Insbesondere bei Zeitarbeit als neuer Beschäftigungsform, aber auch bei Mitarbeitern der Call-Center, deren Beschäftigung häufig eine Übergangslösung darstellt, ist das Commitment niedriger als bei traditionell Angestellten. Besonders hohes Commitment zeigt sich hingegen bei Selbständigen.

Damit stehen Organisationen offensichtlich tatsächlich vor dem befürchteten Dilemma. Einerseits sind sie auf Grund des Wandels der Arbeits- und Organisationsstrukturen darauf angewiesen, auch auf Mitarbeiter zurückzugreifen, die nur vorübergehend Mitglieder der Organisation werden, andererseits kann es nicht oder nur sehr schwer gelingen, diese Mitarbeiter in ausreichendem Maße an die Organisation zu binden.

Wovon das Commitment von Zeitarbeitern abhängt, wird im folgenden Abschnitt eingehender untersucht. Inwiefern wirken sich nun neben der Beschäftigungsform die Arbeitsbedingungen auf die Höhe der unterschiedlichen Commitmentformen aus? Die Ergebnisse haben auch in dieser Studie gezeigt, dass das affektive Commitment wesentlich von Merkmalen der Arbeit wie dem Aufgabeninhalt und Entwicklungschancen abhängt.

Wir können also davon ausgehen, dass eine Verbesserung der Aufgabenmerkmale im Sinne persönlichkeitsförderlicher Arbeitsbedingungen unabhängig von der Beschäftigungsform eine Steigerung des Commitments bewirkt. Wie sich an der Höhe der Korrelationskoeffizienten ablesen lässt, ist von einer Verbesserung der Arbeitsbedingungen insbesondere das affektive Commitment betroffen. Transformationale Führung wirkt sich ebenfalls positiv auf das affektive und das normative Commitment bezogen auf die Organisation als auch auf den Beruf bzw. die Tätigkeit aus. Das kalkulatorische Commitment wird hierdurch jedoch nicht beeinflusst, dafür aber von Merkmalen der Person wie Alter und Bildungsniveau sowie von der Arbeitsplatzsicherheit bestimmt. In der Beziehung zwischen Commitment und den Befindens- und Verhaltensmaßen (Arbeitszufriedenheit, Gereiztheit, OCB) zeigen sich vor allem deutliche Zusammenhänge zwischen affektivem Commitment und der Arbeitszufriedenheit sowie OCB, wobei sowohl Arbeitszufriedenheit als auch OCB mit Zunahme des affektiven Commitments ansteigen. Dieser Befund zeigt sich auf individueller Ebene wie auch beim Vergleich der unterschiedlichen Beschäftigtengruppen.

8.2 Commitment gegenüber Verleiher und Entleiher bei Zeitarbeitern

Bedingungsfaktoren und Auswirkungen von Commitment bei Zeitarbeitern wurde von Felfe et al. (2005) weitergehend analysiert. Insbesondere wurde dabei zwischen dem Commitment gegenüber dem Verleiher, dem Entleiher und dem Commitment gegenüber Zeitarbeit als Beschäftigungsform unterschieden. Definitionsgemäß gehören Zeitarbeiter zwei Organisationen gleichzeitig an – der Zeitarbeitsagentur (Verleiher) und dem Entleiher – und entwickeln zu beiden unterschiedliche Beziehungen. Es ist bislang wenig darüber bekannt, was diese *duale Beziehung* für das Commitment von Zeitarbeitern bedeutet. Die weitergehenden Analysen sollten zeigen, wie Merkmale des Verleihers (Einkommen, Führung) und Bedingungen beim Entleiher (Arbeitsaufgabe, Führung beim Entleiher) jeweils das Commitment gegenüber dem Verleiher bzw. gegenüber dem Entleiher beeinflussen. Außerdem sollte untersucht werden, welche spezifischen Zusammenhänge die Commitmentfoci zu OCB (Organizational Citizenship Behavior), Arbeitszufriedenheit und Stresserleben als Konsequenzen aufweisen.

Voraussetzung hierfür ist, dass die untersuchten Zeitarbeiter tatsächlich zwischen den unterschiedlichen Commitmentfoci differenzieren. Mit Hilfe explorativer und konfirmatorischer Faktorenanalysen wurde sichergestellt, dass eine Interpretation von drei zum Teil korrelierten, aber hinreichend unterscheidbaren Dimensionen möglich ist. Offensichtlich unterscheiden Zeitarbeiter hinsichtlich ihres Commitments gegenüber Verleiher, Entleiher und Zeitarbeit als Beschäftigungsform. Damit wurde belegt, dass auch Zeitarbeiter mit ihrer spezifischen Konstellation Commitment zu den jeweiligen Organisationen entwickeln.

8.2.1   Verleiher oder Entleiher: Wem fühlen sich Zeitarbeiter verbunden

Zeitarbeiter sind einerseits bei ihrem Zeitarbeitsunternehmen fest angestellt, andererseits werden sie über längere Zeiträume an andere Unternehmen ausgeliehen. Die durchschnittliche Dauer des Arbeitsverhältnisses beträgt mehrere Monate und ist über die letzten Jahre kontinuierlich gestiegen (Strotmann & Vogel, 2004). Zeitarbeiter gehören damit gleichzeitig zwei Unternehmen an: ihrem Arbeitgeber, der Zeitarbeitsagentur (Verleiher) und ihrem Entleiher. Beide nehmen Arbeitgeberfunktionen wahr. Der Verleiher ist Arbeitgeber im rechtlichen Sinne und kümmert sich um die Aufträge, Gehaltsabrechnungen sowie Versicherungen, während der Entleiher weisungsbefugt und für die Einarbeitung zuständig ist sowie die erforderlichen Arbeitsmittel zu Verfügung stellt. Zeitarbeiter sind für die Dauer ihres Einsatzes vollständig beim Entleiher eingebunden.

Auf der einen Seite darf daher vermutet werden, dass sie sich Zeitarbeiter für diese Zeit in das entleihende Unternehmen integrieren und zumindest auf Zeit dem Auftrag, der Tätigkeit, der Gruppe in der sie tätig sind oder sogar der Organisation verbunden fühlen. Auf der anderen Seite ist es gerade ein Wesensmerkmal der Zeitarbeit, dass die Beziehung vom Entleiher wieder leicht gelöst werden kann. Der Zwiespalt zwischen Bindung und Unverbindlichkeit wird spätestens dann deutlich, wenn Zeitarbeiter ihren Einsatz als Sprungbrett in eine feste Anstellung beim Entleiher nutzen wollen (Galais & Moser, 2001). Lohnt es sich, eine Bindung an die entleihende Organisation einzugehen und erhöht dies möglicherweise die Chancen auf eine Festanstellung? Zumindest ein Teil der Zeitarbeiter befindet sich in diesem Zwiespalt. Jahn und Rudolph (2002) berichten, dass ca. 60% der Zeitarbeiter vorher ohne Beschäftigung waren und ein Drittel ist nach einem Jahr fest angestellt. Hier wird Zeitarbeit offenbar als Sprungbrett genutzt.

Angesichts dieser Doppelbeziehung können Zeitarbeiter als „Diener zweier Herren" bezeichnet werden, die beide ein hohes Commitment fordern. Damit stellt sich zum einen die Frage, welcher Organisation sich Zeitarbeiter eher verbunden fühlen und welche Faktoren hierfür maßgeblich sind. Zum sollte geprüft werden, welchen Einfluss Commitment in dieser besonderen Konstellation auf Leistung, Erleben und Befinden von Zeitarbeitern hat. Tatsächlich sprechen einige Überlegungen und Argumente dafür, dass Zeitarbeiter ein höheres Commitment gegenüber ihrem Entleiher entwickeln. Zum einen lässt sich vor dem Hintergrund der Social Identity Theory (SIT, Tajfel & Turner, 1986; Turner et al., 1979) argumentieren, dass die Salienz der jeweiligen Zugehörigkeit identitäts- und beziehungsstiftende Kategorisierungen mitbestimmt. Das jeweilige Ausmaß des Commitments gegenüber unterschiedlichen Foci hängt folglich davon ab, welche Organisation oder andere Entitäten ins Zentrum

der Aufmerksamkeit gerückt werden. So konnten Riketta und van Dick (2005) beispielsweise zeigen, dass das Commitment gegenüber der unmittelbaren Arbeitsgruppe
oder dem Team stärker ausgeprägt ist als das Commitment gegenüber der Organisation. Durch die Präsenz und Eingebundenheit beim Entleiher dürfte die Zugehörigkeit
zum Entleiher deutlich salienter sein (Moltzen & van Dick, 2002).

Der Verleiher hingegen tritt lediglich während der Entsendung in Erscheinung und
wird vor allem in den Phasen des Übergangs psychologisch bedeutsam. Während der
Entsendungsphase übernimmt er eher verwaltende Hintergrundfunktionen, die wenig
salient und damit für die Selbstkategorisierung psychologisch weniger bedeutsam
sind. Auch die bereits angesprochene Hoffnung auf die Übernahme in eine reguläre
Beschäftigung mag mit dazu beitragen, ein stärkeres Commitment zum Entleiher als
zum Verleiher zu entwickeln. In einer früheren Studie mit Zeitarbeitern fanden Liden,
Wayne, Kraimer und Sparrowe (2003) bereits ein höheres Commitment gegenüber
dem Entleiher als gegenüber dem Verleiher. Vor diesem Hintergrund vermuteten Felfe, Schmook, Six und Wieland (2005) bei Zeitarbeitern ein stärkeres affektives Commitment gegenüber dem Entleiher als gegenüber dem Verleiher zu finden.

Die Analysen wurden an einer Stichprobe mit 185 überwiegend unbefristeten und
vollbeschäftigten Zeitarbeitern durchgeführt, deren durchschnittliche Einsatzdauer
beim Entleiher bei vier bis fünf Monaten lag. Die Ergebnisse zeigten wie erwartet
einen deutlichen Unterschied. Das organisationale Commitment gegenüber dem Verleiher fiel mit M = 2.87 deutlich niedriger aus als das Commitment gegenüber dem
Entleiher (M = 3.28). Entsprechend gaben lediglich 16,9% der Befragten an, ein starkes Gefühl der Zugehörigkeit zur Organisation des Verleihers zu empfinden, während
gegenüber der Organisation des Entleihers 42,7% ein starkes Gefühl der Zugehörigkeit empfanden, und 46,2% der befragten Zeitarbeiter sind stolz darauf, der Organisation des Entleihers anzugehören. Stolz darauf, der Organisation des Verleihers anzugehören, sind hingegen nur 33%.

8.2.2   Die Bedeutung des Commitments gegenüber Zeitarbeit

Inwieweit wird Zeitarbeit lediglich als Übergangslösung und notwendiges Übel gesehen oder stellt eine Option dar, die vor dem Hintergrund der aktuellen individuellen
Berufsbiographie bewusst gewählt wird? Diese Einschätzungen dürften sich unmittelbar auf das Commitment gegenüber Verleiher und Entleiher, aber vor allem auch
auf Zufriedenheit und Engagement auswirken. Ellingson, Gruys und Sacket (1998)
fanden, dass die Freiwilligkeit in Bezug auf Zeitarbeit mit Zufriedenheit und Leistung
korreliert ist. Zeitarbeit kann einerseits als Chance zur beruflichen Neuorientierung,
Weiterqualifizierung und Erweiterung der beruflichen Erfahrung gesehen werden.
Andererseits steht für viele der Übergang in ein reguläres Beschäftigungsverhältnis
im Vordergrund (Galais & Moser, 2001). Die Tatsache, dass Zeitarbeit außerdem
meist mit schlechterer Bezahlung, weniger sozialer Unterstützung und geringeren
Handlungs- und Entscheidungsspielräumen verbunden ist (Nienhüser & Matiaske,
2003) und aufgrund geringerer Kommunikation und Feedback ein höheres Risiko für

Fehler und Misserfolg besteht, lässt es ebenfalls unwahrscheinlicher erscheinen, dass sich Personen bewusst für die Beschäftigungsform entscheiden.

Damit kann Zeitarbeit unterschiedlich erlebt werden und Zeitarbeiter unterscheiden sich darin, inwieweit sie Zeitarbeit positiv oder negativ bewerten. Wird Zeitarbeit vor dem Hintergrund der aktuellen Bedürfnisse und Lebenssituation positiv beurteilt und als Chance wahrgenommen, ist auch eine gewisse Identifikation mit der Rolle als Zeitarbeiter zu erwarten. Zeitarbeit wird dann bewusst aufrechterhalten und nicht bei der ersten Gelegenheit gegen eine reguläre Beschäftigung eingetauscht. Damit besteht ein gewisses Commitment gegenüber Zeitarbeit als Beschäftigungsform. Personen mit einem starken Commitment gegenüber Zeitarbeit kann es zum Beispiel besonders wichtig sein, flexibel und unabhängig zu bleiben. Wenn Zeitarbeit hingegen lediglich als notwendiges Übel angesehen wird, und versucht wird, möglichst rasch in ein reguläres Beschäftigungsverhältnis zu wechseln, werden sich die Betroffenen kaum mit dieser Beschäftigungsform identifizieren. Das Commitment gegenüber Zeitarbeit als Beschäftigungsform dürfte in diesem Fällen dann entsprechend gering sein.

Felfe et al. (2005) vermuteten zudem, dass das Commitment gegenüber Zeitarbeit die Präferenz für Verleiher und Entleiher beeinflusst. Bei geringem Commitment gegenüber Zeitarbeit, d.h. wenn Zeitarbeit lediglich ein Sprungbrett in eine feste Anstellung bedeutet, werden sich die Zeitarbeiter eher an der Organisation des Entleihers orientieren und hier stärkeres Commitment entwickeln. Die Beziehung zum Verleiher ist dann von geringer Bedeutung. Umgekehrt sollte das Commitment gegenüber dem Verleiher im Vordergrund stehen, wenn das Commitment gegenüber Zeitarbeit höher ist. Die Ergebnisse bestätigten diese Vermutung. Tatsächlich korrelierte das Commitment gegenüber Zeitarbeit mit der Präferenz für den Verleiher bzw. den Entleiher. Je stärker das Commitment gegenüber Zeitarbeit ausgeprägt war, umso geringer war die Präferenz für den Entleiher im Vergleich zum Verleiher. Umgekehrt war die Präferenz für den Entleiher im Vergleich zum Verleiher stärker, wenn das Commitment gegenüber Zeitarbeit niedriger ausfiel. Außerdem ließ sich zeigen, dass bei einer Teilung der Stichprobe, in der Gruppe mit hohem Commitment gegenüber Zeitarbeit Verleihercommitment und Entleihercommitment ähnlich stark ausgeprägt waren und sich nicht unterscheiden. Hingegen wurde in der Gruppe mit niedrigem Commitment gegenüber Zeitarbeit ein deutlicher Unterschied zwischen Verleihercommitment und Entleihercommitment gefunden.

8.2.3 Antezedenzen und Konsequenzen von Commitment gegenüber Verleiher und Entleiher

Im vorhergehenden Abschnitt wurde gezeigt, dass das generelle Commitment gegenüber Zeitarbeit auch das Commitment gegenüber Verleiher und Entleiher beeinflusst. Durch welche Bedingungen der Arbeit wird aber das Commitment gegenüber Verleiher und Entleiher zusätzlich beeinflusst? Es darf davon ausgegangen werden, dass die bekannten Merkmale wie Arbeitsaufgabe, Einkommen, transformationale Führung und das Klima sowie die Dauer der Betriebszugehörigkeit, welche auch sonst Commitment als wichtige Antezedenzen beeinflussen, im Kontext von Zeitarbeit von Bedeutung sind. Allerdings sollten in dem Sinne spezifische Vorhersagen möglich sein, dass Merkmale, die dem Verleiher zuzuordnen sind, eher das Commitment gegenüber dem Verleiher vorhersagen sollten als Merkmale, die dem Entleiher zuzuordnen sind. Umgekehrt sollten Merkmale die dem Entleiher zuzuordnen sind eher für das Commitment gegenüber dem Entleiher relevant sein. Liden et al. (2003) hatten in ihrer Studie Gerechtigkeit bzw. Fairness und organisationale Unterstützung als Antezedenzen untersucht und dabei in ähnlicher Weise jeweils zwischen Verleiher und Entleiher unterschieden. Sie fanden, dass die Gerechtigkeit und Unterstützung seitens des Verleihers eher mit dem Commitment gegenüber dem Verleiher korrespondierte und umgekehrt.

Zu den Merkmalen, die in der Studie von Felfe et al. (2005) dem Entleiher zugeordnet wurden, gehörten vor allem der Arbeitsinhalt, das Klima beim Entleiher, die räumliche und technische Ausstattung sowie die Führung durch die Führungskraft beim Entleiher. Die Beschäftigungsdauer beim Verleiher, die Führung durch die verantwortliche Führungskraft beim Verleiher sowie die Einkommenssituation wurden hingegen der Organisation des Verleihers zugeordnet. Tatsächlich zeigten sich systematische Unterschiede in der Höhe der jeweiligen Korrelationen. Die Einkommensbedingungen, das Betriebsklima beim Verleiher sowie die Führung beim Verleiher korrelierten erwartungsgemäß stärker mit dem Commitment gegenüber dem Verleiher (r = .39 bis .52) als mit dem Commitment gegenüber dem Entleiher (r = .25 bis .28). Die räumliche, technische Ausstattung, konkrete Belastungen, das Betriebsklima und die Führung beim Entleiher korrelierten hingegen höher mit dem Entleiher- als mit dem Verleihercommitment. Zusätzliche hierarchische Regressionsanalysen bestätigten die spezifischen Einflüsse. So konnte die Vorhersage des Commitments gegenüber dem Verleiher nur geringfügig verbessert werden, wenn zusätzlich zu den Verleihermerkmalen in einem zweiten Schritt die Entleihermerkmale zur Vorhersage einbezogen wurden. Wurden hingegen in einem alternativen Modell zunächst die Entleihermerkmale aufgenommen, konnte nur ein vergleichsweise geringer Varianzanteil aufgeklärt werden. Gleiches ließ sich für die Vorhersage des Entleihercommitments zeigen. Auch hier konnte die Vorhersage des Entleihercommitments nur geringfügig durch die Hinzunahme der Verleihermerkmale verbessert werden, nachdem die Entleihermerkmale bereits einbezogen waren. Das Betriebsklima, das Ausmaß transformationaler Führung sowie die Dauer des Einsatzes beim Entleiher erwiesen sich als relevante Einflussgrößen für das Commitment beim Entleiher. Wurden in einem alternativen Modell zunächst die Verleihermerkmale aufgenommen, konnte auch hier nur eine vergleichsweise geringe Varianzaufklärung erzielt werden.

Wie bedeutsam sind nun die unterschiedlichen Commitmentfoci für Leistung, Zufriedenheit und Befindlichkeit von Zeitarbeitern? Da sich OCB, Gereiztheit und Belastetheit vor allem im direkten Arbeitsumfeld äußern, wurde vermutet, dass sich in erster Linie eine Abhängigkeit zum Entleihercommitment nachweisen lässt. Liden et al. (2003) hatten bereits in einer frühern Untersuchung einen stärkeren Zusammenhang zwischen OCB und dem Commitment zum Entleiher als dem Commitment zum Verleiher gefunden und aus der Forschung zum Commitment ist bekannt, dass das Commitment gegenüber proximalen Zielen, wie z.B. der Arbeitsgruppe oder dem Vorgesetzten, stärkere Zusammenhänge zur Leistung aufweist als Commitment gegenüber distalen Zielen wie der Organisation (Becker, 1992; Becker et al., 1996; Cheng et al., 2003). In diesem Sinne kann der Entleiher als proximales und der Verleiher als eher distales Bindungsziel betrachtet werden. Die Befunde bestätigen diese Annahmen weitgehend. Werden alle drei Commitmentfoci gleichzeitig zur Vorhersage von OCB, Gereiztheit und Belastetheit herangezogen, zeigen sich bedeutsamen Effekte für das Commitment gegenüber dem Entleiher, während die Einflüsse für das Commitment gegenüber dem Verleiher nicht bedeutsam sind. Weitere Analysen zeigten, dass OCB mit Entleihermerkmalen korreliert war. Es konnte aber gezeigt werden, dass Commitment neben diesen Merkmalen zusätzliche Erklärungsbeiträge zur Vorhersage von OCB lieferte. Außerdem wurde gefunden, dass der Einfluss von transformationaler Führung beim Entleiher auf OCB durch Commitment gegenüber dem Entleiher mediiert wurde. Offenbar wirkt sich das Führungsverhalten beim Entleiher auf das Commitment beim Entleiher aus, was wiederum das OCB beeinflusst. Für die Arbeitszufriedenheit wurde hingegen kein spezifischer Einfluss erwartet, da hier die Zufriedenheit mit der Arbeitssituation insgesamt erfasst wird, zu der nicht nur die aktuelle Arbeitstätigkeit, sondern auch die Beschäftigungsform gehört. Wie erwartet, erweisen sich das Commitment gegenüber dem Verleiher wie auch das Commitment gegenüber dem Entleiher als relevante Einflussgrößen.

8.2.4 Fazit

Zusammenfassend lässt sich festhalten, dass sich Zeitarbeiter im Durchschnitt der Organisation des Entleihers eher verbunden fühlen als der Organisation des Verleihers. Dabei entspricht der Durchschnittswert für das Commitment gegenüber dem Entleiher den Mittelwerten, die sonst auch bei Stichproben mit regulär beschäftigten Mitarbeitern gefunden wurden (Felfe, 2005). Commitment bei Zeitarbeit scheint damit weniger ein kritisches Thema für die entleihende als für die verleihende Organisation zu sein.

Das Commitment gegenüber dem Entleiher ist besonders dann im Vergleich zum Commitment gegenüber dem Verleiher stark ausgeprägt, wenn das Commitment gegenüber Zeitarbeit als Beschäftigungsform eher gering ist. Bei hohem Commitment gegenüber Zeitarbeit unterscheiden sich das Commitment gegenüber Entleiher und Verleiher kaum in der Höhe. Zum Teil wird sogar ein stärkeres Commitment gegenüber dem Verleiher berichtet. Bei geringem Commitment gegenüber Zeitarbeit wird jedoch keine enge Beziehung zum Verleiher entwickelt. Dafür ist die Verbundenheit mit dem Entleiher aber stark ausgeprägt. In diesem Fall wird Zeitarbeit offenbar eher als Übergangslösung bei der Suche nach einer regulären Beschäftigung angesehen.

Commitment gegenüber Verleiher und Entleiher wird nicht nur differenziert wahrgenommen, sondern auch durch spezifische Bedingungsfaktoren beeinflusst. So sind für das Commitment gegenüber dem Verleiher insbesondere Merkmale der Verleiherorganisation wie die Einkommensbedingungen, das Führungsverhalten beim Verleiher sowie das Klima beim Verleiher verantwortlich. Für das Commitment gegenüber dem Entleiher spielen hingegen Merkmale des Entleihers eine entscheidende Rolle, während Merkmale des Verleihers hier wenig Bedeutung haben. Es zeigt sich aber auch, dass der Arbeitsinhalt beim Entleiher zum Teil ebenfalls das Commitment gegenüber dem Verleiher beeinflusst. Das kann dadurch erklärt werden, dass möglicherweise die Verleiherorganisation dafür mitverantwortlich gemacht wird, welche Einsätze vermittelt werden. Solche Einsätze, die hinsichtlich Führung und Arbeitsaufgabe positiv bewertet werden, steigern das Commitment gegenüber dem Verleiher.

Als praktische Konsequenz folgt hieraus, dass Zeitarbeitsagenturen, die qualifizierte Fachkräfte langfristig binden wollen, um die Anforderungen ihrer Kunden zuverlässig erfüllen zu können, nicht nur auf angemessenes Einkommen und ein positives Betriebsklima in der Verleiherorganisation achten, sondern bei der Entsendung eine möglichst optimale Passung zwischen Mitarbeiter und Entleiher anstreben sollten. Die Umsetzung dieser Empfehlungen erfordert eine intensive Betreuung durch die Verleiherorganisation. Hierzu zählen systematische Gespräche und Feedbacks vor, während und vor allem nach einem Einsatz. Damit können Erwartungen geklärt und Erfahrungen ausgewertet werden.

Die Betreuungsqualität durch den Verleiher dürfte ein wesentlicher Schlüssel für das Commitment gegenüber der Verleiherorganisation sein. Aber auch die Firmen, welche als Entleiher Zeitarbeiter beschäftigen, können das Commitment der bei ihnen zeitweilig Beschäftigten positiv beeinflussen bzw. steigern und sollten nicht davon ausgehen, dass aufgrund des besonderen Beschäftigungsverhältnisses keine oder nur geringe Bindung entsteht. Das ist nicht zuletzt deswegen zu empfehlen, weil die Leistung und das Stresserleben auch vom Commitment gegenüber dem Entleiher abhängen. Insofern kann die bislang für regulär Beschäftigte belegte Erkenntnis, dass Mitarbeiter mit hohem Commitment sich eher im Sinne der Organisation engagieren, auch auf Zeitarbeiter ausgedehnt werden.

Ansatzpunkte sind insbesondere das Betriebsklima und die direkte Führung. Hierzu sollten Zeitarbeiter möglichst gut in bestehende Arbeitsgruppen und Teams integriert werden. Den Führungskräften fällt diesbezüglich eine besondere Verantwortung zu. Sie sollten im Sinne transformationaler Führung Zeit und Energie in die Beziehung zu den Zeitarbeitern in ihrem Verantwortungsbereich investieren. Das bedeutet, dass auch diesen Beschäftigten Unterstützung angeboten, persönliches Interesse entgegengebracht wird und individuelle Perspektiven aufgezeigt werden. Außerdem sollten Führungskräfte darauf achten, für interessante und abwechslungsreiche Arbeitsaufgaben zu sorgen und Regulationshindernisse abzubauen. Diese Verhaltensweisen führen nicht nur bei regulär Beschäftigten zu mehr Zufriedenheit, Commitment und Leistung, sondern auch bei Zeitarbeitern. Die Ergebnisse zeigen, dass diese Investitionen nicht umsonst sind, sondern zum Unternehmenserfolg beitragen können. Es hat sich ebenfalls gezeigt, dass die Zeitdauer beim Entleiher die Entwicklung von Commitment unterstützt. Wenn sich Alternativen anbieten, sind demnach längere Einsätze mehreren kürzeren Entsendungen vorzuziehen.

8.3   Bedeutung von Führung in unterschiedlichen Kontexten

In den vorangehenden Kapiteln wurde unter Verweis auf die Literatur (Meyer & Allen, 1997; Meyer et al., 2002) sowie eigene Studien (z.B. Felfe et al., 2004) mehrfach auf die zentrale Bedeutung transformationaler Führung für das affektive organisationale Commitment hingewiesen. Dabei wurde generell von einem hohen Einflussgewicht ausgegangen. Allerdings ist aus anderen Studien bekannt, dass der Einfluss transformationaler Führung nicht immer gleich ist, sondern auch vom Kontext abhängt. Die Empfehlung, über entsprechendes Führungsverhalten das Commitment der Mitarbeiter positiv zu beeinflussen, kann daher unterschiedlich effektiv sein.

Während in der einen Situation mit einer Verbesserung des Führungsverhaltens das Commitment nachhaltig gesteigert werden kann, muss diese Strategie in einem anderen Kontext nicht unbedingt erfolgreich sein. Im Mittelpunkt dieses Abschnitts steht somit die Frage, in welchen Kontexten transformationale Führung besonders bedeutsam für das organisationale Commitment ist und in welchen Kontexten nur ein moderater Einfluss zu erwarten ist.

Von besonderem Interesse ist dabei die Beantwortung der Frage, welchen Beitrag transformationale Führung zum Erhalt oder gar zur Förderung von Commitment in Kontexten, die durch Veränderung und Unsicherheit geprägt sind, leisten kann. In einem ersten Schritt wird ein Überblick über Situationsvariablen gegeben, die den Einfluss transformationaler Führung generell moderieren. In einem zweiten Schritt werden Befunde einer Studie berichtet, bei der mit Hilfe komplexe Strukturgleichungsmodelle an mehreren Teilstichproben der gleichzeitige Einfluss von Führung und Arbeitsbedingungen auf Commitment in unterschiedlichen Kontexten untersucht wurde (Felfe, 2005).

8.3.1   Unterschiedliche Einflüsse von Führung

Bereits die Metaanalysen von Judge und Piccolo (2004) haben gezeigt, dass der Zusammenhang zwischen Führung und Erfolgsindikatoren, wie Effizienz und Zufriedenheit, durch Kontextmerkmale beeinflusst wird. In den Untersuchungen von Waldman, Ramirez, House und Puranam (2001) sowie Waldman, Javidan und Varella (2004) wurde gezeigt, dass in Situationen mit hoher Unsicherheit der Zusammenhang zwischen charismatischer bzw. transformationaler Führung und Erfolgsindikatoren stärker ausfällt als in Situationen mit hoher Sicherheit. Yukl (1999) postuliert im Sinne einer Komplementarität zwischen Führung und Situation, dass starke Führung (strong leadership) eher unter unstrukturierten Bedingungen (weak context) auftritt als umgekehrt. Bei Unsicherheit und fehlenden Strukturen handelt es sich nach Yukl (1999) um einen schwachen („weak") Kontext. Der Einfluss charismatischer Führung ist hier stärker als in klar strukturierten Zusammenhängen, weil der Kontext nur wenig Vorgaben macht und damit die Führung wesentlich stärker gefordert ist, die Situation zu gestalten.

Pawar und Eastman (1997) vertreten in diesem Zusammenhang die These, dass sich
Organisationen dahingehend unterscheiden, inwieweit sie transformationale Führung
begünstigen („receptivity of transformational leadership"). Insbesondere Veränderungen und Unsicherheit bedeuten eine hohe „Rezeptivität". Shamir et al. (1993) haben
ebenfalls Unstrukturiertheit und das Fehlen klarer Handlungsanweisungen als Kontextvariable identifiziert, die die Effektivität charismatischer Führung unterstützen.
Umgekehrt hatten Javidan und Waldman (2003) in ihrer Studie in öffentlichen Verwaltungen beispielsweise keinen Einfluss von Führung nachweisen können und dies
mit bürokratischen Kontextbedingungen begründet.

Bass (1999) gibt einen zusammenfassenden Überblick, unter welchen Bedingungen
die Wahrscheinlichkeit charismatischer bzw. transformationaler Führung eher hoch
bzw. niedrig ist. Dabei unterscheidet er zwischen organisationalen und aufgabenbe-
zogenen Faktoren sowie Bedingungen, die dem Umfeld zuzurechnen sind (vgl.
Tabelle 25). Auch hier sind Variabilität, Komplexität und Veränderungen zentrale
Faktoren, die das Auftreten und den Einfluss transformationaler Führung begünstigen. In einem aktuellen Beitrag haben Shamir und Howell (1999) zusätzlich auf die
Bedeutung unterschiedlicher Entwicklungsstadien einer Organisation hingewiesen.

Insbesondere Gründungs- oder Umbruchphasen begünstigen demnach charismatische
Führung. An dieser Stelle bietet sich eine Verknüpfung mit dem Ansatz der Lebenszyklusphasen an. Der Ansatz der Lebenszyklusphasen von Organisation geht davon
aus, dass Unternehmungen eine typische Abfolge von Entwicklungsphasen mit spezifischen Problemen, Strukturen und Aufgaben durchlaufen: „entrepreneurial stage",
„collectivity stage", „formalization and control stage", „elaborations of structure stage". Demnach dürfte insbesondere in der ersten und letzten Phase – Gründung und
Umbau – charismatische bzw. transformationale Führung an Bedeutung gewinnen.
Dies wurde in einer empirischen Studie von Shin und Zhou (2003) bestätigt. Sie
konnten zeigen, dass Führungskräfte in etablierten Firmen als weniger transformational eingeschätzt wurden als in Gründungsunternehmen (new venture). In ähnlicher
Weise lassen sich Befunde von Javidan und Waldman (2003) zum Zusammenhang
charismatischer Führung und Leistung in öffentlichen Verwaltungen diskutieren:
Entgegen den Erwartungen wurden keine bedeutsamen Zusammenhänge zwischen
Führung und Leistung gefunden. Als Begründung lassen sich etablierte Strukturen
anführen, welche die Notwendigkeit, aber auch den Spielraum und damit den Einfluss
von Führung beschränken.

In einer Studie von De Hoogh, Den Hartog, Koopman, Thierry, Van den Berg, Van
der Weide und Wilderom (2002) zum Zusammenhang von charismatischer Führung
und objektiven Erfolgskriterien wurden einige der bereits genannten Kontextvariablen
gleichzeitig als Moderatoren berücksichtigt: (1) Das Ausmaß des technologischen
Wandels (hoch vs. niedrig), (2) das Maß an Unsicherheit des Umfelds (hoch vs. niedrig) und (3) die Entwicklungsphase (Gründungsbetrieb/Entrepreneur ja oder nein).
Tatsächlich zeigten die Ergebnisse, dass in Situationen mit hoher Unsicherheit der
Zusammenhang zwischen charismatischer Führung und Erfolgsindikatoren stärker
ausfällt als in Situationen mit hoher Sicherheit. In die gleiche Richtung weisen die
Ergebnisse der bereits genannten Studie von Waldman et al. (2001) und Waldman et

al. (2004), die ebenfalls das Maß an Unsicherheit des Umfelds als bedeutsamen Moderator identifiziert haben und zeigten, dass der Einfluss von Charisma auf den Unternehmenserfolg steigt, wenn das Umfeld als unsicher wahrgenommen wird.

Tabelle 25: Kontextbedingungen für charismatische Führung nach Bass (1999)

	transaktional	**transformational**
Umgebung	• stabil	• variabel
	• individualistisch	• kollektivistisch
Organisation	• mechanisch, reaktiv	• organisch, proaktiv
	• zentrale Entscheidung	• dezentrale Entscheidung
Aufgaben	• Standard, Routine	• Komplexität
	• klare Vorgaben	• Veränderungen, Offenheit

Pundt, Böhme und Schyns (2006) haben weitere Variablen auf individueller Ebene untersucht, die den Zusammenhang von transformationaler Führung und Commitment *moderieren*. Die Ergebnisse der ersten Studie (N = 155) legen nahe, dass der Zusammenhang zwischen transformationaler Führung und affektivem Commitment stärker ist, wenn Führungskraft und Mitarbeiter häufig in direktem Kontakt zueinander stehen. Die Ergebnisse der zweiten Studie (N = 538) zeigen diese Interaktionswirkung nicht. Allerdings konnte in Studie 2 gezeigt werden, dass der Zusammenhang zwischen transformationaler Führung und affektivem Commitment umso stärker ist, je höher die Qualität der Kommunikation zwischen Führungskraft und Mitarbeiter ist. Fasst man die genannten Ansätze und empirischen Befunde zusammen, begünstigen offene Strukturen mit hoher Komplexität, Unsicherheit und Wandel als Situationsparameter die Bedeutung charismatischer bzw. transformationaler Führung.

Unabhängig vom Kontext zeigte sich allerdings auch, dass sich der Einfluss von transformationaler Führung relativiert, wenn gleichzeitig der Einfluss von Arbeitsbedingungen berücksichtigt wird (Podsakoff et al., 1996). Diese Bedingungsvariablen wirken nach Podsakoff et al. (1996) als Führungssubstitute. Das Konzept der *Führungssubstitute* geht auf Kerr und Jermier (1978) zurück und bedeutet, dass der Einfluss durch personale Führung in den Hintergrund tritt, wenn das Erleben und Verhalten der Mitarbeiter durch strukturelle Merkmale gesteuert wird. Führungssubstitute ersetzen in diesem Sinne personale Führung, können diese aber auch zusätzlich unterstützen, neutralisieren oder behindern. Kerr und Jermier (1978) unterscheiden mitarbeiter-, aufgabenbezogene und organisationale Substitute. Zu den Substituten, die dem Bereich der Aufgabe zuzurechnen sind, zählen z.B. der Aufgabeninhalt, Handlungs- und Entscheidungsspielräume sowie Feedback. Beispiele für organisationsbezogene Substitute sind der Formalisierungsgrad, die organisationale Unterstützung, das Lohn- und Anreizsystem usw. Der Grundgedanke des Ansatzes besteht darin, eine Alternativerklärung für organisationalen Einfluss anzubieten, der vor allem der Tatsache Rechnung trägt, dass die Einflussmöglichkeiten von Führungskräften vor allem auf unteren und mittleren Ebenen in großen Organisationen begrenzt sind. Führung wird hier zwar durch die Führungskraft als Stellvertreter der Organisation repräsentiert, aber kaum aktiv ausgeübt, weil die Verhaltensspielräume für Führung begrenzt sind. Stattdessen wird das Verhalten der Mitarbeiter vor allem durch Regeln und Strukturen gesteuert.

Die Ergebnisse von Podsakoff et al. (1996) zeigen, dass sowohl transformationales Führungsverhalten als auch die Arbeitsbedingungen einen erheblichen Teil der Varianz der Kriterienvariablen aufklären. Insgesamt wurden Zufriedenheit zu 71% und Commitment zu 48% erklärt. Dabei war der Anteil, der durch die Bedingungen erklärt wurde, nicht unerheblich. Das gilt insbesondere auch für Commitment. In der Studie von Schmidt et al. (1998) liegen die Partialkorrelationen für einzelne Führungsdimensionen und Commitment ebenfalls lediglich bei .08 und .13, wenn gleichzeitig Arbeitsbedingungen kontrolliert wurden. Insgesamt kommen Podsakoff et al. (1996) zu dem Schluss, dass Bedingungsfaktoren zu berücksichtigen sind, wenn Zusammenhänge zwischen transformationaler Führung und unterschiedlichen Kriterien untersucht werden.

Offen bleibt allerdings die Frage, wie unabhängig Führungsverhalten, Substitute und Kontextfaktoren sind. Es besteht die Möglichkeit, dass beide durch Drittvariablen beeinflusst werden. Genauso gut ist aber auch denkbar, dass das Führungsverhalten bestimmte Arbeitsbedingungen beeinflusst, die sich ihrerseits auf Commitment auswirken. In diesem Fall wären die Bedingungen nicht als unabhängige Faktoren betrachtet, sondern hätten den Status von Mediatoren. Der Einfluss von Führung auf Commitment wird in diesem alternativen Erklärungsmodell durch die Veränderung von Bedingungen bewerkstelligt bzw. erklärt. Die Frage ist, inwieweit Arbeitsbedingungen und Führung voneinander unabhängig sind oder ob Führungskräfte die erforderlichen Kompetenzen und Entscheidungsspielräume haben, diese Bedingungen zu gestalten und zu verändern. Auf jeden Fall haben Führungskräfte die Möglichkeit, die Wahrnehmung und Bewertung der Arbeitsbedingungen durch die Mitarbeiter zu beeinflussen und auf diesem Wege Einfluss auf das Commitment zu nehmen.

Da die Arbeitsbedingungen in den meisten Untersuchungen auf subjektiven Einschätzungen der Mitarbeiter und nicht auf objektiven Analysen basieren, ist diese Interpretation ebenfalls plausibel. Vor diesem Interpretationshintergrund haben Purvanova, Bono und Dzieweczynski (2006) in einer aktuellen Studie gezeigt, dass der Einfluss transformationaler Führung auf OCB durch die Wahrnehmung des Arbeitsinhalts mediiert wird. Es wird deutlich, dass zur Klärung der Frage der Objektivität und Unabhängigkeit der Bedingungsvariablen erheblicher weiterer Forschungsbedarf besteht. Bis dahin wird davon ausgegangen, dass die subjektiven Einschätzungen von Arbeitsbedingungen geeignet sind, objektive Realitäten abzubilden und dass vor allem in hierarchischen Organisationen die Gestaltungsmöglichkeiten von Führungskräften auf unteren und mittleren Ebenen hinsichtlich dieser Bedingungen begrenzt sind.

8.3.2   Integrativer Ansatz

Wie aus dem vorangehenden Abschnitt hervorgeht, darf es als gesichert gelten, dass Führung und Commitment sowohl in Bezug auf das Niveau ihrer Ausprägung als auch auf ihren Zusammenhang durch unterschiedliche Faktoren beeinflusst bzw. moderiert werden. Außerdem dürfte Führung nicht der einzige Faktor sein, der Commitment beeinflusst. Vielmehr ist davon auszugehen, dass hier unterschiedliche Bedingungsfaktoren konkurrierend in Erscheinung treten, die den Einfluss von Führung sogar deutlich begrenzen können.

Für eine angemessene Untersuchung des Zusammenhangs von Führung und Commitment wurde daher vorgeschlagen (Felfe, 2005), die Bedeutung des Kontexts sowie den Einfluss einzelner Bedingungs- und Personenmerkmale gleichzeitig in einem integrierten Ansatz zu berücksichtigen (vgl. Abbildung 18). Anderenfalls kann nicht festgestellt werden, inwieweit die gefundenen Zusammenhänge zwischen Führung und Commitment auf diese Situations- bzw. Personenvariablen zurückzuführen sind. Dieser Untersuchungsansatz integriert damit die Ergebnisse der bereits oben genannten Metaanalysen (z.B. Judge & Piccolo, 2004), die gezeigt haben, dass die Zusammenhänge von transformationaler Führung und Erfolgsindikatoren in Abhängigkeit des Kontextes variieren, sowie Studien, die die Bedeutung von Unsicherheit (De Hoogh, 2002; Javidan & Waldman, 2003; Waldman et al., 2001) und Entwicklungsphasen (Shin & Zhou, 2003) nachgewiesen haben und die Forschungsergebnisse von Podsakoff et al. (1996) und Schmidt et al. (1998), die in ihren Studien gezeigt hatten, dass sich der Einfluss von Führung verringert, wenn gleichzeitig der Einfluss unterschiedlicher Bedingungsvariablen berücksichtigt wird.

Die Umsetzung dieses Untersuchungsansatzes erfolgte in mehreren Schritten (Felfe, 2005). In einem ersten Schritt werden drei Organisationstypen bzw. organisationale Kontexte definiert, die sich im Hinblick auf die bislang als relevant identifizierten Merkmale unterscheiden. Anschließend wurde in einem ersten Analyseschritt geprüft, inwieweit sich die erwarteten Unterschiede in Bezug auf transformationale Führung und Commitment zwischen den Organisationstypen finden lassen. Als Voraussetzung für weitere Analysen mit Strukturgleichungsmodellen wurde das Messmodell auf Äquivalenz getestet. In einem dritten Schritt wurde jeweils für die unterschiedlichen Kontexte analysiert, welchen Beitrag transformationale Führung im Vergleich zu ausgewählten Arbeitsbedingungen in verschiedenen Kontexten zur Vorhersage von Commitment leisten kann.

Für die einzelnen Analyseschritte wurden folgende Annahmen formuliert. Zunächst sollte überprüft werden, ob sich die drei Organisationstypen hinsichtlich Führung und Commitment unterscheiden. (1a) In dynamischen sich verändernden Kontexten wie bei Start-ups und jungen Unternehmen ist ein höheres Level an transformationaler Führung zu erwarten als in hoch strukturierten und etablierten Kontexten wie z.B. einer öffentlichen Verwaltung. Ein wesentlicher Grund hierfür sind die größeren Gestaltungsspielräume von Führungskräften, das dynamische Umfeld sowie fehlende Strukturen. Aber auch innerhalb der Gruppe privatwirtschaftlicher Unternehmen sollten sich Unterschiede finden lassen. (1b) Aufgrund geringerer Distanz und zusätzlich größerer Gestaltungsspielräume werden Führungskräfte in kleineren wachsenden privatwirtschaftlichen Unternehmen als transformationaler eingeschätzt als in größeren etablierten privatwirtschaftlichen Betrieben. (2a) Mitarbeiter in privaten Unternehmen zeigen ein höheres affektives Commitment als Mitarbeiter in öffentlichen Organisationen. Aber auch innerhalb der Gruppe privatwirtschaftlicher Unternehmen sollten sich wieder Unterschiede finden lassen. Das Umfeld eines kleinen und jungen Betriebes sollte zu höheren Werten führen als der Kontext eines größeren etablierten Unternehmens. (2b) Für das kalkulatorische Commitment wurde umgekehrt erwartet, dass sich die stärksten Ausprägungen im Kontext einer großen öffentlichen Organisation und die geringsten Werte im Umfeld eines kleinen Privatbetriebs finden lassen.

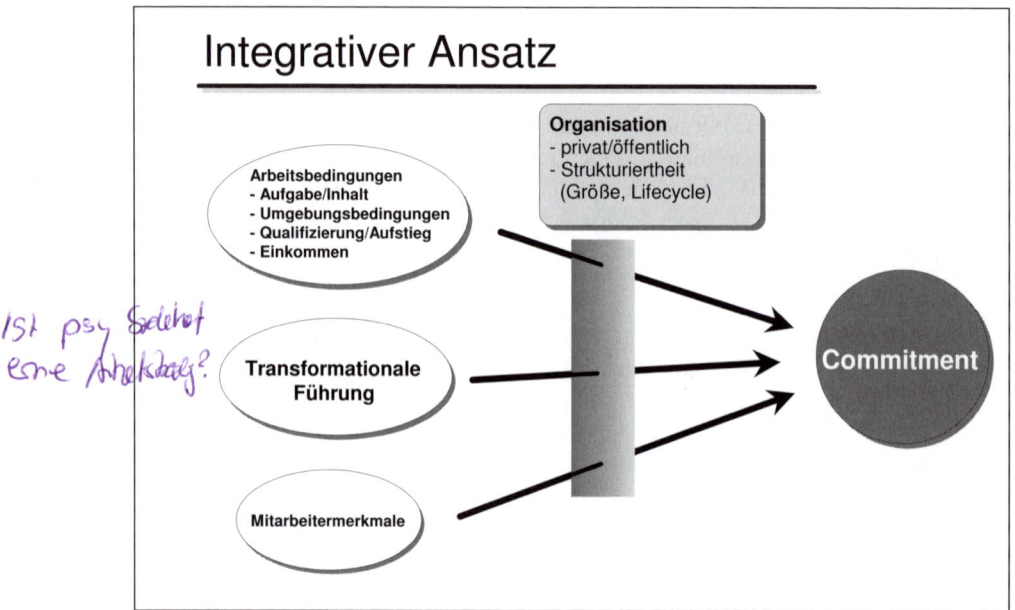

Abbildung 18: Integrativer Ansatz zum Zusammenhang von Führung und Commitment

Zu den Zusammenhängen zwischen transformationaler Führung, Arbeitsbedingungen und Commitment wurden folgende Annahmen formuliert. (3) Affektives Commitment wird durch transformationale Führung vorhergesagt, wenn gleichzeitig Arbeitsbedingungen und Alter zur Vorhersage einbezogen sind. Dieser Beitrag wird jedoch deutlich niedriger ausfallen, als wenn die Arbeitsbedingungen und Alter nicht kontrolliert und durch den Kontext moderiert werden. (4a) In öffentlichen Organisationen sollte der Beitrag transformationaler Führung zur Vorhersage von Commitment niedriger als in privaten Unternehmen sein, weil in strukturierten und etablierten Kontexten die Einflussmöglichkeiten von Führung begrenzt sind. Führung wird hier weitgehend durch Regeln und Strukturen substituiert. Commitment dürfte eher durch diese Strukturmerkmale determiniert sein. Umgekehrt ist es bei den kleinen, sich dynamisch entwickelnden Unternehmen. Der Zusammenhang zwischen transformationaler Führung und affektivem und normativem organisationalen Commitment sollte hier höher ausfallen als in öffentlichen Organisationen. (4b) Der stärkste Einfluss transformationaler Führung sollte sich bei kleinen und jungen Betrieben zeigen. (4c) Umgekehrt kommt in öffentlichen bzw. größeren Organisationen den Arbeitsbedingungen eine wichtigere Rolle zu.

Für den Kontextvergleich wurden Substichproben ausgewählt, die sich im Hinblick auf ihre Zugehörigkeit zum öffentlichen bzw. privatwirtschaftlichen Bereich und in Bezug auf ihre Größe deutlich unterschieden. Damit sind zwei Kontextmerkmale berücksichtigt, für die bereits bedeutsame Einflüsse auf Führung und Commitment gezeigt werden konnten. Die Organisationsgröße ist darüber hinaus ein Indikator für das Alter bzw. die Entwicklungsphase des Unternehmens.

Schließlich konnten drei Organisationstypen unterschieden werden: (1) Eine öffentliche Verwaltung als große Non-Profit-Organisation mit einem hohen Grad an Strukturiertheit und Sicherheit. (2) Ein etabliertes privatwirtschaftliches Unternehmen mittlerer Größe sowie (3) sechs junge, kleine und mittlere Unternehmen (KMU), die im weitesten Sinne noch als Neugründungen bzw. Start-ups bezeichnet werden konnten. Bei allen Befragten handelte es sich um Mitarbeiter mit festen Vollzeitarbeitsverhältnissen.

Inwieweit unterschieden sich die Mitarbeiter aus den unterschiedlichen Organisationstypen hinsichtlich ihres Commitments und in Bezug auf die Einschätzungen ihrer Führungskräfte? Betrachtet man zunächst das Führungsverhalten zeigt sich, dass sich die Gründungsbetriebe bzw. KMU deutlich von den größeren Organisationen unterscheiden. Den Führungskräften wurde hier in wesentlich stärkerem Maße transformationales Führungsverhalten zugeschrieben. Damit konnte die Annahme 1b bestätigt werden. Die beiden größeren etablierten Organisationen unterschieden sich jedoch kaum bei der Einschätzung ihrer Führungskräfte. Die Unterscheidung zwischen privatwirtschaftlichem Unternehmen und öffentlicher Verwaltung konnte hier keine Unterschiede erklären. Damit konnte die Annahme 1a nicht aufrechterhalten werden. Beim Commitment unterscheiden sich alle drei Typen hinsichtlich des affektiven und kalkulatorischen Commitments. Abbildung 19 zeigt die Commitmentprofile für die einzelnen Organisationstypen.

Die Mitarbeiter der öffentlichen Verwaltung geben im Vergleich das geringste affektive und das meiste kalkulatorische Commitment an. Bei den Mitarbeitern der KMU-Betriebe verhält es sich genau umgekehrt. Sie berichten das stärkste affektive Commitment und haben das geringste kalkulatorische Commitment. Für das normative Commitment zeigt sich ein ähnliches Bild, allerdings sind die Unterschiede deutlich geringer. Beim affektiven und kalkulatorischen Commitment liegen die Werte der Mitarbeiter des zweiten Organisationstyps (privat und etabliert) jeweils in der Mitte. Damit konnten die Annahmen 2a und 2b bestätigt werden.

Insgesamt zeigten die Ergebnisse, dass die beiden größeren und etablierten Organisationen mehr Ähnlichkeiten aufweisen als die beiden privaten Unternehmen. Ob eine Organisation privat oder öffentlich ist, scheint kein Faktor zu sein, der für sich allein genommen deutliche Unterschiede vor allem beim Führungsverhalten bewirkt. Auch beim kalkulatorischen Commitment sind sich die beiden großen und etablierten Organisationen eher ähnlich. Die Größe, und damit korrespondierend die unterschiedlichen Entwicklungsstadien, in denen sich die Unternehmen befinden, können hierfür als Erklärungen angeführt werden. Sie sind zunächst in unterschiedlichem Maß mit Unsicherheit und Unstrukturiertheit verbunden, was die Bedeutung dieses Kontextmerkmals in den Mittelpunkt rückt. Um der Frage nach der Bedeutung der einzelnen Kontextvariablen weiter nachgehen zu können, müssten weitere Stichproben einbezogen werden, mit denen sich diese Merkmale kombinieren und exakter stufen lassen.

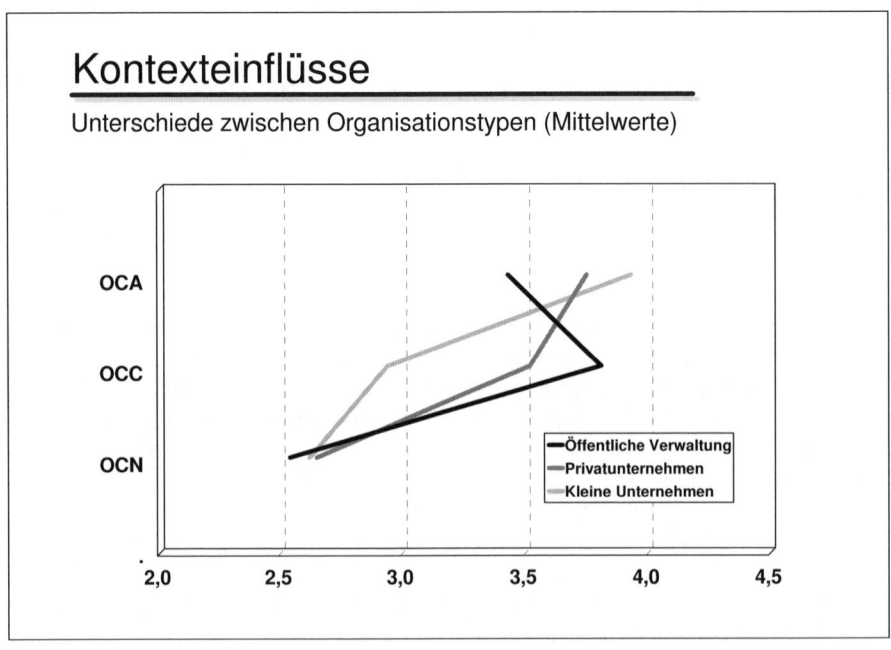

Abbildung 19: Commitmentprofile in unterschiedlichen Organisationstypen

Im Mittelpunkt des integrativen Untersuchungsansatzes steht jedoch die Frage nach dem Zusammenhang von Führung und Commitment in unterschiedlichen Kontexten. Die oben genanten Annahmen wurden mit Hilfe von Strukturgleichungsmodellen geprüft. Zur Bestimmung der Anpassungsgüte der Modelle wurden die einschlägigen Indices verwendet (Chi²: Differenz zwischen der Stichprobenkovarianzmatrix und der durch das Modell reproduzierten Kovarianzmatrix; GFI: Goodness-of-Fit-Index, Anteil der Varianz, den das Modell erklärt; AGFI: Adjusted-Goodness-of-Fit-Index, Anteil erklärter Varianz unter Berücksichtigung der Anzahl der Freiheitsgrade; RMR: Root-Mean-Square-Residual, Residualvarianz: Anteil der Varianz, die in diesem Modell nicht erklärt werden kann) sowie die üblichen Grenzwerte herangezogen. Als Voraussetzung war jedoch in einem ersten Schritt die Äquivalenz des Messmodells für die unterschiedlichen Stichproben zu überprüfen. In Anlehnung an die Vorgehensweise von Vandenberghe et al. (2001) wurde in einem geschachtelten Vorgehen schrittweise geprüft, ob die Parameter des Messmodells, die für eine Stichprobe geschätzt wurden, auch bei den anderen Stichproben zu akzeptablen Modellanpassungen führen. Gegenüber einem Ausgangsmodell wurden sukzessive Restriktionen eingeführt, indem Ladungen, Kovarianzen, Varianzen gleichgesetzt wurden. Die Veränderungen der Fit-Indices (ΔChi², Δ NFI, etc.) zeigen, wie gut das Messmodell einer Stichprobe auch bei den anderen funktioniert, wenn die Parameter nicht mehr frei geschätzt werden können. Auch wenn die Anpassungsgüte signifikant abnimmt, können Differenzen bis zu .04 als unbedeutend eingestuft werden (Vandenberghe et al., 2001). Die Ergebnisse zeigten, dass sich die Abnahmen der Modellanpassungen, welche durch die schrittweise zusätzlichen Einschränkungen vorgenommen wurden, in diesem Toleranzbereich bewegten und sich damit die drei Organisationstypen hinsichtlich des Messmodells nicht wesentlich unterscheiden.

Wie hoch sind die jeweiligen Einflüsse von Führung und Arbeitsbedingungen auf organisationales Commitment in der Gesamtstichprobe? In das vollständige Pfadmodell (vgl. Abbildung 20) wurde zusätzlich der Einfluss des Alters aufgenommen, da sich für diese soziodemographische Variable bislang konsistente Zusammenhänge zum Commitment gezeigt hatten. Die Fit-Indices und die Pfadkoeffizienten der einzelnen Modelle sind aus Abbildung 20 ersichtlich. Während der Pfadkoeffizient für die Arbeitsbedingungen mit .46 auf einen hohen Einfluss der Bedingungsfaktoren hinweist, ist die Bedeutung von Führung als moderat zu bezeichnen. Zwar ist der Pfadkoeffizient signifikant, aber der relative Einfluss ist gegenüber einer bivariaten Korrelation von r = .35 gering. Damit konnte die Annahme 3, die besagte, dass transformationale Führung neben den Arbeitsbedingungen und Merkmalen der Person einen eigenen Beitrag zur Vorhersage von affektivem Commitment leistet, bestätigt werden.

Bemerkenswert ist, dass der Wert in der Größenordnung von der von Schmidt et al. (1998) ermittelten Partialkorrelationen für den Zusammenhang von Führung und Commitment liegt. Zusätzlich ist auf die beträchtliche Kovarianz in Höhe von .49 zwischen Führung und Arbeitsbedingungen hinzuweisen. Gegenseitige Beeinflussung in dem Sinne, dass der Einfluss von Führung auf Commitment durch die Arbeitsbedingungen mediiert wird oder die Wirkung von Drittvariablen können hierfür als Erklärung herangezogen werden. Bei der Vorhersage von kalkulatorischem Commitment zeigten sich kaum Unterschiede zwischen den Organisationstypen. In erster Linie trug das Alter der Mitarbeiter zum kalkulatorischen Commitment gegenüber der Organisation bei. Führung spielte hier keine entscheidende Rolle. Abweichend von den größeren Organisationen fällt der Alterseinfluss in den KMU Betrieben etwas niedriger aus. Unter Umständen ist dieser Befund damit zu erklären, dass die Mitarbeiter in den KMU Betrieben ein deutlich geringeres Durchschnittsalter als in den beiden anderen Organisationen aufweisen, wodurch der erwartete Alterseffekt hier weniger deutlich wird. Bezieht man die Mittelwertunterschiede in die Betrachtung ein, waren es auch die KMU-Betriebe, die insgesamt ein deutlich niedrigeres Niveau an kalkulatorischem Commitment als die beiden größeren Organisationen aufweisen. Das kann zusätzlich zu einer Verminderung der Korrelation beigetragen haben.

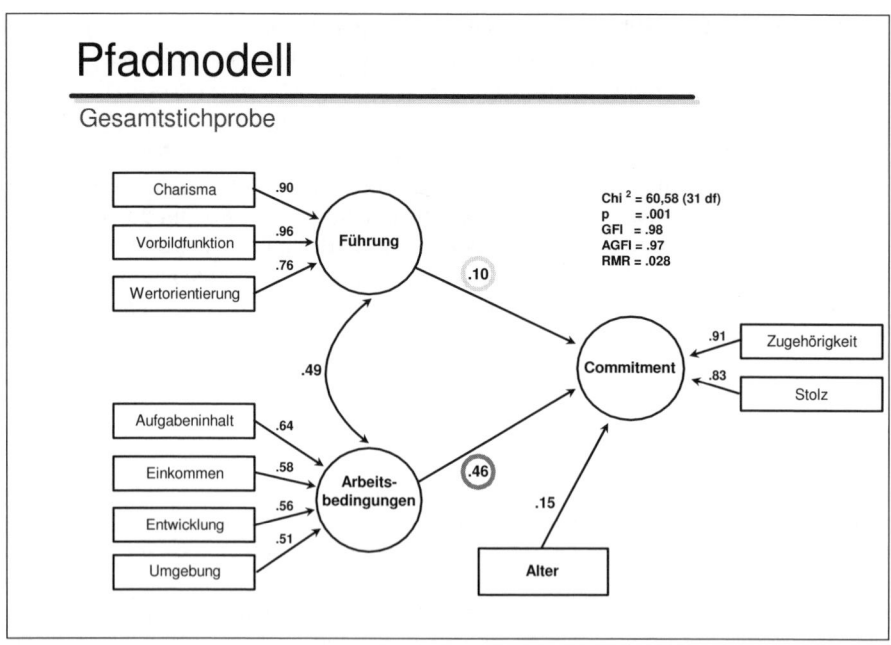

Abbildung 20: Pfadmodell zur Vorhersage von Commitment

Wie unterscheiden sich die Zusammenhänge zwischen Führung, Arbeitsbedingungen, Alter und affektivem organisationalen Commitment in den drei Organisationstypen? Vorab kann festgestellt werden, dass die drei Modelle jeweils gute Anpassungen aufwiesen, sodass die Koeffizienten als zuverlässig betrachtet werden können. Für die Teilstichprobe der KMU-Betriebe wurde ein starker Einfluss transformationaler Führung auf das affektive organisationale Commitment von .50 gefunden, während in der öffentlichen Verwaltung (.07) und in dem größeren Privatunternehmen (.09) kein signifikanter Einfluss von Führung zu verzeichnen ist. Damit konnte die Annahme 4b, die besagte, dass der größte Einfluss in kleinen, sich verändernden Unternehmen zu finden ist, bestätigt werden, während 4a (öffentlich vs. privat) verworfen werden musste. Damit bestehen auch hier mehr Gemeinsamkeiten zwischen den beiden größeren und etablierten Organisationen und weniger in Bezug auf die Unterscheidung zwischen privat und öffentlich. Gemäß der Annahme 4c geht umgekehrt in den beiden größeren Organisationen der stärkste Einfluss von den Arbeitsbedingungen aus.

Als Ergebnis dieser Studie lassen sich zwei wesentliche Punkte festhalten. (1) Es gibt organisationsspezifische Muster für transformationale Führung und Commitment. Führungskräfte in öffentlichen Organisationen werden als weniger transformational eingeschätzt, während in kleinen, jungen Unternehmen Führungskräfte eher transformational führen. Die Mitarbeiter in öffentlichen Verwaltungen zeigen im Vergleich das geringste affektive und das höchste kalkulatorische Commitment, während es sich bei den Mitarbeitern von KMU-Betrieben genau umgekehrt verhält. Sie weisen das stärkste affektive und das geringste kalkulatorische Commitment auf. (2) Der Einfluss relevanter Faktoren ist nicht über alle Kontexte hinweg stabil, sondern variiert. Es zeigt sich ein starker Einfluss bei kleinen, und vor allem jungen Unternehmen, während der Einfluss in öffentlichen Verwaltungen am niedrigsten ist.

Allerdings muss einschränkend eingeräumt werden, dass es einer breiteren Datenbasis bedarf, um die Befunde generalisieren zu können. Das gilt insbesondere für den Bereich der größeren Privatunternehmen. Für ein aktives Commitmentmanagement folgt daraus, dass der organisationale Kontext zu berücksichtigen ist. Während in KMU Betrieben das Verhalten der Führungskraft als Schlüssel zur Entwicklung und Förderung des organisationalen Commitments angesehen werden kann, ist gerade in öffentlichen und größeren Organisationen bei den Arbeitsbedingungen anzusetzen. Damit ergibt sich außerdem ein hohes Nutzenpotenzial für PE/Führungskräfteentwicklung in KMU und Start-ups. Eine weitere Möglichkeit besteht darin, den Gestaltungsspielraum von Führungskräften auf unteren und mittleren Ebenen größerer Organisationen zu erhöhen. Damit verbessern sich die Chancen, transformationales Führungsverhalten zu zeigen und darüber das Commitment der Mitarbeiter positiv zu beeinflussen.

8.3.3 *Erweiterung der organisationsspezifischen Befundlage*

Im vorangegangenen Kapitel wurde eingeräumt, dass die Generalisierung der Befunde insbesondere für größere privatwirtschaftliche Unternehmen nur begrenzt möglich ist. Aus diesem Grund soll überprüft werden, inwieweit sich die bislang gefundenen Zusammenhangsmuster zwischen Führung, Arbeitsbedingungen, Alter und Commitment an weiteren Stichproben replizieren lassen. Dabei kann auf eine weitere öffentliche Verwaltungsstichprobe und auf Stichproben privatwirtschaftlicher Unternehmen zurückgegriffen werden. Die Merkmale der Stichproben (Branche, Bereich, Größe, Entwicklungsphase) sowie die Pfadkoeffizienten der Analysen zur Vorhersagen von affektivem organisationalen Commitment durch transformationale Führung, Arbeitsbedingungen und das Alter der Beschäftigten sind in Tabelle 26 aufgeführt.

Im Unterschied zu dem bereits untersuchten Industriebetrieb handelt es sich bei der ersten privatwirtschaftlichen Stichprobe um ein Unternehmen aus der Finanzdienstleistungsbranche mittlerer Größe mit ca. 180 Beschäftigten. Auch dieses Unternehmen verfügt über eine langjährige Tradition und ist gut etabliert. Vergleicht man die Pfadkoeffizienten der Analyse mit dieser Stichprobe mit den Werten des Industriebetriebs, lässt sich feststellen, dass auch in diesem Dienstleistungsunternehmen der stärkste Einfluss auf das affektive Commitment von den Arbeitsbedingungen ausgeht. Führung leistet hier ebenfalls keinen signifikanten Beitrag. Bei Stichprobe 2 handelt es sich ebenfalls um ein Dienstleistungsunternehmen vergleichbarer Größe. Allerdings haben hier in den letzten Jahren erhebliche Umstrukturierungen statt gefunden und das Unternehmen ist dabei, sich in einem veränderten Markt neu zu positionieren. Damit handelt es sich nicht im oben genannten Sinn um ein Gründungsunternehmen, aber der Kontext ist durch Veränderung und Unsicherheit geprägt. Zwar sind Alter und Arbeitsbedingungen für das affektive Commitment relevante Prädiktoren, aber auch das Ausmaß transformationaler Führung hat hier ähnlich wie bei den Gründungsunternehmen einen bedeutsamen Einfluss.

In vergleichbarer Weise lässt sich der Kontext der dritten Stichprobe charakterisieren. Dabei handelt es sich um einen Produktionsstandort eines Pharmaherstellers. Allerdings ist das Gesamtunternehmen, zu dem der Standort gehört, seit langen Jahren am Markt etabliert. Damit lässt sich möglicherweise erklären, dass der Einfluss von Führung zwar vorhanden, aber auf einem niedrigeren Niveau angesiedelt ist. Bei der vierten Stichprobe handelt es sich um eine Reihe von langjährig privat geführten Apotheken. Der Einfluss von Führung ist bedeutsam, aber nicht so hoch wie in den Gründungsunternehmen mit zum Teil ähnlicher Größe.

Bei der fünften Stichprobe handelt es sich um eine weitere öffentliche Verwaltung. Die Arbeitsbedingungen haben hier wieder ein deutlich größeres Gewicht als die Führung, auch wenn die Unterschiede nicht so extrem ausfallen wie in der vorangehenden Untersuchung. Die Konsistenz der Befundlage zeigt sich hier auch bei den Mittelwerten. Das kalkulatorische Commitment ist mit einem Durchschnittswert von 3,7 stärker als das affektive Commitment (3,2) ausgeprägt. Damit können die zuvor gefundenen Zusammenhangsmuster weitgehend als bestätigt angesehen werden.

Tabelle 26: Merkmale und Pfadkoeffizienten für unterschiedliche Stichproben

Affektives organisationales Commitment					
Stichprobe	1	2	3	4	5
Bereich	privat	privat	privat	privat	öffentlich
Entwicklungsphase	etabliert	dynamisch	dynamisch	etabliert	etabliert
Größe	Mittel (ca. 180)	Mittel (ca. 120)	Mittel (ca. 800)	Klein	Groß (> 2000)
N	130	101	62	126	1311
Branche	Dienstleistung	Dienstleistung	Pharma	Apotheken	Verwaltung
Führung	.11 n.s.	.34	.23	.27	.18
Arbeitsbedingungen	.47	.32	.55	.21	.34
Alter	.37	.22	.11	.19	.10

8.3.4 Äußere Bedrohung als Moderator für Commitment

In den vorangehenden Abschnitten wurde gezeigt, unter welchen Kontextbedingungen unterschiedliche Ausprägungen von Commitment zu erwarten sind und mit welchen Faktoren Commitment gesteigert werden kann. Bislang ist allerdings wenig darüber bekannt, welche Moderatoren den Einfluss von Commitment auf unterschiedliche Outcomevariablen beeinflussen. In der Metaanalyse von Meyer et al. (2002) gab es bereits erste Hinweise, dass sich die Beziehung von Commitment zu einigen Out-comevariablen in Abhängigkeit des regionalen Kontexts (Nordamerika vs. außerhalb Nordamerika). Damit richtet sich die Aufmerksamkeit auf die Bedeutung des kultu-rellen Kontexts, dessen moderierende Rolle im nächsten Abschnitt thematisiert wird. Darüber hinaus sind aber zahlreiche weitere Kontextvariablen denkbar, die sich ver-stärkend oder vermindernd auf den Einfluss unterschiedlicher Foci und Komponenten auswirken.

Als ein Beispiel soll in diesem Zusammenhang auf eine Studie von Riketta und Lan-derer (2005) hingewiesen werden, bei der es um den Zusammenhang von affektivem organisationalem Commitment auf der einen und Leistung und OCB auf der anderen Seite ging. Sie berichten, dass der Zusammenhang zwischen affektivem organisatio-nalem Commitment und OCB zunahm, als das Ansehen der Organisation durch eine Korruptionsaffäre bedroht wurde. Allerdings wurde der Skandal von den Mitarbeitern unterschiedlich dramatisch wahrgenommen und bewertet. Je schwerer der Skandal eingeschätzt wurde, umso stärker wurde der Zusammenhang zwischen Commitment und OCB. Mitarbeiter mit geringem Commitment haben demnach angesichts des Skandals ihr OCB reduziert, während Mitarbeiter mit hohem Commitment ihr Enga-gement noch erhöht haben, um das Ansehen ihrer Organisation zu retten und die Nachteile, die aus dem Skandal für die Organisation folgten, zu kompensieren. Vor dem Hintergrund der sozialen Identitätstheorie (SIT, Tajfel & Turner, 1986) kann vermutet werden, dass die zusätzliche Anstrengung auch dem Bedürfnis nach einer positiven sozialen Identität geschuldet ist, die letztlich dazu dient, den eigenen Selbstwert zu stabilisieren und zu erhöhen.

Der Status der sozialen Identität (in-group) war durch den öffentlichen Skandal (out-group) gefährdet worden. Je stärker die Bedrohung wahrgenommen wurde, umso größer war das Bedürfnis, die soziale Identität zu bewahren. Dieser Zusammenhang gilt besonders für Mitarbeiter mit hohem Commitment. Ist das Commitment gering, bedroht der Reputationsverlust der Organisation jedoch nicht die eigene soziale Iden-tität und resultiert nicht in zusätzlichem Engagement.

Wirkt sich das Commitment auch direkt darauf aus, wie schwer der Skandal einge-schätzt wird? Obwohl der gefundene Zusammenhang nicht signifikant ist, zeigt sich eine leichte Tendenz, dass Mitarbeiter mit einem höheren Commitment dem Skandal weniger Bedeutung beimessen. Damit wirkt Commitment in zweifacher Hinsicht für den Erhalt einer positiven sozialen Identität und damit dem Erhalt des eigenen Selbstwerts. Zum einen erhöht es die Anstrengung, der befürchteten Rufschädigung entgegenzuwirken und zum anderen wird die Gefahr einer Rufschädigung geringer eingeschätzt.

8.4 Kulturelle Einflüsse

In Abschnitt 6.4.3 wurde bereits dargestellt, wie sich die Kulturdimensionen Kollektivismus-Individualismus, Unsicherheitsvermeidung und Machtdistanz als individuelle kulturelle Wertorientierungen auf die Mitarbeiterbindung auswirken (Felfe, Schmook & Six, 2006). In den folgenden Abschnitten wird diese Perspektive erweitert und vertieft. Dabei ist es wichtig, bei der Beschäftigung mit kulturellen Einflüssen zwei Ebenen voneinander zu unterscheiden.

Nach einer Definition von Berry, Poortinga, Segall und Dasen (2002) ist Kultur „... the shared way of life of a group of people. Culture consists of shared motives, values, beliefs, identities, and interpretations or meanings of significant events that result from common experiences of members of collectives that are transmitted across generations". Dieser Definition liegt die Annahme zugrunde, dass das Erleben und Verhalten von Menschen einer Kultur weitgehend ähnlich ist. Die charakteristischen und typischen Gemeinsamkeiten, die für alle Mitglieder gelten, machen die Kultur aus.

Diese kulturellen Besonderheiten lassen sich nur durch einen Vergleich mit anderen Kulturen erkennen, denn innerhalb einer Kultur sind sie „normal" und erscheinen selbstverständlich. Damit geht es bei dieser Perspektive um Unterschiede zwischen Kulturen, d.h. zwischen Ländern, Regionen bzw. Ländergruppen oder ethnischen Gruppen. Bei dieser Betrachtungsweise werden kulturelle Einflüsse auf der Gruppenebene analysiert und diese Gruppen sind typischerweise Länder oder sogar Gruppen von Ländern. Diese Analyseebene wird daher auch als „*Country level"* bezeichnet.

Die Individuen einer Kultur unterscheiden sich aber darin, inwieweit sie die kulturellen Normen und Werte internalisiert haben und sich an ihnen orientieren: „... differences in individual value orientations are determined by the strength of an individual's belief in the key cultural values" (Triandis, 1995). Damit sind neben den Gemeinsamkeiten vor allem die Unterschiede innerhalb einer Kultur gemeint. Diese interindividuellen Differenzen stehen im Mittelpunkt dieser Perspektive („*Individual level"*), im Gegensatz zu interkulturellen Differenzen auf der oben benannten Länderebene. Die individuellen Unterschiede in Bezug auf die Dimensionen, mit denen sonst Kulturen unterschieden werden, werden als kulturelle Wertorientierungen bezeichnet.

So sind beispielsweise in kollektivistischen Kulturen Personen mit individualistischer Orientierung anzutreffen wie auch Personen mit kollektivistischer Orientierung in individualistischen Kulturen (Singelis et al., 1995; Triandis, 1995, 2004; Wasti, 2003a, b). Triandis (1995, 2004) unterscheidet in diesem Zusammenhang „*Allocentrics"* (kollektivistische Orientierung) und „*Idiocentrics"* (individualistische Orientierung), um deutlich zu machen, dass es sich bei diesen Begriffen um Kategorien auf der individuellen Ebene handelt. In Abschnitt 8.4.1 wird der Moderatorgedanke aus den vorangehenden Abschnitten aufgegriffen und zunächst auf individueller Ebene weiterverfolgt. Anschließend werden moderierende Einflüsse auf Länderebene untersucht.

8.4.1   Individuelle Wertorientierung als Moderator

Im Folgenden geht es um die Frage, inwieweit Zusammenhänge zwischen Commitment und möglichen Ursachen sowie Konsequenzen durch die individuelle Wertorientierung der Mitarbeiter systematisch beeinflusst werden. Das bedeutet, dass nicht der Kontext die Wirkung einzelner Faktoren wie Führung oder Einkommen auf die Mitarbeiterbindung beeinflusst oder die Bedeutung von Commitment für unterschiedliche Outcomevariablen verändert, sondern dass es individuelle Unterschiede zwischen den Mitarbeitern gibt, die die Wirkung von Einflussfaktoren bzw. die Bedeutung für Konsequenzen beeinflussen. Während bei der Kontextperspektive davon ausgegangen wurde, dass sich die Situationsmerkmale auf alle Mitarbeiter mehr oder weniger gleich auswirken, werden hier gerade die Unterschiede zwischen den Mitarbeitern betont. Das soll an einem einfachen, bislang empirisch nicht geprüften Beispiel verdeutlicht werden. Es wäre zum Beispiel denkbar, dass sich mit dem Alter der Mitarbeiter der Einfluss unterschiedlicher Bedingungsfaktoren verschiebt. Während bei jungen Mitarbeitern das Einkommen, gute Entwicklungschancen und gute Chancen, Arbeit und Familie in Einklang zu bringen (Work-Life-Balance) wesentlich zur Bindung an eine Organisation beitragen, werden diese Faktoren mit zunehmendem Alter wahrscheinlich an Bedeutung verlieren. Dafür gewinnen aber andere Faktoren wie z.B. die Sinnhaftigkeit der Arbeit oder die Fairness im Umgang mit älteren Mitarbeitern (Diversity Management) an Bedeutung.

Erste Hinweise für den Einfluss individueller Unterschiede liefert eine Studie von Wasti (2003a, b), die mit türkischen Teilnehmern durchgeführt wurde. Sie konnte zeigen, dass die Bedeutung einzelner Ursachen für das organisationale Commitment in Abhängigkeit von der kulturellen Wertorientierung der einzelnen Mitarbeiter variierte. Bei individualistischen Personen hing das Commitment eher von der Zufriedenheit mit der Arbeitstätigkeit und den Aufstiegschancen ab, während bei kollektivistischen Personen Führung stärker von Bedeutung war. Aus der Arbeitszufriedenheitsforschung ist bereits ebenfalls bekannt, dass der Arbeitsinhalt besonders in individualistischen Kontexten für die Arbeitszufriedenheit bedeutsam ist, während in kollektivistischen Ländern eher extrinsische Arbeitsmerkmale wie Lob und Anerkennung und das Klima, das wesentlich durch Führung mitgeprägt wird, relevant sind. Felfe et al. (2006) haben daher angenommen, dass auch bei deutschen Stichproben, d.h. in einem im Vergleich zur Türkei individualistischen Kontext, eher bei kollektivistischen Personen transformationale Führung stärker mit affektivem und normativen Commitment korreliert als bei weniger kollektivistischen Personen. Umgekehrt sollte bei weniger kollektivistischen bzw. individualistischen Personen der Einfluss des Arbeitsinhalts auf das affektive und normative Commitment größer sein als bei eher kollektivistischen Personen.

Die Ergebnisse bestätigen die Annahme weitgehend. Wie erwartet, wurden mit Hilfe moderierter Regressionsanalysen signifikante Interaktionseffekte gefunden, die belegen, dass der Zusammenhang zwischen transformationaler Führung und affektivem und normativem Commitment bei eher kollektivistischen Mitarbeitern größer ist als bei weniger kollektivistischen bzw. individualistischen Personen. Während dieser Effekt für den Zusammenhang zwischen Führung und Commitment gegenüber der

Organisation, aber auch gegenüber dem Vorgesetzten und zum Teil auch gegenüber der Arbeitsgruppe besonders deutlich ausfällt, zeigt sich tendenziell, dass bei weniger kollektivistischen Personen eher der Arbeitsinhalt für das organisationale Commitment von Bedeutung ist.

Wie lässt sich der Befund interpretieren? Kollektivistische Personen räumen der Führungskraft als Repräsentant der Gruppe und der Organisation eine große Bedeutung ein. Damit sind kollektivistische Mitarbeiter auch eher bereit, den Einfluss ihrer Führungskraft zu akzeptieren. Es wird erwartet, dass sich die Führungskraft um das Wohl der Gruppe, ihren Zusammenhalt und den Erfolg kümmert. Es ist ein Kennzeichen transformationaler Führung, die Zusammenarbeit und den Zusammenhalt im Team zu fördern. Nimmt die Führungskraft diese Rolle wahr, vermag sie dadurch das Commitment der Mitarbeiter zu steigern. Der engere Zusammenhang zwischen transformationaler Führung und Commitment bei kollektivistischer Orientierung kann in diesem Sinne auch als Hinweis auf eine Wertekongruenz zwischen Mitarbeitern und Führungskräften interpretiert werden, da transformationale Führungskräfte eine gemeinsame Vision und Anstrengung betonen und eigene Interessen der Gruppe unterordnen. Wird sie dieser Rolle jedoch nicht gerecht, sind wichtige Voraussetzungen für eine Bindung nicht erfüllt und das Commitment bleibt niedrig. Man könnte auch sagen, dass kollektivistische Mitarbeiter besonders sensitiv auf Unterschiede in der Führung reagieren.

Mitarbeiter, die hingegen weniger kollektivistisch orientiert sind, achten womöglich weniger auf das Verhalten ihrer Führungskraft und lassen sich dadurch weniger beeinflussen. Ob eine Führungskraft eher mehr oder weniger transformational führt, kann ihr Commitment nicht in diesem Maße verändern. Für diese Personengruppe steht vielmehr der Aufgabeninhalt im Vordergrund. Werden die Vorstellungen von einer interessanten und abwechslungsreichen Tätigkeit, bei der selbständig und eigenverantwortlich gehandelt werden kann, erfüllt, steigt hierdurch das Commitment gegenüber der Organisation. Diese Personengruppe reagiert offenbar stärker auf die Merkmale der Arbeitsaufgabe, während sich die Bedeutung dieser Merkmale zunehmend verringert, umso kollektivistischer die jeweiligen Mitarbeiter orientiert sind.

Zusammenfassend lässt sich festhalten, dass Kollektivismus nicht nur auf direktem Wege Commitment beeinflusst, sondern auch den Einfluss transformationaler Führung und die Bedeutung des Arbeitsinhalts für Commitment moderiert. Welche praktischen Konsequenzen ergeben sich aus diesem Ergebnis? Zunächst lautet die Erkenntnis, dass Mitarbeiter durchaus unterschiedlich auf Einflüsse reagieren, von denen zunächst angenommen wurde, dass sie generell für das Commitment von Bedeutung sind. Maßnahmen, die für die eine Personengruppe Erfolg versprechend sind, können bei der anderen in ihrer Wirkung verpuffen. Führungskräfte und Personalentwickler sollten daher diese Unterschiede zwischen Mitarbeitern durch entsprechende Arbeitsaufgaben bzw. die Betonung transformationaler Führung berücksichtigen, wenn Commitment gefördert und entwickelt werden soll. Neuere Studien zeigen auch, dass Ähnlichkeit zwischen Mitarbeiter- und Vorgesetztenpersönlichkeit die Akzeptanz und damit den Einfluss von Führung fördert (Felfe & Schyns, 2006). Die Bedeutung ähnlicher kultureller Wertorientierungen zu untersuchen, könnte eine lohnende Aufgabe für künftige Forschung sein. Darüber hinaus sollte neben den bislang untersuchten Persönlichkeitsmerkmalen und Kulturorientierung das Augenmerk auch auf weitere potenzielle Moderatoren gerichtet werden, die als Merkmale der Mitarbeiter nicht nur Bedingungsfaktoren von Commitment, sondern auch die Bedeutung von Commitment für unterschiedliche Erfolgskriterien beeinflussen. Auf die Nähe von transformationaler Führung und Kollektivismus hatte bereits Bass (1999) hingewiesen (s.a. Tabelle 25). Dort wird die Ansicht vertreten, dass in kollektivistischen gegenüber individualistischen Kontexten das Auftreten und die Bedeutung transformationaler Führung begünstigt werden. Diese Perspektive, den Kollektivismus nicht als individuelle Variable, sondern als Kontextvariable zu untersuchen, wird in den folgenden Abschnitten behandelt.

8.4.2 Unterschiede zwischen Kulturen

Sichtbares Zeichen der durch zunehmende Globalisierung wachsenden Märkte in Asien ist die steigende Zahl an Organisationen, die sich in Kooperationen, Joint Ventures oder mit direkten Investitionen in dieser Region engagieren. Diese Organisationen sehen sich dabei mit nicht unerheblichen kulturellen Unterschieden konfrontiert, die als ebenso unliebsame wie wirksame Barrieren fungieren. Entsprechend postuliert R. House in seiner Einleitung zum derzeit umfangreichsten interkulturellen organisationspsychologischen Projekt GLOBE, dass die kulturellen Barrieren in ihrer Bedeutung zunehmen, wenn die ökonomischen Barrieren fallen (House, Hanges, Javidan, Dorfman & Gupta, 2004). Die Euphorie, die nach der ersten Erleichterung folgt, könnte dann einer Ernüchterung folgen, wenn bis dahin unbekannte und ungeahnte Probleme offenkundig werden. Die Bedeutung kultureller Unterschiede für das Erleben und Verhalten von Mitarbeitern in Organisationen ist zwar eine viel diskutierte, aber empirisch bislang nur unzureichend untersuchte Frage. Wenn nun Führungskräfte und Mitarbeiter oder Mitglieder von Arbeitsgruppen im Kontext interkultureller Projekte aus diesen unterschiedlichen Kulturen stammen, bedeutet dies für das Management eine große Herausforderung (Littrell, 2002).

Werden die kulturellen Eigenheiten nicht hinreichend berücksichtigt, besteht nicht nur unmittelbares Konfliktpotential, sondern auch ein erhebliches Risiko, dass das Commitment der Mitarbeiter als wichtige Voraussetzung für besonderes Engagement und geringe Fluktuationsneigung gefährdet ist. Es besteht erheblicher Forschungsbedarf hinsichtlich der Frage, wie diese kulturellen Unterschiede einzuschätzen sind und welche Bedeutung sich für aktuelle und zukünftige Managementaufgaben ergeben, wenn es darum geht, das Commitment der Mitarbeiter zu erhalten und zu entwickeln.

Unterschiede zwischen westlichen und östlichen Kulturen sind bereits mehrfach belegt (Redding, 1990; Sagiv & Schwarz, 2000). Die prominenten Untersuchungen von Hofstede (2001) zeigen deutliche Unterschiede hinsichtlich der Kulturdimensionen Kollektivismus, Machtdistanz und Unsicherheitsvermeidung. Deutschland zeichnet sich durch geringe Machtdistanz bei hohen Individualitätswerten aus, während asiatische Staaten wie Singapur, Thailand, Korea, Philippinen, Malaysia und Hongkong hohe Machtdistanz bei niedriger Individualität aufweisen. Das gilt auch für China.

Bezüglich der Unsicherheitsvermeidung zeigt sich ein weniger eindeutiger Kontrast zwischen westlichen und östlichen Ländern. Für Unsicherheitsvermeidung wird für China ein deutlich geringerer Wert als für Deutschland berichtet. Die Befunde der GLOBE Studie (House et al., 2004) bestätigen weitgehend die Verortung von China und Deutschland auf den unterschiedlichen Kulturdimensionen. Hier werden zusätzlich zwei Dimensionen von Individualismus-Kollektivismus unterschieden: ein institutioneller Kollektivismus auf der Ebene der Gesamtgesellschaft (Kollektivismus I) definiert als Unterstützung und Belohnung kollektiver Handlungen durch das gesamtgesellschaftliche System und ein Kollektivismus auf der Ebene der Eigengruppe (Kollektivismus II), definiert als das Ausmaß der Loyalität und Verbundenheit mit der Familie. Bezogen auf beide Kollektivismusformen zählt China zu den Ländern der Gruppe mit den höchsten Werten, während Deutschland in beiden Fällen in die Gruppe der Länder mit den niedrigsten Werten eingestuft wurde.

Mit Hinblick auf die zunehmende Dynamik in Asien und insbesondere in China, aber auch in Osteuropa, die nicht zuletzt durch die europäische Osterweiterung der EU vorangetrieben wird, rücken diese Länder in den Focus des Interesses. Auch vor dem Hintergrund bisheriger kulturvergleichender Studien bietet sich China zum Vergleich mit westeuropäischen Ländern an, da sich hier in der Vergangenheit, aber auch in aktuellen Studien (House et al., 2004) deutliche Unterschiede haben finden lassen. Van de Vijver und Leung (1997) haben darauf hingewiesen, dass sich die untersuchten Kulturen hinsichtlich der interessierenden Dimensionen hinreichend unterscheiden sollten, um kulturelle Einflüsse untersuchen zu können. Von den untersuchten Kulturdimensionen ist bei einem Ost-West-Vergleich vor allem Kollektivismus-Individualismus von Bedeutung. China zählt zu den Ländern der Gruppe mit den höchsten Kollektivismus-Werten, während Deutschland in die Gruppe der Länder mit den niedrigsten Werten eingestuft wurde. Diese Unterschiede bieten Gewähr für eine eindeutige Trennung beider Länder auf dieser zentralen Kulturvariablen. Darüber hinaus hatte das Gallup Institut mit Verweis auf eigene Studien darauf hingewiesen, dass das Engagement deutscher Arbeitnehmer rückläufig sei und im internationalen Vergleich weit hinter anderen Nationen (USA, Kanada) liegt. Für asiatische Länder wie Japan und Singapur wurden sogar noch schlechtere Werte ermittelt! Konkret ergeben sich vor diesem Hintergrund sowohl aus wissenschaftlicher Sicht als auch in Hinblick auf ein effektives interkulturelles Management folgende Leitfragen:

- Haben chinesische Beschäftigte ein höheres oder niedrigeres Commitment gegenüber ihrem Unternehmen als deutsche Mitarbeiter?

- Hat das Commitment der Beschäftigten in China einen stärkeren Einfluss auf Leistung und Fluktuation als in Deutschland?

- Spielen die Führungskräfte in China eine wichtigere Rolle für das Commitment ihrer Mitarbeiter?

- Was sind jeweils die entscheidenden Faktoren zur Erhöhung des Commitments in China und in Deutschland?

Es gibt bereits Studien, die zeigen, dass sich das Commitment der Mitarbeiter in östlichen und westlichen Kulturen unterscheidet. Allerdings bestehen bislang erhebliche Forschungsdefizite bei der Frage, wie die Unterschiede erklärt werden können, da in diesen Studien häufig sehr unterschiedliche Stichproben verglichen und die Kulturunterschiede nicht kontrolliert wurden (Six & Felfe, 2006). Die Interpretation der Ergebnisse unterliegt dann gewissermaßen einem kognitiven *Attributionsfehler*, bei dem Unterschiede auf die offensichtlichste Ursache, nämlich die Kultur, zurückgeführt wird (Van de Vijver & Leung, 1997). Lagen die Erhebungsorte geographisch weit voneinander entfernt, so urteilt man voreilig, dass die Ergebnisse auf die Unterschiedlichkeit der Kulturen zurückzuführen sind. Alternative Moderatoren wie zum Beispiel Branche, Marktumfeld, Besonderheiten der Organisation werden nicht systematisch kontrolliert oder in Betracht gezogen. Bei Untersuchungen innerhalb einer Kultur würden diese Variablen wahrscheinlich als nahe liegende Einflussgrößen berücksichtigt. Werden keine signifikanten Unterschiede gefunden, wird damit umgekehrt die interkulturelle Stabilität, Universalität oder Generalisierbarkeit der untersuchten Konzepte und Zusammenhänge belegt. Weitere methodische Besonderheiten interkultureller Studien werden im folgenden Abschnitt angesprochen.

8.4.3 *Methodische Besonderheiten kulturvergleichender Studien*

Bevor Unterschiede zwischen Kulturen untersucht werden können, muss sichergestellt sein, dass eine vergleichbare Messung in unterschiedlichen Kulturen möglich ist. Systematische Unterschiede könnten zum Beispiel aus generellen Unterschieden im Antwortverhalten, aber auch durch unterschiedliche Bedeutungen von Begriffen und Konzepten verursacht werden.

Die Abhängigkeit der Resultate von den Modalitäten ihrer Erfassung zählt zu den generellen Problemen sozialwissenschaftlicher und psychologischer Messung. Zum einen sollten die verwendeten Messinstrumente, bei denen es sich in der Regel um Fragebögen handelt, möglichst identische Skalenqualitäten und gleiche Dimensionalität aufweisen, und zudem sollte das untersuchte Konstrukt von inhaltlich vergleichbarer Bedeutung sein (Six & Felfe, 2006). Im interkulturellen Vergleich ergibt sich daraus die Forderung nach einer *psychometrischen und konzeptuellen Äquivalenz*. Das Standardverfahren für den Einsatz von Konzepten im interkulturellen Forschungskontext wird als „imposed-etic" bezeichnet.

Dabei wird ein bewährtes – in der Regel amerikanisches – Standardinstrument in der kultureigenen Version („etic") entweder im Original oder als Übersetzung in die entsprechende Fremdsprache den Befragten in einer anderen Kultur vorgelegt (imposed). Bei dieser Vorgehensweise „imposed etics" (Berry, 1969) oder auch „pseudo etics" (Triandis & Marín, 1983) bleibt allerdings unberücksichtigt, dass Konzepte, die im Kontext einer bestimmten Kultur entwickelt wurden, möglicherweise nicht problemlos in eine andere Kultur transferiert werden können. Meist wird dann stillschweigend eine universelle Validität eines Konzepts unterstellt „a silent assumption of universal validity" (Hofstede, 1980, S. 373).

Die Unterscheidung von Konzepten, die generalisierbar sind und als Forschungsstrategie Vergleiche zwischen Kulturen erlauben (etic) und Konzepten, die nur innerhalb einer Kultur verstanden und beforscht werden können (emic) (Berry, 1969), basiert auf einer Analogie aus der Linguistik zur Unterscheidung zwischen Lauten, die in allen Sprachen vorhanden sind (Phon*etics*) und Lauten, die nur in einer Sprache zu finden sind (Phon*emics*). Um sicherzustellen, dass die konzeptuelle Äquivalenz nicht bereits durch Übersetzungsfehler in Frage gestellt wird, ist bei der Übersetzung große Sorgfalt gefordert. Nicht nur die Einbeziehung von Muttersprachlern, sondern auch die Rückübersetzung durch einen unabhängigen Übersetzer gehört hier zum Standard (translate-retranslate).

Ein weiteres Problem stellen kulturbedingte *Antworttendenzen* dar (Van de Vijver & Leung, 1997). Vermeintliche Unterschiede zwischen Kulturen werden schnell fehlinterpretiert, wenn die eigentliche Ursache darin zu suchen ist, dass in einer der beiden zu vergleichenden Kulturen eine grundsätzliche Neigung besteht, extreme Antworten zu vermeiden (Tendenz zur Mitte), weil dies z.B. als unhöflich angesehen wird. Marin, Gamba und Marin (1992) konnten beispielsweise zeigen, dass Amerikaner spanischer Abstammung eher extreme Antwortmöglichkeiten nutzen als Versuchspersonen anderer Abstammung, die umgekehrt eine stärkere *Tendenz zur Mitte* aufweisen. Von besonderer Bedeutung ist jedoch eine allgemeine Zustimmungstendenz („acquiescent response bias"), die zu höheren Durchschnittswerten führt.

Um Antworttendenzen zwischen Kulturen kontrollieren zu können, werden üblicherweise Korrekturen vorgenommen, indem die individuellen Werte um die Varianz der Werte der nächst höheren Aggregatebene (Organisation, Nation/Kultur) bereinigt werden oder auf individueller Ebene für die jeweilige Person standardisiert werden (Hofstede, Bond & Luk, 2003; Smith, 2004; Van de Vijver & Leung, 1997). Smith (2004) ist in einer aktuellen Studie der Frage nachgegangen, ob sich kulturbedingte unterschiedliche Zustimmungstendenzen bei der Erhebung von persönlichen Wertorientierungen (wie z.B. beim Schwartz Value Survey (Schwartz, 1994); dem Smith culture mean (Smith, Peterson, Schwartz, Akande, & Anderson, 2002); dem Wertefragebogen im Rahmen des GLOBE Projekts (House et al., 2004)) nachweisen lassen.

Die Ergebnisse zeigen tatsächlich besonders hohe *Zustimmungstendenzen* bei den Befragten aus Mittel- und Südamerika (Panama, Guatemala, El Salvador) und asiatischen Staaten (Philippinen, Thailand, Pakistan, Sri Lanka, Bangladesh), während in europäischen Ländern (Finnland, Belgien, Großbritannien, Frankreich, Norwegen, aber auch Italien und Griechenland) die vergleichsweise geringsten Zustimmungstendenzen anzutreffen sind (Smith, 2004). Die jeweiligen Zustimmungstendenzen korrelieren darüber hinaus deutlich mit den von Hofstede (2001) beschriebenen Dimensionen Kollektivismus und Machtdistanz. Dabei sind bei höheren Ausprägungen von Kollektivismus und Machtdistanz aufgrund der Zustimmungstendenz höhere Ausprägungen bei der Erhebung von Wertorientierungen zu erwarten. Werden diese Fehlerquellen im Vorfeld nicht ausgeschlossen oder bei den Analysen kontrolliert, kann es leicht passieren, dass die gefundenen Effekte falsch interpretiert werden.

Weiterhin soll noch auf ein weiteres methodisches Problem aufmerksam gemacht werden, dass sich bei der Interpretation von gefundenen Zusammenhängen ergeben kann. In kulturvergleichenden Studien wird versucht, Unterschiede und Zusammenhänge auf der Ebene von Ländern oder größeren Regionen zu identifizieren. Erfasst werden die auf Länderebene aggregierten Daten jedoch in der Regel auf der Ebene von individuellen Einschätzungen. Damit sind beide Ebenen nicht unabhängig voneinander: Individuelle Einschätzungen werden durch den Kontext beeinflusst und umgekehrt basieren die auf Länderebene zusammengefassten Werte auf Individualurteilen (Van de Vijver & Leung, 1997). Die jeweiligen Einflüsse und Abhängigkeiten beider Ebenen können nur mit entsprechenden *Mehrebenen-Ansätzen* (Multilevelanalysis) angemessen erfasst werden (Raudenbush & Bryk, 2002).

Zum Beispiel können Unterschiede beim Commitment auf unterschiedlichen Ebenen verursacht und in unterschiedlichem Maße beeinflusst werden: (1) auf der individuellen Ebene durch Merkmale der Person (z.B. Alter, Bildung, Selbstwirksamkeitserwartung), (2) auf der Gruppenebene durch Merkmale einer bestimmten Arbeitsgruppe (z.B. Gruppenklima, Führung etc.), (3) auf der Ebene der Organisation durch Merkmale einer bestimmten Organisation (Arbeitsplatzsicherheit, wirtschaftliche Situation, wahrgenommener psychologischer Kontrakt) und (4) auf der Länderebene durch Merkmale einer bestimmten Kultur (Individualismus/Kollektivismus).

Wichtig ist in diesem Zusammenhang auch, dass die jeweiligen Zusammenhänge auf den unterschiedlichen Ebenen prinzipiell als unabhängig voneinander zu betrachten sind. Das bedeutet, dass Schlüsse von der einen auf die jeweils andere Ebene nicht ohne Prüfung zulässig sind. Wird z.B. von einem auf Länderebene gefundenen Zusammenhang zwischen Kollektivismus und Commitment darauf geschlossen, dass kollektivistischere Personen ein stärkeres Commitment haben, handelt es sich um einen *ökologischen oder kollektivistischen Fehlschluss*. Hofstede weist z.B. explizit daraufhin, dass die Items seiner Dimension „Unsicherheitsvermeidung" auf der Länderebene miteinander korreliert sind und damit eine Skalenbildung erlauben. Diese Korrelationen bestehen aber nicht auf Individualebene!

Wird umgekehrt von einem Zusammenhang auf individueller Ebene auf einen gleichen Zusammenhang auf Länderebene geschlossen, wird dies als *individualistischer Fehlschluss* bezeichnet. Das heißt ein auf individueller Ebene gefundener Zusammenhang zwischen Kollektivismus und Commitment muss nicht bedeuten, dass in kollektivistischeren Kulturen generell ein höheres Commitment zu finden ist. Ob Beziehungen auf beiden Ebenen, d.h. innerhalb und zwischen Kulturen gleichermaßen bestehen, kann nur geprüft werden, indem beide Ebenen erfasst werden.

8.4.4 *Übertragbarkeit des Commitmentkonzepts auf andere Kulturen*

Im Sinne der Forderung nach einer psychometrischen und konzeptuellen Äquivalenz stellt sich die Frage, ob das Drei-Komponenten-Modell des Commitments auf östliche Kontexte übertragbar ist. Da das Modell in westlichen, individualistischen Kulturen entwickelt und erprobt wurde, kann nicht ungeprüft davon ausgegangen werden, dass die Unabhängigkeit der Komponenten auch in östlichen, kollektivistischen Kulturen gegeben ist. Bislang konnte zumindest die Validität der faktoriellen Struktur in asiatischen Kontexten bestätigt werden. Insbesondere die Arbeiten von Lee et al. (2001) sowie Cheng und Stockdale (2003) zeigen, dass die Übertragung des Drei-Komponenten-Modells auf östliche Kulturen prinzipiell möglich ist (Allen, 2003; Vandenberghe, 2003). Allerdings wurde darauf hingewiesen, dass die Äquivalenz des Untersuchungsmodells auf der Basis paralleler Stichproben geprüft werden müsste (Lee et al., 2001; Cheng & Stockdale, 2003; Chen & Francesco, 2003), um eine Konfundierung mit Drittvariablen auszuschließen.

In Vorbereitung einer Studie zum Vergleich chinesischer und deutscher Stichproben wurden alle verwendeten Skalen durch zwei unabhängige chinesische Muttersprachler übersetzt und anschließend wieder zurückübersetzt (translate-retranslate), bis beide Versionen sprachlich übereinstimmten. In einer ersten Voruntersuchung haben Felfe et al. (2005a) mit 42 bilingualen Teilnehmern (deutsch-chinesisch) die deutsche und die chinesische Version erprobt. Um Erinnerungseffekte zu vermeiden, hatten die Teilnehmer beide Versionen im Abstand von mindestens zwei Wochen zu bearbeiten. Reihenfolgeeffekte wurden kontrolliert, indem eine Gruppe zunächst die deutsche und die andere Gruppe die chinesische Version bearbeitete. Von wenigen Ausnahmen abgesehen, zeigten die Ergebnisse nur geringe Unterschiede zwischen den beiden Sprachversionen. Die Reliabilitäten sind für die meisten Skalen gut bis zufrieden stellend und unterschieden sich nicht für die beiden Versionen.

Ziel einer weiteren Voruntersuchung war eine Erprobung der psychometrischen Qualitäten der eingesetzten Instrumente und Skalen an einer betrieblichen chinesischen Stichprobe (Felfe et al., 2005b). Das betrifft zum einen die Reliabilitäten der Skalen, wie auch ihre faktorielle Validität. Damit wurden die Voraussetzungen für weitere Studien mit Stichproben aus deutschen und chinesischen Unternehmen geschaffen. Zunächst wurden für die eingesetzten Skalen überwiegend befriedigende bis gute Kennwerte gefunden. Inwieweit es sich bei den Commitmentfoci und -komponenten um jeweils eigenständige Konstrukte handelt, wurde zusätzlich mittels konfirmatorischer Faktorenanalysen überprüft. Die Vorgehensweise orientierte sich an Stinglhamber et al. (2002). Zunächst wurde für jeden Focus (Organisation, Vorgesetzter, Team und Karriere) das theoretisch postulierte dreifaktorielle Modell einem einfachen Modell mit einem Faktor gegenübergestellt. In einem zweiten Schritt wurde überprüft, ob sich die vier Foci, bezogen auf jeweils eine der drei Komponenten, trennen lassen. Die methodische Vorgehensweise orientiert sich weitgehend an Stinglhamber et al. (2002). Die Befunde entsprachen weitgehend den Erwartungen. Die Überprüfung der faktoriellen Struktur bestätigte, dass die theoretisch postulierten differenzierteren Modelle erwartungsgemäß jeweils bessere Anpassungen an die Daten lieferten als die einfacheren Modelle. Insbesondere die Fit-Indices TLI und CFI weisen auf einen akzeptablen Fit für die Foci Organisation, Supervisor und Team hin. Allerdings entsprechen nicht alle Modelle den Erwartungen. Zum Beispiel zeigt das Modell für Karriere-Commitment insgesamt eine unbefriedigende Anpassung. Die Trennung der Foci innerhalb einer Komponente gelingt nur für die affektive Komponente in zufrieden stellendem Maße. Dennoch lässt sich zeigen, dass wieder das jeweils differenziertere

Modell zu einer besseren Anpassung führt als das einfache Modell. Mit Ausnahme des Commitments gegenüber der Karriere konnte die Übertragung damit insofern als erfolgreich bezeichnet werden, als die Skalen befriedigende bis gute Reliabilitäten aufwiesen und die postulierte Faktorstruktur auch in der chinesischen Stichprobe bestätigt werden konnte. Damit konnten die Instrumente zum Vergleich deutscher und chinesischer Stichproben verwendet werden.

8.4.5 Commitmentunterschiede zwischen China und Deutschland

Fühlen sich chinesische Mitarbeiter stärker gebunden als ihre deutschen Kollegen? Aus theoretischer Sicht sollte eine starke Beziehung zwischen Kultur und insbesondere normativem Commitment bestehen, da Kultur die grundsätzlichen Normen, Werte und Verhaltensmuster umfasst. Obwohl es kaum Untersuchungen zum Einfluss von Werten und Kultur auf Commitment gibt, so gibt es doch einige Hinweise auf eine solche Beziehung. Bereits Mathieu und Zajac (1990) konnten eine positive Beziehung zwischen organisationalem Commitment und protestantischer Arbeitsethik als kulturelle Orientierung nachweisen. Einige Studien, die den Zusammenhang bereits auf individueller Ebene nachgewiesen haben, wurden in den vorangehenden Abschnitten vorgestellt (Clugston et al., 2000; Felfe et al., 2006; Wasti, 2003a, b; Wang, Bishop, Chen & Scott, 2002; Parkes et al., 2001). Dabei zeigte sich, dass insbesondere Kollektivismus mit unterschiedlichen Foci und Komponenten zusammenhängt. Es kann vermutet werden, dass dieser auf individueller Ebene gefundene Zusammenhang auch auf Länderebene gilt. Das heißt in Ländern bzw. Kulturen mit höherem Kollektivismus ist auch ein höheres Niveau an Commitment zu erwarten.

In diesem Sinne vertreten einige Autoren die Ansicht, dass bei chinesischen Arbeitskräften generell ein hohes Niveau organisationalen Commitments vorliegt (Donald & Siu, 2001; Siu & Cooper, 1998). Als Bestätigung fanden Cheng und Stockdale (2003) bei ihrem Vergleich dreier Studien, mit allerdings sehr heterogenen Stichproben, ein signifikant höheres affektives Commitment in China als in Kanada und Südkorea. Einige Befunde deuten zusätzlich darauf hin, dass chinesische Manager ein besonders hohes Commitment im Vergleich zu Managern anderer Nationen zeigen (Perrewé, Ralston & Fernandes, 1995). Zur Begründung werden neben Kollektivismus weitere kulturelle Faktoren, insbesondere Personalismus und Guanxi (Chen & Francesco, 2000, 2003), aber auch die konfuzianische Philosophie angeführt (Donald & Siu, 2001; Siu & Cooper, 1998). Zum Phänomen des Guanxi stellt Yang (1994) fest, dass „Once guanxi is established ..., each can ask a favour from the other with the expectation, that the dept incurred will be repaid sometimes in the future" (1994, S. 1-2). Guanxi beruht vor allem auf der gemeinsamen Identifikation mit Familie, Heimatstadt, Region, Schule oder Arbeitsstelle. Eine praktische Ursache für die Wichtigkeit von Guanxi kann in seiner Funktion für die Unterstützung und Stabilisierung geschäftlicher Beziehungen gesehen werden (Redding, 1990). Guanxi lässt sich in engem Zusammenhang mit Kollektivismus sehen und kann in ähnlicher Weise ein höheres Commitment begründen. Randall (1993) vertritt allerdings eine gegenteilige Auffassung, die davon ausgeht, dass affektives Commitment in kollektivistischen Kulturen niedriger ausfallen sollte als in individualistischen. In Kulturen mit niedrigerem Niveau an Konformität, d.h. individualistischen Kulturen, sollte die affektive Bindung deshalb stärker sein, weil die höhere Verhaltensfreiheit dazu führt, dass, wenn eine Bindung eingegangen wird, diese stärker eigenen Wünschen entspricht.

Einige Studien weisen auf eine spezifische Bedeutung des normativen Commitments in östlichen Kulturen hin. Im Gegensatz zu Ergebnissen aus westlichen Studien konnten Tan und Akhtar (1998) zeigen, dass das Niveau des normativen Commitments signifikant höher lag als der mittlere Wert für affektives Commitment. Außerdem zeigte normatives Commitment einen stärkeren Einfluss auf Burn-out als affektives Commitment. Tan und Akhtar (1998) weisen darauf hin, dass dieser Befund durch die Priorität von normativer gegenüber affektiver Orientierung im Arbeitskontext erklärt werden kann. Bei Replikationen des Drei-Komponenten-Modells in Südkorea fanden Lee et al. 2001 ebenfalls höhere Korrelationen zwischen normativem Commitment und Kündigungsabsichten in Stichproben aus kollektivistischen Kulturen als in Stichproben aus Nordamerika. Die empirische Grundlage für die genannten Schlussfolgerungen ist jedoch begrenzt, da die Stichproben relativ klein und auf bestimmte Branchen begrenzt waren. Auch wurden keine direkten kulturellen Vergleiche durchgeführt. Lee et al. (2001) empfehlen daher, Daten vergleichbarer Stichproben in zwei oder mehr Kulturen zu erheben, die es erlauben, die kulturelle Übertragbarkeit des Modells und der Maße für die drei Komponenten direkt zu testen.

Vor diesem Hintergrund haben Felfe, Yan und Six (2006) kulturelle Unterschiede und Commitment parallel an mehreren deutschen (N = 330) und chinesischen Stichproben (N = 762) aus der Dienstleistungsbranche (z.B. Banken, Tourismus, Telekommunikation) erhoben. Hinsichtlich der Verteilungen von Alter, Jobalter, Geschlecht etc. zeigten sich keine gravierenden Unterschiede, sodass Mindestvoraussetzungen für eine Vergleichbarkeit gegeben waren. Die eingesetzten Instrumente waren in Vorstudien auf ihre Äquivalenz überprüft worden (s. Abschnitt 8.4.4). Als weitere Voraussetzung für fortführende Analyseschritte musste zunächst geprüft werden, ob die erwarteten Kulturunterschiede auch in den vorliegenden Stichproben auftraten. Erwartungsgemäß wurden in der chinesischen Gesamtstichprobe signifikant höhere Werte für Kollektivismus und Machtdistanz als bei den deutschen Teilnehmern gefunden, während die Unsicherheitsvermeidung bei den deutschen Mitarbeitern stärker ausgeprägt war als in der chinesischen Stichprobe.

Allerdings fielen die Unterschiede geringer aus als erwartet. Das kann zum einen daran liegen, dass die chinesische Stichprobe aus einer mittlerweile hoch industrialisierten Region Chinas stammt. Möglicherweise führen die gesellschaftlichen und vor allem ökonomischen Veränderungen dazu, dass die kulturellen Besonderheiten verwischen und damit die ursprünglichen Unterschiede nivelliert werden. Umgekehrt stammten die deutschen Stichproben aus den neuen Bundesländern. Trotz Angleichung an den Westen können hier durchaus noch alte Wertemuster wirksam sein. Es sind weitere Studien erforderlich, um hier zu verlässlicheren Einschätzungen zu gelangen.

Wie unterscheiden sich die Commitmentprofile beider Länder? Wie aus Abbildung 21 ersichtlich, zeigten die chinesischen Mitarbeiter erwartungsgemäß ein deutlich höheres normatives organisationales Commitment als ihre deutschen Kollegen. In den bisherigen Untersuchungen mit westlichen Stichproben war das normative Commitment im Vergleich zu den anderen Komponenten immer deutlich geringer ausgeprägt. In der chinesischen Stichprobe hingegen ist das normative Commitment ähnlich stark ausgeprägt wie die übrigen Komponenten. Diese Unterschiede blieben auch dann signifikant, wenn die Einflüsse anderer Variablen, die üblicherweise Commitment verstärken oder verringern, kontrolliert werden. Beim kalkulatorischen Commitment zeigt sich nur ein geringfügiger Unterschied zwischen beiden Ländern (vgl. Abbildung 21).

Ebenso deutlich wie beim normativen Commitment ist der Unterschied beim affektiven organisationalen Commitment. Es sei daran erinnert, dass es hierzu widersprüchliche Annahmen gab. Einige Autoren vertraten die Annahme, dass das affektive Commitment in China besonders stark ausgeprägt sein sollte, während andere das Gegenteil vermuteten. Die Befunde der Studie von Felfe et al. (2006) unterstützen deutlich die Annahme von Randall (1993), dass affektives Commitment in individualistischen Kulturen höher ausfallen sollte, weil ein niedrigeres Niveau an Konformität und die damit verbundene höhere Verhaltensfreiheit eher eine affektive Bindung ermöglicht. Bindungen, die nicht dem Wünschen und Wollen entsprechen, werden eher beendet. Der deutliche Effekt, dass in der deutschen Stichprobe ein höheres Niveau affektiver Bindung auftrat, blieb auch bestehen, wenn wieder die Einflüsse alternativer Faktoren kontrolliert wurden. Commitment gegenüber der Führungskraft und dem Team konnte in dieser Untersuchung nur an einer Teilstichprobe erhoben werden. Aus diesem Grund sind auch die Werte der Stichprobe aus der Voruntersuchung aufgenommen (vgl. Abbildung 21).

Vor dem Hintergrund der Social Identity Theory (SIT, Tajfel & Turner, 1986) werden identitätsstiftend Kategorisierungsprozesse durch die Salienz der jeweiligen Zugehörigkeiten mitbestimmt. Das jeweilige Ausmaß des Commitments gegenüber den Zielen hängt davon ab, inwieweit die Organisation, die Arbeitsgruppe oder andere Entitäten ins Zentrum der Aufmerksamkeit gerückt bzw. aktiviert werden. Dies kann durch Symbole sowie gemeinsame Handlungen, aber auch durch Bedrohung von außen initiiert und gefördert werden. Kollektivismus legt besonderen Wert auf die Rolle des Teams oder der Arbeitsgruppe, während Individualismus mehr die Entwicklung des Einzelnen betont. In kollektivistischen Kulturen wird die Loyalität gegenüber der Gruppe stärker betont und die Entscheidungen eines Individuums sind stark von anderen Gruppenmitgliedern beeinflusst (Cheng & Stockdale, 2003). Kollektivismus und normatives Commitment gegenüber der Gruppe und dem Vorgesetzten sollten daher auch auf Gruppenebene eng miteinander verbunden sein.

Cheng et al. (2003) betonen ebenfalls, dass Mitarbeiter unter dem Einfluss von Paternalismus eher Loyalität gegenüber ihrer Führungskraft als gegenüber der Organisation entwickeln und Führungskräfte auch besonderen Wert auf die ihnen entgegenbegrachte Lyalität legen („under the influence of personalism, subordinates will show more loyalty to their supervisor rather than to the organization, and supervisors are more likely to be concerned about subordinates' supervisory commitment than ... organizational commitment", p. 317). Der Vergleich verschiedener Pfad-Modelle zeigt, dass Commitment gegenüber dem Vorgesetzten ein relevanter Prädiktor für Leistung, OCB und Kündigung ist. Darüber hinaus gibt es Hinweise auf die Existenz kulturspezifischer Commitmentmuster: Die Ergebnisse zeigen in östlichen Kulturen höhere Mittelwerte für das Commitment gegenüber dem Vorgesetzten als für das organisationale Commitment, während sich in westlichen Kulturen ein umgekehrtes Bild zeigte. Die Studie von Siu und Cooper (1998) macht ebenfalls die Bedeutung der Vorgesetzten-Untergebenen-Beziehung als wichtige Bedingung für Commitment deutlich. Daher sind insgesamt in kollektivistischeren Kulturen ein höheres Commitment gegenüber dem Team oder Vorgesetzten zu erwarten.

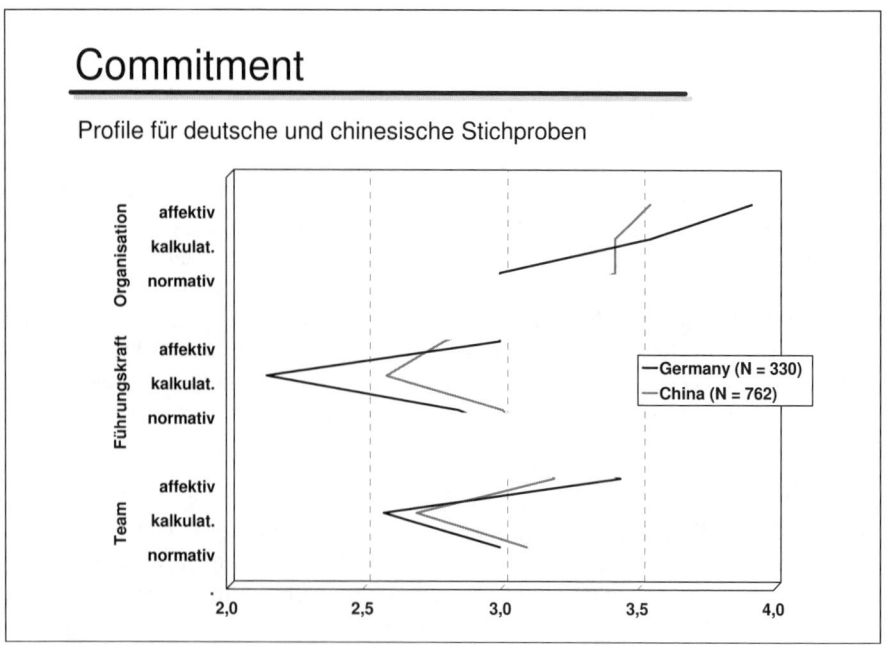

Abbildung 21: Commitmentprofile für deutsche und chinesische Stichproben

Die Ergebnisse zeigen aber, dass das Commitment gegenüber der Führungskraft und dem Team in beiden Ländern geringer ausgeprägt ist als das organisationale Commitment (vgl. Abbildung 21). Damit finden Überlegungen, die generell ein höheres Commitment gegenüber dem Team oder der Führungskraft in kollektivistischen Kontexten erwarten, keine Bestätigung.

In gleicher Weise wie beim organisationalen Commitment ist das affektive Commitment gegenüber der Führungskraft und gegenüber dem Team in der deutschen Stichprobe starker ausgeprägt als bei den chinesischen Mitarbeitern. Damit zeigt sich insgesamt für unterschiedliche Foci, dass das affektive Commitment eher in weniger kollektivistischen Kulturen in Erscheinung tritt. Im Vergleich zur deutschen Stichprobe fällt außerdem auf, dass die normativen Komponenten in Relation zur jeweiligen affektiven Komponente hoch ausfallen. Damit scheint insgesamt auch ein hohes normatives Commitment für chinesische Arbeitnehmer charakteristisch zu sein.

8.4.6 Unterschiedliche Zusammenhänge in China und Deutschland

Inwieweit lassen sich in den unterschiedlichen kulturellen Kontexten spezifische Zusammenhänge zwischen den Commitmentkomponenten, aber vor allem zu Antezedenzen und Konsequenzen finden?

8.4.6.1 Die Relation der Commitmentkomponenten untereinander

Die Konzeption des Drei-Komponenten-Modells geht zum Beispiel von einer partiellen Unabhängigkeit der drei Komponenten aus. Tatsächlich finden sich in der Regel keine oder nur geringe Zusammenhänge zwischen affektivem und kalkulatorischem sowie zwischen kalkulatorischem und normativem Commitment. Jedoch zeigen sich immer wieder deutliche Korrelationen zwischen affektivem und normativem Commitment (Allen & Meyer, 1990; Cooper-Hakim & Viswesvaran, 2005; Herscovitch & Meyer, 2002; Irving et al., 1997). Allerdings zeigten sich in der Metaanalyse von Meyer et al. (2002) für Stichproben außerhalb von Nordamerika sehr viel deutlichere Zusammenhänge zwischen den drei Komponenten als für Stichproben in Nordamerika. Die Zusammenstellung der Stichproben außerhalb Nordamerikas ist aber sehr heterogen und beinhaltet z.B. auch europäische Stichproben, so dass keine weitergehenden Moderatoranalysen möglich waren.

Nach ersten Überlegungen von Meyer et al. (2002) könnten diese Unterschiede darauf zurückzuführen sein, dass die Konstrukte in anderen Kulturen in engerer Beziehung zueinander stehen, d.h., dass beispielsweise die Unterscheidung zwischen Wunsch und Verpflichtung geringer ist. Daraus folgt ein höherer Zusammenhang zwischen affektivem und normativem Commitment. Nach Randall (1993) führt die größere Handlungsfreiheit in individualistischen Kulturen zu einer Entkopplung zwischen affektivem und kalkulatorischem Commitment. Daher ist umgekehrt ebenfalls anzunehmen, dass in kollektivistischen Kulturen die Zusammenhänge zwischen affektivem und rationalem Commitment enger sind als in individualistischen Kulturen. Kalkulatorisches Commitment sollte in östlichen Kulturen affektives Commitment beeinflussen, da sehr viel weniger die Möglichkeit besteht, unabhängig von getätigten Investitionen seinen Wünschen zu folgen und Bindungen auf affektiver Basis einzugehen. Ähnliches könnte auch für den Zusammenhang zwischen normativem und affektivem Commitment gelten.

Entsprechend berichten auch Cheng und Stockdale (2003) höhere Zusammenhänge zwischen affektivem und kalkulatorischem sowie zwischen kalkulatorischem und normativem Commitment in einer chinesischen Studie als in einer kanadischen Untersuchung (Meyer et al., 1993). Ähnliches berichten Lee, Allen, Meyer und Rhee

(2001) für eine südkoreanische Stichprobe. Dagegen unterscheiden sich die Studien kaum in der Höhe des Zusammenhangs zwischen affektivem und normativem Commitment. Da es sich bei den Studien, auf die sich die genannten Vergleiche beziehen, um sehr heterogene Stichproben handelt, die sich neben der regionalen und kulturellen Herkunft auch in vielen anderen Punkten unterscheiden, kann nicht mit Sicherheit davon ausgegangen werden, dass die gefundenen Unterschiede mit kulturellen Einflüssen erklärt werden können.

Mittlerweile haben Stanley, Meyer, Jackson, Maltin, McInnis, Kumsar und Sheppard (2007) einen weiteren Versuch unternommen, die Beziehung der Commitmentkomponenten in Abhängigkeit vom kulturellen Kontext systematisch zu analysieren. Hierzu wurden die in den einzelnen Studien jeweils metaanalytisch korrigierten Zusammenhänge zwischen affektivem, kalkulatorischem und normativem Commitment mit den jeweiligen Ausprägungen auf den Kulturdimensionen korreliert, die in der GLOBE Studie ermittelt wurden (House et al., 2004). Dabei handelt es sich um folgende Dimensionen. Unterschieden wird jeweils zwischen Praktiken („as is") und Werten („should be").

Power distance (Machtdistanz): The degree to which members of a collective expect power to be distributed equally. Beispielitem: "Followers are (should be) expected to obey their leaders without question".

Uncertainty avoidance (Unsicherheitsvermeidung): The extent to which a society, organization, or group relies on social norms, rules & procedures to alleviate unpredictability of future events. Beispielitem: "Most people lead (should lead) highly structured lives with few unexpected events."

Humane orientation (Humanorientierung/Toleranz): The degree to which a collective encourages & rewards individuals for being fair, altruistic, generous, caring & kind to others. Beispielitem: "People are generally (should be generally) very tolerant of mistakes."

Collectivism I (Kollektivismus): The degree to which organizational and societal institutional practices encourage and reward collective distribution of resources and collective action. Beispielitem: "Leaders encourage (should encourage) group loyalty even if individual goals suffer."

Collectivism II (Loyalität): The degree to which individuals express pride, loyalty and cohesiveness in their organizations or families. Beispielitem: "Aging parents generally live (should live) at home with their children."

Assertiveness (Selbstsicherheit/Dominanz): The degree to which individuals are assertive, dominant & demanding in their relationships with others. Beispielitem: „People are (should be) generally dominant."

Gender egalitarianism (Geschlechtergleichheit): The degree to which a collective minimizes gender inequality. Beispielitem: „Boys are encouraged (should be encouraged) more than girls to attain a higher education." (Scored inversely)

Future orientation (Zukunftsorientierung): The extent to which a collective encourages future-oriented behaviors such as delaying gratification, planning & investing in the future. Beispielitem: „More people live (should live) for the present than for the future." (Scored inversely)

Performance orientation (Leistungsorientierung): The degree to which a collective encourages & reward group members for performance improvement & excellence. Beispielitem: „Students are encouraged (should be encouraged) to strive for continuously improved performance."

Wie erwartet, zeigen die von Stanley et al. (2007) berichteten Ergebnisse, dass die Beziehung zwischen affektivem und kalkulatorischem, aber auch zwischen kalkulatorischem und normativem Commitment durch Kollektivismus (Collectivism I) moderiert wird. Diese Kollektivismusdimension überschneidet sich weitgehend mit der auch in den bislang vorgestellten Studien verwendeten Kollektivismuskonzeption (Felfe et al., 2006). Kollektivismus korreliert zu r = .15 mit der Höhe des Zusammenhangs zwischen affektivem und kalkulatorischem Commitment und zu r = .19 mit der Höhe des Zusammenhangs zwischen kalkulatorischem und normativem Commitment. Demnach sind die Zusammenhänge in Studien aus Ländern, die einen höheren Kollektivismuswert aufweisen höher, als in Ländern, die einen geringeren Kollektivismuswert zeigen. Tendenziell zeigt sich dies auch für den Zusammenhang zwischen affektivem und normativem Commitment. Der Zusammenhang zu Kollektivismus von r = .10 ist aber hier nicht signifikant. Zusätzliche Regressionsanalysen, in denen die Korrelationen durch die Kulturdimensionen vorhergesagt werden, zeigen allerdings, dass jeweils nur 4% der Varianz der Korrelationsunterschiede durch die Kulturdimensionen erklärt werden können.

House et al. (2004) haben die 62 Länder, die in ihrer Studie untersucht wurden, zu 10 regionalen Clustern zusammengefasst, die ähnliche Werte auf den Kulturdimensionen aufweisen. Stanley et al. (2007) berichten die mittleren Zusammenhänge für vier Cluster, darunter das „Anglo"-Cluster mit den USA, GB, Australien etc. und das „Confucian Asia"-Cluster mit Japan, China, Südkorea etc. Ein Vergleich der hier ermittelten durchschnittlichen Zusammenhangswerte mit den Werten der kulturvergleichenden Studie von Felfe, Yan und Six (2006) zeigt folgendes Bild (vgl. Tabelle 27): Die Zusammenhänge zwischen affektivem und normativem Commitment weisen die gleiche Größenordnung auf und zeigen die gleichen Unterschiede zwischen westlichen und östlichen Stichproben.

Die von Felfe et al. (2006) gefundenen Zusammenhänge zwischen affektivem und kalkulatorischem Commitment sind höher als in der von Stanley et al. (2007) berichteten Metaanalyse. Allerdings weisen die jeweiligen Unterschiede zwischen individualistischen und kollektivistischen Ländern in die gleiche Richtung. Bei Felfe et al. (2006) treten die Unterschiede sogar deutlicher zu Tage. Das Gleiche gilt für den Zu-

sammenhang zwischen kalkulatorischem und normativem Commitment. Es ist unwahrscheinlich, dass die Werte der deutschen Teilsstichprobe auf Besonderheiten der
Stichprobe zurückzuführen sind. In Klammern (vgl. Tabelle 27) sind zum Vergleich
zusätzlich die Korrelationen aufgeführt, die auf Grundlage deutscher Stichproben mit
einem N von über 3.800 Befragten ermittelt wurden. Der Vergleich zeigt, dass die
Korrelationen der Teilstichprobe nur unwesentlich von den Gesamtwerten abweichen.

Tabelle 27: Zusammenhänge zwischen Commitmentkomponenten in unterschiedlichen
Kulturen

	Anglo	**Confucian Asia**	**Deutschland**	**China**
	Stanley et al. (2007)		Felfe et al. (2006)	
	rho (ρ)		Korrelation (r)	
AC-NC	.65	.74	.61 (.59)	.75
AC-CC	.10	.22	.20 (.24)	.54
CC-NC	.23	.32	.36 (.35)	.62

Anmerkungen: AC Affektives organisationales Commitment, NC Normatives organisationales Commitment, CC Kalkulatorisches organisationales Commitment, Parallele Stichproben:
N = 330 (Deutschland), N = 762 (China); in Klammern Werte aus unterschiedlichen deutschen Stichproben mit einem N = 3.810.

8.4.6.2 Die Relation von kulturellen Wertorientierungen und Commitment

Es war bereits gezeigt worden, dass individuelle Wertorientierung wie Machtdistanz
und Unsicherheitsvermeidung, aber vor allem Kollektivismus als Merkmale der Mitarbeiter mit höherem Commitment einhergehen. Die folgenden Darstellungen werden
sich vor allem auf Kollektivismus als Kulturdimension stützen, da hier die Befunde
am deutlichsten sind. Dieser Zusammenhang könnte noch höher ausfallen, wenn der
Kontext diese Beziehung zusätzlich unterstützt. Soziale Normen, Reziprozitätsnor-
men und gegenseitige Verstärkungen können dazu beitragen.

In weniger kollektivistischen Kulturen, die eine Bindung an die Organisation, das
Team oder die Führungskraft weniger erwarten und unterstützen, könnten Personen
mit höherer individueller kollektivistischer Orientierung eher dazu neigen, sich in
anderen Breichen als der Arbeit zu binden (Vereine, Freunde, Familie etc.). Damit
lässt sich vermuten, dass in einem kollektivistischen Kontext der Zusammenhang von
Kollektivismus und Commitment höher ausfällt als in weniger kollektivistischen
Kontexten.

Das ist tatsächlich für affektives und normatives organisationales Commitment der Fall. Während für den Zusammenhang zwischen Kollektivismus und affektivem organisationalen Commitment in der deutschen Stichprobe eine Korrelation von r = .17 gefunden wurde, betrug die Korrelation in der chinesischen Stichprobe r = .34. Der Unterschied zwischen beiden Korrelationen ist statistisch bedeutsam. Das Gleiche lässt sich für normatives Commitment zeigen. Diese Befundlage bleibt auch erhalten, wenn zusätzlich andere Faktoren, wie zum Beispiel Merkmale der Arbeitsaufgabe, mit berücksichtigt werden.

8.4.6.3   Die Relation von Antezedenzen und Commitment

Auf individueller Ebene ist bereits gezeigt worden, dass für eher kollektivistisch orientierte Mitarbeiter vor allem Führung ein relevanter Faktor zur Beeinflussung von Commitment ist, wohingegen für eher individualistisch orientierte Mitarbeiter der Arbeitsinhalt und die Arbeitsaufgabe für das Commitment maßgeblich sind. In kollektivistischen Kontexten nimmt die Führung eine besonders zentrale Position ein. Die Beziehung zwischen der Führungskraft und dem Untergebenen und die Loyalität des Untergebenen sind von großer Bedeutung. Cheng et al. (2003) stellen fest, dass Führungskräfte aus diesem Grund eine besonsers starke Position einnehmen („vertical and one-way loyalty would create more legitimate and informal power for supervisors in the Chinese context than their western counterparts", p. 317).

Da chinesische Führungskräfte in der Regel als Symbol ihrer Organisation betrachtet werden, ist Loyalität der Organisation gegenüber auch immer mit der Loyalität gegenüber dem Vorgesetzten verbunden (Chen & Francesco, 2000; Chen et al., 1998). In ihrer Studie konnten Chen et al. (1998) zeigen, dass Traditionalität (Paternalismus) die Beziehung zwischen Führung, Commitment und Konsequenzen moderiert. Damit kann angenommen werden, dass Commitment in kollektivistischen Kulturen stärker durch transformationale Führung beeinflusst wird und in individualistischen Kulturen eher durch den Arbeitsinhalt. Die Ergebnisse belegen diesen Moderatoreffekt recht deutlich. Während für den Zusammenhang zwischen transformationaler Führung und affektivem organisationalen Commitment in der deutschen Stichprobe eine Korrelation von r = .37 gefunden wurde, betrug die Korrelation in der chinesischen Stichprobe r = .68. Der Unterschied zwischen beiden Korrelationen ist statistisch bedeutsam. Gleiches ließ sich für normatives Commitment zeigen (r = .28 bzw. .48). Diese Befundlage bleibt auch wieder erhalten, wenn zusätzlich andere Faktoren, wie zum Beispiel Merkmale der Arbeitsaufgabe, mit berücksichtigt werden. Erwartungsgemäß ergibt sich für den Arbeitsinhalt ein umgekehrtes Bild. Während für den Zusammenhang zwischen dem Arbeitsinhalt (interessante und abwechslungsreiche Aufgaben, selbständiges und eigenverantwortliches Arbeiten) und affektivem organisationalen Commitment in der deutschen Stichprobe eine Korrelation von r = .46 gefunden wurde, betrug die Korrelation in der chinesischen Stichprobe lediglich r = .27. Das Gleiche ließ sich auch wieder für normatives Commitment zeigen. Damit kann festgehalten werden, dass Kollektivismus den Zusammenhang zwischen relevanten Antezedenzen und Commitment nicht nur auf individueller, sondern auch auf Länderebene moderiert.

8.4.6.4 Die Relation von Commitment und Outcomevariablen

Wie stark ist der jeweilige Einfluss von Commitment auf unterschiedliche Outcomevariablen in den unterschiedlichen kulturellen Kontexten? Generell ist bekannt, dass
Commitment eine wichtige Variable für die Vorhersage positiver wie negativer Konsequenzen ist (Meyer et al., 2002). Dies gilt auch für Studien in Asien (Cheng et al.,
2003; Chen & Francesco, 2003; Siu, Lu & Cheng, 2003). Während in individualistischen Kulturen andere Faktoren, wie Einkommen, individuelle Handlungsspielräume
etc., Leistung maßgeblich beeinflussen, dürfte in kollektivistischen Kontexten die
Verbundenheit eine ungleich stärkere Bedeutung haben. Entsprechend fanden Lee et
al. (2001) in kollektivistischen Kulturen höhere Korrelation zwischen normativem
Commitment und Kündigungsabsicht als in nordamerikanischen Stichproben. Auch
auf individueller Ebene hatte sich gezeigt, dass höhere Zusammenhänge zwischen
normativem Commitment und Kündigungsabsicht bei kollektivistischen Mitarbeitern
bestehen (Wasti, 2003a, b). Tan und Akhtar (1998) fanden bei asiatischen Stichproben sogar höhere Zusammenhänge zwischen emotionaler Erschöpfung und normativem Commitment als mit affektivem Commitment.

Die Metaanalyse von Meyer et al. (2002) hatte entsprechend gezeigt, dass außerhalb
Nordamerikas affektives Commitment und OCB enger miteinander verbunden sind
als innerhalb ($\rho = .46$ bzw. .26). Dieser kulturelle Unterschied zeigte sich besonders
auch für das normative Commitment ($\rho = .37$ bzw. .10). Ebenso ist der Zusammenhang zwischen normativem Commitment und Fluktuationsabsicht in Studien, die außerhalb Nordamerikas durchgeführt wurden, mit $\rho = -.47$ deutlich höher als in Studien innerhalb Nordamerikas. Das Gleiche gilt für kalkulatorisches Commitment. Da
Normen und Regeln sowie die Bindung an die Gruppe in kollektivistischen Kulturen
von besonderer Wichtigkeit sind, ist anzunehmen, dass Commitment in kollektivistischen Kulturen stärkeren Einfluss auf OCB, Fluktuationsabsicht und Stresserleben
hat.

Die Ergebnisse von Felfe, Yan und Six (2006) liefern eine weitgehende Bestätigung
für diese Annahme. Die Zusammenhänge zwischen affektivem organisationalen
Commitment und OCB, Fluktuationsabsicht und Stresserleben liegen mit $r = .33$,
$r = .65$ und $r = -.22$ über den Zusammenhängen, die für die deutsche Stichprobe ermittelt wurden ($r = .23$, $r = .48$ und $r = -.18$). Mit Ausnahme von Stresserleben sind
die Unterschiede der Korrelationen statistisch bedeutsam. Das Gleiche ließ sich ebenfalls wieder für normatives Commitment zeigen. Entsprechend wird in multiplen
Regressionen, bei denen auch noch andere Prädiktoren aufgenommen wurden, in
China 6%, 20% und 5% zusätzlicher Varianz durch Commitment aufgeklärt, während
es sich in der deutschen Stichprobe lediglich um 2%, 13% und 0% zusätzlicher Varianzaufklärung handelt.

Stanley et al. (2007) haben in ihrer Metaanalyse ebenfalls untersucht, inwieweit kulturelle Unterschiede den Zusammenhang zwischen Commitment und Fluktuationsabsicht moderieren. Kollektivismus korreliert zu $r = -.27$ mit der Höhe des Zusammenhangs zwischen Fluktuationsabsicht und normativem Commitment und zu $r = -.24$
mit der Höhe des Zusammenhangs zwischen Fluktuationsabsicht und kalkulatori-

schem Commitment. Ähnliche Effekte konnten auch für Unsicherheitsvermeidung gefunden werden (r = -.35 bzw. -.24). Demnach sind die Zusammenhänge in Studien aus Ländern, die einen höheren Kollektivismuswert aufweisen, stärker (im Sinne von negativer!) als in Ländern, die einen geringeren Kollektivismuswert zeigen.

Die gegenteilige Wirkrichtung wurde für Ingroup Collectivism (Collectivism II), Gender Egalitarism und Performance Orientation gefunden. Je stärker diese Kulturdimensionen ausgeprägt waren, umso geringer fiel der Zusammenhang zwischen Fluktuationsabsicht und normativem bzw. kalkulatorischem Commitment aus. Der Zusammenhang zwischen affektivem Commitment und Fluktuationsabsicht wurde in dieser Analyse nicht bestätigt. Zusätzliche Regressionsanalysen, in denen die Korrelationen durch die Kulturdimensionen vorhergesagt werden, zeigen, dass die jeweilige Varianz der Zusammenhänge zwischen Fluktuationsabsicht und normativem bzw. kalkulatorischem Commitment zu 18% bzw. 23% durch kulturelle Unterschiede erklärt werden kann. Ein Vergleich der hier ermittelten durchschnittlichen Zusammenhangswerte für die einzelnen Regionalcluster mit den Werten der kulturvergleichenden Studie von Felfe et al. (2006) zeigt folgendes Bild (vgl. Tabelle 28).

Tabelle 28: Zusammenhänge zwischen Commitment und Fluktuationsabsicht in unterschiedlichen Kulturen

	Anglo	Confucian Asia	Deutschland	China
	Stanley et al. (2007)		Felfe et al. (2006)	
	rho (ρ)		Korrelation (r)	
AC-TOI	-.55	-.57	-.48	-.65
CC-TOI	-.21	-.43	-.11	-.44
NC-TOI	-.34	-.55	-.24	-.54

Anmerkungen: AC Affektives organisationales Commitment, NC Normatives organisationales Commitment, CC Kalkulatorisches organisationales Commitment, TOI Turnover Intention (Fluktuationsabsicht); Parallele Stichproben: N = 330 (Deutschland), N = 762 (China).

Die Zusammenhänge zwischen Fluktuationsabsicht und den Commitmentkomponenten weisen auch hier die gleichen Größenordnungen auf und zeigen die gleichen Unterschiede zwischen weniger individualistischen und kollektivistischen Kontexten. Die von Felfe et al. (2006) gefundenen Zusammenhänge zwischen Fluktuationsabsicht und den Commitmentkomponenten sind in Deutschland etwas niedriger als im Anglo-Cluster. Damit fallen die Unterschiede zwischen den deutschen und den chinesischen Stichproben etwas höher aus als die Unterschiede zwischen den Clustern bei Stanley et al. (2007). Vor allem fanden Felfe et al. (2006) auch einen Unterschied beim Zusammenhang zwischen Fluktuationsabsicht und affektivem Commitment.

8.4.6.5 *Fazit und Zusammenfassung*

Entsprechend den eingangs formulierten Forschungsfragen sollte untersucht werden, ob die Kultur einen moderierenden Effekt auf die Beziehung zwischen Antezedenzen und Commitment hat und einen moderierenden Effekt auf die Beziehung zwischen Commitment und Konsequenzen sowie einen direkten Einfluss auf das Niveau und das Muster der Commitmentfacetten ausübt. Zusammenfassend lässt sich festhalten, dass sich normatives und affektives Commitment zwischen beiden Kulturen systematisch unterscheiden. Während in der deutschen Stichprobe das affektive Commitment im Vordergrund steht, ist bei den chinesischen Mitarbeitern das normative Commitment stärker ausgeprägt. Weiterhin unterscheiden sich die Kulturen hinsichtlich der relevanten Antezedenzen von Commitment. Der Arbeitsinhalt ist in Deutschland bedeutsamer als in kollektivistischen Ländern, wo der Einfluss von Führung gewichtiger ist. Die Bedeutung von Commitment unterscheidet sich ebenfalls. In kollektivistischeren Kontexten findet sich ein stärkerer Einfluss von Commitment auf OCB, Fluktuationsabsicht und Stresserleben.

Als vorläufiges Fazit für die Unternehmenspraxis kann aus den Befunden gefolgert werden, dass Commitment in kollektivistischen Ländern noch bedeutsamer ist als in westlichen Ländern. Das bedeutet, dass hier aktives Commitmentmanagement als noch wichtiger einzuschätzen ist. Da in China die Rolle von Führung noch stärker als in westlichen Ländern ist, stellt die Investition in Führungskräfteentwicklung einen zentralen Erfolgsfaktor dar. Während in westlichen Ländern vor allem die Bedeutung von affektivem Commitment hervorgehoben wird (Meyer et al. 2002), sollte in China auch das normative Commitment Beachtung finden. Langfristig muss aber auch die Frage gestellt werden, ob in kollektivistischen Kulturen angesichts des gesellschaftlichen und u.U. auch kulturellen Wandels eine Abnahme im organisationalen Commitment erwartet werden kann, wenn die dominante Rolle des normativen Commitments nachlässt. Auch wenn aktuell ein beachtliches Niveau an Commitment besteht, könnte künftig eine Commitmentkrise entstehen, wenn in Zukunft Normen in zunehmendem Maße hinterfragt werden. Dies bedeutet eine starke Herausforderung im Management von Commitment.

9 Commitment in Veränderungsprozessen

9.1 Fusionen und Übernahmen – Mergers & Acquisitions

Obwohl die Erwartungen an den Erfolg von Unternehmenszusammenschlüssen häufig enttäuscht werden, kann weiterhin von einem Anstieg der Zahl ausgegangen werden. Marks und Mirvis (2001) schätzen, dass 75% der Fusionen ihr Ziel verfehlen und die in sie gesetzten Erwartungen enttäuschen, weil unter anderem die psychologischen Voraussetzungen und Mechanismen nicht ausreichend berücksichtigt werden. Auch Terry und O'Brian (2001) vertreten die Auffassung, dass die unerwarteten Reaktionen der Mitarbeiter wesentlich für die Misserfolge mitverantwortlich sind. Bindung, Commitment und Identifikation sind hierbei zentrale Variablen, die im Folgenden synonym verwendet werden sollen. Zum Beispiel können sich starke Bindungen der Mitarbeiter an ihre Organisation als hinderlich erweisen, wenn im Rahmen von Übernahmen oder Unternehmenszusammenschlüssen alte Bindungen aufgelöst und neue Bindungen aufgebaut werden sollen.

Das wohl häufigste Problem ist jedoch, dass sich vor allem die Mitarbeiter des übernommenen Unternehmens als Verlierer fühlen und sich nicht mit dem neuen Unternehmen identifizieren können. So wird versucht, durch spezielle Programme zur Postmerger Integration bisherige Unterschiede zu überwinden und neue Gemeinsamkeiten in den Vordergrund zu stellen, damit eine Bindung an das neue Unternehmen entwickelt werden kann. Allerdings gibt es auch andere Formen, die nicht durch eine Gewinner-Verlierer-Dynamik gekennzeichnet sind. Das ist zum Beispiel der Fall, wenn beide Partner gleich stark sind und jeder der Partner Zugeständnisse machen muss.

Damit wird deutlich, dass verschiedene Konstellationen unterschieden werden müssen. Marks und Mirvis (2001) haben unterschiedliche Fusionstypen in Abhängigkeit davon unterschieden, inwieweit sich jeweils der übernehmende und der übernommene Partner durch den Zusammenschluss verändern. Die Konstellation, bei der sich beide Partner stark verändern, wird von Marks und Mirvis (2001) als Transformation bezeichnet. Hier wird durch den Zusammenschluss ein weitgehend neues Unternehmen geschaffen. Im gegenteiligen Fall, bei dem die jeweiligen Veränderungen vergleichsweise gering sind und die meisten Merkmale und Charakteristika beibehalten werden, sprechen Marks und Mirvis daher von einer „Preservation". In der Mitte schein die Ideallösung zu liegen. Jeweils das Beste aus beiden Organisationen wird beibehalten („Best of both"). Ist jedoch nur der übernommene Partner in der Situation sich stark verändern zu müssen, während sich der übernehmende Partner kaum verändert, sprechen Marks und Mirvis von „Absorption". Der eher seltene, umgekehrte Fall wird dann entsprechend als „Reverse Takeover" bezeichnet. Da bei den unter-

schiedlichen Anpassungsleistungen nicht nur Verfahrensweisen, Techniken usw. verändert werden, sondern auch die gesamte Unternehmenskultur mit ihren Werten, Ritualen, Traditionen etc. betroffen ist, verweist van Dick (2004) auf Parallelen zu psychologischen Modellen der Akkulturation (Berry et al., 2002). Dabei entspräche die
„Preservation" der Separation, bei der beide Kulturen getrennt nebeneinander existieren. Die Assimilation, bei der sich eine Kultur an die andere anpasst, entspräche der
„Absorption" bzw. dem „Reverse Takeover" und die Konstellation „Best of both"
lässt sich mit der Integration vergleichen, bei der sich beide Kulturen miteinander
vermischen.

Besonders schwierig ist die Situation damit für die Mitarbeiter des schwächeren Fusi-
onspartners, wenn die Konstellation der einer Absorption entspricht. Die Übernahme
ist für diese Personengruppe nicht nur mit einem Statusverlust, sondern auch mit Unsicherheit und Risiken bezüglich ihrer weiteren beruflichen Entwicklung bis hin zum
drohenden Verlust des Arbeitsplatzes verbunden. Der Statusverlust manifestiert sich
insbesondere im Vergleich mit den statushöheren Mitarbeitern des übernehmenden
Unternehmens. Um diesen Statusverlust zu kompensieren, neigen die Mitglieder der
statusniedrigeren Gruppe dazu, sich bei statusirrelevanten Dimensionen aufzuwerten,
um wieder eine positive soziale Identität herzustellen und damit den Selbstwert zu
stabilisieren.

So werden zum Bespiel das gute Klima, die vertrauensvolle Zusammenarbeit, der
gemeinsame Spaß oder einzelne Leistungen nachträglich hervorgehoben und in der
Rückschau romantisch verklärt. Vor allem Terry und Kollegen haben hierzu einige
Studien durchgeführt (Terry & Callan, 1998; Terry, Carey & Callan, 2001). Sie zei-
gen vor dem Hintergrund der Social Identity Theory, dass bestimmte Faktoren die
Integration und Identifikation nach einem Unternehmenszusammenschluss bzw. einer
Übernahme erleichtern oder aber auch erschweren und damit den langfristigen Erfolg
einer Fusion maßgeblich beeinflussen können.

Zu diesen Faktoren gehören zunächst das Ausmaß der *Statusunterschiede,* die *Legitimität* der Unterschiede und die *Permeabilität* (van Dick, 2004). Demnach macht es
für die Identifikation mit dem neuen Unternehmen einen erheblichen Unterschied, ob
sich die Mitarbeiter der Gruppe der Sieger oder der Verlierer zugehörig fühlen und
damit erhebliche Statusunterschiede wahrnehmen oder ob der Statusunterschied zwischen beiden Gruppen eher gering oder sogar ausgeglichen ist („Merger of equals").
Maßgeblich sind hierfür in der Regel die Unterschiede in der wirtschaftlichen Aus-
gangssituation: Schließen sich zwei annähernd gleich starke Partner zusammen oder
wird der eine schwächere durch den stärkeren durch eine Übernahme aus einer wirtschaftlichen Notlage gerettet oder handelt es sich gar um eine „feindliche" Übernahme? In der Praxis ist die Idealvorstellung, dass sich die Fusionspartner auf „gleicher
Augenhöhe" begegnen, allerdings selten anzutreffen.

Darüber hinaus können die Unterschiede als eher legitim wahrgenommen werden,
wenn der eine Partner zum Beispiel durch Managementfehler oder andere selbstver-
schuldete Probleme nur durch eine Übernahme zu retten ist. In diesem Fall dürfte eine
Identifikation mit dem neuen Unternehmen eher leichter fallen. Werden die Ursachen

aber in unfairem Wettbewerb gesehen oder handelt es sich bei dem Zusammenschluss um eine feindliche Übernahme, erleben die Mitarbeiter die Statusunterschiede als illegitim. Die Bereitschaft, sich mit dem neuen Unternehmen zu identifizieren, dürfte dann eher begrenzt sein.

Ein wesentliches Ziel von Fusionen liegt in der Senkung von Kosten. Einsparpotential ergibt sich bei Zusammenschlüssen vor allem in den Verwaltungsbereichen, in denen dann Positionen häufig doppelt besetzt sind. Haben die Mitglieder des schwächeren Partners echte Chancen, relevante Positionen zu besetzen oder auch in Bereiche zu gelangen, die dem stärkeren Partner zugerechnet werden, können die alten Organisationsgrenzen mit der Zeit verwischen. Die Organisationsstrukturen weisen dann eine hohe Permeabilität auf. In diesem Fall wird die Identifikation mit dem neuen Unternehmen erheblich erleichtert. Wird den Mitgliedern des ehemals schwächeren Partners jedoch der Zugang verwehrt, bleiben die alten Strukturen bestehen und die Organisationsgrenzen erweisen sich als undurchlässig (impermeabel). Damit bleiben die Unterschiede stabil und die Möglichkeiten, sich mit der neuen Organisation zu identifizieren, stark eingeschränkt.

Es kann außerdem davon ausgegangen werden, dass Mitarbeiter, die sich vor einer Fusion kaum mit der Organisation identifiziert haben, auch nach einer Fusion keine besondere Verbundenheit entwickeln und umgekehrt. Schließlich ist die alte Organisation zumindest teilweise Bestandteil der neuen Organisation. Damit sollte das Niveau der *Identifikation mit der früheren Organisation* ebenfalls eine Rolle spielen. Zusätzlich dürfte die *Kontinuität* der Identität einen Einfluss darauf haben, wie leicht es den Mitarbeitern fällt, sich mit der neuen Organisation zu identifizieren. Entspricht die neue Organisation weitgehend der alten, sollte es wesentlich leichter fallen, sich mit der neuen Organisation zu identifizieren, als wenn dies nicht der Fall ist (van Knippenberg, van Knippenberg, Monden & de Lima, 2002). Allerdings dürfte diese Kontinuität wesentlich damit zusammenhängen, inwieweit eine der Partnerorganisationen die neue Organisation dominiert.

Zusammenfassend kann man also erwarten, dass bei hohen Statusunterschieden, die auch noch als wenig legitim wahrgenommen werden, sowie geringer Permeabilität und geringer Kontinuität die Identifikation der Mitglieder der statusniedrigeren Gruppe mit der neuen Organisation besonders gering ausfallen sollte. Da sich eine niedrige Identifikation negativ auf Leistung, Zufriedenheit und Wohlbefinden auswirkt, besteht in diesen Fällen ein besonderes Risiko, dass der erwartete Fusionserfolg ausbleibt. Umgekehrt lassen sich die Chancen einer erfolgreichen Fusion erhöhen, wenn Maßnahmen ergriffen werden, welche die Statusunterschiede verringern, Legitimität von Unterschieden gewährleisten und vor allem Permeabilität sicherstellen. Folgende Untersuchungen sollen diese Überlegungen untermauern. van Dick (2004, S. 28) hat diese Determinanten in Anlehnung an van Knippenberg und van Leeuwen (2001) in einem Gesamtmodell zur Vorhersage der Identifikation nach einer Fusion zusammengeführt. Im Folgenden werden einige Studien vorgestellt, die einen Teil der genannten Annahmen empirisch überprüft haben.

9.1.1 Empirische Befunde

Werden im Rahmen einer Fusion bestehende Statusunterschiede tatsächlich von der statusniedrigeren Gruppe als bedrohlich wahrgenommen, wie es die Social Identity Theory vorhersagt und werden die Mitarbeiter dieser Gruppe versuchen, ihre positive soziale Identität zu erhalten? Im Vorfeld einer Fusion zwischen zwei Krankenhäusern haben Terry und Callan (1998) über 1.000 Mitarbeiter aus beiden Häusern nach Einschätzungen zu ihrer eigenen und der jeweils anderen Einrichtung befragt. Außerdem wurden sie gefragt, wie bedrohlich sie den bevorstehenden Zusammenschluss empfinden. Beide Häuser wiesen tatsächlich erhebliche Statusunterschiede auf. Das eine Krankenhaus war eine bekannte Universitätsklinik, während es sich bei dem anderen um ein einfaches Krankenhaus handelte. Bei den Bewertungen beider Häuser durch die Mitarbeiter zeigte sich wie erwartet bei den Mitgliedern des einfachen, statusniederen Krankenhauses eine stärkere Bevorzugung der eigenen Gruppe im Sinne eines *Eigengruppenbias* („in group bias"). Das bedeutet, dass die Mitarbeiter ihr Haus als Reaktion auf die Selbstwertbedrohung speziell bei statusirrelevanten Dimensionen, wie z.B. der internen Kommunikation, besonders hoch bewerteten. Auf diese Weise wurde versucht, den Selbstwert zu schützen. Tatsächlich fand sich auch der erwartete Zusammenhang zwischen dem Ausmaß der *Bedrohung* als Auslöser und dem Eigengruppenbias. Bei den anderen statusrelevanten Bewertungsdimensionen, wie z.B. das Spektrum der Behandlungsmöglichkeiten, hätte diese Aufwertung ohnehin keinen Sinn gemacht, weil die Universitätsklinik in diesen Bereichen offenkundig überlegen war. Die Mitarbeiter der statushöheren Universitätsklinik hingegen zeigten insgesamt weniger Eigengruppenbias. Ihr Selbstwert war durch die anstehende Fusion auch nicht bedroht worden. Hier bezog sich der Eigengruppenbias vor allem auf statusrelevante Dimensionen. Offenbar wollte man sicherstellen, dass die bisherige Leistung auch anerkannt wurde. Daher kann man eigentlich kaum von einem Bias sprechen, da diese Unterschiede weitgehend der Realität entsprechen, zumal dies auch von den Mitgliedern der statusniedrigeren Gruppe anerkannt wurde. Bei den statusirrelevanten Dimensionen schätzten sich die Mitarbeiter des kleinen Krankenhauses jedoch deutlich besser ein als ihnen dies von den Mitarbeitern der Universitätsklinik zugestanden wurde. Man kann sich leicht ausmalen, wie die Selbstwertbedrohung und der resultierende Eigengruppenbias der statusniedrigeren Gruppe nach dem Zusammenschluss zu Spannungen und Konkurrenz zwischen den Gruppen führen und den Erfolg gefährden kann. Damit ist das Management in besonderem Maße gefordert, die Integration zu unterstützen, wenn die anfänglichen Statusunterschiede sehr hoch und der Zusammenschluss als Bedrohung wahrgenommen werden.

Wirken sich diese Prozesse tatsächlich auf die spätere Zufriedenheit und Leistung der Mitarbeiter aus? In einer weiteren Studie konnten Terry et al. (2001) mit einer Stichprobe von N = 465 Piloten und Ingenieuren von zwei Fluggesellschaften, die sich zusammengeschlossen hatten, zunächst bestätigen, dass die Mitarbeiter der ehemals statusniedrigeren Airline sich besonders bei statusirrelevanten Dimensionen aufwerteten. In der Tat identifizierten sie sich weniger mit der neuen Gesamtorganisation, was sich in geringeren Commitment- und Zufriedenheitswerten ausdrückte. Das war außerdem besonders dann der Fall, wenn die Mitarbeiter der ehemals statusniedrigeren Airline den Eindruck hatten, dass die alten Organisationsgrenzen weiterhin bestanden und nur wenig durchlässig waren. Dieser Eindruck entstand beispielsweise, wenn der Versuch, in der neuen Organisation einen neuen Platz zu finden, scheiterte, weil die betreffenden Mitarbeiter weiterhin als Mitglied der alten Organisation wahrgenommen wurden. Geringe *Permeabilität* (Durchlässigkeit der Organisationsgrenzen) führte bei dieser Gruppe auch zu negativen Konsequenzen für eine Reihe weiterer Outcomevariablen. Damit ist auch bestätigt, dass vor allem eine geringe Permeabilität nach Fusionsprozessen leicht dazu führen kann, dass Integrationsbemühungen zum Scheitern verurteilt sind.

Die zusätzliche Bedeutung der *Legitimität* der Unterschiede wird in einer weiteren Studie von Terry und O'Brian (2001) belegt. Befragt wurde das wissenschaftliche Personal (N = 120) einer Forschungseinrichtung, die ursprünglich aus zwei unabhängigen Instituten hervorgegangen war. Bestätigt wurden zunächst wieder die erwarteten Effekte hinsichtlich der Statusunterschiede, des spezifischen Eigengruppenbias für beide Gruppen (statusrelevante bzw. statusirrelevante Dimensionen) und der Zusammenhänge zu Zufriedenheit und Commitment. Wieder waren es die Mitglieder der statusniedrigeren Gruppe, die sich weniger mit der neuen Organisation identifizieren konnten. Allerdings entwickelten sie positivere Einstellungen gegenüber der neuen Organisation, wenn sie die Statusunterschiede als legitim erlebten.

Van Knippenberg et al. (2002) haben auf die Bedeutung des Gefühls der *Kontinuität* („sense of continuity") bei einem Zusammenschluss hingewiesen. Sie fanden in einer Studie mit 417 Angestellten einer öffentlichen Verwaltung, die kurz zuvor aus zwei ungleich großen Verwaltungen zusammengelegt worden war, dass die Unterschiede zwischen beiden ehemaligen Organisationen von den Mitarbeitern der kleineren Organisation stärker wahrgenommen wurden als von den Mitarbeitern der größeren Organisation, welche die Gestaltung der neuen Organisation maßgeblich beeinflussen konnte. Für die Mitarbeiter der ehemals kleinen Organisation war ein deutlicher Abfall der Identifikation von 3,84 auf 2,91 zu verzeichnen, während sich die Identifikation für die Angestellten der dominierenden Organisation nicht veränderte. Die Ergebnisse der Regressionsanalyse ergaben, dass die Identifikation mit der neuen Organisation durch das Ausmaß der Identifikation mit der alten Organisation vorhergesagt wurde und für Angestellte der größeren Organisation höher ausfiel. Damit zeigte sich zunächst, dass die Identifikation nach einem Zusammenschluss auch von der Höhe der *vorherigen Identifikation* abhängt, und dass sich die Mitarbeiter der großen Organisation erwartungsgemäß stärker identifizieren, was den Befunden zu den Effekten der Statusunterschiede in den Studien von Terry und Kollegen entspricht. Allerdings wird der generelle Zusammenhang zwischen früherer und aktueller Identifikation durch die Gruppenzugehörigkeit moderiert. Für die Mitarbeiter der großen Organisation verstärkte sich dieser Zusammenhang, während er für die Mitarbeiter der kleinen Organisation gegen Null tendierte. Damit bleibt die Identifikation in der großen Gruppe weitgehend stabil. Für sie hatte sich auch nicht viel verändert, sondern die organisationalen Bedingungen wiesen ein hohes Maß an Kontinuität auf. Für die Mitarbeiter der vormals kleinen Organisation waren die Unterschiede jedoch deutlicher. Entsprechend hatte die frühere Identifikation wenig Einfluss auf die aktuelle Identifikation. Stattdessen zeigte sich, dass das Ausmaß der wahrgenommenen Differenzen und damit der Diskontinuität in dieser Gruppe negativ mit der aktuellen Identifikation korreliert war. Je stärker die Unterschiede wahrgenommen wurden, umso geringer war die Identifikation mit der neuen Organisation. Diese Befundlage konnte an einer weiteren Stichprobe mit 229 Angestellten einer Weiterbildungsorganisation, die drei Jahre zuvor aus zwei unabhängigen Einrichtungen fusioniert wurde, weitgehend repliziert werden.

Der Gedanke, dass bei einer Fusion Einheiten der alten Organisation auch weiterhin Bestandteile der neuen Organisation sind, wurde in einer Studie von van Dick, Wagner und Lemmer (2004) aufgegriffen. Hier wurden die Identifikation mit der neuen Organisation und die Identifikation mit der Organisationseinheit, die bereits vor der Fusion bestand, erhoben. Die Bedeutung beider Foci wurde an einer Stichprobe von 459 Angestellten von zwei fusionierten Krankenhäusern untersucht. Insgesamt fiel die Identifikation mit der neuen Gesamtorganisation mit 3.44 etwas niedriger aus als die Identifikation mit der ursprünglichen Arbeitseinheit, die im Mittel 3.87 betrug. Beide Werte korrelierten signifikant zu r = .25 und erwiesen sich als bedeutsame Prädiktoren für Arbeitszufriedenheit und korrelierten negativ mit Fluktuationsabsichten. Die Identifikation mit der neuen Gesamtorganisation korrelierte stärker mit OCB als die Identifikation mit der ursprünglichen Arbeitseinheit (r = .30 bzw. .14). Die Ergebnisse zeigten, dass die ursprüngliche Identifikation durchaus weiterhin für den Erfolg von Bedeutung sein kann. Wichtig ist dabei, dass die alte Identität in die neue Gesamtidentität integriert werden kann.

Die bisherige Ingroup und die neue Organisation werden dann nicht als unterschiedliche Gruppen, bei der die neue Organisation bzw. die neu hinzugekommenen Organisationsteile dann den Status der Outgroup hätten, wahrgenommen, sondern die unterschiedlichen Einheiten werden als Bestandteile einer gemeinsamen Ingroup wahrgenommen. Damit entfällt auch der oben beschriebene Mechanismus des Eigengruppenbias. Die Schaffung einer gemeinsamen Gruppenidentität bietet sich als Perspektive für eine Zusammenführung unterschiedlicher Identitäten an. Zentral ist hierbei die „Wir versus sie"-Orientierung. Wird deutlich zwischen „uns" (us) und „den anderen" (them) differenziert, ist die Identifikation mit der neuen Organisation eher gering. Die entsprechenden Modellvorstellungen sind im „Common Ingroup Identity Model" zusammengefasst und wurden insbesondere vor dem Hintergrund ethnischer Konflikte, in denen Stereotype, Diskriminierung und Eigengruppenbias eine zentrale Rolle spielen, entwickelt (Gaertner & Dovidio, 2006).

Vor dem Hintergrund dieses Modells berichtet van Dick (2004) von einer Studie von Bachman (1993) mit 229 Führungskräften aus dem Bankenbereich, die bereits über Fusionserfahrungen verfügten. Die Befunde bestätigten das Modell weitgehend, indem sich zeigte, dass die „Wir versus sie"-Orientierung negativ mit der Identifikation mit der neuen Organisation zusammenhing. Wodurch aber wurde diese „Wir versus sie"-Orientierung beeinflusst?

Die Ergebnisse machten hierzu deutlich, dass das Ausmaß der Bedrohlichkeit der Fusion diese Orientierung verstärkte, während die Ähnlichkeit der Aufgaben sowie die Kontakthäufigkeit der Teilorganisationen untereinander diese Orientierung verringerten. Die sozioemotionale Orientierung der Organisation spielte ebenfalls eine wichtige Rolle. Wird *fair und transparent kommuniziert* und werden den Mitarbeitern *Beteiligungsmöglichkeiten* eingeräumt, sinkt die „Wir versus sie"-Orientierung und die Identifikation mit der neuen Organisation steigt.

Zu einem ähnlichen Fazit kommen auch Greitemeyer, Fischer, Nürnberg, Frey und Stahlberg (2006) in einer aktuellen Studie mit 155 Teilnehmern aus der Finanz- und Versicherungsbranche, welche ein halbes Jahr nach der Fusion befragt wurden. Die Ergebnisse zeigten zunächst die bekannten Unterschiede zwischen Mitarbeitern, die zum übernehmenden bzw. zum übernommenen Unternehmen zählten. Die Identifikation der Mitarbeiter aus dem übernommenen Unternehmen lag mit durchschnittlich 3.03 weit unter dem mittleren Wert der Kollegen aus dem übernehmenden Unternehmen, der bei 5.17 lag. Ein ähnliches Bild zeigte sich für das subjektive Wohlbefinden und für das Ausmaß der subjektiv erlebten Kontrolle. Mit Hilfe zusätzlicher Mediatoranalysen konnte nachgewiesen werden, dass die Unterschiede zwischen beiden Gruppen durch das Ausmaß der *erlebten Kontrolle* erklärt werden konnten. Kontrolle erfordert ausreichende Informationen und Möglichkeiten der Einflussnahme.

Die unterschiedlichen Faktoren und Komponenten, die im Rahmen von Unternehmenszusammenschlüssen die Identifikation und das Commitment mit bzw. zur neuen Organisation beeinflussen, sind in Abbildung 22 überblicksartig dargestellt. Ausgangspunkt ist die Identifikation mit der alten Organisation (links unten). Die Entwicklung der Identifikation mit der neuen Organisation hängt vom von den wahrgenommenen Statusunterschieden sowie deren Legitimität ab. In einem nächsten Schritt werden Veränderungsmöglichkeiten zu Statusverbesserung überprüft. Wird der Status der eigenen Gruppe als bedroht erlebt und die Permeabilität als gering eingeschätzt dürfte die „Wir und sie"-Orientierung fortbestehen und die Identifikation mit der neuen Organisation schwer fallen. Ansatzpunkte, mit denen die Identifikation mit der neuen Organisation unterstützt werden kann, finden sich im Dreieck oberhalb der Diagonale. Die unterschiedlichen Kontexte sind links unten aufgeführt. Sie determinieren die Ausgangslage für die Entwicklung einer gemeinsamen Identifikation.

Dass die Bindung der Mitarbeiter an die neue Organisation mit dem Erfolg einer Fusion zusammenhängt, ergab auch eine explorative Interview- und Fragebogenstudie von Felfe, Resetka und Rune (2005). Ausgewertet werden konnten die Einschätzungen von 36 Vorständen von Unternehmen aus dem Finanzdienstleistungsbereich, die in den vorangehenden Jahren fusioniert hatten. Ca. 90% der befragten Vorstände waren mit dem Ergebnis der Fusion zufrieden, aber nur die Hälfte schätzte das affektive organisationale Commitment ihrer Mitarbeiter als eher positiv ein.

Weitere Analysen zeigten, dass die Einschätzung des Ergebnisses der Fusion positiver ausfiel, wenn das affektive Commitment der Mitarbeiter hoch und das kalkulatorische Commitment eher niedrig ausfielen. Vorstände, welche die Beteiligung der Mitarbeiter als erfolgsrelevant einschätzten, berichteten auch ein höheres affektives Commitment ihrer Belegschaft. Allerdings wird hier zwischen Mitarbeitern und Führungskräften differenziert. Zwischen der Beteiligung als Erfolgsfaktor und affektivem Commitment zeigt sich vor allem für die Beteiligung der Führungskräfte ein bedeutsamer Zusammenhang, nicht jedoch für die Beteiligung der einfachen Mitarbeiter ohne Führungsfunktion. Entsprechend erwiesen sich vor allem Weiterbildungsmaßnahmen für Führungskräfte als förderlich für das Commitment. Das affektive Commitment wurde ebenfalls positiver eingeschätzt, wenn dem Einsatz standardisierter Verfahren bei der Stellenbesetzung besondere Bedeutung beigemessen wurde.

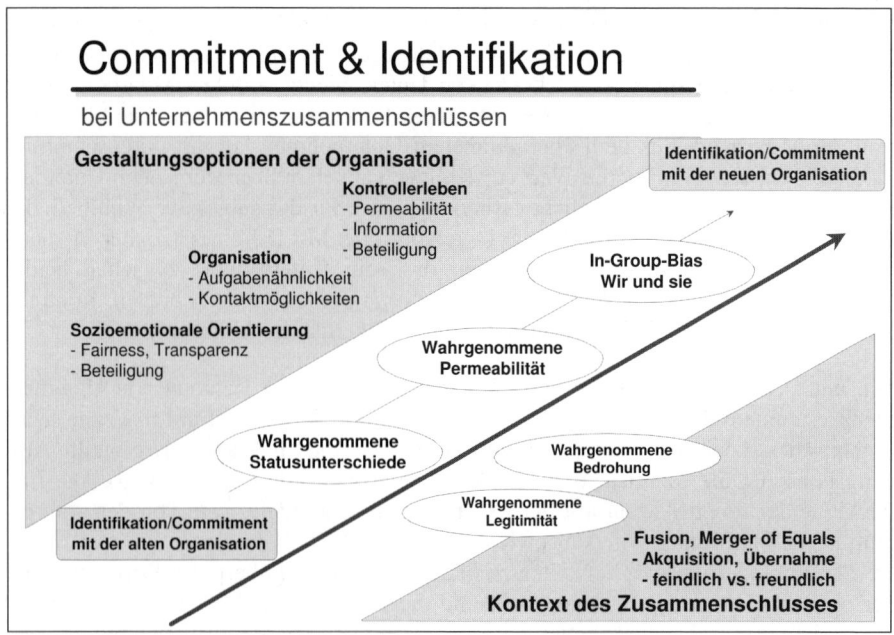

Abbildung 22: Commitment & Identifikation bei Unternehmenszusammenschlüssen

9.1.2 Empfehlungen zur Förderung von Commitment und Identifikation bei Unternehmenszusammenschlüssen

Als Empfehlung folgt daraus, dass eine aktive und offene Informationspolitik und Möglichkeiten der Einflussnahme wichtige Voraussetzungen für eine erfolgreiche Fusion sind. Konkret empfehlen Greitemeyer et al. (2006) die *frühzeitige Bekanntgabe von Zeitplänen,* um die *Vorhersehbarkeit* der Ereignisse zu erhöhen. Außerdem sollten die Mitarbeiter soweit wie möglich in *Entscheidungsprozesse einbezogen* werden, um die *Beeinflussbarkeit* zu steigern und schließlich sollten die *Gründe für die Fusion* deutlich gemacht werden, um die *Erklärbarkeit* der Veränderungen zu ermöglichen. Werden diese Maßnahmen nicht in ausreichendem Maße ergriffen, droht aufgrund des erlebten Kontrollverlustes *Widerstand* von Seiten der Mitarbeiter. Die Empfehlungen von Terry und Kollegen (2001) sowie van Dick (2004) basieren vor dem Hintergrund der Social Identity Theory auf dem Prinzip der Kategorisierung bzw. Rekategorisierung. Um die ursprüngliche Kategorisierung in „alt und neu", „Wir und sie" oder „Sieger und Verlierer" aufzuheben und die Entwicklung der Identifikation mit der neuen Organisation zu fördern, muss die Salienz der neuen Organisation erhöht und die Salienzen der alten Kategorien verringert bzw. abgebaut werden. Dabei ist darauf zu achten, dass der Erhalt bzw. die Entwicklung einer positiven sozialen Identität gefördert wird. Dafür bieten sich unterschiedliche Strategien an.

Wertschätzung kommunizieren

Bereits in der Vorbereitungsphase von Zusammenschlüssen ist darauf zu achten, dass die Statusunterschiede verringert werden. Hierzu müssen die jeweiligen Bewertungen der Mitarbeiter zum Beispiel durch Mitarbeiterbefragungen diagnostiziert werden. Ergeben sich Hinweise auf deutliche Statusunterschiede, wird der Zusammenschluss als bedrohlich wahrgenommen und zeigt sich bereits eine Tendenz in Richtung Eigengruppenbias, sind systematische *Kommunikationsmaßnahmen* zu ergreifen. Diese sollten vor allem darauf abzielen, die *gegenseitige Wertschätzung* der Fusionspartner zu erhöhen, indem der beiderseitige Nutzen in den Vordergrund gestellt wird. Dabei geht es in der Regel darum, dass der schwächere Partner nicht abgewertet wird. Auch nach dem eigentlichen Zusammenschluss in der Postmergerphase können solche Maßnahmen helfen, nach wie vor bestehende Statusunterschiede zu überwinden. Das ist besonders dann wichtig, wenn im Vorfeld und während der Fusion viel Porzellan zerschlagen wurde. Gerade in der Phase der Vorbereitung von Zusammenschlüssen neigen beide Parteien häufig dazu, den eigenen Status zu erhöhen und die andere Seite abzuwerten, um die eigene Verhandlungsposition zu verbessern. Um den Druck zu erhöhen, werden Mitarbeiter in diese Auseinandersetzungen eingebunden. Die hierdurch möglicherweise erzielten kurzfristigen Vorteile und Erfolge können sich aber langfristig als erhebliche Belastung erweisen, wenn die zuvor aufgerissenen Gräben wieder mühsam zugeschüttet werden müssen.

Fairness und Transparenz bei Stellenbesetzungen

Statusunterschiede lassen sich allerdings nicht nur durch verbale Kommunikation ausgleichen, sondern manifestieren sich vor allem in strukturellen Veränderungen und in Personalentscheidungen. Wenn bei einer Übernahme nach Verstreichen einer kurzen Schamfrist ein großer Teil der Belegschaft der übernommenen Organisation entlassen wird, ausgerechnet Bereiche der übernommenen Organisation outgesourct werden oder die ehemalige Führungsmannschaft genötigt wird, das Unternehmen zu verlassen, kann von den verbliebenen Mitarbeitern kaum erwartet werden, dass sie sich mit der neuen Organisation verbunden fühlen. Damit ist auch verbunden, dass die *Durchlässigkeit* (Permeabilität) über die ehemaligen Organisationsgrenzen hinweg möglichst hoch ist. Bei Stellenneubesetzungen sollte streng darauf geachtet werden, dass fachliche Kompetenz das zentrale Auswahlkriterium ist und nicht die Herkunft aus dem übernehmenden oder dem übernommenen Unternehmensteil. In dieser Phase ist besonders auf die Fairness und Transparenz der Besetzungsverfahren zu achten. Aus diesem Grund werden häufig externe Personalberater als neutrale Instanz hinzugezogen.

Gemeinsame Aufgaben und Ziele

Eine wesentliche Maßnahme nach dem Zusammenschluss besteht darin, die alten Organisationsgrenzen durch Veränderung von Strukturen zu verwischen, indem *gemischte Teams, Abteilungen und Projektgruppen* gebildet werden, bei denen Mitglieder aus beiden ursprünglich getrennten Bereichen zusammen *gemeinsame Aufgaben* bearbeiten und Ziele verfolgen. Die Verwischung alter Grenzen wird auch durch die bereits angesprochene Permeabilität ermöglicht. Damit treten die alten Gruppenkategorien zunehmend in den Hintergrund (Dekategorisierung) und es besteht für die Mitarbeiter dann eher die Möglichkeit, sich mit der neuen Arbeitsgruppe, dem Projekt und der neuen Organisation zu identifizieren (Rekategorisierung). Unterstützt werden kann dies durch ein besonderes *Anreizsystem,* das vor allem Erfolge gemeinsamer Aktivitäten prämiert. Wichtig ist hierbei, dass die gemeinsamen Aufgaben und Projekte reelle Erfolgschancen haben, genügend Rückalt durch die Führung erhalten und die Mitarbeit in den gemischten Gruppen auf freiwilliger Basis erfolgt. Wenn dies aus organisatorischen Gründen nur mittelfristig zu bewerkstelligen ist, ist zumindest dafür zu sorgen, dass der *Kontakt* zwischen beiden Gruppen intensiviert und institutionalisiert wird. Hierfür bieten Veranstaltungen, bei denen alle Mitarbeiter zugegen sind (Open Space), Workshops auf unterschiedlichen Ebenen, Zukunftswerkstätten oder Veranstaltungen, die durch gemeinsame Aktivitäten außerhalb der Arbeit die Teamentwicklung fördern, gute Möglichkeiten.

An einer gemeinsamen Identität arbeiten

Ein ganz wesentliches Anliegen muss jedoch darin bestehen, eine neue *gemeinsame positive Identität* zu stiften („Corporate Identity"). Es erscheint aber wenig ratsam, eine völlig neue Identität zu entwerfen (s.o.: „Transformation"), da sich die erlebte *Kontinuität* als wichtiger Faktor herausgestellt hatte. Vielmehr sollten positive Qualitäten und Traditionen aus beiden Bereichen Bestandteil der neuen Identität sein (s.o.: „Best of both"). Eine Namensgebung, in der beide Herkunftsteile erkennbar sind, symbolisiert zum Beispiel eine solche Strategie. Die Identität muss darüber hinaus die Potentiale und Stärken der neuen Organisation sowie deren Perspektiven und Visionen beinhalten. Dabei muss den Mitarbeitern Gelegenheit gegeben werden, ihren Platz und ihren Beitrag in der neuen Organisation zu finden. An dieser Stelle sind insbesondere die Führungskräfte auf den unterschiedlichen Ebenen gefordert. Sie können in *Mitarbeitergesprächen* die Identifikation der einzelnen Mitarbeiter mit dem neuen Unternehmen unterstützen. Es empfiehlt sich gerade im Zusammenhang von Zusammenschlüssen, bei denen ein gewisses Identitätsvakuum entsteht, die Corporate Identity bewusst und systematisch zu gestalten. Hierzu gehören ein schlüssiges Konzept mit Leitbild, Leitlinien etc.

Selbstverständlich fällt es den Mitarbeitern leichter, sich mit der neuen Organisation zu identifizieren, wenn sie über ein *positives Image*, hohes Prestige und Attraktivität verfügt, als wenn die Organisation in der Öffentlichkeit in der Kritik steht. Hier ist insbesondere die evaluative Komponente des Identifikationskonzepts angesprochen (s.a. Abschnitt 2.3.4). Es ist die Aufgabe der Unternehmenskommunikation, dieses Image positiv zu beeinflussen und die Unterschiede zu anderen Organisationen deutlich zu machen (Distinktheit). Vor allem aber ist es die Verantwortung des Managements und der Führungskräfte, durch die Leistung der Organisation zu einem positiven Image beizutragen. Eine weitere Strategie besteht darin, die Salienz der neuen Organisation zu erhöhen, indem die Identität der neuen Organisation mit ihren Werten, Zielen etc. intensiv kommuniziert wird. Symbole und Rituale können dies unterstützen. Auch die Abgrenzung gegenüber einer neuen *Outgroup*, wie z.B. einem Mitbewerber, kann die Kategorisierung im Sinne einer gemeinsamen Ingroup fördern.

9.2 Duales Commitment bei Global Playern

Wie bereits in Abschnitt 2.2.2.2 diskutiert wurde, können Fusionen und Übernahmeprozesse vor allem im Kontext zunehmender Globalisierung dazu führen, dass die Organisation als Ganzes für den einzelnen Mitarbeiter kaum noch zu erkennen ist. Als Beispiel sei auf die Opel-Mitarbeiter in Bochum, Eisenach oder Rüsselsheim verwiesen, deren Unternehmen, die Adam OPEL GmbH, bereits seit 1929 zum General Motors Konzern (GM) gehört. Beispiele aus jüngerer Zeit sind die Mitarbeiter der IT Firma CompuNet, die seit 1996 zum General Electric Konzern (GE) gehören, der ehemalige Berliner Energieversorger BEWAG, der von Vattenfall gekauft wurde, oder die Mitarbeiter der ehemaligen Handy Sparte von Siemens, die von dem taiwanesischen Unternehmen BenQ übernommen wurden. Eine etwas andere Perspektive ergibt sich für Mitarbeiter, die für längere Zeit zu Auslandseinsätzen entsandt werden ("Expatriates"). Sie entfernen sich von der Konzernzentrale und begeben sich in den Kontext einer nationalen Niederlassung. Auch hier wird von den Expatriates Commitment und Identifikation erwartet. Aber was geschieht mit dem Commitment zu der Zentrale, wenn sich mit der Zeit das Commitment zur nationalen Niederlassung entwickelt?

Nicht nur die räumliche, sondern auch die psychologische Distanz zur Unternehmenszentrale kann mitunter so anwachsen, dass die Beziehung zur Zentrale oder zum Mutterkonzern psychologisch von untergeordneter Bedeutung sein dürfte. Die Entwicklung bzw. der Erhalt von Bindung an und Identifikation mit der Gesamtorganisation wird mit zunehmender Distanz des Mutterkonzerns unwahrscheinlich. Vielmehr rückt Beziehung zum regionalen Standort oder zur nationalen Vertretung in den Vordergrund. Die Verbundenheit mit der nationalen Einheit könnte dann auch ein wesentlich aussagekräftigerer Prädiktor für Engagement und Fluktuation sein als die Bindung an die internationale Gesamtorganisation, unter deren Dach die unterschiedlichen Standorte zusammengefasst sind.

Die Differenzierung unterschiedlicher Foci innerhalb einer Organisation wurde bereits thematisiert. Die Forschung hierzu hat unter anderem gezeigt, dass es sich z.B. beim Commitment gegenüber der Organisation und der Arbeitsgruppe um psychologisch distinkte Foci handelt (z. B. Becker & Billings, 1993; Becker et al., 1996; Ellemers et al., 1998; Stinglhamber et al., 2002). Auch konnte gezeigt werden, dass beide Commitmentfoci spezifische Beziehungen zu unterschiedlichen Outcomes aufweisen (Riketta & van Dick, 2005). Commitment gegenüber bzw. Identifikation mit der Arbeitsgruppe war generell stärker ausgeprägt als die Bindung gegenüber der Organisation. Außerdem korrelierte Identifikation mit der Arbeitsgruppe im Vergleich zur Identifikation mit der Organisation stärker mit Kriterien, die einen Gruppenfocus (Zufriedenheit mit Team) und schwächer mit solchen, die einen Organisationsfocus aufweisen (Zufriedenheit mit Organisation).

Eine ähnliche Form des dualen Commitments bzw. dualer Identifikation wurde in der Studie von Felfe et al. (2005) mit Zeitarbeitern thematisiert, als zwischen dem Commitment zum Verleiher und zum Entleiher unterschieden wurde. Während bei der Zeitarbeitsstudie Commitments gegenüber unterschiedlichen und unabhängigen Organisationen unterschieden wurden, sind die Bindungen unter dem Dach einer Organisation ineinander verschachtelt („nested") und nicht völlig unabhängig voneinander. Bedingt durch den gemeinsamen organisationalen Kontext wird das Commitment gegenüber der Arbeitsgruppe mit dem Commitment gegenüber der Organisation zusammenhängen. Gleichzeitig sind gegenseitige Beeinflussungen dieser hierarchisch ineinander verschachtelten Commitment- bzw. Identifikationsfoci, die sich auf die Gesamtorganisation und ihre Untereinheiten beziehen, denkbar.

Allerdings wurde in den bislang genannten Studien lediglich zwischen der Ebene der Organisation und der Ebene des eigenen Arbeitsbereichs bzw. der Gruppen unterschieden oder, wie in der Zeitarbeitsstudie, zwischen Organisationen mit unterschiedlichen Funktionen und nicht zwischen der Organisation auf nationaler und internationaler Ebene. Bislang gibt es hierzu nur wenige empirische Untersuchungen, die zum einen das duale Commitment von Mitarbeitern lokaler Niederlassungen multinationaler Konzerne untersucht (Reade, 2001a, b) und zum anderen die Situation von Expatriates analysiert haben (Gregersen & Black, 1992; Gregersen & Black, 1996; Stroh, Gregersen & Black, 2000).

9.2.1 Mitarbeiter lokaler Niederlassungen multinationaler Konzerne

Eine der Studien zum Commitment von Mitarbeitern lokaler Niederlassungen multinationaler Konzerne wurde von Reade (2001a) mit über 300 Managern der pakistanischen und indischen Niederlassung eines multinationalen britischen Konsumartikelherstellers durchgeführt. Die Ergebnisse ergaben zum einen, dass die Befragten zwischen dem Commitment gegenüber der nationalen Niederlassung und dem internationalen Mutterkonzern unterschieden haben (Reade, 2001a), und zum anderen, dass beide Foci durch korrespondierende Antezedenzen vorhergesagt werden konnten (Reade, 2001b). Bei den Unterschieden zeigt sich sowohl für die Gesamtstichprobe als auch für die beiden Substichproben (Indien und Pakistan), dass das Commitment bzw. die Identifikation mit der nationalen Niederlassung stärker ausgeprägt war als gegenüber dem britischen Mutterkonzern. Dieser Befund bestätigt die Annahme der Social Identity Theory (Tajfel & Turner, 1986), dass die Salienz der jeweiligen Zugehörigkeit die Identität beeinflusst. Das jeweilige Ausmaß der Identifikation gegenüber unterschiedlichen Foci hängt demnach davon ab, welche Entitäten ins Zentrum der Aufmerksamkeit gerückt werden. Der hier berichtete Unterschied steht auch in Einklang mit den Ergebnissen von Riketta und van Dick (2005), die zeigen konnten, dass das Commitment gegenüber der unmittelbaren Arbeitsgruppe oder dem Team stärker ausgeprägt ist als das Commitment gegenüber der Organisation sowie den Ergebnissen von Felfe et al. (2005), die bei Zeitarbeitern ein höheres Commitment gegenüber dem Entleiher als gegenüber dem Verleiher fanden.

Während sich die pakistanischen und indischen Manager in Hinblick auf das Commitment gegenüber dem Mutterkonzern nicht signifikant unterschieden, wurde das Commitment gegenüber den nationalen Niederlassungen unterschiedlich eingeschätzt. Die Manager der indischen Niederlassung zeigten insgesamt ein höheres Commitment gegenüber ihrer Organisation auf nationaler Ebene (der indischen Niederlassung) als die pakistanischen Manager gegenüber der pakistanischen Niederlassung. Damit wird der Mutterkonzern erwartungsgemäß einheitlich eingeschätzt, während die nationalen Untereinheiten durchaus Unterschiede aufweisen.

Welche Faktoren determinieren die unterschiedlichen Foci? Reade (2001b) postulierte, dass die beiden Foci jeweils durch spezifische, korrespondierende lokale bzw. globale Faktoren beeinflusst werden sollten. Als lokale Faktoren wurden zum Beispiel die Unterstützung durch den Vorgesetzten oder die eigene Präferenz mit Kollegen der eigenen Kultur zusammenzuarbeiten, erhoben. Die Unterstützung der Unternehmenszentrale („Headquarter") und die internationalen Karrieremöglichkeiten wurden als globale Determinanten einbezogen. Um die jeweiligen Einflüsse zu ermitteln, wurden hierarchische Regressionsanalysen durchgeführt. Kontrolliert wurden demografische Variablen und die Zugehörigkeit zur pakistanischen bzw. indischen Niederlassung. Dabei zeigten sich leichte Alters- und Positionseffekte sowie der bereits berichtete Unterschied zwischen den beiden Niederlassungen in Bezug auf das lokale Commitment (Reade, 2001a). Das lokale Commitment wurde vor allem durch die Unterstützung durch den Vorgesetzten, die lokalen Karrieremöglichkeiten sowie die lokale Reputation der nationalen Niederlassung als lokale Faktoren vorhergesagt. Für die zusätzlich ergänzten globalen Prädiktoren konnten keine bedeutsamen Einflüsse ermittelt werden.

Das globale Commitment wurde in erster Linie durch die Unterstützung der Zentrale, internationale Karrieremöglichkeiten und das Prestige der Gesamtorganisation als globale Faktoren vorhergesagt. Zusätzlich erwies sich die lokale Reputation der nationalen Niederlassung als lokaler Faktor als bedeutsam für das globale Commitment. Damit konnte gezeigt werden, dass beide Foci spezifischen Einflüssen unterliegen und damit auch gezielt verändert werden können. Die spezifische Wirkung korrespondierender Einflussgrößen hatte sich auch in der Studie mit Zeitarbeitern gezeigt (Felfe et al., 2005). Darüber hinaus ist das globale Commitment auch von der Reputation der nationalen Niederlassung abhängig. Die Beeinflussung des Prestiges der nationalen Niederlassung erweist sich damit als zentraler Faktor, der sowohl für das lokale wie auch für das globale Commitment von Bedeutung ist. Dieser Befund steht in Einklang mit der in Abschnitt 9.1.2 vor dem Hintergrund der Social Identity Theory diskutierten Bedeutung eines positiven Images für den Erhalt einer positiven sozialen Identität. Ein positives Image der nationalen Niederlassung fördert die Identifikation nicht nur mit dieser, sondern auch die Identifikation mit dem Mutterkonzern.

9.2.2 Commitment bei Expatriates

Zu Beginn dieses Abschnitts wurde auf die Situation von Expatriates hingewiesen, welche die Unternehmenszentrale für einen längeren Zeitraum verlassen, um in einer lokalen Niederlassung tätig zu sein. Lassen sich auch hier das Commitment gegenüber der Zentrale bzw. der Herkunftsorganisation und das Commitment gegenüber der lokalen Organisation im Ausland unterscheiden und durch welche Faktoren werden diese beiden Foci gegebenenfalls beeinflusst? Gregersen und Black (1992) haben diese Fragen in einer Studie mit 330 Expatriates untersucht. Zunächst konnten sie mit Hilfe einer Faktorenanalyse zeigen, dass sich die Items beider Foci zwei unterschiedlichen Faktoren zuordnen lassen. Beide Foci korrelieren zu r = .47 und unterschieden sich in ihrer Ausprägung nicht.

Die Autoren hatten erwartet, dass das Commitment gegenüber der Herkunftsorganisation aufgrund der längeren Zugehörigkeit und der Rückkehrperspektive höher ausfallen sollte als das Commitment zu der Organisationseinheit, bei der nur eine befristete Perspektive besteht. Offenbar haben die Expatriates bereits nach relativ kurzer Zeit eine ähnlich starke Bindung zur Auslandsorganisation aufgebaut wie zur Herkunftsorganisation. Dieser Befund kann daher in Einklang mit den Annahmen der Social Identity Theory, die der Salienz der Organisation eine zentrale Bedeutung für die Identifikation einräumt, interpretiert werden.

Auch in dieser Studie konnte gezeigt werden, dass die beiden Foci zum Teil durch spezifische, korrespondierende Faktoren vorhergesagt werden konnten. Für das Commitment gegenüber dem Mutterkonzern erwiesen sich neben der Dauer der Betriebszugehörigkeit vor allem die Vorbereitungsdauer für den Auslandsaufenthalt, das Vorhandensein eines Mentors im Mutterkonzern, der den Kontakt aufrecht hält, und klare sowie transparente Regelungen für die Rückkehr als bedeutsam. Damit handelt es sich in erster Linie um Faktoren, die auch in den Verantwortungsbereich des Mutterkonzerns fallen. Interessanterweise zeigte sich auch noch ein Zusammenhang zum Grad der Anpassung an das Gastland.

Je besser die Integration im Gastland gelungen war, umso geringer war das Commitment an den Mutterkonzern. Umgekehrt fühlten sich die Manager stärker mit dem Mutterkonzern verbunden, wenn die Integration weniger erfolgreich war. Für das Commitment im Gastland erwies sich der Grad der kulturellen Anpassung hingegen als positiver Einflussfaktor. Je erfolgreicher die Integration eingeschätzt wurde, umso stärker war das Commitment gegenüber der Organisation im Ausland. Als wichtigster Faktor erwiesen sich jedoch die Arbeitsbedingungen vor Ort. Handlungs- und Entscheidungsspielräume sowie klare Kompetenzen und Ziele trugen maßgeblich zum Commitment gegenüber der Organisation im Ausland bei.

In einem weiteren Analyseschritt sind die Autoren der Frage nachgegangen, wovon die Relation beider Commitmentfoci abhängt. Prinzipiell können beide Foci gleichermaßen hoch oder niedrig ausgeprägt oder einander entgegengesetzt sein (hoch-niedrig vs. niedrig-hoch). Mit Hilfe zusätzlicher Diskriminanzanalysen konnte gezeigt werden, dass die Manager mit jeweils gleichermaßen hohem dualem bzw. niedrigem dualem Commitment durch die Arbeitsbedingungen und die Integration vor Ort getrennt werden konnten. Waren diese Faktoren hoch ausgeprägt, stieg die Wahrscheinlichkeit, dass beide Commitmentfoci ebenfalls hoch ausfielen. Hohes duales Commitment wurde jedoch umso unwahrscheinlicher, wenn Rollenunklarheit und Konflikte vorlagen. Wenn nur einseitiges Commitment vorlag, führten Mentoring und die Dauer der Vorbereitung des Aufenthalts zu einseitigem Commitment gegenüber dem Mutterkonzern, während eine gelungene Integration eher zu einseitigem Commitment gegenüber der Organisation im Gastland führte.

Weitere Untersuchungen haben sich mit dem Commitment von Rückkehrern („Repatriates") beschäftigt (Stroh et al., 2000). Nach einem längeren Auslandsaufenthalt ist die Rückkehr in die Unternehmenszentrale häufig mit hohen Erwartungen verbunden, die dann allzu häufig nicht erfüllt werden können. Die Ursachen hierfür sind vielfältig: Expatriates sind nicht mehr in die wichtigen Netzwerke eingebunden, die für die Karriere maßgeblich sind, es gibt zum fraglichen Zeitpunkt keine adäquaten vakanten Positionen und das Unternehmen hat für die Rückkehr auch keinerlei andere vorbereitende Maßnahmen getroffen. Dies kann dazu führen, dass die Rückkehr eher als Rückschritt denn als Weiterentwicklung erlebt wird. Die hiermit verbundene Enttäuschung wirkt sich negativ auf das Commitment aus und führt nicht selten zu einem Wechsel des Arbeitgebers.

Betrachtet man die erheblichen Kosten und Investitionen, die mit einer Entsendung von leitenden Führungskräften verbunden sind und den potenziellen Know-how-Verlust, sollte die Rückkehr sorgfältig vorbereitet werden. Das Commitment der Repatriates ist hierfür ein wichtiger Indikator. Stroh et al. (2000) haben an einer Stichprobe von 174 Repatriates untersucht, inwieweit das Commitment der Rückkehrer davon abhängt, ob die unterschiedlichen Erwartungen erfüllt wurden. Die Ergebnisse zeigten, dass das Commitment bei jenen Expatriates höher ausfiel, deren Erwartungen an ihre neuen Aufgaben und vor allem an ihre Arbeitsbedingungen erfüllt oder übererfüllt wurden.

Neben den Erwartungen, die sich auf die Arbeit bezogen, wurde auch nach den Erwartungen im privaten Bereich gefragt (Wohnsituation, Freundeskreis etc.). Hierzu wurden auch die Angaben der Partner einbezogen. Während sich kein Zusammenhang zwischen dem Commitment und den privaten Erwartungen der Repatriates zeigte, fand sich ein Zusammenhang zur Erfüllung der privaten Erwartungen der Partner. Je nachdem ob die Erwartungen der Partner über- oder untererfüllt waren, war das Commitment der Repatriates höher oder niedriger. Vor dem Hintergrund dieser Befunde betonen die Autoren die Bedeutung einer sorgfältigen Erwartungsklärung im Vorfeld einer Rückkehr, die auch die Erwartungen im privaten Bereich unter Einbeziehung der Partner berücksichtigen sollte.

9.3 Commitment und Change Management

In den einführenden Abschnitten sowie im Abschnitt zum Commitment gegenüber Veränderungen wurde darauf hingewiesen, dass der Erfolg von Veränderungsprojekten und Prozessen wesentlich davon abhängt, ob die Mitarbeiter diese Veränderungsprozesse unterstützen oder offenen oder verdeckten Widerstand leisten. Herscovitch und Meyer (2002) haben gezeigt, dass diese unterschiedlichen Reaktionen und Verhaltenstendenzen durch das Commitment gegenüber Veränderungen erklärt und vorhergesagt werden können. Als Reaktionen haben Herscovitch und Meyer (2002) unterschiedliche Formen der Unterstützung unterschieden. Diese reichen von *aktivem und passivem Widerstand* („resistance"), über eine minimale Unterstützung, bei der lediglich Anweisungen befolgt werden („compliance") und eine aktive Unterstützung („cooperation") bis zu hohem *freiwilligem Engagement* mit der Bereitschaft, für das Projekt zu kämpfen und eigene Opfer zu erbringen, um die Veränderungsprozesse zum Erfolg zu führen („championing").

Herscovitch und Meyer (2002) konnten in ersten Untersuchungen mit Mitarbeitern, die aktuell von Veränderungsprozessen betroffen waren, zeigen, dass vor allem das Ausmaß hohen Engagements („championing") hoch mit affektivem und normativem Commitment korrelierte. Zu kalkulatorischem Commitment gegenüber Veränderungen bestehen tendenziell negative Zusammenhänge. Anders verhält es sich bei der eher passiv duldenden Form der Unterstützung („compliance"). Hier zeigt sich ein leichter positiver Zusammenhang zum kalkulatorischen Commitment.

Damit stellt sich die Frage, wie im Rahmen von Change Management auch das Commitment der Mitarbeiter beeinflusst werden kann. Hierzu liegen bislang kaum Untersuchungen vor. Die Befunde von Herscovitch und Meyer (2002) zeigen allerdings, dass die Unternehmenszugehörigkeitsdauer negativ mit dem affektiven und tendenziell positiv mit dem kalkulatorischen Commitment gegenüber Veränderungen korreliert. Das kann als Hinweis darauf interpretiert werden, dass insbesondere die langjährigen Mitarbeiter für die Ziele eines Veränderungsprozesses gewonnen werden müssen. Bei den jüngeren Mitarbeitern hingegen scheint eher eine Bereitschaft vorhanden zu sein, Veränderungen positiv zu begegnen.

Der bedeutsamste Faktor ist allerdings die Bewertung des Nutzens der anstehenden Veränderungen. Mitarbeiter, die einen positiven Effekt für ihre Arbeit selbst, das Klima in der Organisation, aber auch außerhalb der Arbeit erwarten, entwickeln ein höheres affektives Commitment gegenüber der Veränderung (r = .46). Die Erwartung positiver Konsequenzen korrespondiert ebenfalls deutlich mit dem normativen Commitment (r = .39). Werden hingegen eher negative Konsequenzen erwartet, steigt das kalkulatorische Commitment (r = -.25). Damit wird deutlich, dass die Vermittlung des Nutzens von Veränderungsmaßnahmen einen zentralen Einfluss darauf hat, ob sich die Mitarbeiter mit dem Veränderungsprozess identifizieren und ihn als Konsequenz aktiv unterstützen.

Wenn Mitarbeiter nicht bereit sind, Veränderungsprozesse zu akzeptieren, kann dies in der weiteren Konsequenz dazu führen, dass sie die Organisation verlassen. Cunningham (2006) hat in einer aktuellen Studie den Zusammenhang zwischen dem Commitment gegenüber Veränderungen und der Fluktuationsabsicht an einer Stichprobe von 299 Mitarbeitern aus 10 vergleichsweise eigenständigen Büros einer Organisation, die an amerikanischen Universitäten für die Sportförderung zuständig ist, untersucht. Zum Zeitpunkt der Befragung wurden erhebliche Veränderungen in der Organisationsstruktur durchgeführt und die Teilnehmer wurden gefragt, ob sie wegen der Veränderungen planen, das Büro im Laufe des nächsten Jahres zu verlassen. Außerdem wurden die Skalen zu Erfassung des Commitments gegenüber Veränderungen von Herscovitch und Meyer (2002) eingesetzt und es wurde danach gefragt, wie gut die Teilnehmer erwarteten, die Veränderungen und neuen Anforderungen zu bewältigen („Coping with change").

Die Vermutung, dass ein geringes Commitment gegenüber Veränderungen mit einer höheren Fluktuationsabsicht einhergeht, konnte weitgehend bestätigt werden. Affektives und normatives Commitment korrelierten zu $r = -.49$ bzw. $r = -.34$ mit der Überlegung, das Büro wegen der Veränderungen im Laufe des nächsten Jahres zu verlassen. Für kalkulatorisches Commitment wurde hingegen ein bedeutsamer positiver Zusammenhang gefunden. Je stärker das kalkulative Commitment ausgeprägt war, umso höher war die Fluktuationsabsicht. Damit konnte Cunningham zeigen, dass Veränderungsprozesse zu einem erheblichen Fluktuationsrisiko führen können, wenn die Mitarbeiter den Veränderungen ablehnend gegenüberstehen.

Wie lässt sich der Zusammenhang zwischen fehlendem Commitment und der Absicht, den Arbeitsplatz zu wechseln, erklären? Cunningham vermutete, dass insbesondere die Sorge, die Veränderungen und die neuen Anforderungen nicht bewältigen zu können, eine wesentliche Ursache darstellt. Umgekehrt lässt sich der Zusammenhang zwischen einem hohen Commitment und einer geringen Kündigungsabsicht damit erklären, dass die Betreffenden gute Möglichkeiten sehen, die neue Situation erfolgreich zu bewältigen. Tatsächlich korreliert das Ausmaß wahrgenommener Bewältigungsmöglichkeiten positiv mit affektivem und normativem Commitment, aber negativ mit den Fluktuationsabsichten. Entsprechend konnte Cunningham mit Hilfe eines Strukturgleichungsmodells zeigen, dass das Ausmaß wahrgenommener Bewältigungsmöglichkeiten den Zusammenhang zwischen affektivem Commitment und Fluktuationsabsicht vollständig und den Zusammenhang zwischen kalkulatorischem Commitment und Fluktuationsabsicht partiell mediierte.

10 Entwicklung und Risiken von Commitment

10.1 Wie verändert sich Mitarbeiterbindung mit der Zeit?

Neuerdings werden verstärkt Fragen diskutiert, die die Veränderung von Commitment im Verlauf der Zeit betreffen. Die bisherige Forschung, die nahezu vollständig auf Querschnittsstudien beruht, zeigt vor allem, dass Commitment mit dem Alter und der Betriebszugehörigkeit positiv korreliert ist (Meyer et al., 2002). Dieses Ergebnis legt nahe, dass Commitment im Laufe der Zeit zunimmt. Allerdings ist diese Interpretation nicht ganz unproblematisch. Zum Beispiel können diese positiven Korrelationen auch durch Selektionsprozesse oder Kohorteneffekte erklärt werden. Es ist ebenfalls gut denkbar, dass sich mit der Zeit eine *Verschiebung der relativen Bedeutung* der einzelnen Komponenten ergibt. So könnten Mitarbeiter, die zunächst eher affektiv gebunden sind, mit der Zeit ihre affektive Bindung verlieren und im Gegenzug ein stärkeres kalkulatorisches Commitment entwickeln.

Tatsächlich gibt es eine Reihe von Studien, die zumindest für kürzere Zeiträume eine *Abnahme des Commitments* nachgewiesen haben. Das gilt für Querschnittstudien (Allen & Meyer, 1993; Morrow & McElroy, 1987) wie auch für Längsschnittstudien (z.B. Bentein, Vandenberghe, Vandenberg & Stinglhamber, 2005; Lee, Ashford, Walsh & Mowday, 1992; Meyer & Allen, 1988) oder Befunde, die mittels crosssequentieller Designs ermittelt wurden (Beck & Wilson, 2000). Im Folgenden sind die Ergebnisse einiger Studien aufgeführt, die einen Eindruck von den gefundenen Veränderungen vermitteln.

So fanden Maier und Brunstein (2001) über drei Messzeitpunkte mit jeweils vier Monaten Abstand einen leichten Rückgang des organisationalen Commitments nach dem Berufseinstieg (T1: 3,28; T2: 3,17; T3: 3,15). Ähnliche Veränderungen berichten Meyer et al. (1991) nach vier bzw. 11 Monaten sowohl für affektives als auch für kalkulatorisches Commitment (T1: 4,52; T2: 4,46; T3: 4,38 bzw. T1: 3,71; T2: 3,60; T3: 3,51). Vandenberg und Self (1993) fanden konsistente Abnahmen für unterschiedliche Maße: affektives und normatives organisationales Commitment, organisationale Identifikation und organisationales Commitment, welches mit dem OCQ gemessen wurde. Nach jeweils drei Monaten fanden Bentein et al. (2005) bei einer Stichprobe mit über 1.200 Hochschulabgängern nur leichte Rückgänge sowohl für affektives als auch für normatives Commitment (T1: 3,17; T2: 3,11; T3: 3,10 bzw. T1: 2,25; T2: 2,20; T3: 2,05). Gleichzeitig beobachteten sie einen Anstieg der Fluktuationsabsichten (T1: 2,45; T2: 2,59; T3: 2,74). Die Fluktuationsabsicht nahm besonders dann zu, wenn das Commitment sank.

Sturges, Guest, Conway und MacKenzie Davey (2001) berichten in ihrer Stichprobe ebenfalls von einer Verminderung des durchschnittlichen organisationalen Commitments von 5,42 auf 5,17 nach 12 Monaten. Einen noch stärkeren Abfall mussten Farkas & Tetrick (1989) bei Rekruten nach ca. 20 Monaten verzeichnen (T1: 3,74; T2: 3,29; T3: 2,77). Lee et al. (1992) untersuchten sechs Messzeitpunkte über den Zeitraum von 18 Monaten. Während das Commitment bis zum fünften Zeitpunkt abfiel, ging der Trend zum sechsten Zeitpunkt wieder nach oben.

Insgesamt fällt jedoch auf, dass die Studien überwiegend mit Stichproben von Berufsanfängern bzw. Berufseinsteigern durchgeführt wurden und in der Regel nicht länger als 12 Monate dauerten. Damit kann der Abwärtstrend in den ersten 12 Monaten als gesichert gelten. Aussagen zu längerfristigen Entwicklungen sind hier jedoch nicht möglich. Studien, die nach einem Zeitraum von über einem Jahr wieder einen Aufwärtstrend zeigen, stellen Ausnahmen dar (Lee et al., 1992). Sie werden aber als Indiz dafür interpretiert, dass *Commitment nach einer ersten beruflichen Desillusionierung langfristig wieder ansteigt*. Insgesamt deuten die Befunde darauf hin, dass das Commitment nach dem Unternehmenseintritt zunächst abnimmt, um dann mit der Zeit anzusteigen. Entsprechend kommen Beck und Wilson (2001) zu dem Schluss, dass „the majority of these studies have concentrated on affective organizational commitment, and have generally indicated that this form of work commitment decreases on entry to an organization and subsequently increases with increasing tenure" (p. 257).

10.2 Risiken zu hoher Mitarbeiterbindung

Zu Beginn wurde bereits darüber diskutiert, die Sorge nicht von der Hand zu weisen, dass übermäßiges Commitment auch mit Risiken behaftet sein kann, wenn eine bedingungslose, unkritische Bindung zu starker Abhängigkeit, Selbstaufopferung bedingungslosem Gehorsam oder blindem Vertrauen führt. Daraus können sich negative Konsequenzen für die Person selbst aber auch für die Organisation ergeben. Auf einige dieser Punkte wird im Folgenden näher eingegangen.

10.2.1 Gesundheitliche Risiken von Overcommitment

Bereits angesprochen wurde das *Risiko gesundheitlicher Schäden*, die durch „Overcommitment" entstehen können. Wie die Ausführungen in den Abschnitten 5.2.3 gezeigt haben, gilt zumindest für affektives Commitment, dass es sich hierbei nicht um einen Risikofaktor handelt. Die Zusammenhänge sind konsistent negativ, sodass eine stärkere affektive Bindung eher mit niedrigerem Stresserleben einhergeht. Darüber hinaus darf davon ausgegangen werden, dass Commitment im Sinne einer Ressource Belastungsfolgen eher abmildert als verstärkt (s.a. in Abschnitt 5.3). Für normatives Commitment sind die Zusammenhänge niedriger und weniger eindeutig. Umgekehrt verhält es sich mit dem kalkulatorischen Commitment. Hier werden vergleichsweise konsistent positive Korrelationen berichtet, die anzeigen, dass diese Komponente mit gesundheitlichen Risiken verbunden ist. Wie lassen sich nun die immer wieder berichteten gesundheitlichen Risiken von Overcommitment erklären (Kudielka, von Känel, Gander & Fischer, 2004; Siegrist, 1996)?

Die Ursache dürfte in den verschiedenen Commitmentbegriffen und unterschiedlichen Operationalisierungen liegen. Overcommitment wird im Kontext des *Effort-Reward-Imbalance* Modells (Siegrist, 1996) durch Items erfasst, die bereits Überlastung und Selbstaufopferung erfassen: „nicht von der Arbeit abschalten können, unverhältnismäßige Gereiztheit". Es ist nicht verwunderlich, wenn Zusammenhänge zwischen dem subjektiven Belastungserleben und Gesundheitsrisiken gefunden werden. Damit unterscheiden sich aber Begriff und Operationalisierung von Overcommitment deutlich von dem hier verwendeten Commitmentbegriff, welcher Commitment als Einstellung gegenüber der Organisation oder dem Beruf bzw. der Tätigkeit und nicht als Belastungssyndrom definiert.

10.2.2 Diskriminierung und unethisches Verhalten

Die bislang positiv diskutierte Bereitschaft, sich mit den Zielen der Organisation zu identifizieren und die Organisation beispielsweise durch besonderes Engagement zu unterstützen, erscheint auf einmal in einem anderen Licht, wenn die Ziele und Verhaltensweisen, die eine Organisation von ihren Mitarbeitern verlangt, kritisch beurteilt werden müssen. Beispiele für Risiken und negative Konsequenzen von Bindung und Loyalität in derartigen Fällen sind z.B. die Duldung oder Vertuschung von unethischen Handlungen wie Diskriminierung, Betrug oder die Bereitschaft der Mitarbeiter selber, unethische oder kriminelle Handlungen zu begehen. Auch wurde darauf hingewiesen, dass aus der Sozialpsychologie bekannte Phänomene bzw. Risiken wie Gruppendenken durch hohes Commitment verstärkt werden können. Dadurch wird die Wahrscheinlichkeit, tatsächliche Probleme und Risiken nicht mehr richtig einzuschätzen, erhöht. Verantwortlich hierfür ist der durch die starke Bindung erhöhte Konformitätsdruck. Der Druck, Loyalität und Geschlossenheit zu zeigen, befördert Selbstzensur, Engstirnigkeit und Selbstüberschätzung. Werden hier nur theoretische Schreckgespenster diskutiert oder gibt es auch empirische Belege, die diese Sorge begründen? Bislang gibt es wenige Untersuchungen, die diese Risiken als „dark side of commitment" direkt untersucht haben. In diesem Abschnitt wird eine aktuelle empirische Studie vorgestellt.

Petersen und Dietz (in review) haben untersucht, inwieweit organisationales Commitment die Bereitschaft von Mitarbeitern beeinflusst, unethischen Anweisungen nachzukommen. Sie vermuten, dass Mitarbeiter mit einem hohen Commitment eher bereit sind, die Anweisungen von Vorgesetzten zu akzeptieren und sich ggf. ihrer Autorität unterzuordnen als Mitarbeiter mit niedrigem Commitment. Um die Richtigkeit dieser Annahme zu untersuchen, wurden 107 Lehrer in einer experimentellen Studie gebeten, in einer so genannten „Postkorbübung" einige Schriftstücke zu bearbeiten und entsprechende Entscheidungen zu treffen. Die meisten Schriftstücke, bei denen es um typische Routinevorgänge ging, wie z.B. um die Bewertung eines Lehrbuchs, dienten allerdings nur der Ablenkung von dem für das Experiment zentralen Schriftstück. In diesem Schreiben bat der Schulleiter um die Mithilfe bei einer Personalentscheidung. Konkret ging es um die Besetzung einer vakanten Planstelle für einen Fachlehrer für Mathematik und Physik. Die Lehrererfahrung und die fachliche Kompetenz sollten bei der Auswahl aus acht Kandidaten berücksichtigt werden. Von entscheidender Bedeutung ist nun, dass eine Hälfte der Teilnehmer in der Aufforderung des Schulleiters einen zusätzlichen, unethischen Hinweis fand, welcher bei der anderen fehlte. Der Schulleiter bat in einem Nebensatz darum, bei der Entscheidung zu beachten, dass viele Westdeutsche unter den Bewerbern seien, während das Kollegium ausschließlich ostdeutsch sei, und er wünsche sich, dass das bisherige gute Klima beibehalten werde.

Vor der Überprüfung der zentralen Annahmen wurde zunächst getestet, ob der versteckte Hinweis des Schulleiters, einen ostdeutschen Bewerber zu favorisieren, auch wahrgenommen wurde. Tatsächlich konnten sich nahezu alle Teilnehmer richtig erinnern und haben den Hinweis damit bewusst wahrgenommen. Wie erwartet, wurde der Hinweis tendenziell auch befolgt, was unter dieser Bedingung zu einer Diskriminierung der westdeutschen Bewerber führte. Ihre Fähigkeiten wurden als schlechter eingestuft und sie wurden weniger häufig zu einem Vorstellungsgespräch eingeladen. Offensichtlich hat der Hinweis des Schulleiters die Einschätzungen und die Empfehlungen der Teilnehmer beeinflusst. Viel wichtiger aber ist, dass dieser Effekt durch das Commitment der Teilnehmer beeinflusst wurde. Es konnte die Annahme bestätigt werden, dass die Gruppe der Teilnehmer mit hohem Commitment eher bereit war, dem Hinweis des Schulleiters zu folgen, als die Gruppe mit niedrigem Commitment.

Wie kann der Zusammenhang zwischen organisationalem Commitment und der Bereitschaft unethischen Anweisungen Folge zu leisten erklärt werden? In einer weiteren Fragebogenstudie mit 169 Lehrern konnten Petersen und Dietz (in review) mit Hilfe eines Pfadmodells die Hypothese erhärten, dass die Bereitschaft, sich in einer Organisation einer Autorität unterzuordnen, den Zusammenhang zwischen organisationalem Commitment und Bereitschaft zu unethischem Verhalten mediiert. Um alternative Erklärungen auszuschließen, wurden zusätzlich Vorurteile und Autoritarismus kontrolliert. Vor dem Hintergrund beider Studien betonen Petersen und Dietz (in review), dass organisationales Commitment ein Risiko darstellen kann, wenn es durch die Organisation und ihre Führungskräfte fehlgeleitet wird: „... employees can be steered onto the wrong, leading to unethical behavior. In other words, committed employees due to their submissive attitudes toward organizational authorities might be a risk of turning from good organizational citizens into cogs of a larger machine" (p. 29). Hohes Commitment macht damit einen besonders verantwortungsvollen Umgang seitens der Organisation und der Führungskräfte erforderlich.

10.2.3 Konflikte zwischen unterschiedlichen Foci

Commitment und Identifikation sind auf unterschiedliche Foci ausgerichtet. Welche Konsequenzen ergeben sich, wenn die Ziele, die mit den jeweiligen Foci verbunden sind, miteinander in Konflikt geraten. Diese Konfliktkonstellationen wurden üblicherweise als Loyalitätskonflikte bezeichnet. Jene können innerhalb einer Person, aber auch zwischen Personen oder Gruppen lokalisiert werden. Innerhalb einer Person kann beispielsweise das Commitment gegenüber dem eigenen Beruf oder der eigenen Karriere in Konflikt mit dem Commitment gegenüber der Organisation geraten, wenn ein sehr attraktives Jobangebot einer anderen Organisation den Verbleib in der bisherigen Organisation in Frage stellt. Personen, die sich der eigenen Organisation kaum verbunden fühlen, dürften hier nicht in Konflikt geraten. Schwierig wird es hingegen, wenn das Commitment gegenüber der eigenen Karriere und das gegenüber der Organisation gleichermaßen stark ausgeprägt sind.

Zwischen Personen können Konflikte entstehen, wenn diese miteinander kooperieren sollen und ihre jeweilige Identifikation mit der eigenen Gruppe besonders stark ist. Als Beispiele können hier Verhandlungssituationen oder heterogene Projektteams angeführt werden. Die Bereitschaft, Verständnis für die jeweils andere Position zu entwickeln, zu kooperieren oder gar Kompromisse zu finden, dürfte geringer ausgeprägt sein, wenn das Commitment an die eigene Gruppe besonders stark ist und dadurch verhindert wird, dass sich eine Bindung zum Verhandlungspartner oder zu den Projektpartnern entwickelt.

11 Ausblick

Im folgenden Abschnitt werden offene Fragen und Themen angesprochen, die zukünftig weiter verfolgt oder neu angegangen werden sollten. Dabei lassen sich zum einen Fragestellungen identifizieren, die zur theoretischen und empirischen Weiterentwicklung des Konzepts beitragen und zum anderen Themen- bzw. Problemfelder benennen, bei denen Commitment und Identifikation bislang kaum berücksichtigt wurden.

Differenzierungen innerhalb der Komponenten

Zu den vorrangigsten Aufgaben im Bereich der Konzeptentwicklung zählt sicherlich die Klärung der Frage, inwieweit weitere Differenzierungen innerhalb der Komponenten erforderlich sind. In der Literatur gibt es bereits eine Diskussion um die Unterteilung zwischen „low alternatives" und „high sacrifices", die aber einer weiteren empirischen Bestätigung bedarf. Auf die mögliche Notwendigkeit, auch im Bereich des normativen Commitments zu differenzieren wurde eben falls hingewiesen. Die unterschiedliche Bedeutung von einer eher ethischen Verpflichtung auf der einen Seite, die eher aus einer positiven Identifikation mit bestimmten Normen und Werten resultiert und einer Verpflichtung, die auf der anderen Seite auf Angst und Schuld basiert mag hier ein erster Ausgangspunkt weiterer Überlegungen sein. Es lässt sich vermuten, dass die erste Form der Verpflichtung eher mit affektivem Commitment und die zweite Form eher mit kalkulatorischem Commitment korrespondieren. Entsprechend unterschiedlich dürften auch die Zusammenhänge zu den bereits diskutierten positiven und negativen Konsequenzen von Commitment und Identifikation ausfallen.

Interaktionen zwischen den Komponenten

Bislang werden die Komponenten von Commitment wie auch von Identifikation vergleichsweise unabhängig betrachtet. Es wird davon ausgegangen, dass sie jeweils unterschiedliche Ausprägungen haben können und sich unabhängig voneinander auf unterschiedliche Konsequenzen auswirken. Überlegungen, wie sich die Komponenten in ihren Wirkungen gegenseitig beeinflussen stehen theoretisch und vor allem empirisch am Anfang. So könnte die Wirkung des normativen Commitments ungleich stärker ausfallen, wenn gleichzeitig hohes affektives Commitment vorliegt und das kalkulatorische Commitment eher niedrig ist. Derartige Moderatoreffekte sind bislang wenig erforscht und knüpfen darüber hinaus an die Vorstellung an, dass sich unterschiedliche Commitmenttypen in Abhängigkeit der jeweiligen Konstellation der drei Komponenten unterscheiden lassen.

Mitarbeiterpersönlichkeit und Bindung

Es ist unbestritten, dass die Arbeitsbedingungen und der organisationale Kontext wesentlich zur Bindung an die Organisation beitragen. Es gibt aber auch Hinweise, dass

Merkmale der Person ebenfalls eine Rolle spielen. Allerdings gibt es hierzu bislang wenig Forschung. Außerdem sind die bereits untersuchten Persönlichkeitsmerkmale wie z.B. Kontrollüberzeugung und Selbstwirksamkeitserwartung in Bezug auf die Bereitschaft, sich an die Organisation, die Arbeitsgruppe etc. zu binden, wenig spezifisch. Die Verwendung bindungsspezifischer Konstrukte könnte hier zu verbesserten Vorhersagen führen. Hier ist u.a. an motivationale Dispositionen zu denken, die zum Beispiel durch das Anschlussmotiv abgebildet werden. Bindungsbereitschaft und Bindungsverhalten kann auch durch persönlichkeitsbedingte Bindungsstile erklärt werden. Die Unterscheidung zwischen bindungsängstlichen Personen, Personen die Bindungen eher vermeiden und sicher Gebundenen könnte hier weiterführend sein.

Welche und wie viele Foci sind relevant?

Einerseits hat die bisherige Forschung gezeigt, dass es durchaus nützlich ist, zwischen unterschiedlichen Foci der Bindung zu unterscheiden. Insbesondere das Konzept der Identifikation sieht vor, dass in Abhängigkeit der jeweiligen Situation unterschiedliche Foci bedeutsam sein können. Andererseits droht bei einer beliebigen Ergänzung weiterer Foci die Gefahr eine Inflationierung des Konzepts. Damit stellt sich die Frage nach den zentralen und damit relevanten Foci, Grundsätzlich unbeantwortet ist in diesem Zusammenhang die Frage, wie viele Foci dauerhaft differenziert repräsentiert werden können.

Langfristige Veränderungen

Damit sind indirekt auch die Stabilität und Veränderung von Commitment angesprochen. Wie verändert sich Commitment über die Zeit, welche relativen Verschiebungen der einzelnen Foci und Komponenten treten in Erscheinung und wie können sie erklärt werden? Dabei ist es wichtig, nicht nur vergleichsweise kurze Zeiträume zu betrachten, sondern längerfristige Veränderungen zu analysieren.

Commitment auf der Gruppe oder Organisationsebene

Commitment und Identifikation werden vor allem als individuelles Maß der Verbundenheit mit der Organisation betrachtet. Inwieweit sich die bisher berichteten Zusammenhänge auch auf Teams, Abteilungen oder Organisationen übertragen lassen wird erst seit kurzem untersucht. Ausprägung, Profil und Homogenität des Commitments auf der Ebene von Teams, Abteilungen oder Organisationen ließe sich als Commitmentklima konzeptualisieren. Die Notwendigkeit einer solchen Herangehensweise wird deutlich, wenn man davon ausgeht, dass es bestimmte Bedingungen gibt, die sich förderlich oder hinderlich auf das Commitment auswirken und diese Bedingungen von den Mitarbeitern eines Teams, einer Abteilung oder sogar einer ganzen Organisation geteilt werden. Damit sind mehrere Ebenen zu unterschieden, die in aktuellen Verfahren der Mehrebenenanalyse differenziert analysiert werden. Ähnlich wie in der Arbeitszufriedenheitsforschung gibt es bislang allerdings wenige Studien, die die Zusammenhänge von Kontextbedingungen, Commitment und Leistungen auf unterschiedlichen Ebenen untersucht haben. In Zukunft sind daher vermehrt Studien zu erwarten, die diesen methodischen Ansprüchen gerecht werden.

Konflikte zwischen Foci und Risiken von Commitment

Starke Bindungen an unterschiedliche Foci können im Sinne von Rollenkonflikten oder Loyalitätskonflikten eine Quelle von Stress sein. Mehrere Bindungen können aber auch Sicherheit und ein höheres Maß an Unterstützung bedeuten. Über die Chancen und Risiken der Gleichzeitigkeit mehrerer Bindungen ist bislang wenig bekannt. Zu unterscheiden ist sicherlich auch, ob die Foci ineinander geschachtelt (z.B. Organisation, Abteilung, Team) oder prinzipiell unabhängig (Organisation, Beruf) voneinander sind. Auch wenn es bereits einige Arbeiten zu Risiken von Commitment gibt, steht die Forschung hier eher am Anfang. Die Sorge um ein Zuviel an Commitment (eskalierendes Commitment, Overcommitment) klingt zunächst berechtigt ist aber empirisch wenig belegt. Konformität, unethisches Verhalten, Diskriminierung und Einschränkungen bei Innovations- und Veränderungsbereitschaft sind potentielle negative Konsequenzen, die in diesem Zusammenhang immer wieder thematisiert werden. In Bezug auf gesundheitliche Risiken scheint insbesondere die Unterscheidung zwischen affektivem und kalkulatorischem Commitment bedeutsam. Auch wenn die bisherige Forschungslage eindeutig zeigt, dass affektives Commitment eher als Ressource denn als Risiko einzustufen ist, sind auch hier Konstellationen denkbar (z.B. sehr hohes Commitment und Überforderung), bei denen mit negativen Wirkungen zu rechnen ist. Die Untersuchung dieser spezifischen Konstellationen bedarf jedoch gezielter Untersuchungen.

Commitment in sozialen und pädagogischen Berufen

Aufgrund aktueller gesellschaftlicher Entwicklungen rücken bestimmte Berufsgruppen verstärkt in den Mittelpunkt der öffentlichen Aufmerksamkeit. Dabei handelt es sich zum einen um Pflegeberufe und andere Tätigkeiten im Bereich der sozialen Dienste, deren Bedeutung vor dem Hintergrund des demographischen Wandels zunimmt. Zum anderen ist an erzieherische und pädagogische Berufe zu denken. Angesichts zunehmender Herausforderungen, die Zukunftsfähigkeit durch Bildung zu gewährleisten, wächst das Interesse an den Arbeitsbedingungen von Erziehern und Erzieherinnen sowie von Lehrern und Lehrerinnen. Gleiches gilt auch für andere Tätigkeiten im sozialen und gemeinnützigen Bereich. Diese meist ehrenamtlichen Tätigkeiten bilden eine wichtige Säule der sozialen Versorgung und allgemeinen Wohlfahrt. Das Commitment und die Identifikation der in diesen sozialen und pädagogischen Berufen erwerbsmäßig oder ehrenamtlich Tätigen dürfte eine zentrale Voraussetzung ihres Engagements sein. Gleichzeitig tragen diese Berufsgruppen ein besonderes Belastungsrisiko.

Aus diesem Grund scheint eine verstärkte Erforschung der Faktoren, die in diesen Bereichen Commitment und Identifikation fördern, ebenso wichtig wie eine genauere Kenntnis der Chancen und Risiken, die aus hohem Commitment resultieren können. Hinzu kommt die sogenannte „ideologische Währung", die im Vergleich zu wirtschaftlichen Kontexten im sozialen Bereich eine wichtige Größe in den subjektiv wahrgenommenen Austauschbeziehungen darstellt. Wie bereits gezeigt werden konnte, beeinflussen kulturelle Wertorientierungen Commitment selbst und auch die Bedeutung von Commitment. Es kann angenommen werden, dass Wertorientierungen und vor allem aber auch religiöse Überzeugungen in sozialen Kontexten eine ungleich stärkere Bedeutung haben. Außerdem ist das Commitment gegenüber der jeweiligen Klientel (Pflegebedürftige, Kinder, Benachteiligte etc.) in diesem Zusammenhang sicherlich ein besonders relevanter Focus, der neben dem organisationalen oder berufsbezogenen Commitment berücksichtigt werden muss. Hieraus können auch zusätzliche Hinweise zur Gesundheitsförderung und Prävention abgeleitet werden.

Bedingungsfaktoren von Commitment und Commitmentmanagement

Aus der Forschung lassen sich zahlreiche Ansatzpunkte ableiten, wie die Bindung der Mitarbeiter erhalten bzw. gefördert werden kann. Bislang gibt es jedoch kaum Hinweise darauf, inwieweit Commitment und Identifikation durch gezielte Programme oder konkrete Maßnahmen gefördert werden konnten. Die Entwicklung entsprechender Programme und entsprechende Evaluationsstudien stehen noch aus. Wenig bekannt ist auch darüber, wie sich das Commitment der Kolleginnen und Kollegen oder der Führungskräfte im unmittelbaren Umfeld im Sinne eines Commitmentklimas auf das Commitment einzelner Mitarbeiter auswirkt.

Literatur

Allen, N. J. (2003). Examining organizational commitment in China. *Journal of Vocational Behavior, 62,* 511-515.

Allen, N. J. & Grisaffe, D. B. (2001). Employee commitment to the organization and customer reactions: Mapping the linkages. *Human Resource Management Review, 11,* 209-236.

Allen, N. J. & Meyer, J. P. (1990). The measurement and antecedents of affective, continuance and normative commitment to the organization. *Journal of Occupational Psychology, 63,* 1-18.

Allen, N. J. & Meyer, J. P. (1996). Affective, continuance, and normative commitment to the organization: An examination of construct validity. *Journal of Vocational Behavior, 49,* 252-276.

Arvey, R. D., Bouchard, T. J., Segal, N. L. & Abraham, L. M. (1989). Job satisfaction: Environmental and genetic components. *Journal of Applied Psychology, 74,* 187-192.

Ashforth, B. E. & Mael, F. (1989). Social Identity Theory and the organization. *Academy of Management Journal, 14,* 20-39.

Avolio, B. J., Zhu, W., Koh, W. & Bhatia, P. (2004). Transformational leadership and organizational commitment: Mediating role of psychological empowerment and moderating role of structural distance. *Journal of Organizational Behavior, 25,* 951-968.

Bachman, B. A. (1993). An intergroup model of organizational mergers. Unpublished doctoral dissertation. Newark: University of Delaware.

Bandura, A. (1997). *Self-efficacy: The exercise of control.* New York: Freeman.

Bandura, A. & Jourden, F. J. (1991). Self-regulatory mechanisms governing the impact of social comparison on complex decision-making. *Journal of Personality and Social Psychology, 60,* 941-951.

Bandura, A. & Wood, R. E. (1989). Effect of perceived controllability and performance standards on self-regulation of complex decision-making. *Journal of Personality and Social Psychology, 56,* 805-814.

Bass, B. M. (1985). *Leadership and performance beyond expectations.* New York: The Free Press.

Bass, B. M. (1998). *Transformational leadership: Industrial, military, and educational impact.* Mahwah, NJ: Lawrence Erlbaum.

Bass, B. M. (1999). Two decades of research and development in transformational leadership. *European Journal of Work and Organizational Psychology, 8,* 9-32.

Bass, B. M. & Avolio, B. (1994). *Improving organizational effectiveness through transformational leadership.* Thousand Oaks, CA: Sage.

Beck, K. & C. Wilson (2000). Development of an effective organizational commitment: a cross-sequential examination of change with tenure. *Journal of Vocational Behavior, 56,* 114-136.

Becker, H. S. (1960). Notes on the concept of commitment. *American Journal of Sociology, 66,* 32-42.

Becker, T. E. (1992). Foci and basis of commitment: Are distinctions worth making? *Academy of Management Journal, 35,* 232-244.

Becker, T. E. & Billings, R. S. (1993). Profiles of commitment: An empirical test. *Journal of Organizational Behavior, 14,* 177-190.

Becker, T. E., Billings, R. S., Eveleth, D. M. & Gilbert, N. L. (1996). Foci and bases of employee commitment: Implications for job performance. *Academy of Management Journal, 39*, 464-482.

Begley, T. M. & Czajka, J. M. (1993). Panel analysis of the moderating effects of commitment on job satisfaction, intent to quit and health following organizational change. *Journal of Applied Psychology, 78*, 552-556.

Bentein, K., Vandenberg, R. J., Vandenberghe, C. & Stinglhamber, F. (2005). The role of change in the relationship between commitment and turnover: A latent growth modelling approach. *Journal of Applied Psychology, 90*, 468-482.

Berry, J. W., Poortinga, Y. H., Segall, M. H. & Dasen, P. R. (2002). *Cross-cultural psychology: Research and applications.* (2nd ed.). Cambridge: Cambridge University press.

Blau, G., Paul, A. & St. John, N. (1993). On developing a general index of work commitment. *Journal of Vocational Behavior, 42*, 298-314.

Blau, P. M. (1964). *Exchange and power in social life.* New York: Wiley.

Bochner, S. & Hesketh, B. (1994). Power distance, individualism and job related attitudes in a culturally diverse work group. *Journal of Cross-Cultural Psychology, 25*, 42-57.

Bono, J. E. & Judge, T. A. (2003). Self-concordance at work: Toward understanding the motivational effects of transformational leaders. *Academy of Management Journal, 46*, 554-571.

Brechmacher, Y. (2007). *Normatives Commitment zwischen Moral und Schuld.* Martin-Luther-Universität, Halle: Unveröffentlichte Diplomarbeit.

Brown, R. B. (1996). Organizational commitment: Clarifying the concept and simplifying the existing construct typology. *Journal of Vocational Behavior, 4*, 230-251.

Brown, D. J. & Keeping, L. M. (2005). Elaborating the construct of transformational leadership: The role of affect. *Leadership Quarterly, 16*, 245-272.

Bryk, A. S. & Raudenbush, S. W. (1992). *Hierarchical linear models: Applications and data analysis methods.* Newbury Park, CA: Sage.

Büssing, A. & Broome, P. (1999). Vertrauen unter Telearbeit. *Zeitschrift für Arbeits- und Organisationspsychologie, 43*, 122-133.

Bycio, P., Hackett, D. H. & Allen, J. S. (1995). Further assessments of Bass's (1985) conceptualization of transactional and transformational leadership. *Journal of Applied Psychology, 80*, 486-478.

Chen, Z. X., Farh, J. L. & Tsui, A. S. (1998). Loyalty to supervisor, organizational commitment, and employee performance: The Chinese case. *Academy of Management Best Paper Proceedings '98*, OB: J 1-9.

Chen, Z. X. & Francesco, A. M. (2000). Employee demography, organizational commitment, and turnover intentions in China: Do cultural differences matter? *Human Relation, 53*, 869.

Chen, Z. X. & Francesco, A. M. (2003). The relationship between the three components of commitment and employee performance in China. *Journal of Vocational Behavior, 62*, 490-510.

Cheney, G. (1983). On the various and changing meanings of organizational membership: A field study of organizational identification. *Communication-Monographs, 50*, 342-362.

Cheng, B. S., Jiang, D. Y. & Riley, J. H. (2003). Organizational commitment, supervisory commitment and employee outcomes in the Chinese context: proximal hypothesis or global hypothesis? *Journal of Organizational Behavior, 24*, 313-334.

Cheng, Y. & Stockdale, M. S. (2003). The validity of the three-component model of organizational commitment in a Chinese context. *Journal of Vocational Behavior, 62*, 465-489.

Chiu, R. & Kosinski, F. (1999). The role of affective dispositions in job satisfaction and work strain: Comparing collectivist and individualist societies. *International Journal of Psychology, 34*, 19-28.

Christ, O., van Dick, R., Wagner, U. & Stellmacher, J. (2003). When teachers go the extra mile: Foci of organisational identification as determinants of different forms of organisational citizenship behavior among schoolteachers. *British Journal of Educational Psychology, 73*, 329-341.

Cialdini, R. B., Borden, R. J., Thorne, A., Walker, M. R., Freeman, S. & Sloan, L. R. (1976). Basking in reflected glory: Three (football) field studies. *Journal of Personality and Social Psychology, 34*, 366-375.

Clugston, M. (2000). The mediating effect of multidimensional commitment on job satisfaction and intend to leave. *Journal of Organizational Behavior, 21*, 477-486.

Clugston, M., Howell, J. P. & Dorfman, P. W. (2000). Does cultural socialization predict multiple bases and foci of commitment? *Journal of Management, 26*, 5-30.

Cohen, A. (1993). Organizational commitment and turnover: A meta-analysis. *Academy of Management Journal, 36*, 1140-1157.

Cohen, A. (1997). Personal and organizational responses to work-nonwork interface as related to organizational commitment. *Journal of Applied Social Psychology, 27*, 1085-1114.

Cohen, A. (2003). *Multiple commitments at work: An integrative approach.* Hillsdale, NJ: Lawrence Erlbaum.

Conger, J. A. & Kanungo, R. N. (1998). *Charismatic leadership in organizations.* Thousand Oaks, CA: Sage.

Connelly, C. E., & Gallagher, D. G. (2004). Emerging trends in contingent work research. *Journal of Management, 30*, 959-983.

Connolly, J. J. & Viswesvaran, C. (2000). The role of affectivity in job satisfaction: A meta-analysis. *Personality and Individual Differences, 29*, 265-281.

Cooper-Hakim, A. & Viswesvaran, C. (2005). The construct of work commitment: Testing an integrative framework. *Psychological Bulletin, 131*, 241-259.

Cunningham, G. B. (2006). The relationships among commitment to change, coping with change, and turnover intentions. *European Journal of Work and Organizational Psychology, 15*, 29-45.

DeGroot, T., Kiker, D. S. & Cross, T. C. (2000). A meta-analysis to review organizational outcomes related to charismatic leadership. *Canadian Journal of Administrative Sciences, 17*, 356-371.

Delobbe, N. & Vandenberghe, C. (2000). A four-dimensional model of organizational commitment among Belgian employees. *European Journal of Psychological Assessment, 16*, 125-138.

De Hoogh, A. H. B., Den Hartog, D. N., Koopman, P. L., Thierry, H.. Van den Berg, P. T., Van der Weide, J. G. & Wilderom, C. P. M. (2002). *Charismatic leadership, situational strength, and performance.* Paper presented at the 25th IAAP Conference 2002, Singapore.

De Vries, R. E., Roe, R. A. & Taillieu, T. C. B. (1999). On charisma and need for leadership. *European Journal of Work and Organizational Psychology, 8*, 109-133.

Donald, I. & Siu, O. (2001). Moderating the stress impact of environmental conditions: The effect of organizational commitment in Hong Kong and China. *Journal of Environmental Psychology, 21*, 353-368.

Ducki, A. (2000). *Diagnose gesundheitsförderlicher Arbeit. Eine Gesamtstrategie zur betrieblichen Gesundheitsanalyse.* Zürich: vdf.

Ellemers, N., de Gilder, D. & Haslam, S. A. (2004). Motivating individuals and groups at work: A social identity perspective on leadership and group performance. *Academy of Management Review, 29,* 459-470.

Ellemers, N., de Gilder, D. & van den Heuvel, H. (1998). Career-oriented versus team-oriented commitment and behavior at work. *Journal of Applied Psychology, 83,* 717-730.

Ellingson, J. E., Gruys, M. L. & Sackett, P. R. (1998). Factors related to the satisfaction and performance of temporary employees. *Journal of Applied Psychology, 83,* 913-921.

Farkas, A. J. & Tetrick, L. E. (1989). A three-wave longitudinal analysis of the causal ordering of satisfaction and commitment in turnover decisions. *Journal of Applied Psychology, 74,* 855-868.

Felfe, J. (2003). *Transformationale und charismatische Führung und Commitment im Organisationalen Wandel.* Unveröffentlichte Habilitation: Martin Luther Universität Halle-Wittenberg.

Felfe, J. (2005). *Charisma, transformationale Führung und Commitment.* Köln: Kölner Studienverlag.

Felfe, J. (2006a). Validierung einer deutschen Version des „Multifactor Leadership Questionnaire" (MLQ 5 X Short) von Bass und Avolio (1995). *Zeitschrift für Arbeits- und Organisationspsychologie, 50,* 61-78.

Felfe, J. (2006b). Transformationale und charismatische Führung - Stand der Forschung und aktuelle Entwicklungen. *Zeitschrift für Personalpsychologie, 5,* 163-176.

Felfe, J. (2007). Besonderes Engagement bei der Arbeit. In H. Schuler & K.-H. Sonntag (Hrsg.), *Handbuch der Arbeits- und Organisationspsychologie* (S. 246-253). Göttingen: Hogrefe.

Felfe, J., Resetka, H.-J. & Rune, H. (2005). *Chancen und Risiken im Fusionsprozess.* Martin-Luther Universität Halle-Wittenberg: Unveröffentlichter Bericht.

Felfe, J., Schmook, R. & Six, B. (2005a). *Skalen zur Erfassung von Commitment, Führung und kulturellen Wertorientierungen in Deutschland und China.* Martin-Luther-Universität Halle-Wittenberg, Bericht 1.

Felfe, J., Schmook, R. & Six, B. (2005b). *Commitment in China: Erste Ergebnisse einer Pilotstudie.* Martin-Luther-Universität Halle-Wittenberg, Bericht 2.

Felfe, J., Schmook, R. & Six, B. (2006). Die Bedeutung kultureller Wertorientierungen für das Commitment gegenüber der Organisation, dem Vorgesetzten, der Arbeitsgruppe und der eigenen Karriere. *Zeitschrift für Personalpsychologie, 5,* 94-107.

Felfe, J., Schmook, R. & Six, B. (in review). Does the form of employment make a difference? - Commitment of traditional, temporary, and self-employed workers.

Felfe, J., Schmook, R., Six, B. & Wieland, R. (2005). Commitment bei Zeitarbeitern. *Zeitschrift für Personalpsychologie, 4,* 101-115.

Felfe, J. & Six, B. (2006). Die Relation von Arbeitszufriedenheit und Commitment. In L. Fischer (Hrsg.), *Arbeitszufriedenheit* (S. 37-60). Göttingen: Hogrefe.

Felfe, J., Six, B. & Schmook, R. (2002). Fragebogen zur Erfassung von affektivem, kalkulatorischem und normativem Commitment gegenüber der Organisation, dem Beruf/der Tätigkeit und der Beschäftigungsform (COBB). In A. Glöckner-Rist (Hrsg.), *ZUMA-Informationssystem. Elektronisches Handbuch sozialwissenschaftlicher Erhebungsinstrumente.* Version 7.00. Mannheim: Zentrum für Umfragen, Methoden und Analysen.

Felfe, J., Six, B. & Schmook, R. (2005). Die Bedeutung der Arbeitszufriedenheit für Organizational Citizenship Behavior (OCB*). Zeitschrift für Wirtschaftspsychologie, 7,* 49-62.

Felfe, J. & Schyns, B. (2006). Personality and the perception of transformational leadership: The impact of extraversion, neuroticism, personal need for structure, and occupational self efficacy. *Journal of Applied Social Psychology, 36,* 708-741.

Felfe, J., Tartler, K. & Liepmann, D. (2004). Advanced research in the field of transformational leadership. *Zeitschrift für Personalforschung, 18,* Heft 3, 262-289.

Felfe, J., Yan, W. & Six, B. (2006). The impact of cultural differences on commitment and its influence on OCB, turnover, and strain. *Paper presented at the annual meeting of the Academy of Management, Atlanta.*

Ferris, K. R. & Aranya, N. (1983). A comparison of two organizational commitment scales. *Personnel Psychology, 36,* 87-98.

Fischer, L. (1989). *Strukturen der Arbeitszufriedenheit.* Göttingen: Hogrefe.

Fischer, L. (1991). *Arbeitszufriedenheit. Beiträge zur Organisationspsychologie 5.* Stuttgart: Verlag für Angewandte Psychologie.

Fittkau, B. & Fittkau-Garthe, H. (1971). Fragebogen zur Vorgesetzten-Verhaltens-Beschreibung (FVVB). Handanweisung. Göttingen: Hogrefe.

Franke, F. (2005). *Die Relation von Commitment und sozialer Identifikation in Organisationen.* Martin-Luther-Universität Halle-Wittenberg: Unveröffentlichte Diplomarbeit.

Franke, F., Felfe, J. & Six, B. (2005). Die Relation von Commitment und Identifikation: Ein empirischer Vergleich beider Konzepte. *Posterbeitrag, 4. Fachtagung der Fachgruppe Arbeits- und Organisationspsychologie der DGPs, Bonn.*

Fried, Y. & Ferris, G. R. (1987). The validity of the job characteristics model: A review and meta-analysis. *Personnel Psychology, 40,* 287-322.

Fuller, J. B., Morrison, R., Jones, L., Bridger, D. & Brown, V. (1999). The effects of psychological empowerment on transformational leadership and job satisfaction. *Journal of Social Psychology, 139,* 389-391.

Gaertner, S. L. & Dovidio, J. F. (2005). Understanding and addressing contemporary racism: From aversive racism to the common ingroup identity model. *Journal of Social Issues, 61,* 615-639.

Galais, N. & Moser, K. (2001). Eintritt in die Arbeitswelt: Enttäuschte, erfüllte und übertroffene Erwartungen. *Zeitschrift für Arbeitswissenschaft, 3,* 179-186.

Gallagher, D. G. & McLean Parks, J. (2001). I pledge thee my troth ... contingently commitment and the contingent work relationship. *Human Resource Management Review, 11,* 181-208.

Gautam, T., van Dick, R. & Wagner, U. (2004). Organizational identification and organizational commitment: Distinct aspects of two related concepts. *Asian Journal of Social Psychology, 7,* 301-315.

Gellatly, I. R., Meyer, J. P. & Luchak, A. A. (2006). Combined effects of the three commitment components on focal and discretionary behaviors: A test of Meyer and Herscovitch's propositions. *Journal of Vocational-Behavior, 69,* 331-345.

Gould, S. & Werbel, J. D. (1983). Work involvement: A comparison of dual wage and single wage earner families. *Journal of Applied Psychology, 68,* 313-319.

Greenhaus, J. H., Parasuraman, S., Granrose, C. S., Rabinowitz, S. & Beutell, N. J. (1989). Sources of work-family conflict among two-career couples. *Journal of Vocational Behavior, 34,* 133-153.

Gregersen, H. B. (1993). Multiple commitments at work and extra role behavior during three stages of organizational tenure. *Journal of Business Research, 26,* 31-47.

Gregersen, H. B. & Black, J. S. (1992). Antecedents to commitment to a parent company and a foreign operation, *Academy of Management Journal, 35,* 65-90.

Gregersen, H. B. & Black, J. S. (1996). Multiple commitments upon repatriation: Japanese Experience. *Journal of Management, 22,* 209-230.

Greif, S., Bamberg, E. & Semmer, N. (1991). *Psychischer Stress am Arbeitsplatz.* Göttingen: Hogrefe.

Greitemeyer, T., Fischer, P., Nürnberg, C., Frey, D. & Stahlberg, D. (2006). Psychologische Erfolgsfaktoren bei Unternehmenszusammenschlüssen: Der Zusammenhang von aktueller Übernahmeposition, Identifikation mit der Organisation, erlebter Kontrolle und subjektivem Wohlbefinden der Mitarbeiter/innen. *Zeitschrift für Arbeits- und Organisationspsychologie, 50,* 9-16.

Grunberg, L., Anderson-Connolly, R. & Greenberg, E. S. (2000). Surviving layoffs: The effects on organizational commitment and job performance. *Work & Occupations, 27,* 7-31.

Hall, D. T. (1971). A theoretical model of career subidentity in organizational settings. *Organizational Behavior and Human Performance, 6,* 50-76.

Harter, J. K., Schmidt, F. L. & Hayes, T. L. (2002). Business-unit-level relationship between employee satisfaction, employee engagement, and business outcomes: A meta-analysis. *Journal of Applied Psychology, 87,* 268-279.

Heckscher, C. (1995). White-collar blues: Management loyalties in an age of corporate restructuring. New York: Basic Books.

Herscovitch, L. & Meyer, J. P. (2002). Commitment to organizational change: Extension of a three-component model. *Journal of Applied Psychology, 87,* 474-487.

Herz, A. & Beck, A. (2007). *Der Zusammenhang zwischen transformationaler Führung und Kundenzufriedenheit.* Martin-Luther-Universität Halle-Wittenberg: Unveröffentlichte Diplomarbeit.

Hochwarter, W. A., Perrewé, P. L., Ferris, G. R. & Brymer, R. A. (1999). Job satisfaction and performance: The moderating effects of value attainment and affective disposition. *Journal of Vocational Behavior, 54,* 296-313.

Hofstede, G. (1980). *Culture's Consequences. International Differences in work related values.* Beverly Hills, CA: Sage.

Hofstede, G. (2001). *Culture's consequences: Comparing values, behaviors, institutions, and organizations across nations.* Thousand Oaks, CA: Sage.

Hofstede, G., Bond, M. H. & Luk, C.-L. (2003). Individual perceptions of organizational Cultures: A methodological treatise on levels of analysis. *Organization Studies, 14,* 483-503.

Hogg, M. A. & Terry, D. J. (2001). *Social identity processes in organizational contexts.* Oxford: Blackwell.

House, R. J., Hanges, P. J., Javidan, M., Dorfman, P. W. & Gupta, V. (2004). *Leadership, Culture and Organizations: The GLOBE Study of 62 Societies.* Thousand Oaks, CA: Sage.

Iaffaldano, M. T. & Muchinsky, P. M. (1985). Job satisfaction and job performance: A meta-analysis. *Psychological Bulletin, 97,* 251-273.

Irving, P.G., Coleman, D.F. & Cooper, C.L. (1997). Further assessments of a three-component model of occupational commitment: Generalizability and differences across occupations. *Journal of Applied Psychology, 82,* 444-452.

Jahn, E. & Rudolph, H. (2002). Zeitarbeit – Teil II. Völlig frei bis streng geregelt: Variantenvielfalt in Europa. *IAB Kurzbericht, Ausgabe 21.*

Javidan, M. & Waldman, D. A. (2003). Exploring charismatic leadership in the public sector: Measurements and consequences. *Public Administration Review, 63,* 229-242.

Judge, T. A. & Bono, J. E. (2000). Five-factor model of personality and transformational leadership. *Journal of Applied Psychology, 85,* 751-765.

Judge, T. A. & Bono, J. E. (2001). Relationship of core self-evaluations traits – self-esteem, generalized self-efficacy, locus of control, and emotional stability – with job satisfaction and job performance. *Journal of Applied Psychology, 86,* 80-92.

Judge, T. A., Bono, J. E., Thoresen C. J. & Patton, G. K. (2001). The job satisfaction-job performance relationship: A qualitative and quantitative review. *Psychological Bulletin, 127,* 376-407.

Judge, T. A., Heller, D. & Mount, M. K. (2002). Five-factor model of personality and job satisfaction: A meta-analysis. *Journal of Applied Psychology, 87,* 530-541.

Judge, T. A. & Piccolo, R. F. (2004). Transformational and transactional leadership: A meta-analytic test of their relative validity. *Journal of Applied Psychology, 89,* 755-768.

Kanning, U. P. & Schnitker, R. (2004). Übersetzung und Validierung einer Skala zur Messung des organisationsbezogenen Selbstwertes. *Zeitschrift für Personalpsychologie, 3,* 112-121.

Kanungo, R. N. (1982). Measurement of job and work involvement. *Journal of applied Psychology, 67,* 341-349.

Karasek, R. A. (1979). Job demands, job decision latitude and mental strain: Implications for job redesign. *Administration Science Quarterly, 24,* 285-308.

Keller, R. T. (1997). Job involvement and organizational commitment as longitudinal predictors of job performance: A study of scientists and engineers. *Journal of Applied Psychology, 82,* 539-545.

Kerr, S. & Jermier, J. M. (1978). Substitutes for Leadership: their meaning and measurement. *Organizational behavior and Human Performance, 22,* 375-403.

Klein, K. J. & House, R. (1995). On fire: Charismatic leadership and levels of analysis. *Leadership Quarterly, 6,* 183-198.

Kozlowski, S. W., Chao, G. T., Smith, E. M. & Hedlung, J. (1993). Organizational downsizing strategies, interventions, and research implications. In C. Cooper & I. L. Robertson (Eds.), International Review of Industrial and Organizational Psychology (pp. 263-332). London: John Wiley & Sons.

Kudielka, B. M., von Känel, R., Gander, M. L. & Fischer, J. E. (2004). Effort-reward imbalance, overcommitment and sleep in a working population. *Work & Stress, 18,* 167-178.

Kush, K. S. & Stroh, L. K. (1994). Flexitime: Myth or reality? *Business Horizons, 37,* 51-55.

Lee, K., Allen, J. J., Meyer, J. P. & Rhee, K. Y. (2001). The three-component model of organizational commitment: An application to South Korea. *Applied Psychology: An International Review, 50,* 596-614.

Lee, K., Carsfeld, J. J. & Allen, N. J. (2000). A meta-analytic review of occupational commitment: Relations with person- and work related variables. *Journal of Applied Psychology, 85,* 799-811.

Lee, T. W., Ashford, S. J., Walsh, J. P. & Mowday, R. T. (1992). Commitment propensity, organizational commitment and voluntary turnover: A longitudinal study of organizational entry processes. *Journal of Management, 18,* 15-32.

Liden, R. C., Wayne, S. J., Kraimer, M. L. & Sparrowe, R. T. (2003). The dual commitments of contingent workers: an examination of contingents' commitment to the agency and the organization. *Journal of Organizational Behavior, 24,* 609-625.

Liepmann, D. & Felfe, J. (2002). Gesundheitsförderung in der Arbeit. In R. Schwarzer, M. Jerusalem & H. Weber (Hrsg.), *Lexikon der Gesundheitspsychologie* (S. 163-166). Göttingen: Hogrefe.

Littrell, R. F. (2002). Desirable leadership behaviors of multi-cultural managers in China. *Journal of Management Development, 21,* 5-74.

Lodhal, T. M. & Kejner, M. (1965). The definition and measurement of job involvement, *Journal of Applied Psychology, 49*, 24-33.

Lok, P., Westwood, R. & Crawford, J. (2005). Perceptions of organisational subculture and their significance for organisational commitment. *Applied Psychology: An International Review, 54*, 490-514.

Mael, F. & Ashforth, B. E. (1992). Alumni and their alma mater: A partial test of their reformulated model of organizational identification. *Journal of Organizational Behavior, 13*, 103-123.

Mael, F. A. & Tetrick, L. E. (1992). Identifying organizational identification. *Educational and Psychological Measurement, 52*, 813-824.

Maier, G. W. & Brunstein, J. C. (2001). The role of personal work goals in newcomers' job satisfaction and organizational commitment: A longitudinal analysis. *Journal of Applied Psychology, 86*, 1034-1042.

Maier, G. W. & Woschée, R.-M. (2002). Die affektive Bindung an das Unternehmen. *Zeitschrift für Arbeits- und Organisationspsychologie, 46*, 126-136.

Marin, G., Gamba, R. J. & Marin, B. V. (1992). Extreme response style and acquiescence among Hispanics. *Journal of Cross-Cultural Psychology, 23*, 498-509.

Marks, M. L. & Mirvis, P. H. (2001). Making mergers and acquisitions work: Strategic and psychological preparation. *Academy of Management Executive, 15*, 80-94.

Mathieu, J. E. & Zajac, D. M. (1990). A review and meta-analysis of the antecedents, correlates, and consequences of organizational commitment. *Psychological Bulletin, 180*, 171-194.

McGee, G. W. & Ford, R. C. (1987). Two (or more?) dimensions of organizational commitment: Re-examination of the affective and continuance commitment scales. *Journal of Applied Psychology, 72*, 638-642.

Meyer, J. P. & Allen, N. J. (1984). Testing the side bet theory of organizational commitment: Some methodological considerations. *Journal of Applied Psychology, 69*, 372-378.

Meyer, J. P. & Allen, N. J. (1988). Links between work experiences and organizational commitment during the first year of employment: A longitudinal analysis. *Journal of Occupational Psychology, 61*, 195-209.

Meyer, J. P. & Allen, N. J. (1990). The measurement and antecedents of affective, continuance and normative commitment to the organization. *Journal of Occupational Psychology, 63*, 1-18.

Meyer, J. P. & Allen, N. J. (1997). Commitment in the workplace: *Theory, research and application.* Thousand Oaks, CA: Sage.

Meyer, J. P., Allen, N. J. & Smith, C. A. (1993). Commitment to organizations and occupations: Extension and test of a three-component model. *Journal of Applied Psychology, 78*, 538-551.

Meyer, J. P., Allen, N. J. & Topolnytsky, L. (1998). Commitment in a changing world of work. *Canadian Psychology, 39*, 83-93.

Meyer, J. P., Bobocel, D. R. & Allen, N. J. (1991). Development of organizational commitment during the first year of employment: A longitudinal study of pre-and post-entry influences. *Journal of Management, 17*, 717-733.

Meyer, J. P. & Herscovitch, L. (2001). Commitment in the workplace toward a general model. *Human Resource Management Review, 11*, 299-326.

Meyer, J. P., Stanley, D. J., Herscovitch, L. & Topolnytsky, L. (2002). Affective, continuance, and normative commitment to the organization: A meta-analysis of antecedents, correlates and consequences. *Journal of Vocational Behavior, 61*, 20-52.

Milgram, S. (1963). Behavioral study of obedience. *Journal of Abnormal & Social Psychology, 67*, 371-378.

Mohr, G. (1986). *Die Erfassung psychischer Befindensbeeinträchtigungen bei Industriearbeitern.* Frankfurt a. M.: Peter Lang.

Moltzen, K. & van Dick, R. (2002). Arbeitsrelevante Einstellungen bei Call Center-Agenten: Ein Vergleich unterschiedlicher Call Center-Typen. *Zeitschrift für Personalpsychologie, 1,* 161-170.

Mone, M. (1994). Relationship between self-concepts, aspirations, emotional responses, and intent to leave a downsizing organization. *Human Resource Management, 33,* 281-298.

Morrison, E. W. & Robinson, S. L. (1997). When employees feel betrayed: A model of how psychological contract violation develops. *Academy of Management Review, 22,* 226-256.

Morrow, P. C. & McElroy, J. C. (1987). Work commitment and job satisfaction over three career stages. *Journal of Vocational Behavior, 30,* 330-346.

Moser, K. & Schuler, H. (1993). Validität einer deutschsprachigen Involvement-Skala. *Zeitschrift für Differentielle und Diagnostische Psychologie, 14,* 27-36.

Mowday, R.T., Porter, L.W. & Steers, R.M. (1982). *Employee-organizational linkages. The psychology of commitment, absenteeism and turnover.* New York: Academic Press.

Mowday, R. T., Steers, R. M. & Porter, L.W. (1979). The measurement of organizational commitment. *Journal of Vocational Behavior, 14,* 224-247.

Nezlek, J. B., Schröder-Abe, M. & Schütz, A. (2006). Mehrebenenanalysen in der psychologischen Forschung: Vorteile und Möglichkeiten der Mehrebenenmodellierung mit Zufallskoeffizienten. *Psychologische Rundschau, 57,* 213-223.

Nienhüser, W. & Matiaske, W. (2003). Der "Gleichheitsgrundsatz" bei Leiharbeit – Entlohnung und Arbeitsbedingungen von Leiharbeitern im europäischen Vergleich. *WSI Mitteilungen, 08/2003.*

Noordin, F., Williams, T. & Zimmer, C. (2002). Career commitment in collectivist and individualist cultures: a comparative study. *International Journal of Human Resource Management, 13,* 35-54.

O'Reilly, C. & Chatman, J. (1986). Organizational commitment and psychological attachment: The effects of compliance, identification and internalization on prosocial behavior. *Journal of Applied Psychology, 71,* 492-499.

Organ, D. W. (1977). A reappraisal and reinterpretation of the satisfaction-causes-performance hypothesis. *Academy of Management Review, 2,* 46-53.

Organ, D. W. (1988). *Organizational Citizenship Behavior: The good soldier syndrome.* Lexington, MA: Lexington Books.

Organ, D. W. & Paine, J. B. (1999). A new kind of performance for industrial and organizational psychology. Recent contributions to the study of organizational citizenship behavior. In C. L. Cooper & I. T. Robertson (Eds.), *International Review of Industrial and Organizational Psychology, 14,* 337-368. Chichester: Wiley.

Organ, D. W. & Ryan, K. (1995). A meta-analytic review of attitudinal and dispositional predictors of organizational citizenship behavior. *Personnel Psychology, 48,* 775-802.

Osterman, P. (1995). Work/family programs and the employment relationship. *Administrative Science Quarterly, 40,* 681-700.

Ostroff, C. (1992). The relationship between satisfaction, attitudes, and performance: An organizational level analysis. *Journal of Applied Psychology, 77,* 963-974.

Ouwerkerk, J. W., Ellemers, N. & De Gilder, D. (1999). Group commitment and individual effort in experimental and organizational contests. In N. Ellemers, R. Spears & B. Doosje (Eds.), *Social Identity* (pp. 184-204). Oxford: Blackwell.

Parkes, L. P., Bochner, S. & Schneider, S. K. (2001). Person-organisation fit across cultures: An empirical investigation of individualism and collectivism. *Applied Psychology: An International Review, 50*, 81-108.

Pawar, B. S. & Eastman, K. K. (1997). The nature and implications of contextual influences on transformational leadership: A conceptual examination. *Academy of Management Review, 22*, 80-109.

Perrewé, P. L., Ralston, D. A. & Fernandez, D. R. (1995). A model depicting the relations among perceived stressors, role conflict and organizational commitment: A comparative analysis of Hong Kong and the United States. *Asia Pacific Journal of Management, 12*, 1-21.

Petersen, L. E. & Dietz, J. (in review). Organizational commitment and unethical compliance behavior: Can good employees do bad things?

Pfeffer, J. (1998). Understanding organizations: Concepts and controversies. In D. T. Gilbert, S. T. Fiske & G. Lindzey (Eds.), *Handbook of Social Psychology* (pp. 733-777). New York: Oxford University Press.

Pierce, J. L., Gardner, D. G., Cummings, L. L. & Dunham, R. B. (1989). Organization-based self-esteem: Construct definition, measurement, and validation. *Academy of Management Journal, 32*, 622-648.

Pillai, R. & Williams, E. A. (2004). Transformational leadership, self-efficacy, group cohesiveness, commitment, and performance. *Journal of Organizational Change Management, 17*, 144-159.

Podsakoff, P. M., Ahearne, M. & MacKenzie, S. B. (1997). Organizational citizenship behavior and the quantity and quality of work group performance. *Journal of Applied Psychology, 82*, 262-270.

Podsakoff, P. M., MacKenzie, S. B. & Bommer, W. H. (1996). Transformational leader behaviors and substitutes for leadership as determinants of employee satisfaction, commitment, trust and organizational citizenship behaviors. *Journal of Management, 22*, 259-298.

Porter, L. W., Steers, R. M., Mowday, R. T. & Boulian, P. V. (1974). Organizational commitment, job satisfaction, and turnover among psychiatric technicians. *Journal of Applied Psychology, 59*, 603-609.

Pratt, M. G. (1998). To be or not to be? Central questions in organizational identification. In D. A. Whetten & P. C. Godfrey (Eds.), *Identity in organizations. Building theory through conversations* (pp. 171-207). Thousand Oaks, CA: Sage.

Pundt, A., Böhme, H. & Schyns, B. (2006). Moderatorvariablen für den Zusammenhang zwischen affektivem Commitment und transformationaler Führung. Führungsdistanz und Kommunikationsqualität. *Zeitschrift für Personalpsychologie, 5*, 108-120.

Purvanova, R. K., Bono, J. E. & Dzieweczynski, J. (2006). Transformational leadership, job characteristics, and organizational citizenship performance. *Human Performance, 19*, 1-22.

Rafferty, A. E. & Griffin, M. A. (2004). Dimensions of transformational leadership: Conceptual and empirical extensions. *The Leadership Quarterly, 15*, 329-354.

Randall, D. M. (1993). Cross-cultural research on organizational commitment: A review and application of Hofstede's value survey module. *Journal of Business Research, 26*, 91-110.

Randall, M. L., Cropanzano, R., Bormann, C. A. & Birjuln, A. (1999). Organizational politics and organizational support as predictors of work attitudes, job performance and organizational citizenship behavior. *Journal of Organizational Behavior, 20*, 159-174.

Raudenbush, S. W. & Bryk, A. S. (2002). *Hierarchical linear models (2nd ed.)*. Thousand Oaks, CA: Sage.

Reade, C. (2001a). Antecedents of organizational identification in multinational corporations: Fostering psychological attachment to the local subsidiary and the global organization. *Journal of Human Resource Management, 12*, 1269-1291.

Reade, C. (2001b). Dual identification in multinational corporations: Local managers and their psychological attachment to the subsidiary versus the global organization. *International Journal of Human Resource Management, 12*, 405-424.

Redding, S. G. (1990). *The spirit of Chinese capitalism.* New York: de Gruyter.

Reichers, A. E. (1985). A review and reconceptualization of organizational commitment. *Academy of Management Review, 10*, 465-476.

Riketta, M. (2002). Attitudinal organizational commitment and job performance: A meta-analysis. *Journal of Organizational Behavior, 23*, 257-266.

Riketta, M. (2005). Organizational identification: A meta-analysis. *Journal of Vocational Behavior, 66*, 358-384.

Riketta, M. & Landerer, A. (2005). Does perceived threat to organizational status moderate the relation between organizational commitment and work behavior? *International Journal of Management, 22*, 193-200.

Riketta, M. & van Dick, R. (2005). Foci of attachment in organizations: A meta-analytic comparison of the strength and correlates of workgroup versus organizational identification and commitment. *Journal of Vocational Behavior, 67*, 490-510.

Riketta, M., van Dick, R. & Rousseau, D. M. (2006). Employee attachment in the short and long run: Antecedents and consequences of situated and deep-structure identification. *Zeitschrift für Personalpsychologie, 5*, 85-93.

Ritzer, G. & Trice, H. M. (1969). An empirical study of Howard Becker's side-bet theory. *Social Forces, 47*, 475-479.

Rousseau, D. M. (1995). *Psychological contracts in organizations.* Thousand Oaks, CA: Sage.

Rousseau, D. M. & McLean Parks, J. (1993). The contracts of individuals and organizations. In L. L. Cummings & B. M. Stow (Eds.), *Research in organizational behavior, 15*, 1-47. Greenwich, CT: JAI Press.

Rusbult, C. E. (1980). Commitment and satisfaction in romantic associations: A test of the investment model. *Journal of Experimental Social Psychology, 16*, 172-186.

Rusbult, C. E. & Buunk, B. P. (1993). Commitment processes in close relationships: An interdependence analysis. *Journal of Social and Personal Relationships, 10*, 175-204.

Ryan, A. M., Schmit, M. J. & Johnson, R. (1996). Attitudes and effectiveness: Examining relations at an organizational level. *Personnel Psychology, 49*, 853-882.

Sadri, G. (1993). Reflections: The impact of downsizing on survivors – some findings and recommendations. *Journal of Management Psychology, 11*, 56-59.

Sadri, G. & Robertson, I. T. (1993). Self-efficacy and work-related behavior: A review and meta-analysis. *Applied Psychology: An International Review, 42*, 139-152.

Sagiv, L. & Schwartz, S. H. (2000). Values priorities and subjective well-being: Direct relations and congruity effects. *European Journal of Social Psychology, 30*, 177-198.

Scandura, T. A. & Lankau, M. J. (1997). Relationships of gender, family responsibility and flexible work hours to organizational commitment and job satisfaction, *Journal of Organizational Behavior, 18*, 377-391.

Schmidt, K.-H. (2006). Haupt- und Moderatoreffekte der affektiven Organisationsbindung in der Belastungs-Beanspruchungs-Beziehung. *Zeitschrift für Personalpsychologie, 5*, 121-130.

Schmidt, K.- H., Hollmann, S. & Sodenkamp, D. (1998). Psychometrische Eigenschaften und Validität einer deutschen Fassung des Commitment-Fragebogens von Allen und

Meyer (1990). *Zeitschrift für Differentielle und Diagnostische Psychologie, 19*, 93-106.

Schwartz, S. H. (1994). Beyond individualism/collectivism: New cultural dimensions of values. In U. Kim, H. C. Triandis, C. Kagitcibasi, S. C. Choi & G. Yoon (Eds.), *Individualism and collectivism: Theory, method, and applications* (pp. 85-119). Thousand Oaks, CA: Sage.

Scott, A. & Hogg, M. A. (2005). Uncertainty reduction, self-enhancement, and ingroup identification. *Personality and Social Psychology Bulletin, 31*, 804-817.

Shamir, B., House, R. J. & Arthur, M. B. (1993). The motivational effects of charismatic leadership: A self-concept based theory. *Organization Science, 4*, 577-594.

Shamir, B. & Howell, J. M. (1999). Organizational and contextual influences on the emergence and effectiveness of charismatic leadership. *Leadership Quarterly, 10*, 257-283.

Sheldon, M. E. (1971). Investments and involvements as mechanisms producing commitment to the organization. *Administrative Science Quarterly, 22*, 26-56.

Sherif, M. & Sherif, C. W. (1953). *Groups in harmony and tension; an integration of studies of intergroup relations.* Oxford: Harper & Brothers.

Shin, S. J. & Zhou, J. (2003). Transformational leadership, conversation, and creativity: Evidence from Korea. *Academy of Management Journal, 16*, 703-714.

Shore, L. M. & Tetrick, L. E. (1991). A construct validity study of the survey of perceived organizational support. *Journal of Applied Psychology, 76*, 637-643.

Shore, L. M. & Wayne, S. J. (1993). Commitment and employee behavior. Comparison of affective commitment and continuance commitment with perceived organizational support. *Journal of Applied Psychology, 78*, 774-780.

Siegrist, J. (1996). *Soziale Krisen und Gesundheit. Eine Theorie der Gesundheitsförderung am Beispiel von Herz-Kreislauf-Risiken im Erwerbsleben.* Göttingen: Hogrefe.

Singelis, T. M., Triandis, H. C., Bhawuk, D. & Gelfand, M. J. (1995). Horizontal and vertical dimensions of individualism and collectivism: A theoretical and measurement refinement. *Cross-Cultural-Research: The Journal of Comparative Social Science, 29*, 240-275.

Siu, O. L. & Cooper, C. L. (1998). A study of occupational stress, job satisfaction and quitting intention in Hong Kong firms: The role of locus of control and organizational commitment. *Stress Medicine, 14*, 55-66.

Siu, O. L., Lu, C. Q. & Cheng, K. H. C. (2003). Job stress and work well-being in Hong Kong and Beijing: The direct and moderating effects of organizational commitment and Chinese work values. *Journal of Psychology in Chinese Societies, 4*, 7-28.

Six, B. & Felfe, J. (2004). Einstellungen und Werthaltungen im organisationalen Kontext. In H. Schuler (Hrsg.), *Grundlagen und Personalpsychologie* (S. 597-672). Göttingen: Hogrefe.

Six, B. & Felfe, J. (2006). Arbeitszufriedenheit im interkulturellen Vergleich. In L. Fischer (Hrsg.), *Arbeitszufriedenheit* (S. 243–272). Göttingen: Hogrefe.

Six, B., Felfe, J., Schmook, R. & Knorz, C. (2001). *Commitment in neuen Arbeits- und Organisationsformen.* Martin-Luther Universität Halle-Wittenberg: Unveröffentlichter Forschungsbericht.

Smith, C. A., Organ, D. W. & Near, J. P. (1983). Organizational Citizenship Behavior: Its nature and antecedents. *Journal of Applied Psychology, 68*, 653-663.

Smith, P. B. (2004). Acquiescent response bias as an aspect of cultural communication style. *Journal of Cross-Cultural Psychology, 35*, 50-61.

Smith, P. B. M., Peterson, M. F., Schwartz, S. H., Ahmad, A. H., Akande, D. & Anderson, J. A. (2002). Cultural values, sources of guidance and their relevance to managerial behavior: A 47 nation study. *Journal of Cross-Cultural Psychology, 33*, 188-208.

Spector, P. E. (1997*). Job satisfaction*. Thousand Oaks, CA: Sage.

Stanley, D., Meyer, J. P., Jackson, T. A., Maltin, E. R., McInnis, K., Kumsar, A. Y. & Sheppard, L. (2007). Cross-cultural generalizability of the three-component model of commitment. *Paper presented on the annual SIOP conference.*

Stinglhamber, F., Bentein, K. & Vandenberghe, C. (2002). Extension of the three-component model of commitment to five foci. *European Journal of Psychological Assessment, 18*, 123-138.

Stroh, L. K., Gregersen, H. B. & Black, J. S. (2000). Triumphs and tragedies: Expectations and commitments upon repatriation. *International Journal of Human Resource Management, 11*, 681-697.

Strotmann, H. & Vogel, A. (2004). Leiharbeit als Flexibilisierungsinstrument. Eine empirische Untersuchung über die Struktur der Leiharbeit in Baden-Württemberg und die mit ihr verknüpften Erwartungen. *IAW-Kurzbericht, 5,* 2004.

Sturges, J., Guest, D., Conway, N. & Mackenzie-Davey, K. (2001). What difference does it make? A longitudinal study of the relationship between career management and organizational commitment in the early years at work. *Proceedings of the Academy of Management, Washington, DC, August 3-8.*

Sullivan, S. E. (1999). The changing nature of careers: A review and research agenda. *Journal of Management, 25,* 457-484.

Tajfel, H. (Ed.). (1978). *Differentiation between social groups: Studies in the social psychology of intergroup relations.* London: Academic Press.

Tajfel, H. & Turner, J. C. (1986). The social identity theory of intergroup behavior. In S. Worchel & W. G. Austin (Eds.), *Psychology of Intergroup Relations* (pp. 7-24). Chicago, IL: Nelson-Hall.

Tajfel, H. & Turner, J. C. (2003). The Social Identity Theory of intergroup behavior (chap. 60). In M. A. Hogg (Ed.), *Social Psychology - Volume IV Intergroup behavior and societal context.* Thousand Oaks, CA: Sage.

Tan, D. & Akhtar, S. (1998). Organizational commitment and experienced burnout: An exploratory study from a Chinese cultural perspective. *International Journal of Organizational Analysis, 6,* 310-333.

Terry, D. J. & Callan, V. J. (1998). In-group bias in response to an organizational merger. *Group Dynamics, 2,* 67-81.

Terry, D. J., Carey, C. J. & Callan, V. J. (2001). Employee adjustment to an organizational merger: An intergroup perspective. *Personality and Social Psychology Bulletin, 27,* 267-280.

Terry, D. J. & O´Brien, A. (2001). Status, legitimacy, and ingroup bias in the context of an organizational merger. *Group Processes & Intergroup Relations, 4,* 271-289.

Tett, R. P. & Meyer, J. P. (1993). Job satisfaction, organizational commitment, turnover intention, and turnover: Path analyses based on meta-analytical findings. *Personnel Psychology, 46,* 259-293.

Thorsteinson, T. J. (2003). Job attitudes of part-time vs. full-time workers: A meta-analytic review. *Journal of Occupational and Organizational Psychology, 76,* 151-177.

Triandis, H. C. (1995). A theoretical framework for the study of diversity. In M. M. Chemers, S. Oskamp & M. A. Costanzo (Eds.), *Diversity in organizations: New perspectives for a changing workplace* (pp. 11-36). Thousand Oaks, CA: Sage.

Triandis, H. C. (2004). The many dimensions of culture. *Academy of Management Executive, 18,* 88-93.

Triandis, H. C. & Marín, G. (1983). Etic plus emic versus pseudoetic: A test of a basic assumption of contemporary cross-cultural psychology. *Journal of Cross-Cultural Psychology, 14*, 489-500.

Türk, K. (1995). Loyalität. In W. Sarges (Hrsg.). *Management-Diagnostik* (S. 324-329). Göttingen: Hogrefe.

Turner, J. C., Brown, R. J. & Tajfel, H. (1979). Social comparison and group interest in ingroup favouritism. *European Journal of Social Psychology, 9*, 187-204.

Turner, J. C. & Haslam, S. A. (2001). Social identity, organizations, and leadership. In M. E. Turner (Ed.), *Groups at work: Theory and research* (pp. 25-65). Mahwah, NJ: Lawrence Erlbaum.

Ulich, E. (1994). *Arbeitspsychologie*. Stuttgart: Schäffer-Poeschel.

Vahtera, J., Kivimaki, M. & Pentti, J. (1997). Effect of organizational downsizing on health of employees. *The Lancet, 350*, 1124-1128.

Vandenberg, R. J. & Lance, C. E. (1992). Examining the causal order of job satisfaction and organizational commitment. *Journal of Management, 18*, 153-167.

Vandenberg, R. J. & Self, R. M. (1993). Assessing newcomer's changing commitments to the organization during the first 6 months of work. *Journal of Applied Psychology, 78*, 557-568.

Vandenberghe, C. (2003). Application of the three-component model to China: Issues and perspectives. *Journal of Vocational Behavior, 62*, 516-523.

Vandenberghe, C., Stinglhamber, F., Bentein, K. & Delhaise, T. (2001). An examination of the cross-cultural validity of a multidimensional model of commitment in Europe. *Journal of Cross-Cultural Psychology, 32*, 322-347.

Van de Vijver, F. & Leung, K. (1997). *Methods and data analysis for cross-cultural research*. Thousand Oaks, CA: Sage.

van Dick, R. (2001). Identification in organizational contexts: linking theory and research from social and organizational psychology. *International Journal of Management Review, 3*, 265-283.

van Dick, R. (2004). *Commitment und Identifikation mit Organisationen*. Göttingen: Hogrefe.

van Dick, R., Christ, O., Stellmacher, J., Wagner, U., Ahlswede, O., Grubba, C., Hauptmeier, M., Hohfeld, C., Moltzen, K. & Tissington, P. A. (2004). Should I Stay or Should I Go? Explaining Turnover Intentions with Organizational Identification and Job Satisfaction. *British Journal of Management, 15*, 351-360.

van Dick, R. & Wagner, U. (2002). Social identification among school teachers: Dimensions, foci, and correlates. *European Journal of Work and Organizational Psychology, 11*, 129-149.

van Dick, R., Wagner, U. & Lemmer, G. (2004). Research note: The winds of change – Multiple identifications in the case of organizational mergers. *European Journal of Work and Organizational Psychology, 13*, 121-138.

van Dick, R., Wagner, U., Stellmacher, J. & Christ, O. (2004). The utility of a broader conceptualization of organizational identification: Which aspects really matter? *Journal of Occupational and Organizational Psychology, 77*, 171-191.

Van Dyne, L. & Ang, S. (1998). Organizational citizenship behavior of contingent workers in Singapore. *Academy of Management Journal, 41*, 692-703.

van Knippenberg, D., van Knippenberg, B., Monden, L. & de Lima, F. (2002). Organizational identification after a merger: A social identity perspective. *British Journal of Social Psychology, 41*, 233-252.

van Knippenberg, D. & Van Leeuwen, E. (2001). Sense of continuity as the key to postmerger identification. In M. A. Hogg & D. J. Terry (Eds.), *Social identity processes in organizational contexts* (pp. 249-264). Philadelphia: Psychology Press.

Waldman, D. A., Javidan, M. & Varella, P. (2004). Charismatic leadership at the strategic level: A new application of upper echelons theory. *The Leadership Quarterly, 15*, 355-380.

Waldman, D. A., Ramirez, G. G., House, R. J. & Puranam, P. (2001). Does leadership matter? CEO leadership *attributes* and profitability under conditions of perceived environmental uncertainty. *Academy of Management Journal, 44*, 134-143.

Walumbwa, F. O., Wang, P., Lawler, J. J. & Shi, K. (2004). The role of collective efficacy in the relations between transformational leadership and work outcomes. *Journal of Occupational and Organizational Psychology, 77*, 515-530.

Wang, L., Bishop, J. W., Chen, X. & Scott, K. D. (2002). Collectivist orientation as a predictor of affective organizational commitment: A study conducted in China. *International Journal of Organizational Analysis, 10*, 226-239.

Wasti, S. A. (2003a). Organizational commitment, turnover intentions and the influence of cultural values. *Journal of Occupational and Organizational Psychology, 76*, 303-321.

Wasti, S. A. (2003b). The influence of cultural values on antecedents of organisational commitment: An individual-level analysis. *Applied Psychology: An International Review, 52*, 533-554.

Wegge, J. & van Dick, R. (2006). Arbeitszufriedenheit, Emotionen bei der Arbeit und organisationale Identifikation. In L. Fischer (Hrsg.), *Arbeitszufriedenheit* (S. 11-37). Göttingen: Hogrefe.

Wiener, Y. & Vardi, Y. (1980). Relationships between job, organization, and career commitments and work outcomes: An integrative approach. *Organizational Behavior and Human Performance, 26*, 81-96.

Williams, L. J. & Hazer, J. T. (1986). Antecedents and consequences of satisfaction and commitment in turnover models: A reanalysis using latent variable structural equation methods. *Journal of Applied Psychology, 71*, 219-231.

Yang, M. M. (1994). *Gifts, favours and banquets: The art of social relationships in China.* Ithaca, NY: Cornell University Press.

Yukl, G. (1999). An evaluative essay on current conceptions of effective leadership. *European Journal of Work and Organizational Psychology. 8*, 9-32.

Zapf, D. & Semmer, N. K. (2004). Stress und Gesundheit in Organisationen. In H. Schuler (Hrsg.), *Organisationspsychologie* (2. Aufl., S. 1007-1112). Göttingen: Hogrefe.